高等学校教材

Yunshu Shichang Yingxiaoxue

运输市场营销学

（交通运输管理专业）

蒋惠园　主编

人民交通出版社

内 容 提 要

本书是武汉理工大学"十五"规划教材之一。全书共分十章,在介绍市场营销的基本概念与基本原理的基础上,针对运输市场和运输生产经营活动的特点,应用市场营销学的基本原理和方法,对运输市场需求和运输企业市场营销活动过程及其规律性进行系统的总结和阐述,用于指导运输市场营销实践。每章附有复习思考题,部分章(节)内附有案例及例题。

本教材是为交通运输管理、物流管理等专业的运输市场营销学课程所编写的教科书,可作为交通运输领域不同层次管理人员的培训教材,也可作为交通运输领域市场管理、运输经济管理、市场营销、物流管理、市场策划人才的培养指南与参考读物。

图书在版编目(CIP)数据

运输市场营销学/蒋惠园主编 .—北京:人民交通出版社,2004.11(重印 2007.9)
ISBN 978-7-114-05318-4

Ⅰ. 运... Ⅱ. 蒋... Ⅲ. 交通运输业 – 市场营销学 – 教材 Ⅳ. F512.6

中国版本图书馆 CIP 数据核字(2004)第 108357 号

高等学校教材

书 名:**运输市场营销学(交通运输管理专业)**
著 作 者:蒋惠园
责任编辑:赵履榕
出版发行:人民交通出版社
地 址:(100011)北京市朝阳区安定门外外馆斜街 3 号
网 址:http://www.chinasybook.com
销售电话:(010)64981400,59757915
总 经 销:北京交实文化发展有限公司
印 刷:北京鑫正大印刷有限公司
开 本:787 × 1092 1/16
印 张:16.75
字 数:419 千
版 次:2004 年 11 月 第 1 版
印 次:2013 年 7 月 第 6 次印刷
书 号:ISBN 978-7-114-05318-4
印 数:13001 – 16000 册
定 价:28.00 元
(有印刷、装订质量问题的图书由本社负责调换)

前　言

市场营销学是一门建立在经济科学、行为科学和现代管理理论基础之上的应用科学,它不仅是当代企业在迅速变化的市场环境和日趋激烈的竞争中求生存、求发展的管理利器,而且已逐渐成为"我们这一代人的一种核心思维方式","激发了律师、医生、管理人员、博物馆馆长、政治官员以及经济发展专家的丰富想象力"(菲利普·科特勒.市场营销思想的新领域.1987.参见邝鸿主编:现代市场营销大全.北京:经济管理出版社1990.P923),在社会经济生活的各个方面得到广泛应用。

运输业是经济社会的命脉。自从人类社会有了生产和产品交换,作为流通环节的运输业便产生了,所有物质产品只有通过运输才能实现消费。如果没有运输生产,在各国内部和整个世界范围资源的利用和供销活动就无法开展,社会生产力也就得不到应有的发展。运输业的形成和发展,强有力地推动着社会生产力的发展,而随着社会生产力的极大发展和生产的社会化程度的提高,也给运输业提出了更高的要求。

在市场经济条件下,运输需求方与运输供给方是通过运输市场进行交易的,运输资源的配置是通过运输市场来进行的,因此有效的运输市场营销是联系运输生产与运输消费的纽带,是运输企业生产得以顺利进行的重要条件。系统地学习掌握有关运输市场营销的基本理论与实务对交通运输专业学生更好地适应市场经济发展的需要和我国加入WTO后的环境变化,具有十分重要的意义。

运输生产具有其特殊性,它不直接生产出任何有形的制成品或半制成品等物质产品,而是提供运输劳务,使物质产品产生位置移动,增加物质产品的价值。其产品是货物和旅客在空间的位移,其产品的生产、销售和消费在同一时间内进行,不会产生库存,生产具有不平衡性;运输业是资金密集型的产业,投资大而且建设周期长,运输产品的成本和价格,主要决定于固定资产的耗损和活劳动耗费的程度,这就使运输企业市场营销具有自己的特点,需要我们运用现代市场营销的理论和方法,针对交通运输业的特点、客货流的规律,结合我国实际,研究交通运输市场营销的特点及其方法,用以指导交通运输市场营销实践,使交通运输领域的人才建立实用的市场营销理念。

运输企业面对的是一个既错综复杂又变化多端的社会经济环境,如何充分运用本企业所具有的各种资源优势、货主和旅客需求的优势以及销售渠道容量的优势,恰当地利用竞争对手的弱点,把握机遇,实现企业自己的战略性目标,是非常重要的。

本教材共十章。全书由蒋惠园主编并负责统稿。各章编写具体分工如下:蒋惠园(第一章、第二章、第四章),刘清(第三章,其中战略规划的波士顿矩阵法为王晚香补充),王晚香(第五章),杨家其(第六章,其中案例与思考题为王晚香补充),张矢宇(第七章),马颖(第八章),涂敏(第九章),陈宁(第十章)。

本教材在编写过程中得到了运输企业界与本教研室同事与学生的关心与支持,借鉴了国内外营销学者大量最新研究成果,除部分注明出处外,限于体例未能一一说明。在此,谨向关心本书的诸多师友及参编者致谢!

限于编者水平,难免有不足之处,恳请广大读者批评指正。

作　者
2004 年 9 月

目　　录

第一章　绪　论

市场营销学伴随着经济发展和企业经营管理的需要而出现，成为本世纪发展最快的管理学科之一，它建基于哲学、数学、经济学、管理学和行为科学之上，是当代企业在迅速变化的市场环境和日趋激烈的竞争中求生存、求发展的管理利器。面对世界经济一体化和知识经济时代的全面挑战，市场营销的理论与实践正在不断创新，以适应新的、更为急剧变化的环境要求。

第一节　市场营销的形成与发展

一、市场营销的形成与发展

市场营销学从 20 世纪初产生至今已有上百年历程，经历了三个发展阶段：

（一）市场营销学的形成阶段

市场营销学是顺应现代商品经济高度发展而产生和发展起来的一门关于企业经营管理决策的科学，其形成必须具备以下条件：市场经济体制的保证；买方市场态势的出现；相关理论的形成。

市场营销学是研究企业市场行为的，只有在市场经济体制下，企业才有自主的市场行为，计划经济体制限制了企业的自主性，也使企业没有真正意义的市场行为。当市场态势处于卖方市场时，商品短缺，供不应求，企业产品的销售没有困难，无须研究企业的营销行为和技巧；只有当市场态势倾向于买方市场时，才会出现市场商品过剩，企业才需研究自身的行为以适合市场需要，市场营销学才应运而生。

市场营销学同时又是集众学科之长而形成的一门综合性学科。各种经济学、管理学理论的出现是构建市场营销理论的基础。

市场营销学于 20 世纪初创建于美国，后来流传到欧洲、日本和其他国家，并在实践中不断完善和发展。

1902～1905 年，美国密执安大学、加州大学、伊里诺斯大学和俄亥俄等大学相继开设了市场营销课程。1910 年，执教于威斯康星大学的 R.S.巴特勒(Ralph Starr Butler)教授正式出版了《市场营销方法》一书，首先使用市场营销(Marketing)作为学科名称。而后，弗莱德·克拉克(Fred E. Clark)于 1918 年编写了《市场营销原理》讲义，被多所大学用作教材并于 1922 年出版；L.S.邓肯也于 1920 年出版了《市场营销问题与方法》(郭国庆.市场营销理论.北京：中国人民大学出版社.1999)。

这一时期的市场营销学，其内容局限于流通领域，真正的市场营销观念尚未形成。然而，将市场营销从企业生产活动中分离出来做专门研究，无疑是一个创举。

市场营销学产生于本世纪初的美国有其必然性，因为美国此时已具备市场营销学形成的必备条件。

1.科技进步带动生产发展,使产品日渐丰富

19世纪末20世纪初,美国工业现代化步伐加快,机械化、自动化的发展推动了美国实现由农业经济向工业经济的转化。美国政府对工业实行扶持政策,为企业提供免费地产与优惠税收,以刺激工业生产,使得产品日益丰富,供过于求,形成了买方市场态势。

2.市场规模扩大,消费需求膨胀

市场规模扩大主要表现在人口增加,1860年到1900年,美国人口从2 140万增至9 190万,其中城市居民的比例由21%增至40%;其次表现在人均收入增加,消费者的购买力得到提高,1860年到1900年,美国人均收入从134美元增至185美元。

由于生产的发展,供应充足,社会通讯业发展,个人收入增多,在政府的“高工资、高福利、高消费”的政策推动下,美国形成了一种超常规的市场态势。

3.中间商地位的提高及其作用的加强

随着市场经济的发展,中间商由原来并不重要的地位变得越来越重要。中间商不仅从业人数增加,批发、零售、代理、经纪专业分工明确,而且涌现出一批与一流生产企业并驾齐驱的百货商店、邮购商店以及连锁商店。许多商店把价格作为一种管理手段,用低价扩大销售,用高价提高利润,按消费理论制定价格。

4.消费者寻求摆脱困境,维护自身权益

由于市场活跃,不少伪劣产品充斥市场,使消费者难辨真伪,屡屡上当受骗,陷入困境。消费者纷纷寻求摆脱困境,维护自身权益的方法。

20世纪既是西方世界经济大发展时期,也是经济理论与管理行为理论繁荣时期,为市场营销学奠定了理论基础,促使了市场营销学理论体系的形成。

1.市场理论

“市场的自我调节能力”论。亚当·斯密把市场比作一只“看不见的手”,是这只手在推动市场供求平衡。

“成本是价格的基本决定因素”论。这种论点揭示了成本是由工资、利润、租金、利息等因素形成的,同时进而明确成本是产品价格的基本因素。

“供应创造需求”论与“需求创造供应”论等。

2.价值理论

早期人们认为商业是非生产性的,不创造价值。20世纪后,人们逐步认识到,服务能增加价值,选择一个好的流通渠道,扩大促销和广告宣传力度即能增加价值。

3.消费理论

20世纪提出了消费是生产的目的和终点的理论,认为消费者的行为不仅要从购买角度加以考察,而且要从消费的角度加以研究,正是消费才推动了社会再生产活动,才使社会再生产有必要进行下去。商业活动应以满足消费需要为目的。

(二)市场营销学的发展

从20世纪30年代开始,主要资本主义国家市场明显进入供过于求的买方市场。这时,企业界广泛关心的首要问题已经不是扩大生产和降低成本,而是如何把产品销售出去。为了争夺市场,解决产品实现问题,企业家开始重视市场调查,提出了“创造需求”的口号,致力于扩大销路并在实践中积累了丰富的资料和经验,同时也带动市场营销学研究大规模展开。一些著名大学的教授深入研究市场营销的各个问题,调查和运用大量实际资料,形成了许多新的原理。如弗莱德·克拉克和韦尔法在其《农产品市场营销》(1932年)中指出:农产品市场营销系统包括集中（农产品收购）、平衡（调节供求）和分散（化整为零销售）三个相互关联的过程；营销者在其中执行7种市场营销职能：集中、储存、融资、承担风险、标准化、销售和运输。拉尔夫·亚历山大（Ralph S. Alexander）等学者在1940年出版的《市场营销》一书中则强调市场营销的商品化职能包含适应顾客需要的过程，销售是"帮助或说服潜在顾客购买商品或服务的过程"。1937年，美国全国市场营销学和广告学教师协会及美国市场营销学会合并组成现在的美国市场营销学会（AMA）。该学会在美国设立几十个分会，从事市场营销研究和营销人才的培训工作，出版市场营销专著和市场营销调研专刊，对市场营销学的发展起了重要作用。到第二次世界大战结束，市场营销学得到长足发展，并在企业经营实践中广泛应用。但在这一阶段，它的研究主要集中在销售推广方面，应用范围基本上仍局限于商品流通领域。

（三）市场营销学的"变革"

第二次世界大战后至今，市场营销学从概念到内容都发生了深刻的变化。战后的和平条件和现代科技进步，促进了生产力的高度发展，社会产品数量剧增，花色品种日新月异；市场竞争加剧，销售矛盾更为尖锐。西方国家先后推行"高工资、高福利、高消费"以及缩短工作时间的政策，刺激了人们的购买力，但并未引起其实际购买的直线上升，而只是使消费者需求和欲望在更高层次上变化，对社会供给提出了更高的要求。这时，传统的市场营销学已经不能适应形势要求，需要进行重大变革。

经过潜心研究，市场营销学者提出了一系列新观念。如将"潜在需求"纳入市场概念，即把过去对市场"是卖方与买方之间的产品或劳务的交换"的旧观念，发展成为"市场是卖方促使买方实现其现实的和潜在的需求的任何活动"，于是，凡是为了保证通过交换实现消费者需求（包括现实需求与潜在需求）而进行的一切活动，都纳入了市场营销学的研究范围。这也就要求企业将传统的"生产—市场"关系颠倒过来，即将市场由生产过程的终点，立于生产过程的起点，根据市场需求来组织生产及其他企业活动，确立了以消费者为中心而不是以生产者为中心的观念。这一新概念导致市场营销学基本指导思想的变化，在西方称之为市场营销学的一次"革命"。

战后50多年来，市场营销论著如云，理论不断创新。营销学逐步建立起以"满足需求"、"顾客满意"为核心内容的框架和体系，不仅在工商企业，而且在事业单位和行政机构都得到广泛运用。市场营销学术领域每隔几年就有一批有创见的新概念出现，这些概念推动了市场营销学从策略到战略、从顾客到社会、从外部到内部、从一国到全球，得到全面系统的发展和深化。

二、市场营销及其相关概念

（一）市场营销的定义

市场营销是市场营销学中的核心概念，是派生其他概念的源头和基础。市场营销观念是现代企业的灵魂，是市场营销学贯穿始终的一条红线，是现代营销理论的核心。因此，循着市场营销观念的形成及发展轨迹来研究现代营销理论的本质特征具有重要意义。

提起"市场营销"，人们往往误认为就是"推销"或"广告"。其实"推销和广告仅仅是市场营销这座"海上冰山"露出水面的部分，尽管它们是重要的，但是它们仅仅是市场营销众多功能中的两个功能，而且往往不是最重要的功能"（菲利普·科特勒.市场营销学原理，1996年第七版，第5页）。管理学家彼得·德鲁克（Peter F. Drucker）指出："人们以为，推销或多或少总是需要的。但是，市场营销的目的就是要使推销成为多余。市场营销的目的就是要充分地了解顾客，从而使产品和劳务不推自销"（彼得·德鲁克.管理：任务、责职和实践,1973年版,第64～65页）。

国内外学者对市场营销已下过上百种定义,企业界的理解更是各有千秋。美国学者基恩·凯洛斯曾将各种市场营销定义分为三类：一是将市场营销看作是一种为消费者服务的理论；二是强调市场营销是对社会现象的一种认识；三是认为市场营销是通过销售渠道把生产企业同市场联系起来的过程(基恩·凯洛斯.什么是确切的市场营销.美国：市场营销评论,1975.4)。这从一个侧面反映了市场营销的复杂性。本书采用著名营销学家菲利普·科特勒教授的定义：市场营销是个人或群体通过创造、提供并同他人交换有价值的产品以满足需要和欲望的一种社会和管理过程(菲利普·科特勒.市场营销管理.亚洲版.北京：中国人民大学出版社,1997)。

根据这一定义,可以将市场营销概念具体归纳为下列要点：

（1）市场营销的最终目标是"满足需求和欲望"；

（2）"交换"是市场营销的核心,交换过程是一个主动、积极寻找机会,满足双方需求和欲望的社会过程和管理过程；

（3）交换过程能否顺利进行,取决于营销者创造的产品和价值满足顾客需求的程度和交换过程管理的水平。

（二）市场营销的相关概念

市场营销定义是建立在下列核心概念之上的：

1. 需要、欲望和需求

需要和欲望是市场营销活动的起点。人类的需要是一种没有得到某些基本满足的感受状态和求得满足的愿望。需要是不足之感与求足之愿的统一,两者缺一不可。

人类有多种需要,既有对衣食住行等基本生存条件的需要,又有归属和爱的社会需要,还有求知和自我表现、受人尊重等的个人需要。这些需要存在于人类自身生理和社会之中,市场营销者可用不同方式去满足它,但不能凭空创造。

厂商可以看作是一个生命体,赚取利润是一切厂商与生俱来的最根本的需要。利润是厂商的生命之源,厂商为了赚取利润又产生了对生产要素的间接需要,如对运输的需要。

欲望是指想得到上述基本需要的具体满足品的愿望,是需要采取的具体形式,是个人受不同文化及社会环境影响表现出来的对基本需要的特定追求。如为满足运输需要,飞利浦电器公司对于电冰箱运输的需要采取了海运的形式,而对于计算机芯片运输的需要采取了空运的形式。

尽管需要是有限的,但欲望却很多,人类的欲望是可扩展的。一方面,消费者的欲望可自发产生,而当时能满足这种欲望的东西可能还没有创造出来；另一方面,新产品也可激起人们新的欲望。市场营销者无法创造需要,但可以影响欲望,开发及销售特定的产品和服务来满足欲望。

需求是指人们有能力购买并愿意购买某个具体产品的欲望。假如可行的话,飞利浦公司希望它的产品都用直升机运达每一个客户,或者要求船公司按照其分布在25个国家的生产基地和150个国家的市场各开辟一条直达航线。事实上,这是不可行的,因为飞利浦公司支付不起由此产生的昂贵的运费。因此,运输公司不仅要预测有多少货主喜欢自己提供的服务,还要了解有多少货主能够购买这种服务。

需求实际上也就是对某特定产品及服务的市场需求。市场营销者总是通过各种营销手段来影响需求,并根据对需求的预测结果决定是否进入某一产品(服务)市场。

2.产品

产品是能够满足人的需要和欲望的任何东西,它涵盖了任何能够满足需要和欲望的有形产品、服务产品以及其他载体等。有形产品只是提高服务的手段,是服务的载体,其价值不在于拥有它,而在于它给我们带来的对欲望的满足。人们购买小汽车不是为了观赏,而是为了得到它所提供的交通服务。建立跟踪系统不是为了让人赞美,而是为了给客户提供信息服务。运输公司如果关心其所使用的车船甚于车船所提供的服务,那就会犯错误。例如,大班轮公司有很多业务要通过枢纽港来转运,若它的转运效率不高,仅在船队里加几条快船,不一定能提供快捷的服务。

产品实际上只是获得服务的载体。这种载体可以是物,也可以是"服务"。因此,产品可以是有形的,也可以是无形的。市场营销者必须清醒地认识到,其创造的产品不管形态如何,如果不能满足人的需要和欲望,就必然会失败。

3.顾客价值和顾客满意

面对诸多能满足其特定需要的产品和服务,消费者通常按照顾客净得价值(Customer Delivered Value)最大化的原则来做出他们的购买选择。

顾客净得价值是顾客总效用(Total Customer Value)与顾客总费用(Total Customer Cost)的差额。顾客总效用是消费者对产品满足其需要的整体能力的评价。消费者通常根据这种对产品价值的主观评价和需支付的费用来做出购买决定。如某人为解决其每天上班的交通需要,他会对可能满足这种需要的产品选择组合(如自行车、摩托车、汽车、出租车等)和他的需要组合(如速度、安全、方便、舒适和节约等)进行综合评价,以决定哪一种产品能提供最大的总满足。假如他主要对速度和舒适感兴趣,也许会考虑购买汽车。但是,汽车购买与使用的费用要比自行车高许多,若购买汽车,他必须放弃用其有限收入可购置的许多其他产品(服务)。因此,他将全面衡量产品的费用和效用,选择购买能使每一元花费带来最大效用的产品。

顾客净得价值的概念还可用一家货主选择承运人的例子来解释。假定这家货主的物流经理计划从 M 和 N 两家船公司中选择一家作为其下一年的承运人。这位经理希望他能获得安全、可靠、快捷、直达的运输服务。据他调查与评估,这两家船公司都能提供安全、可靠、快捷、高质量的门到门运输服务。他还了解到 M 船公司的人员都受过严格的业务培训,责任心强,同时,他对 M 船公司的企业形象也有很高的评价。他将 4 个要素(即产品、附加服务、人员和形象)的效用加总,认为 M 船公司提供的顾客总效用大。

但是他还要比较 M 船公司和 N 船公司的顾客总费用,才能选择下一年的承运人。顾客总费用不仅仅由货币费用构成。除了货币费用外,顾客总费用还包括购买者所花费的时间、精力和心理费用。

这位经理估算了 M 船公司和 N 船公司各自的顾客总效用和总费用后,就可以估算 M 船公司和 N 船公司各自的顾客净得价值。若 M 船公司的顾客净得价值低于 N 船公司的顾客净得价值,该经理会选择 N 船公司作为其下一年的承运人。

顾客净得价值最大化是顾客购买决策的准则,这一概念有着丰富的营销内涵。首先,公司应当对主要的竞争对手进行顾客总效用和顾客总费用的评估,以明确自己的处境以及应定位于何处。其次,顾客净得价值低的公司,可在提高顾客总效用或降低顾客总费用上做文章。

顾客按照其净得价值最大化来做出购买选择。顾客购买后是否满意则取决于其对所购产品的期望与该产品的绩效。满意与否是顾客在对产品的绩效(或结果)与他对产品的期望进行比较之后而产生的一种开心或失望的感觉。如果产品的绩效低于期望,顾客就不满意;如果产品的绩效与期望相符,顾客就满意;如果产品的绩效超出期望,顾客就很满意或惊喜不已。让顾客满意是至关重要的,也是顾客再次上门的主要因素。生意是否成功,就要看顾客是否再上门。美国哈佛商业杂志发表的一项研究报告指出:"公司利润的 25% ~ 85% 来自于再次光临的顾客。"据美国汽车业的调查,一个满意的顾客会引发 8 笔潜在生意,其中至少有 1 笔成交;而一个不满意的顾客会影响 25 个人的购买意愿。争取一位新顾客所花的成本是保住一位老顾客所花成本的 6 倍。

4.交换、交易和关系

人们对满足需求或欲望之物的取得,可以通过各种方式,如自产自用、强取豪夺、乞讨和交换等方式。其中,只有交换方式才存在市场营销。交换是市场营销最核心的概念。

交换是指以提供某种东西作为回报而从他人处取得所需之物的行为。交换的发生,必须具备 5 个条件:

(1)至少有交换双方;

(2)每一方都有对方需要的有价值的东西;

(3)每一方都有沟通与运送货品的能力;

(4)每一方都可自由地接收或拒绝对方提供的交换物;

(5)每一方都相信与对方打交道是合理的或称心的。

这些条件只不过使交换成为可能,而交换是否真正发生,主要取决于能否找到交换双方一致同意的交换条件。

交易是交换的基本组成单位,是交换双方之间的价值交换。交换是一个过程,而交易则是交换成功的结果。如果双方在磋商并逐步达成协议,则称在进行交换。在这个过程中,如果双方达成了协议,我们就称之为发生了交易。

交换是市场营销最核心的概念,交易则是对市场营销绩效的度量。交易通常有两种方式:一是货币交易,如甲支付出 500 元给运输公司而得到货物的运输服务;二是非货币交易,包括以物易物,以服务易服务的交易等。交易通常要涉及几项实质内容:(1)至少有两件有价值的物品;(2)双方同意的交易条件;(3)协议达成的时间、地点;(4)有一套法律制度来维护和迫使交易双方执行承诺(如《合同法》)。

为了促使交换成功,营销者必须分析交换双方各自打算为交易提供什么? 期望由交易得到什么? 以飞利浦电器公司在班轮市场上寻求承运人之例。飞利浦电器公司考虑到自己作为跨国公司的物流特点,认定只有像马士基这样的全球承运人才能胜任其产品的运输,所以它保证向这家大承运人每年提供(假定)10 000TEU 货源。因为其产品属于高价值消费品,它最担心的是产品在运输过程中遭到偷窃,所以运输安全是它要考虑的首要问题;为了维护公司的信誉,它必须确保顾客能在预定的时间内收到产品,所以运输及时是它的第二个要求;该公司还希望通过门到门的形式将它的产品直接运到目的地,以避免采用其他运输方式可能会产生的货物在途中滞留的问题。马士基可满足飞利浦的上述要求,但是它想得到的是运价不低于运价本所规定的运价、按时付款、长期的货运合同。马士基按上述要求向飞利浦发盘,飞利浦在还盘时可能提出相当低的运价。双方为达成协议进行反复磋商,磋商的结果可能达成双方都同意的协议,也可能决定不进行交易。

与交易有关的市场营销活动称之为交易市场营销,为使企业获得较之交易市场营销所得更多,就需要关系市场营销。关系市场营销是市场营销者与顾客、分销商、经销商、供应商等建立、保持并加强合作关系,通过互利交换及共同履行诺言,使各方实现各自目的的营销方式。

与顾客建立长期合作关系是关系市场营销的核心内容。与各方保持良好的关系要靠长期承诺和提供优质产品、优良服务和公平价格,以及加强经济、技术和社会各方面联系来实现。关系市场营销可节约交易的时间和成本,使市场营销宗旨从追求每一笔交易利润最大化转向追求各方利益关系的最大化。

5.市场营销与市场营销者

在交换双方中,如果一方比另一方更主动、更积极地寻求交换,我们将前者称之为市场营销者,后者称为潜在顾客。换句话说,所谓市场营销者是指希望从别人那里取得资源并愿意以某种有价值的东西作为交换的人。市场营销者可以是卖方,也可以是买方。当买卖双方都表现积极时,我们就把双方都称为市场营销者,并将这种情况称为相互市场营销。

三、市场营销的任务

市场营销作为一种社会经济活动,其存在的必要性及其作用和任务是由现代社会化大生产和商品经济中的矛盾决定的。在自给自足的自然经济条件下,生产者同时就是消费者,生产与消费是同一的,不存在十分突出的矛盾。但是,在现代社会化大生产和商品经济条件下,生产者与消费者之间却普遍存在着各种各样的差异和矛盾,这些差异和矛盾就决定了企业进行市场营销的必要性。

(一)现代社会化大生产和商品经济中的矛盾

1.生产者与消费者的空间分离

生产者与消费者的空间分离是指生产者与消费者在供需地区上的差异和矛盾。在一个国家中,工业产品大部分集中在城市生产,农产品则主要集中在农村生产,而这些工农业产品的广大消费者却分散在全国各地,甚至分散在国外的许多国家。许多工农业产品的生产和消费在地点上的差异和矛盾,需要通过企业的市场营销活动,把工农业产品从生产地运往国内的各个销售市场、甚至国外市场,以供给和满足这些分散的消费者需求,不使产地积压、销地脱销,从而解决生产与消费在空间上的矛盾。

2.生产者与消费者的时间分离

生产者与消费者的时间分离是指生产者与消费者在供需时间上或季节上的差异和矛盾。这是因为许多工农业产品的生产和消费有时间性和季节性。有些产品是季节性生产而长年消费,如水果、粮食等。有些产品是长年生产而季节性消费,如呢绒、毛线等。这种生产和消费在时间上的差异和矛盾,需要通过市场营销活动,对产品进行收购、加工、储存,以调节产品在消费的淡季和旺季的供应,使企业得以保持正常稳定地生产,使消费者的需要能够适时地得到满足。

3.生产者与消费者的信息分离

生产者与消费者的信息分离是指生产者和消费者在产品供需信息上的分离和矛盾。在现代市场经济条件下,一方面生产者不知道市场上需要什么商品、何地需要、何时需要、需要多少、什么价格顾客才愿意购买等,另一方面广大消费者也不知道自己所需要的商品由谁供应、何地供应、何时供应、供应多少、价格高低等。因此,工商企业就要通过广告宣传,把生产和供应情况告诉给广大消费者,同时还要通过市场营销研究、了解消费者的需求情况,从而沟通产需信息,解决生产者与消费者信息分离的矛盾。

4.生产者与消费者在商品估价上的差异与矛盾

生产者与消费者对市场上的商品的估价差异很大,会影响交易的顺利实现。生产者与消费者对同一种商品是从不同的角度进行估价的。生产者一般是按照成本和竞争价格来确定其产品的价格,而消费者则是按照经济效用和支付能力来对生产者的产品估价,因此二者之间必然存在差异。这就要求工商企业提高产品质量,运用正确的方法和策略合理定价,并加强广告宣传,让消费者理解和接受产品价格,促进销售。

5.生产者与消费者的所有权分离

生产者与消费者的所有权分离是指生产者对其产品拥有所有权,但他们自己并不需要这种产品,消费者需要这种产品,但他们对这种产品没有所有权。这种矛盾的存在,要求企业通过开展市场营销活动,把消费者需要的商品卖给广大消费者,实现商品所有权的转移,使企业实现其产品的价值,消费者的需求得到满足。

6.生产者与消费者在商品供需数量上的差异与矛盾

在产品的供需数量上,生产者往往愿意大批量生产和销售某种产品,而消费者一般是零星购买和消费。这样就需要由批发企业向许多工业企业大批量采购,然后再以较小批量转卖给为数众多的中小零售商,再由零售商销售给广大消费者,以解决这种矛盾。

7.生产者与消费者在花色供需上的差异与矛盾

在产品的花色、品种上,由于各个工业企业都不同程度地实行专业化生产,因此它们所提供的产品的花色、品种、规格、型号等是有限的,但广大消费者的需求却是各种各样的。这种矛盾的存在,要求企业通过市场营销活动,了解消费者所需要的产品的花色、品种,并通过目标市场的选择和合理的市场定位,组织生产和经营,满足消费者的各种各样、千差万别的需要。

上述生产者与消费者在生产与消费上存在的种种矛盾,是社会化大生产和商品经济中客观存在的。这些矛盾决定了现代市场营销活动的复杂性和多样性,也决定了市场营销的任务。

(二)市场营销的功能与作用

市场营销在社会经济生活中的基本作用,就是解决生产与消费的各种矛盾,满足生活消费与生产消费的需要。它通过执行其功能,创造出经济效用来发挥其解决种种产销矛盾的作用。

市场营销的功能主要有:

1.交换功能

交换功能主要包括购买和销售两个方面。在交换过程中,产品的所有权发生转移,买方主体需要对购买什么、向谁购买、购买数量、购买时间、购买地点等进行抉择,卖方主体需要确定目标市场、进入市场、努力促销并实施售后服务等。在交换过程中,价格因素起着十分重要的作用。

2.物流功能

物流功能又叫集体分配功能,包括货物的运输与储存等。运输是为了实现产品在空间位置上的转移。储存是为了保存产品的使用价值,并调节产品的供需矛盾。物流功能的发挥是实现交换功能的必要条件。

3.便利功能

便利功能是指便利交换、便利物流的功能,其实现方式包括资金融通、商品保险、商业信用、兑付形式、信息传递和产品标准化等。借助资金融通和商业信用,可以控制或改变产品流向和流量,在一定条件下能够给买卖双方带来交易上的方便和利益。商品保险是指在产品交易和产品储运过程中考虑到一些财务损失,如产品积压而不得不削价出售或产品损坏、短少、腐烂而造成经济损失等,而采取的一种风险分散措施。市场信息的收集、加工与传递对于生产者、中间商、消费者或用户都是重要的,没有信息的沟通,交换功能、物流功能都难以实现。产品的标准化可以大大简化和加快交换过程,不但方便储存与运输,也方便顾客购买。

市场营销的这些功能,能够使商品在交换过程中创造出较好的经济效用,包括:形式效用,即在合理利用有限资源的情况下,按照市场上消费者的不同需求,设计并生产不同花色、品种、规格、功能和包装装潢的产品,满足市场供应,创造新的需求;时间效用,即对那些时令性、季节性较强的商品,抓紧时间,有计划地组织生产,适时供给市场;地点效用,即将甲地产品运到乙地市场销售,以便调剂余缺,互通有无,满足不同地区消费者的需要;占有效用,即将产品的所有权由生产者通过交易行为转让到使用者手中,实现商品的使用价值的转移。

(三)市场营销的任务

市场营销的任务从一般的意义上来理解,就是刺激顾客对企业产品的需求,以便尽量扩大生产和销售。但是,由于市场上的需求具有各种不同的形态,因而市场营销的任务就不仅仅是刺激和扩大市场需求,同时还包括调整、缩减和抵制市场需求。概括起来说市场营销的根本任务,就是根据市场上存在的不同需求状况,及时适当地调整市场的需求水平、需求时间和需求特点,使需求与供给相协调,以实现互利的交换,达到组织的目标。从整个市场的角度看,市场需求存在多种形态,因而企业要开展不同的市场营销,完成不同的营销任务。

1.开发性市场营销

开发性市场营销是与潜在需求相联系的一种市场营销。潜在需求是指市场上消费者对某种商品怀有强烈的需求愿望,而市场上现有产品或服务又无法使之满足的那部分需求,或者市场上已经有了理想的产品或服务,但由于消费者现实的购买力不足,目前无法实现的那部分需求。对于潜在需求,市场营销的任务就是努力开发适合能满足消费者需要的新产品或劳务,或者为消费者提供各种消费信贷和赊销服务,将市场上的潜在需求转变为现实需求。

2.扭转性市场营销

扭转性市场营销是针对市场上存在的负需求实行的。负需求是指全部或大部分潜在购买者对某种产品或劳务不但没有需求,而且有厌恶情绪,持回避或拒绝态度的情况。例如:有的人对坐飞机有畏惧心理,产生负需求;素食主义者对所有的肉类产生负需求。针对这种情况,营销的任务就是在弄清消费者产生负需求的原因以后,对症下药,通过对产品重新设计、积极促销等营销手段,改变人们对市场的信念和态度,使负需求变成正需求。例如:酱油作为一种调味品原来只是东方人食用,西方人对这种黑色的液体没什么好感,摆在美国商店里的酱油销量微乎其微。但是,生产"万"字牌酱油的日本厂商龟甲万酱株式会社却以强大的攻势,扭转了美国人对酱油的态度,培养和创造了美国人对酱油的需求。该会社采取的营销措施如下:一是通过东方人在美国开的餐馆,利用美国人的好奇心理吸引美国人品尝酱油;二是通过各种方法强化生活在日本的美国人对酱油的爱好,希望这些人回美国后,介绍和宣传这种美国人还不习惯的调味品;三是利用各种媒体大做广告,让美国人了解、熟悉这种调味品;四是建立许多示范点,把各种西式食品沾上酱油免费提供。于是,酱油逐渐成为美国家喻户晓的调味品,甚至有一部分人对酱油产生了真正的嗜好。如今,酱油已成为美国人家庭必备的调味品,而"万"字牌则成为酱油的代名词。

3.刺激性市场营销

刺激性市场营销是针对市场上存在的无需求实行的。无需求是指市场上对某种产品或劳务既无负需求也无正需求,也就是不感兴趣或漠不关心的一种需求状况。造成无需求的原因很多:(1)对新产品或新的服务项目,消费者缺乏了解或使用;(2)商品性能和用途不符合当地市场的需求和爱好。(3)对非生活必需的一些装饰品、赏玩品等,消费者没有特殊的偏好。针对这种无需求状况,营销的任务就是通过大力促销、广告宣传等市场营销措施,将产品所能提供的利益与人的自然需要和兴趣联系起来,设法引起消费者对产品或服务的兴趣,刺激需求,使无需求变成有需求。例如:辽宁锦州制药厂研制生产出一种新药"吗洛替酯",批量生产后投放市场,一段时间内市场上对这种新药根本无人购买,市场很难打开。对此,企业进行了认真调查分析,查找原因,认为问题出在推销员身上。企业的推销员在向顾客推销这种新药品时,只能说清该药能治什么病,但不知道用什么原理治病,因此说服力不强,对于推销这种国内首创新药就显得被动。于是,企业让参加新药研制工作的科技人员参加推销,组成联合推销组,并采取了面向大城市、大医院和由科技人员直接向用户讲清新药治病原理,让用户从道理上能够接受的销售策略,市场局面很快发生了明显变化,产品迅速畅销,不到 6 个月时间就为企业带来 160 万元的利润。

4.维护性市场营销

维护性市场营销是针对市场上存在的充分需求实行的。充分需求是指市场上的供求在数量上和时间上趋于一致,即供需之间趋于平衡,这是市场营销的理想状况。但由于市场的动态性、消费者需求的变化以及激烈的竞争,产品供需平衡相对短暂,经常被不断出现的新的不平衡所取代。市场营销的任务是密切注视消费者偏好的变化和竞争状况,经常测定顾客满意度,设法维护企业现有的销售水平,防止出现下降的趋势。其营销策略是增加销售服务和广告宣传,从价格竞争和非价格竞争两方面入手,维护市场需求,稳定自己的销售市场。

5.恢复性市场营销

恢复性市场营销是针对市场上存在的衰退需求实行的。衰退需求是指市场上对某种产品或劳务的需求呈下降趋势的一种需求状况。这种情况多是由于新的产品或服务的加入和冲击造成的。针对这种情况,市场营销的任务是分析需求衰退的原因,采取营销手段努力为老产品开拓新的目标市场或进行市场转移,改进产品和市场营销组合手段;不断开发新产品,及时实行产品的更新换代,使企业的营销恢复生机。

6.同步性市场营销

同步性市场营销是针对市场上存在的不规则需求实行的。不规则需求是指市场上某种商品或服务的需求在时间上或地点上不均衡、有波动的情况,表现为时超时负的现象。受企业生产能力的限制,产品一般能够均衡供应,但市场需求受多种因素的影响,却是不均衡的,在不同的时期往往表现出较大的差异。例如:每年的春节前后,由于人员的大量流动,造成铁路和公路运输高度紧张。又如:在每年的旅游旺季,一些旅游景点人满为患,但在旅游淡季又冷冷清清。还有一些季节性产品的需求也表现出这样一种特点。针对这种情况,营销的任务就是设法调节需求与供给的矛盾,使二者达到协调同步。采取的策略是利用灵活的定价和广告宣传、增加合理的产品储存等,使消费者对产品或服务的需求淡季不淡、旺季不旺、供需均衡、稳定销售。

7.增长性市场营销和限制性市场营销

增长性市场营销和限制性市场营销是针对市场上存在的过量需求实行的。过量需求是指市场上的需求量超过了卖方所能供给和所愿意供给的水平。造成过度需求的原因如下:一方面可能是由于企业扩大生产的努力受到资源和技术条件的限制,一时很难增加供应量;另一方面可能是由于某种产品或服务长期过分受欢迎所致,这种情况会造成资源的浪费和环境的破坏。例如:我国一些著名的风景区和名胜古迹由于人们长期的大量需求,已造成了不同程度的破坏。

在过量需求的情况下,企业可采取积极的措施,即在市场预测的基础上,有计划、有步骤地扩大生产规模,增加产品供应量,满足市场需求,即采取增长性市场营销方案。但当企业扩大生产的努力受到资源和技术条件的限制时,就需要采用限制性市场营销方案,此时市场营销的任务就是要设法限制人们的需求强度,降低人们的需求热情。其途径是通过提高价格、合理分销、减少服务和促销等手段,暂时或永久地降低市场需求水平,以实现供需平衡。

8.抵制性市场营销

抵制性市场营销是针对市场上存在的有害需求实行的。有害需求是指市场上的某些产品或服务对消费者的身心健康无益甚至有害的需求。例如:食品和化妆品中包含了过量的某种对人体有害的物质;不安全的电器、假药以及有害公众利益的赌具、毒品、黄色书刊和音像等。针对这种情况,市场营销的任务就是抵制和消除这种需求。企业要组织各项活动,宣传该种产品及需求的危害性,帮助消费者辨别真伪、判断是非,促使他们主动放弃对这类产品和服务的需求,以维护消费者和社会公众的利益。

四、市场营销与企业职能

市场营销学的形成和发展,与企业经营在不同时期所面临的问题及其解决是紧密联系在一起的。

在市场经济体系中,企业存在的价值在于它能否有效地提供满足他人(顾客)需要的物品。因此,管理大师彼得·德鲁克(Peter F. Drucker)指出,顾客是企业得以生存的基础,企业的目的是创造顾客,任何组织若没有营销或营销只是其业务的一部分,则不能称之为企业。"企业的基本职能只有两个,这就是市场营销和创新"(彼得·德鲁克.经营管理.中兴管理顾问公司,1980.P58)。

这是因为:

(1)企业作为交换体系中的一个成员,必须以对方(顾客)的存在为前提。没有顾客,就没有企业。

(2)顾客决定企业的本质。只有顾客愿意花钱购买产品和服务,才能使企业资源变成财富。企业生产什么产品并不是最重要的,顾客对他们所购物品的感觉及价值判断才是最重要的。顾客的这些感觉、判断及购买行为,决定着企业的命运。

(3)企业最显著、最独特的职能是市场营销。企业的其他职能,如生产管理、财务管理、人力资源管理,只有在实现市场营销目的的情况下,才是有意义的。因此,市场营销不仅以其创造产品或服务的市场而将企业与其他人类组织区分开来,而且不断促进企业将市场营销观念贯彻于每一个部门,使市场营销成为企业首要的核心职能。对于跨世纪的中国企业来说,必须实现由过去偏重生产管理向重视市场营销的转变,制定出明确的市场营销战略。

第二节 市场营销与市场

在现代市场经济条件下,企业必须按照市场需求组织市场,企业市场营销行为依托于市场,只有认识市场、适应市场,才能驾驭市场、开拓市场。

一、市场的涵义

市场是社会生产力发展到一定阶段的产物,是实现社会分工和商品生产的必要条件。对于市场的界定,有一个由表及里、由具体到抽象的过程。

在日常生活里,人们习惯将市场看作是买卖双方聚集交易的场所,即具备买卖双方进行商品交换活动所需条件的地点,如集贸市场、商场等。这是对市场最原始、最直观的认识。《易经》记载:"神农日中为市,致天下之民,聚天下之货,交易而退,各得其所",就是对这种在一定时间和地点进行商品交易的市场的描述。

随着生产力水平的提高和经济的发展,商品交换活动的内容和形式都发生了深刻的变化,不再仅局限于同一时间、同一地点、由买卖双方直接完成,而是渗透于整个现代经济。在商品或劳务的交换过程中,消费者与生产者(或经营者)通过市场发生和建立起双方或多方的经济关系。因此,经济学家将市场的具体组织撇开,从揭示经济实质角度提出了抽象市场概念,认为现代市场是以交换过程为纽带的现代经济体系中的经济关系的总和,是通过交换反映出来的人与人之间的关系。这里的交换既包括商品交换,又包括各种具有商品交换性质的其他交换,如资本、劳动力、技术、信息、房地产交换等,从而依次形成了资本市场、劳动力市场、技术市场、信息市场、房地产市场等。

管理学家则侧重从具体的交换活动及其运行规律去认识市场。他们认为市场是供需双方在共同认可的一定条件下所进行的商品或劳务的交换活动。如美国学者奥德森(W. Alderson)和科克斯(R. Cox)就认为,"广义的市场概念,包括生产者和消费者之间实现商品和劳务的潜在交换的任何一种活动"。

市场营销学家则认为买主构成市场(卖主构成行业)。如美国著名市场营销学家菲利普·科特勒(Philip. Kotler)在《市场营销管理》一书中指出"市场是由一切具有特定欲望和需求并且愿意和能够以交换来满足这些需求的潜在顾客所组成。"因此,"市场规模的大小,由具有需求拥有他人所需要的资源,且愿意以这些资源交换其所需的人数而定。"

将上述不同角度市场概念作个简单综合和引申,我们可以得到对市场较为完整的认识:

(1)市场是建立在社会分工和商品生产基础上的交换关系。这种交换关系由一系列交易活动构成,并由商品交换规律(其基本规律是价值规律)所决定,其实现过程是动态的、错综复杂的、充满挑战性和风险性的,但也是有规律的。

(2)现实市场的形成要有若干基本条件。这些条件包括:①消费者(用户)一方需要或欲望的存在,并拥有其可支配的交换资源;②存在由另一方提供的能够满足消费者(用户)需求的产品或服务;③要有促成交换双方达成交易的各种条件,如双方接受的价格、时间、空间、信息和服务方式等。

(3)市场的发展是一个由消费者(买方)决定,而由生产者(卖方)推动的动态过程,在组成市场的双方中,买方需求是决定性的。

基于对上述市场概念的理解,可以分解出市场构成的三个基本要素:消费主体、社会购买力和购买欲望。市场的这三个因素是相互制约、缺一不可的,只有三者结合起来才能构成现实的市场。

二、市场的功能

市场的功能是多方面的,主要功能有:

1.市场具有经济结合的功能

即实现不同商品生产者之间的经济联系和经济结合。这是市场的基本功能。

市场既是社会分工的产物,同时也是社会分工得以存在和发展的保证条件。生产的社会分工必须以分工后又能够紧密结合在一起为条件,分工使生产者"成为独立的私人生产者"(《马克思恩格斯全集》第23卷,第126页),而市场则使生产者相互结合。不同的商品生产者通过市场实现自己商品的价值或取得他人商品的使用价值。

2.市场具有引导商品生产者面向消费需求的功能

即每个商品生产者的生产规模、产品用途等,都以反映社会消费需要的市场需求为导向。

市场的发展是由消费者(买方)决定的,市场的需求结构制约着产品的生产结构,即生产是为了满足消费的需要,而消费的需要决定着生产。只有当产品的生产能够满足市场的需求,也即产品能够适销对路时,产品才能够作为商品销售从而实现其价值,否则就会造成资源的浪费。

市场对商品的导向作用还表现在市场容量限制着生产的规模。所谓市场容量,就是在一定时间内、一定价格水平上商品可能的销售量。产品的市场容量越大,其生产规模就有扩大的可能;反之,生产规模就应随市场容量的减小而缩小。否则,生产者就会因市场上产品供大于求,产品价值无法实现而受损。

3.市场具有劳动比较的功能

即比较同种产品的生产经营者在产品生产过程中各自消耗的劳动量,使资源获得最佳使用效率,实现资源优化配置。

不同商品生产者的生产规模、技术水平、劳动熟练程度、生产经营的管理水平等因素的差异导致其生产同种产品所消耗的劳动时间不同,因而产品的个别价值也不同。但商品进入市场后,由于市场竞争,商品的价值由生产商品的社会必要劳动时间决定,商品的个别价值化为同一的社会价值,即市场价值,商品基于市场价值进行交换。如果某些商品的个别价值低于市场价值,其生产者就会获得超额利润;如果商品的个别价值高于市场价值,其生产者就会因入不敷出而被市场竞争所淘汰。市场的这种通过劳动比较而优胜劣汰的作用,不仅促进个别生产者积极采用新技术以降低成本,提高劳动生产率,而且也推动了社会生产力的发展,提高了全社会的经济效益。

4.市场具有传递信息的功能

市场既是商品信息流动的客观环境,又是传递商品信息的媒体。市场所传递的信息包括商品生产和供应信息、商品需求信息、商品竞争者信息、商品经济管理信息、商品科技信息、政策信息等。

三、市场体系与类型

市场体系是各种类别市场组成的统一体,在这个统一体中各类别市场互相联系、互相制约、互相影响,形成完整的市场体系。

市场是一个复杂的完整体系,从不同角度分析观察市场,可以分成不同的类别。对整体市场按照一定的标准进行科学的分类,目的是要分析和研究不同类型的市场特征,并为企业寻求市场机会、确定目标市场、掌握市场运行规律、制定正确的市场营销策略提供依据。

(一)按市场交换产品的形态

1.一般产品市场

一般商品市场为消费者或组织提供有形物质产品,亦称有形产品市场。在市场体系的各类市场中,商品市场是最早形成的,其发展导致了各类市场的形成和市场体系的发育。市场体系的最终确立是商品市场扩展的必然结果。在商品经济的条件下,资本、技术等也是商品,资本市场、技术市场的形成,正好反映了资本、技术等作为商品的本质特征,只不过资本是商品的货币表现形式,技术是人类的知识结晶罢了。

按照商品的经济用途,商品市场还可进一步分为生产资料市场和生活资料市场。生产资料市场也称生产者市场,按购买者的不同,可分为工业生产资料市场与农业生产资料市场两大类。生活资料市场亦称消费资料市场、消费者市场,包括纺织品市场、服装市场、化妆品市场、家电市场、日用百货市场、蔬菜水果市场等。

2.特殊产品市场

特殊产品市场指为消费者提供的是除一般商品之外的特殊产品的市场,如劳动力市场、无形产品市场等。

无形产品市场是指为满足人们对资金及各种服务的需要而提供各种无形产品的市场。如资金融通市场、劳务市场、技术市场、信息市场等。

资金融通市场简称金融市场,是指资金供求双方借助金融工具进行各种货币资金交易活动的市场(或场所)。在实际交易活动中,以交易凭证期限的长短,金融市场可分为货币市场(短期金融市场)和资本市场(长期金融市场)。货币市场以交易短期信用凭证为主要特征,通过短期工商企业资金周转、金融机构拆款和短期债券等方式,来融通短期资金,加速资金周转,提高资金利用率。资本市场以交易长期信用凭证为主要特征,通过发行国债、股票及长期抵押贷款等方式,将储蓄转变为长期投资,以求得资本的积累。

劳务市场是以劳务来满足消费者需要的市场,也称服务市场。它通过提供具有便利性、知识性、娱乐性、保健性和辅助性等的服务活动和服务过程来满足消费者或组织的某种需求。服务市场具有不可触知性、服务直接性、品质差异性和容易消逝性等特点。随着一些经济发达国家开始从工业经济(以制造业为基础提供大量就业机会)转变为后工业经济(以无形服务业为基础提供大量就业机会),服务市场迅速扩大。

在市场体系中,商品交换是其最基本的内容,所以,商品市场在市场体系中处于基础的地位,其他的市场在某种程度上是为商品市场服务的。金融市场在市场体系中占有极重要的地位,因为在现代市场经济中,货币是商品流通的媒介,是所有资源的一般代表形式,资源的分配,首先表现为资金的分配。劳动力市场是劳动力投入要素交易和分配场所,劳动力是所有投入要素中最能动的生产要素。所以商品市场是市场体系中最主要的市场类别,被称为市场体系的三大支柱。

(二)按消费主体购买目的

1.消费者市场

市场由有购买力和购买欲望的消费主体构成。按消费主体购买目的或用途的不同分为消费者市场和组织市场两大类。消费者市场亦称最终产品市场,是由所有为满足自身及其家庭成员的生活需要而购买、租用产品和服务的个人或家庭组成的市场。在社会再生产的循环中,个体消费者的购买是最终消费的购买,意味着商品价值和使用价值的最终实现。因此,庞大而分散的消费者市场也是组织乃至整个经济活动为之服务的最终市场,是所有社会生产的最终目标所在。

消费者市场的特点:

(1)广泛性。生活中的每一个人都不可避免地发生消费行为或消费品购买行为,成为消费者生产队一员,因此,消费者市场构成人数众多,范围广泛。

(2)分散性。消费者的购买单位是个人或家庭,相对于组织,购买量小、购买频率高、地点分散。

（3）复杂性。消费者受到年龄、性别、身体状况、性格、习惯、文化、职业、收入、教育程度和市场环境等多种因素的影响，消费需求和消费行为千差万别。

（4）易变性。消费需求具有求新求异的特性，要求商品的品种、款式不断翻新。随着市场商品供应的丰富和企业竞争的加剧，消费者对商品的选择性增强，消费风潮的变化速度加快，商品的流行周期缩短。

（5）发展性。随着生产力和科学技术的不断进步，新产品不断出现，消费者收入水平不断提高，消费需求呈现出由少到多、由粗到精、由低级到高级的发展趋势。

（6）可诱导性。消费品品种花色繁多，大多数消费者对所购买的商品缺乏专门的知识，对质量、性能、使用、维修、保管、价格乃至市场行情不甚了解，往往根据个人好恶和感觉做出购买决策，受环境因素影响大。市场营销的任务就是通过广告宣传、有形展示等推销活动积极引导、诱发和刺激消费者需求，使无需求变成有需求、潜在需求变成现实需求、未来需求变成近期需求。

（7）层次性。人的消费需求是有层次的，首先满足生存需要，然后再满足发展需要和享受需要。在一定时期内，每一个消费者的需求都处于某个层次上，由于人们的收入水平不同，市场上同时存在高、中、低不同层次的需要，这要求企业根据自身实际情况，生产出不同层次的产品，满足消费者需求。

（8）替代性。消费品种类繁多，不同品牌甚至不同品种之间往往可以互相替代。

（9）地区性。同一地区的消费者在生活习惯、收入水平、购买特点和商品需求等方面有较大的相似之处，而不同地区的消费者的消费行为则表现出较大的差异。

（10）季节性。包括三种情况：一是季节性气候变化引起的季节性消费；二是季节性生产而引起的季节性消费；三是风俗习惯和传统节日引起的季节性消费。

（11）非生活必需品需求弹性大。消费需求受消费者收入、商品价格和储蓄利率影响大，在购买品种和数量上表现出较大的需求弹性。

影响消费者购买的主要因素有文化因素、社会因素、个人因素、心理因素。

2.组织市场

组织市场是指工商企业为从事生产、销售等业务活动以及政府部门和非盈利组织为履行职责而购买产品和服务而构成的市场。即组织市场是以某种组织为购买单位的购买者所构成的市场，对应于消费者市场。就买主而言，消费者市场是个人市场，组织市场则是法人市场。这些企业或组织购买商品或服务，是为了从事组织活动，即生产加工产品或向社会提供服务。从社会再生产的角度看，他们的购买——消费属于中间消费或生产性消费。

组织市场具有与消费者市场截然不同的特点：

（1）购买者比较少。组织市场营销人员接触的顾客比消费者市场要少得多。

（2）购买数量大。组织市场的顾客每次购买数量都比较大，有时一位买主就能买下一个企业较长时期内的全部产量。

（3）供需双方关系密切。组织市场的购买者需要有源源不断的货源，供应商需要有长期稳定的销路，因此供需双方互相保持着密切的关系。

（4）购买者的地理位置相对集中。组织市场的购买者往往集中在某些区域，这些区域的购买量占据全国市场的很大比重。

（5）派生需求。也称为引申需求或衍生需求。组织市场的顾客购买商品或服务是为了给自己的服务对象提供所需的商品或服务。因此,业务用品由消费品需求派生出来,并且随着消费品需求的变化而变化。派生需求往往是多层次的,形成一环和一环的链条,消费者需求是这个链条的起点,是原生需求,是组织市场需求的动力和源泉。

(6)需求弹性小。组织市场对产品和服务的需求总量受价格变动的影响较小,在短期内特别无弹性,因为企业不可能临时改变产品的原材料和生产方式。组织市场需求的一般规律是:在需求链条上距离消费者越远的产品,价格的波动越大,需求弹性却越小;原材料的价值越低或原材料成本在制成品成本中所占比例越小,其需求弹性就越小。

(7)需求波动大。组织市场需求的波动幅度大于消费者市场需求的波动幅度,一些新企业和新设备尤其如此。组织市场需求的这种波动性使得许多企业向经营多元化方向发展,以避免风险。

(8)专业人员采购。组织市场的采购人员大都经过专业训练,具有丰富的专业知识,清楚地了解产品的性能、质量、规格和有关技术要求。供应商应当向他们提供详细的技术资料和特殊的服务,从技术的角度说明本企业产品和服务的优点。

(9)影响购买的人多。与消费者市场相比,影响组织市场购买决定的人多。大多数企业有专门的采购组织,重要的购买决策往往由技术专家和高级管理人员共同做出,其他人也直接或间接参与,这些组织和人员形成事实上的"采购中心"。供应商应当派出训练有素的、有专业知识和人际交往能力的销售代表与买方的采购人员和采购决策参与人员打交道。

(10)直接采购。组织市场的购买者往往向供应方直接采购,而不经过中间商环节,价格昂贵或技术复杂的项目更是如此。

(11)互惠购买。组织市场的购买者往往这样选择供应商:"你买我的产品,我就买你的产品",即买卖双方经常互换角色,互为买方和卖方。

(12)租赁。组织市场往往通过租赁方式取得所需产品。对于机器设备等昂贵产品,许多企业采用租赁方式可节约成本。

组织市场包括生产者市场、中间商市场、非盈利组织市场等。

(1)生产者市场

生产者市场又称产业市场或企业市场,是由所有购买产品或服务用于生产(加工)其他产品或服务,然后销售、租赁、或供应给他人以获取利润的企业构成的市场。这些企业或组织包括农林牧渔业、制造业、建筑业、运输业等,它们从资源市场(由原材料市场、劳动力市场、资金市场等组成)购买资源,是为了从事企业经营活动,即生产加工产品或向社会提供服务。从社会再生产的角度看,他们的购买——消费属于中间消费或生产性消费,构成社会再生产的一个新起点。

(2)中间商市场

中间商市场也称转卖者市场,指由购买产品或服务用于转售或租赁给他人以获取利润的企业构成的市场,即由从事批发贸易、零售贸易和代理的企业和组织构成的市场。中间商作为产品的再销售者,是最终消费者的采购代理人,因而受最终消费者的影响。最终消费者是中间商的衣食父母,因此,中间商一定要了解消费者的需求,提供个性化的服务。中间商是生产者和消费者之间商品流通的媒介,供应商应当把中间商视为消费者的采购代理人而不是自己的销售代理人,帮助他们为消费者作好服务。

(3)非盈利组织市场

非盈利组织市场是指为了维持正常运作和履行职能而购买产品或服务的各类非盈利组织

所构成的市场。

政府市场属于非营利组织市场。政府市场指为执行政府职能而购买或租用产品的各级政府和下属各部门所构成的市场。各国政府通过税收、财政预算掌握了相当部分的国民收入,形成了潜力极大的政府采购市场,成为非营利组织市场的主要组成部分。

四、运 输 市 场

运输市场是整个市场体系中的一部分,指运输参与各方在交易中所产生的经济活动和经济关系的总和,即运输市场不仅是运输劳务交换的场所,而且还包括运输活动参与者之间、运输部门与其他部门之间的经济关系。

(一)运输市场参与者

运输市场的参与者主要可以概括为四个方面:

1.运输需求者

包括各种经济成份的客、货运输需求者,即旅客和货主。运输需求主体参与运输市场活动目的有二:一是通过运输劳务获得运输效用;二是在满足运输效用的同时,追求经济性,即用较少的费用获得运输效用的满足。

2.运输供给者

包括提供运输劳务的单位和当事人,即各种运输方式的运输业者以及运输业者的行业组织。运输供给主体提供运输劳务以获得相应的经济效益为目标。

3.运输中介

包括介于运输需求和供给双方之间,以中间人的身份提供各种与运输相关的服务的货运代理公司、经纪人、信息咨询公司等。作为独立的市场经济组织,运输中间商依靠服务于供需双方来参与运输市场活动,同样以追求自身经济效益为目标。

由于运输劳务在各种运输方式之间存在一定的替代性,尤其在运网布局合理和较为发达的情况下,运输劳务的替代性更强。这一方面反映了各种运输方式之间的竞争日益激烈,另一方面也意味着运输供给者主体之间,运输中间商之间的相互影响和相互依赖的关系复杂化。

4.政府

包括政府有关机构和各级交通运输管理部门,他们代表国家即一般公众利益对运输市场进行监督、管理、调控。

在运输市场交易活动中,需求者、供给者、中介直接从事客货运输交换活动,属于运输市场行为主体。政府以管理、监督、调控者身份出现,不参与市场主体的决策过程,主要通过经济手段、法律手段,制定运输市场运行的一般准则,规范、约束运输市场主体的行为,使运输市场有序运行。

(二)运输市场的地位和作用

1.运输市场是市场体系的基础,其运转状况影响到整个市场体系的运转效率

运输是商品流通的载体,没有货运市场的最终形成,商品市场的形成和完善是不可思议的。劳动力市场形成的前提条件是劳动力自由流动,而劳动力的自由流动必须依赖发达的客运市场。因此,运输市场是市场体系的基础,可以把运输市场看作是要素市场之一。

运输是社会再生产得以进行的必要条件,运输市场运转状况直接影响到产品的整个运动过程,从而影响到整个市场体系的运转效率,乃至影响整个国民经济的发展速度。

运输需求属于派生性需求,但是运输的发展规模和水平决定了商品生产和交换的规模和程度。只有当运输市场发展到一定水平之后,商品生产和交换才能突破区域规模的限制。

2.运输市场是整个市场体系中的子系统

运输市场的运行方式、市场秩序、市场调节过程,受到市场体系基本规则的制约,运输市场规则的建立和完善,不能超出市场体系基本规则的框架,基本上应和市场体系总体规则同步。

3.运输市场内各种运输方式的市场化程度有显著差别

在运输市场内,各种不同运输方式的市场化程度是不同的。公路运输市场和内河运输市场竞争激烈,经营分散,市场化程度相对较高;航空运输市场由于市场准入门槛较高,构成市场的供给者数量相对不多,虽然竞争激烈,但易形成联盟垄断市场;铁路运输在我国则是垄断经营,市场化程度最低。

(三)运输市场的结构

在运输市场体系中,按照不同的分类标准,可以分成不同的类别:

1.按运输市场的状态结构

运输市场的状态结构是指由运输市场运行的不同状况而形成的市场结构。运输市场交易是由供求双方共同构成的。在交易进行的过程中,由于双方的经济力量对比不同而使市场处于不同的状态。

(1)运输买方市场。即指买卖双方的力量对比中由买方占主导地位的市场。在这种运输市场状态下,运输供给大于需求,买方掌握着市场的主动权,成为市场运行的主导力量;由于运输供给大于运输需求,货主或旅客有很大的回旋余地,有选择多种不同运输服务的自由,而运输企业则不然,都想尽快为自己产品寻找销路,彼此之间进行激烈的竞争;竞争主要通过两种途径,即价格竞争与非价格竞争,其中非价格竞争以质量竞争(包括服务竞争)为核心,运输供给方竞争的结果是运输需求方得益。

(2)运输卖方市场。卖方市场是在买卖双方的力量对比中由卖方占主导地位的市场。在这种运输市场状态下,运输供给小于运输需求。卖方掌握着市场的主动权,成为市场运行的主导力量;由于供给不足,卖者的回旋余地很大,可以待价而沽,而买者则处于被动地位,竞争激烈,甚至不惜出高价去购买运输服务;卖方市场对运输供给方有利,但运输业者容易出现不良经济行为,如安于现状,不思进取,缺乏竞争意识,偏重于外延式扩大再生产,忽视技术进步,服务质量低劣,借机利用外部成本牟取利益等。因而这种市场状态结构对运输业的发展和整个国民经济的发展都是不利的。

(3)运输均势市场。是指运输市场上买卖双方的力量对比旗鼓相当、处于均势状态的市场,这是一种比较完善的市场状态。在这种市场状态下,运输供给与需求大体平衡,价格也相对平稳,双方均无明显优势和劣势,或有时买方稍有优势,或有时卖方稍有优势。在这种市场状态下,运输业的发展和国民经济的发展均处于平稳状态,因而是理想的市场结构。

买方市场、卖方市场和均势市场是运输市场上存在的三种不同状态,它是供求双方力量对比的不同结果。但各种对比关系不是固定不变的,随着影响供给与需求的各种经济变量的变化,需求与供给也发生变化,市场状态也会发生相应的转变。运输企业应经常注意这种变化,以通过相应的决策求生存、求发展;运输管理机构也应该注意这种变化,适当地加以调控,以保持市场的均衡状态,或保持适度的买方市场,以利于运输资源的优化配置,以利于运输专业化水平和运输社会化程度的提高。

2.按照运输市场的客体结构

(1)运输基本市场

运输基本市场就是通常所说的运输市场，是以客货运输为主导的市场，其以旅客、货物为运输劳动对象，并直接向旅客、货主提供运输服务。

运输基本市场分为客运市场和货运市场，其中货运市场还可按货种不同分为普通货物运输市场和特种货物运输市场。普通货物运输市场可分为干货运输市场、散货运输市场、杂货运输市场、集装箱运输市场，散货运输市场再细分为粮食运输市场、煤炭运输市场、石油运输市场、矿石运输市场。特种货物运输市场可分为大件运输市场、冷藏货物运输市场、危险品运输市场等。客运市场可分为一般客运市场及特种客运市场，后者还可分为旅游客运以及包机(车、船)市场等等。

(2)运输相关市场

运输相关市场是指与运输基本市场相互影响、相互作用、相互依存却不能单独存在的市场。分为运输设备租赁市场、运输信息服务市场、运输设备修造市场、运输设备拆卸市场等。

3.按运输市场的空间结构

运输市场空间是指运输主体及其所支配的运输市场客体的活动范围。现实的运输市场总是具有一定活动空间的市场，各类市场由于扩散和吸引能力的大小而有所不同。运输市场的空间结构就是指各等级各层次的市场空间在整个市场体系中所占有的地位及其相互关系。运输市场的空间结构从大的方面来说可以分为三个基本层次：

(1)区域性的地方运输市场。即以区域为活动空间的运输市场，包括城市运输市场、城间运输市场、农村运输市场、城乡运输市场，以及南方市场、北方市场等。通常以大大小小的经济区为主，在地域分工和生产专业化的基础上逐步形成，并循序渐进地逐步发展和扩大。

(2)全国统一的运输市场。即以整个国家领土、领空、领海为活动空间的运输市场，它是包括各个地区、各种运输方式在内的统一的运输市场。它以市场经济的充分发展为基础，在区域运输市场充分发展的前提下得以形成的。

全国统一的运输市场由铁路运输市场、公路运输市场、水路运输市场、航空运输市场和管道运输市场组成。

(3)国际运输市场。即不仅以本国，而且以其他国家为活动空间的运输市场，它是随着国际间的商品交换及经济社会文化交流的增加而逐步形成的，是国际分工、世界经济的发展和经济生活国际化的必然结果，也是市场经济发展的客观要求和必然趋势。

4.按运输市场的时间结构

所谓运输市场时间结构是指市场主体支配交换客体这一运行轨迹的时间量度。由于运输市场交易中，市场主体之间对交换对象——运输劳务的权力转移与其价值运动过程，可以有不同的时间轨迹。一般来说，运输市场按时间结构包括两种情况：

(1)运输现货交易市场。即是进行运输现货交易的市场，它由拥有运输劳务(现货)并准备交割的运输供给者和想得到运输劳务的运输需求者组成。运输现货交易是指运输市场上出售运输劳务与货币转移是同时进行的，因而也称即期交易。(广义的现货交易也包括远期交易，供求双方只签订运输合同，约定在一定时期内按合同条款履行义务并进行交割。)如果现货交易是通过签订运输合同进行，则运输劳务必须在规定的时间内完成，买卖双方只有在相互同意的情况下才能够修改或取消所签的合同。

(2)运输期货交易市场。即是从事买卖标准化的运输期货交易合同的市场。运输期货交易是在交易所通过签订标准化的运输期货交易合同而成交的。运输期货交易不仅是先签订期货交易合同，然后在某一特定时间交割，而且具有能"买空卖空"、能根据交易人的需要自由买卖(增加、减少)、市场安全等特点。

5.按运输市场的市场结构

所谓运输市场结构是指市场上运输劳务的竞争关系与组合模式。它反映了运输市场竞争的态势和程度。决定运输市场结构的主要因素有两个：一是参与运输市场交易的供给者和需求者的数量；二是成交的运输劳务的差异程度。一般来说，运输市场上供给者和需求者的数量越多，市场竞争越激烈；交易者数量越少，竞争越小；参加交易的运输劳务的差异程度越小，竞争程度越大；运输劳务的差异程度越大，则竞争的程度越小。

运输市场根据运输劳务的竞争关系与组合模式可以划分为下列结构模式：

(1)完全竞争运输市场。完全竞争运输市场又称纯粹竞争市场，市场的特征是：运输市场上存在大量的运输供给者(或代理人)和运输需求者(或代理人)，他们各自的交易额相对于整个市场的交易规模只是很小的一部分，因而不能影响市场的运价，个别的运输供给者和运输需求者只能接受市价；所有的运输供给者都是独立地进行决策，以相同的方式向运输市场提供同类、同质的运输劳务，即完全可以互相取代；运输供给者只要具备一定的经营条件和运力，即可进入市场，并且退出市场的伸缩性小，决定进、出市场的惟一条件是经济上是否有利可图；这种市场没有政府的干涉。由于没有差异化，市场竞争激烈，运输供给者只能获得正常利润。现实中这种理想模式是不存在的，近似具备这种市场条件的是发达国家的跨州(省)公路货运市场以及海运中的不定期船市场。

(2)完全垄断运输市场。完全垄断运输市场又叫独占运输市场。这种市场主要表现为某一国家或地区的运输市场上只存在一家运输供应者。市场上运输劳务的惟一供应商对运价具有相当程度的控制权，不存在或基本不存在竞争。这种垄断的产生可能是由于管制法令、许可证、规模经济或其他原因的结果。处于不受管制的完全垄断地位的运输企业的营销目标往往是通过索要高价、提供最低限度的服务、利用垄断地位最大限度地赚取利润。在存在潜在竞争威胁时，垄断者会更多地投资于服务和技术，设法阻止其他竞争者的加入，尽可能维护甚至加强其市场垄断地位，而受到管制的垄断者则主要考虑如何在合理的运价水平上尽可能保质保量地满足市场的运输需求。由于运输市场放开，现实中的完全垄断运输市场已没有。

(3)垄断竞争运输市场。这类运输市场是一种介于完全竞争和完全垄断之间且近于前者的市场结构。与完全竞争运输市场相似，市场上存在大量的运输供给者(或代理人)和运输需求者(或代理人)，他们提供具有一定差别的、能从整体上或局部上加以区别的而且可以互为相近替代品的运输劳务。他们各自的交易额相对于整个市场的交易规模只是一小部分，因而任何一个运输供给者和运输需求者都不可能独立地控制运价，也无法控制整个市场。由于运输企业进入市场容易、运输企业多、运输劳务替代性大，因而市场竞争激烈，运输供给者也只能获得正常利润。在垄断竞争运输市场上，竞争不仅表现为价格竞争，也必须为非价格竞争，一些运输供给者集中经营某一细分市场，以优异的方式满足顾客需求并赚取利润。为了提高市场占有率，各运输供给者都十分重视运输质量与运输服务等特色，同时广告宣传等促销工作也成为运输企业市场营销活动的重点。从总体上讲，市场体系中的公路运输市场、国内航运市场与这类市场类似。

(4)寡头垄断的运输市场。这类运输市场是介于完全竞争和完全垄断之间且近于后者的一种市场结构，可以分为完全寡头垄断和差别寡头垄断。完全寡头垄断是由少数几家运输供给者控制市场，向市场提供相同的或差别不大的运输劳务，控制着市场的绝大部分运力，整个市场的运价由这些运输供给者垄断。由于运输劳务不具有差异性，因而获取竞争优势的惟一方法是降低成本。差别寡头垄断是由少数几家有部分差别的运输劳务供给者组成。每个供给者运输劳务差别主要表现在运输质量、运输服务等上面,寻求在这些主要特征的某一方面领先,以期引起顾客对这一特性的兴趣。

寡头垄断市场的特性是,由于市场受少数大企业的垄断,新企业加入该行业非常困难,而且投资多、风险大,投资回收期长,极易被市场淘汰。由于只有少数几家实力雄厚的企业控制市场,企业之间是相互依存、相互制约的,其中任一企业在市场经营上的任何举措都会对其他企业产生一定影响,并引起其他各方的十分敏感的反应。因此,寡头企业在制订和实施市场营销策略时,往往以竞争对手为主要目标,并关注自己的行动对对手的影响以及对方可能做出的反应。相应地,企业间激烈的市场竞争,主要表现为非价格竞争,尤其注重树立企业与品牌形象。产生寡头垄断运输市场的主要原因是资源的有限性、技术的先进性、资本规模的集聚以及规模经济效益所形成的排他性。目前,我国铁路运输市场、国际航空运输市场和国际航运市场中,定期船市场与这类市场类似。

此外,运输市场还有很多种分类方法,如可按时间的要求分为定期运输市场、不定期运输市场、快捷运输市场等;按运输距离的远近分为短途、中途、中长途、长途运输市场。

上述分类往往还可交叉进行,如长途客运市场、短途客运市场,水运长途客运市场、水运短途客运市场。水运长途货运市场、公路长途客运市场、定期船市场、不定期船市场等。

对运输市场进行科学分类,有助于运输管理机构对运输市场体系有全面的了解和把握,以便进行分类研究,根据各自的特点制定和推行相应的政策和措施,加速市场体系的建设、强化市场管理,使之走向规范与完善。对于运输企业来说,掌握运输市场的分类,有利于分析运输市场的行情,掌握其动态,以便选择正确的市场目标,制定正确的市场营销战略;有利于了解竞争对手,分析市场状况,为发掘市场机会,有针对性地提供市场服务,创造良好的前提条件。

(四)运输市场的特点

运输市场作为社会主义市场体系的组成部分,毫无疑问具有一般市场的共性,如供给方与需求方构成市场主体的两大阵营;供给与需求的变化虽然都受不同因素的影响.但最终都要受价值规律支配,交换要遵循等价交换的原则等等。但由于运输产品生产过程、运输需求过程以及运输产品的特殊性,运输市场除具有一般市场共性外,又具有区别于其他产品市场的不同特点。

1.运输市场属于劳务市场范畴,交换的产品具有无形性、服务性

与一般的商品市场不同,运输市场交换的不是普通的实物产品,而是不具有实物形态、不能储存、不能调拨的运输服务。在交换过程中虽然也发生像普通商品交换那样的所有权转移,但是运输服务的购买者取得这种所有权后,不能消费具体的物质产品,而只是改变旅客和货主在空间和时间上的存在状态,它包括旅客或货物的具体数量、起运和到达的具体时间、地点等。虽然这也是一种消费,但它不是物质产品的消费,而是对运输服务的消费。

2.运输市场上不能以储存来调节产品供求

由于运输产品的生产、消费具有同步性,在运输市场中,作为供给方的运输生产者的劳动不是作用于劳动对象,而是作用于运输工具。旅客和货物是和运输工具一起运行的,并且随着运输工具的场所变动而改变其所在的空间位置。由于运输劳动所创造的产品在生产过程中同时被消费掉,因此不存在任何可以存储、转移或调拨的"产成品",同时运输产品又具有矢量的特点,不同的到达地和出发地之间的运输形成不同的运输产品,它们之间不能相互替代,即使是相同的到达地和出发地之间的运输也有运输方向问题。因此,运输服务的供给只能表现在各种运输方式的现实运输能力之中，不能以储存、调拨的方式来对运输供求状况进行调节，而只能以提高运输效率或新增运输能力来满足不断增长的运输需求，而一旦需求下降，一些供给能力就会闲置起来。

3.运输需求的多样性

运输企业以运输劳务的形式服务于社会，服务于运输需求的各个组织或个人。由于运输需求者的经济条件、需求习惯等方面的差异，必然会对运输劳务或运输活动过程提出各种不同的要求，从而使运输需求呈现出多样性特点，主要表现在：(1)时间性要求，即按时或迅速使旅客或货物运达目的地；(2)方便性要求，即乘车方便，托运货物、提取货物容易方便，各种旅行标识易于识别，购票方便，运送服务周到热情等；(3)经济性要求，即在满足运输需求的情况下，运输费用经济合理；(4)舒适性要求，对旅客运输而言，一般会要求运输工具舒适；(5)安全性要求，即运输过程必须首先满足旅客或货物的安全移动。

4.运输市场供求不平衡，具有较强的波动性

一般来说，价值规律的作用在一定程度上促使市场供求的均衡发展和供求双方矛盾的调和，使供求关系在质量、种类等方面保持均衡。

运输市场是一种特殊的市场。由于运输需求的多样性、运输需求的不平衡性、运输业的"超前发展"和先行地位，以及现有的运输市场管理办法、措施和手段的限制等决定了运输市场在供求上的不均衡性，并且运输劳务没有新的实物形态的产品，又不可能储存待售，不像有形产品那样可通过储存来调节市场的供求量，故一旦不使用，将会造成不可弥补的损失，致使运力浪费。同时，运输受各种因素影响变动较大，波动性较强。

我们可做的是依靠运输市场调节机能的有效发挥，凭借敏感的价值规律的自动反馈和调节系统，使运输市场在供求上力求趋向平衡或使不平衡的差值限制在一定范围之内。

5.运输产品的可替代性较强，各种运输方式之间竞争激烈

在现代运输业中，铁路、公路、水路、航空、管道等多种运输方式都可以实现客货位移，即并行的几种运输方式可以提供数量相同但质量(如运输速度、舒适度、方便度等)不同的运输产品，因此具有较强的可替代性，消费者的选择性较强，各种运输方式之间竞争激烈。为促进各种运输方式的协调发展，充分发挥各自的优势，防止盲目竞争，需要国家对运输业进行宏观调控和系统规划，以便优化资源配置，发展综合运输。

第三节　运输市场营销

运输市场营销属微观市场营销的范畴，是指在运输市场上通过运输劳务的交换，满足运输需求者现实或潜在需要的综合性营销活动过程。它开始于运输生产之前，贯穿于运输生产活动的全过程：在提供运输产品之前，要研究货主与旅客的需要，分析运输市场机会，研究目标市场，从而决定运输产品类型、运输生产组织形式以及运输范围和数量；在组织生产经营过程中，要使运输产品策略、运价策略、客货源组织策略和服务策略有机结合起来，通过良好的公共关系去实现运输生产过程；运输生产结束后，还要做好运输结束后的服务和信息反馈工作，这样周而复始，形成良性循环，不断满足社会运输需求，提高运输企业的经济效益，更好地发挥市场营销的效用。

运输企业市场营销行为依托于运输市场，运输市场属于服务市场，它既有一般服务市场的共性，又有自身特性。服务产品以及服务业本身的特点，决定了服务业的市场营销有着与实物商品的市场营销不同的特点。

一、服务市场营销的特点

(一)服务的含义

菲利普·科特勒认为:"服务是一方能够向另一方提供的基本上是无形的任何活动或利益,并且不导致任何所有权的产生。它的生产可能与某种有形产品联系在一起,也可能无关联。"弗雷德里克等人认为,服务是"为满足购买者某些需要而暂时提供的产品或从事的活动。"A·佩恩则认为:"服务是一种涉及某些无形性因素的活动,它包括与顾客或他们拥有财产的相互活动,它不会造成所有权的变更。条件可能发生变化,服务产出可能或不可能与物质产品紧密相联。"

归纳上述定义,它们包含以下要点:(1)服务提供的基本上是无形的活动,有时也与有形产品联系在一起;(2)服务提供的是产品的使用权,并不涉及所有权的转移,如货物运输等;(3)服务对购买者的重要性足与物质产品相提并论,但某些义务性的服务如教育、治安、防火等政府服务,顾客并不需要直接付款。

随着人类走向知识经济时代,服务业在发达国家的经济中已占主导地位,服务消费占人均生活费支出的一半;在发展中国家的 GDP 和人均生活费支出中,服务的比重也在不断上升。服务市场的竞争日趋剧烈,认识服务营销及其特点,研究如何制定有效的服务营销策略,是从事服务业者的竞争取胜之道。

(二)服务的特点

1.销售对象复杂,服务具有异质性

与实物商品市场不同,在服务市场上购买者是多元的,某一种服务产品的购买者可能会包括社会上的各行各业。如邮电通讯、交通运输、信息咨询等服务业,其对象就相当复杂,不同购买者的购买动机也不同。服务产品的销售对象不仅多元,而且多变,受各种因素的影响,不同购买者对服务产品需求的内容、种类、方式等是经常变化的。

2.服务产品无形性

服务市场的购买对象是服务,大多数的服务产品属于无形产品,没有自己独立存在的实物形式而难以陈列展示,消费者在购买前,看不见、摸不着,消费者在做购买决策时面临的不确定性较大,消费者购买服务产品时,往往凭经验、品牌和广告宣传信息来选购。因此,服务产品推销行之有效的方法,就是通过富有想象力和创造力的推销方法和广告宣传,充分激发消费者对服务产品功能、效用的想象、共鸣和需求。此外,保持良好的商品信誉和较高的企业知名度也很重要。

3.服务产品的生产过程与消费过程具有同步性

服务产品的生产过程与消费过程是同时进行的,两个过程不可分离,因此:(1)服务的提供者既是服务的生产者又是服务的销售者;(2)服务的消费者卷入服务提供者的生产销售过程,双方的接触和相互作用特别突出;(3)服务者的生产技术和服务者的态度影响到服务质量。

4.时间性,不能以储存来调节产品需求

实物商品通常要经过一个或若干个中间环节的转卖,才能最终到达消费者的手中。而服务商品生产的消费时空同一性,决定了它们通常只能采取直接即时的销售方式,而不能储存待售。而且消费者在大多数情况下,也不能将服务带回家。当然,服务提供者可以事先将提供服务的各种设备准备好,但生产出来的服务如不当时消费掉,就会造成损失(如车船的空位等)。

时间性的特征要求服务企业必须解决由于缺乏库存所引致的产品供求不平衡问题。

5.需求弹性大,具有较强的波动性

人类的需求可以按其重要程度分成若干个等级。通常,人们对实物产品的需求多是为了满足衣食住行等基本生活的需要,需求弹性一般比较小。而人类对服务产品的需求却是随着经济的发展,收入水平的提高以及生产的专业化、效率化而产生的。这是一种较高层次上的继发性需求,需求弹性较大。对服务产品的需求是一个经济决策单位(企业、家庭或个人)总支出中的一个组成部分,一方面它经常与其他开支发生冲突,另一方面人们对服务的消费需求受多种因素的影响,比如旅游服务受气候因素等的影响就较为突出。因此在实际生活中,服务的消费需求是个不确定变量。

由于服务产品的不可储存性,调节服务供给与需求之间的矛盾就都存在巨大的困难。美国一位营销学者在对全美服务市场的经营策略及面临的问题做了大量的实证研究后发现:"需求的波动"是服务业经营者最感棘手的问题。

6.对生产者个人技能、技术要求高

各种服务产品都有特定的提供方式和技术要求,消费者对服务产品的质量要求高,而服务具有异质性和可变性,服务产品的质量难于控制,两者之间的矛盾突出了服务市场营销中"如何提高和维护服务产品的品质"的重要性。

(三)服务市场营销与产品市场营销的差异

服务具有的特征决定了服务市场营销同产品市场营销有着本质的不同:

(1)产品特点不同。如果说有形产品是一个物体或一样东西的话,服务则表现为一种行为、绩效或努力。

(2)顾客对生产过程的参与。由于顾客直接参与生产过程,如何管理顾客成为服务营销管理的一个重要内容。

(3)人是产品的一部分。服务的过程是顾客同服务提供者广泛接触的过程。服务绩效的好坏不仅取决于服务提供者的素质,也与顾客的行为密切相关。

(4)质量控制问题。服务行业是以"人"为中心的产业,人是服务的一部分,由于人类个性的存在,使得对服务的质量检验很难像有形产品那样采用统一的质量标准来衡量,因而其缺点和不足也就不易发现和改进。

(5)产品无法储存。由于服务的无形性以及生产与消费的同时进行,使得服务具有不可储存的特性。

(6)时间因素的重要性。在服务市场上,既然服务生产和消费过程是由顾客同服务提供者面对面进行的,服务的供应就必须迅速、及时、缩短顾客等候服务的时间。

(7)分销渠道不同。服务企业不像生产企业那样通过物流渠道把产品从工厂运送到顾客手里,而是借助中介机构(代理、经纪等)、电子渠道(如互联网)或是把生产、零售和消费的地点连在一起来提供产品。

(四)服务市场营销策略

传统的市场营销组合结构对于服务业的实用性这一点,最近几年来一直受到服务营销学者们的批评。传统的营销是彼此分离的生产与消费之间的"桥梁",企业组织的营销专家们通过需求分析,购买行为分析等手段,从市场上获得信息,结合自身的组织目标和人力、资金、设备等条件,制定和实施一系列营销组合方案,把生产出的产品送到需要它们的顾客手上。然而随着服务的出现,买卖双方的关系由简单的产品转移变成了全方位、多层次的相互交流。服务行业,连带着许多生产企业产品的产销过程也由于增加了送货、安装、维修、处理投诉等服务性项目而变成了买卖双方频繁、密切接触的过程。越来越多的证据显示,市场营销组合的层面和范围不适应服务市场营销,有必要重新调整市场营销组合以适应服务市场营销。有学者将服务业市场营销组合修改,扩充为7个因素:

1.产品(Product)

服务产品所必须考虑的是提供服务的范围、服务质量、服务水平、品牌保证以及售后服务等。服务产品的这些因素组合的差异相当大,例如一家供应数样菜肴的小餐馆和一家供应各色大餐的五星级大饭店的因素组合就存在着明显差异。服务产品包括核心服务、便利服务和辅助服务。核心服务体现了企业为顾客提供的最基本效用,如航空公司的运输服务;便利服务是为配合、推广核心服务而提供的服务,如订票、送票、送站、接站等;辅助服务用以增加服务的价值或区别于竞争者的服务,有利于实施差异化营销策略。

2.定价(Price)

价格方面要考虑的因素包括:价格水平、折让和佣金、付款方式和信用。由于服务质量水平难以统一界定,质量检验也难于采用统一标准,加上季节、时间因素的重要性,服务定价具有较大的灵活性。在区别一项服务和另一项服务时,价格是一种识别方式,顾客可从一项服务的价格感受到其价值的高低。而价格与质量间的相互关系,也是服务定价的重要考虑因素。

3.地点或渠道(Place)

服务提供者的所在地以及其地缘的便利性都是影响服务营销效益的重要因素。地缘的便利性不仅是指实体意义上的便利,还包括传导和接触的其他方式。所以分销渠道的类型及其涵盖的地区范围都与服务便利性密切相关。

4.促销(Promotion)

促销包括广告、人员推销、销售促进、宣传等各种市场营销沟通方式。为增进消费者对无形服务的印象,企业在促销活动中要尽量使服务产品有形化。

5.人员(People)

在服务企业,人员的行为很重要,尤其是那些经营"高接触度"服务业务的企业。在服务企业担任生产或操作性角色的人员,在顾客看来其实就是服务产品的一部分,其贡献也和其他销售人员相同。大多数服务企业的特点是操作人员可能承担服务表现和服务销售的双重任务。表情愉悦、专注和关切的工作人员,可以减轻必须排队等待服务的顾客的不耐烦感,还可以平息技术上出问题时的怨言或不满。因此,市场营销管理者必须和作业管理者协调合作,重视雇员的挑选、培训、激励和控制。

6.有形展示(Physical evidence)

有形展示会影响消费者和顾客对于一家服务企业的评价。有形展示包含的因素有:实体环境(装潢、颜色、陈设、声音),服务提供时所需用的装备实体(比如汽车租赁公司所需要的汽车),以及其他实体性信息标志,如航空公司所使用的标识。

7.过程(Process)

在服务企业,人员的行为很重要,而过程,即服务的传递过程同样重要。整个系统的运作政策和程序方法的采用、服务供应中机械化程度、员工决断权的适用范围、顾客参与服务操作过程的程度等,都是市场营销管理者需特别关注的问题。

此外,由于某顾客对一项服务产品质量的认知,很可能要受到其他顾客的影响。对某些服务而言,顾客与顾客间的关系也应引起重视。

二、运输市场营销的特点

1.运输业生产经营活动的服务性,要求市场营销要"顾客(货主、旅客)至上,服务第一"

运输企业通过运输市场提供的产品是运输劳务,具有服务性,表现在为国民经济其他部门、社会各单位或个人提供运输服务。因此,在经营思想上首先要树立"顾客(货主、旅客)至上,服务第一"的观念,重视货主、旅客的需求,把了解他们的需要、欲望和行为作为营销活动的起点,在服务项目、服务方式、服务态度、服务手段等方面提高水平,全心全意为货主、旅客服务。

2.运输需求是派生需求,具有较强的波动性,要求市场营销者要特别注意市场动态,采取措施减少波动

运输市场需求是派生需求,表现在随工业生产的周期性波动,随农业生产的季节性波动,随人们社会生活习惯的趋向性波动等,这对运输市场营销提出了更高的要求,要求市场营销者要特别注意市场动态,采取措施减少波动,如在淡季推出优惠运价鼓励淡季消费,同时要求加强运输企业内部的严密组织,要在经营方式、运输生产组织、信息资料收集与处理等方面,寻求规律,不断提高运输效率与水平。

3.运输产品的无形性、异质性,要求运输市场营销要突出自己的特色

运输产品不具有实物形态,只改变运输对象的地理位置,即运输对象的"位移",这种位移有不同的质量要求即异质性,如快速、直达、便利、舒适等。因此,运输市场营销者应根据不同客户(货主、旅客)的不同运输需求,提供不同的运输劳务,在运输生产结构、服务范围、内容上形成自己独特的风格,如快速货物运输、特种货物运输、集装箱货物联运等,发挥自己的优势,以吸引客户。

4.运输需求的多样性,对运输市场营销管理提出了较高的要求

运输企业以运输劳务的形式服务于社会,服务于运输需求的各个组织或个人。不同的需求组织或个人对运输劳务或运输活动过程的要求不同,尤其是运输劳动对象品种复杂,这对运输市场营销管理提出了较高的要求。因此,运输市场营销者必须认真研究运输市场客货源变化规律,掌握市场容量与结构,了解客货主的需求与动机,最大限度地满足其需求。

5.运输服务是运输对象的"位移",要求运输企业市场销售活动的超前性

运输服务是运输对象的"位移",要求运输企业的销售活动在生产之前,先有资源、客源,再组织运输生产,实现其"位移"。因此,运输企业的市场销售活动是运输生产的前提。运输企业应根据客货源分布情况,在货物组织网点、货物组织方式、货物组织手段上采取各种积极的促销策略,保证运输生产活动的顺利进行。

第四节 运输市场营销学的研究对象与研究方法

一、运输市场营销学的学科性质与研究对象

市场营销学是一门以经济科学、行为科学和现代管理理论为基础,研究以满足消费者需要为中心的企业市场营销活动及其规律性的综合性应用科学。虽然市场营销学是20世纪初从经济学的母体中脱胎出来的,但是,现代市场营销学不是一门经济科学,而是一门应用科学,属于管理学的范畴。

运输市场营销学是市场营销学的一个分支,属微观市场营销学的范畴。它是吸收了市场营销学的基本理论、原理和方法,结合运输市场和运输生产经营活动的特点而建立起来的一门边缘学科和应用学科。

运输市场是一种特殊类型的商品市场,运输市场交换的产品即运输劳务,既是运输企业市场营销的对象,又是社会产品再生产过程中的一个环节。从企业营销角度来说,要尽可能满足运输需求,谋求最好的经营效益;从社会再生产过程讲,要尽可能减少运输环节、缩短运输时间、降低运输费用、提高运输效率与质量,取得最佳的宏观经济效益和社会效益。因此,研究运输企业市场营销,对于提高运输企业经济效益和促进国民经济发展有着重要的意义。

运输市场营销学是研究运输企业如何策划占领市场、扩大市场占有率等有关企业战略问题的学科。运输市场营销学是把运输企业的经营战略和策略作为其基本结构的。运输企业经营战略目标是经济效益,是占领市场,也是满足货主(旅客)需求。这既是企业的经济活动,也是企业的社会行为。

运输市场营销学研究对象是以货主(旅客)为中心的企业整体营销行为,研究以满足社会需求为中心的运输企业营销活动及其规律性,即要研究运输企业如何在动态的市场上有效地管理与货主或旅客的交换过程和交换关系及相关市场营销活动过程。

运输市场营销学主要研究内容可以概括为运输市场营销分析、计划、执行和控制。

分析即分析运输企业的营销理念、外部环境、市场机会和运输需求特征与走势。

计划即研究运输企业的战略规划,包括运输企业对投资的取舍与安排、运输企业的市场定位、目标市场的确定、企业形象战略等。

执行即分析运输企业可控制的产品策略、定价策略、分销策略等4Ps因素及其组合。

控制即对企业营销活动进行策划和审计。

运输市场营销行为要着眼于长远利益,全面地调动运输企业可控的营销组合力量,巧妙地适应外部环境,以谋求变潜在需求为现实需求,谋求企业长远的经济效益。为此,需要分析市场环境、购买行为,规划企业形象和战略、战术,研究各种策略、技巧,而支配这一切行为的则是市场营销观念。运输市场营销学围绕着市场营销观念及其相应的营销行为展开。

对运输市场与货主(旅客)行为的分析是运输企业营销致胜的基础,是运输企业把握需求规律与变化的关键,也是运输企业寻求新的市场机会、避免环境威胁的关键。

运输企业的营销行为是从市场调研、分析市场信息开始的,通过对市场信息的处理而制定的企业战略计划是企业营销整体行为的核心。战略计划不仅要正确,而且必须明确。

战略计划的实施靠施行恰当的策略,运输企业营销策略是企业实施战略所采取的措施和在运用中采取的技巧,以各种保证措施来实现战略计划。

二、运输市场营销学的研究方法

运输市场营销学的研究同其他学科研究一样,必须遵循唯物辩证法,以此作为根本方法论和行为准则。此外,还要结合运输行业特点进行研究。具体来讲,主要有:

1.历史研究法

历史研究法是从发展变化过程来分析阐述市场营销问题的研究方法。如分析市场营销的含义及其变化,营销管理哲学(观念)的演变过程,从中找出其发展变化的原因和规律性。

2.产品研究法

产品研究法是以某种(某类)产品为主体,着重分析这种(这类)产品的市场营销问题的方法。运输市场营销学就是以运输产品为主体,研究运输产品的市场营销问题,研究运输产品市场需求发展变化趋势、运输劳务种类、运输质量要求、服务标准、客货源组织渠道、价格与促销手段等问题。

3. 机构研究法

机构研究法侧重分析研究分销系统的各个环节(层次)和各种类型的市场营销机构的市场营销问题。运输市场营销学着重分析研究各种运输生产者、运输代理商、独立港站等的市场营销问题。

4. 系统研究法

这是一种将现代系统理论与方法运用于市场营销学研究的方法。运输企业市场营销系统是一个复杂系统,这个系统中包含了许多相互影响、相互作用的因素,而这个系统又是它所从属的社会大系统的一部分。作为一个真正面向市场的运输企业,必须对整个系统进行协调和"整合",使企业"内部系统"和"外部系统"步调一致,密切配合,达到系统优化,产生"增效作用",提高运输企业经济效益。

5. 管理研究法

管理研究法从管理决策角度研究市场营销问题。研究思路是将运输企业市场营销决策分为目标市场和营销组合两大部分,研究运输企业如何根据其"不可控因素"即运输市场环境因素的要求,结合自身资源条件(企业可控因素),进行合理的目标市场决策和市场营销组合决策。

复习思考题

1. 什么是市场营销?
2. 市场营销学是怎样产生和发展的?
3. 现代市场经济条件下企业开展市场营销的必要性和任务是什么?
4. 试比较经济学家和管理学家对市场认识的异同。
5. 什么是市场? 市场的构成要素有哪些? 作用是什么?
6. 什么是运输市场? 有何特点?
7. 运输市场通常有哪些分类方法? 市场分类有什么意义?
8. 运输市场营销有什么特点?
9. 运输市场营销学是什么性质的学科? 其研究对象是什么?
10. 运输市场营销学研究的主要内容是什么?
11. 运输市场营销学的主要研究方法有哪些?

第二章　运输市场营销基本理念

市场营销基本理念是指企业对其营销活动及管理的基本指导思想和行为准则,包括营销管理者的立场、观点、信念以及思维方式等,是企业开展市场营销活动的根本出发点。运输企业策划占领目标市场的行为,制定营销战略的行为,调查、分析运输市场及消费者购买动机的行为,都受制于企业的营销理念及对外部环境的正确判断。正确的营销理念是企业营销成功的灵魂和保证。运输企业要适时地更新营销理念,并要围绕中心理念确立不同侧面、不同时期的具体理念。

第一节　市场营销基本理念的演变

市场营销基本理念的核心是正确处理企业、顾客和社会三者之间的利益关系,在许多情况下,这些利益是相互矛盾的,也是相辅相成的。企业必须在全面分析市场环境的基础上,正确处理三者关系,确定自己的原则和基本取向,指导市场营销实践。

随着社会生产力水平的提高,社会、经济与市场环境的变迁以及企业经营经验的积累,市场营销基本理念发生了深刻变化。市场营销基本理念的演变大体上划分为生产观念、产品观念、推销观念、市场营销观念、社会营销观念、大市场营销阶段。变化的基本轨迹是由以企业利益导向转变为顾客利益导向,再发展到社会利益导向。

一、以企业为中心的理念

以企业为中心的市场营销管理理念,又称传统理念,是以企业利益为根本取向和最高目标来处理营销问题的理念。它包括:

1.生产观念(Producting Concept)

生产观念是一种以生产为中心的经营指导思想,是一种古老的指导销售者行为的营销观念。生产观念认为,消费者总是喜爱那些可以随处买到而且价格低廉的产品,企业应当集中精力提高生产效率和扩大分销范围,增加产量,降低成本。生产观念明显是一种重视生产、轻市场的商业哲学。以生产观念指导营销管理活动的企业,称为生产导向企业,其典型表现是我们生产什么,就卖什么。

生产观念是在卖方市场条件下形成的,19世纪末20世纪初,资本主义国家处于工业化初期,市场需求旺盛,企业只要提高产量、降低成本,便可获得丰厚利润。因此,企业的中心问题是扩大生产价廉物美的产品,而不必过多关注市场需求差异。在这种情况下,生产观念为众多企业接受。

除了物资短缺、产品供不应求的情况之外,还有一种情况也会导致企业奉行生产观念。这就是某种具有良好市场前景的产品,生产成本很高,必须通过提高生产率、降低成本来扩大市场。如福特汽车公司在20世纪初倾力于汽车规模生产、提高生产效率、降低成本,使更多消费者买得起,提高福特车在美国汽车市场上的占有率。

2.产品观念（Product Concept）

产品观念认为消费者喜欢高质量、多功能和具有某些特色的产品。因此，企业管理的中心是致力于生产优质产品，并不断精益求精。

持产品观念的公司假设购买者欣赏精心制作的产品，相信他们能鉴别产品的质量和功能，并愿意出较高价格购买质量上乘的产品。这些公司的经理人员常迷恋自己的产品，而不太关注市场是否欢迎。他们在设计产品时只依赖工程技术人员而极少让消费者介入。

产品观念和生产观念几乎在同一时期流行。与生产观念一样，产品观念也是典型的"以产定销"观念。由于过分重视产品而忽视顾客需求，这两种观念终将导致"营销近视症"。如铁路行业以为顾客需要火车而非运输本身，忽略了航空、公共汽车、卡车以及管道运输日益增长的竞争。只致力于大量生产或精工制造、改进产品，而忽视市场需要的最终结果是其产品被市场冷落，经营者陷入困境甚至破产。

3.推销观念（Selling Concept）

推销观念，又称销售观念，认为消费者通常有一种购买惰性或抗衡心理，若听其自然，消费者就不会大量购买本企业的产品，因而企业管理的中心是积极推销和大力促销。执行推销观念的企业，称为推销导向企业，其表现往往是我们卖什么，就让人们买什么。

推销观念是在资本主义经济由卖方市场向买方市场转变过程中产生的，盛行于 20 世纪 30、40 年代。这一时期，由于科技进步、科学管理和大规模生产的推广，商品产量迅速增加，社会生产已经由商品不足进入商品过剩，卖主之间的市场竞争日益激烈，许多企业家认识到，企业不能只集中力量发展生产，即使有物美价廉的产品，也必须保证这些产品能被人购买，企业才能生存和发展。

从生产观念到推销观念的转变，提高了销售在企业经营中的地位，加强了企业与市场、企业与消费者的联系，是企业市场观念的进步。但从本质上，推销观念仍然没有摆脱以企业为中心的思维方式，因为其从厂商出发，以现有产品为中心，通过大量推销和促销来获取利润，强调的是企业如何把现有的产品销售出去，而不管这些产品是不是真正满足消费者的需要，它所关心的只是企业的利益，而不关心消费者的利益。

二、以消费者为中心的理念

传统的大众营销是为了向同质性高、无显著差异的消费者销售大量制造规范的消费品。营销管理者认为只要不断强调企业产品质量，不断努力降低成本和价格，消费者就会购买。然而大众取向的传媒和充斥市场的广告，并未能持续圆满地解决销售困难。在日益激烈的市场竞争条件下，以消费者需求为中心的服务营销逐步取代了以企业生存和发展为中心的产品营销。

以消费者为中心的理念，又称市场营销理念（Marketing Concept）。这种理念认为企业的一切计划与策略应以消费者为中心，正确确定目标市场的需要与欲望，比竞争者更有效地提供目标市场所要求的满足。

以消费者为中心的理念要求企业的市场营销活动以消费者为中心，树立"顾客第一"的观念，把消费者的需要作为企业营销的出发点和归宿点，千方百计为满足消费者需要服务，并把消费者是否满意以及满意的程度作为衡量企业营销工作标准。由于消费者的需要是不断变化的，企业必须经常研究市场的新动向，及时掌握市场变化的趋势与程度，以保证消费者需求经常得到满足，使企业在市场营销中立于不败之地。

市场营销观念形成于20世纪50年代,是适应买方市场条件下市场营销的需要而产生的。战后,随着科技革命的兴起,西方各国企业更加重视研究和开发,产品技术不断创新,新产品竞相上市,大量军工企业转向民品生产,使社会产品供应量迅速增加,许多产品供过于求,市场竞争进一步激化。同时,西方各国政府相继推行高福利、高工资、高消费政策,社会经济环境出现快速变化。消费者有较多的可支配收入和闲暇时间,对生活质量的要求提高,消费需要变得更加多样化,购买选择更为精明,要求也更为苛刻。此种形势,要求企业认真研究消费需求,正确选择为之服务的目标市场,以满足目标顾客的需要及其变动,不断调整自己的营销策略,即从以企业为中心转变到以消费者(顾客)为中心。

执行市场营销观念的企业,称为市场营销导向企业。其座右铭是:"顾客需要什么,我们就生产、供应什么。"市场营销观念要求企业营销管理贯彻"顾客至上"的原则,将管理重心放在善于发现和了解目标顾客的需要,并千方百计去满足它,使顾客满意,从而实现企业目标。因此,企业在决定其生产、经营时,必须进行市场调研,根据市场需求及企业本身的条件,选择目标市场,组织生产经营。其产品设计、生产、定价、分销和促销活动,都要以消费者需求为出发点。产品销售出去之后,还要了解消费者的意见,以改进自己的营销工作,最大限度地提高顾客满意程度。总之,市场营销观念根据"消费者主权论",相信决定生产什么产品的主动权不在于生产者,也不在于政府,而在于消费者,因而将过去"一切从企业出发"的旧观念,转变为"一切从顾客出发"的新观念,即企业的一切活动都围绕满足消费者需要来进行。

市场营销观念有4个主要支柱:目标市场、整体营销、顾客满意和盈利率。市场营销观念是从选定的市场出发,通过整体营销活动,实现顾客满意,从而提高盈利率。

树立并全面贯彻市场营销观念,建立真正面向市场的企业,是企业在现代市场条件下成功经营的关键。有关要点将在本章第二节详细讨论。

三、以社会长远利益为中心的理念

1.社会营销理念

从20世纪70年代起,随着全球环境破坏、资源短缺、人口爆炸、通货膨胀和忽视社会服务等问题日益严重,消费者保护运动盛行,要求企业顾及消费者整体与长远利益即社会利益的呼声越来越高。在西方市场营销学界提出了一系列新的观念,如人类观念(The Human Concept)、明智消费观念(The Intelligent Consumption Concept)、生态准则观念(The Ecological Imperative Concept),其共同点是认为企业生产经营不仅要考虑消费者需要,而且要考虑消费者和整个社会的长远利益。这类观念可统称为社会营销理念(Societal Marketing Concept)。

"社会市场营销"的概念是在1971年杰拉尔德·蔡尔曼和菲利普·科特勒最早提出的,促使人们将市场营销原理运用于保护环境、计划生育、改善营养、使用安全带等具有重大推广意义的社会目标方面。这一概念提出后,得到了世界各国和有关组织的广泛重视,斯堪的纳维亚地区、加拿大、澳大利亚和若干发展中国家率先运用这一概念。一些国际组织,如美国的国际开发署、世界卫生组织和世界银行等也开始承认这一理论的运用是推广具有重大意义的社会目标的最佳途径。

鉴于市场营销观念回避了消费者需要、消费者利益和长期社会福利之间隐含着冲突的现实,社会市场营销观念提出:企业的任务在于确定目标市场的需要、欲望和利益,并以保护或提高消费者和社会福利的方式,比竞争者更有效、更有利地向目标市场提供能够满足其需要、欲望和利益的物品或服务。社会营销观念是对市场营销观念的补充与修正。社会市场营销观念要求市场营销者在进行市场营销决策时要统筹兼顾三方面利益,即同时考虑到消费者的需求与愿望、消费者和社会的长远利益、企业的营销效益。

　　社会营销观念是对市场营销观念的补充与修正。对于市场营销观念的 4 个重点(目标市场、整体营销、顾客满意和盈利率),社会营销观念都作了修正。一是以消费者为中心,采取积极的措施,如供给消费者更多、更快、更准确的信息,改进广告与包装,增进产品的安全感和减少环境污染,增进并保护消费者的利益。二是整体营销活动,即视企业为一个整体,全部资源统一运用,更有效地满足消费者的需要。三是求得顾客的真正满意,即视利润为顾客满意的一种报酬,视企业的满意利润为顾客满意的副产品,不是把利润摆在首位。社会营销观念同时要求企业改变决策程序。在市场营销观念指导下,决策程序一般是先决定利润目标,然后寻求可行的方法来达到利润目标;社会市场营销观念则要求,决策程序应先考虑消费者与社会的利益,寻求有效地满足与增进消费者利益的方法,然后再考虑利润目标,看看预期的投资报酬率是否值得投资。这种决策程序的改变,并未否定利益目标及其价值,只是置消费者利益于利润目标之上。

2. 宏观市场营销

　　伴随着对保护消费者权益和保护生态环境等社会问题的关注,学术界日益注意市场营销的宏观效果,更加强调宏观市场营销问题。宏观市场营销与微观市场营销的差异在于前者是指引导经济产品从生产者流转到消费者,有效地使供给与需求相适应,以促进社会目标实现的社会经济过程;后者是指一个企业或组织为实现其目标而预测顾客需要,并引导满足需要的产品从生产者流转到顾客的经营活动过程。前者强调社会福利;后者强调企业或组织福利。

3. 绿色市场营销

　　近年来,环境保护主义运动得到了公众的广泛支持。越来越多的环境问题受到了民众的关注,如全球性变暖、酸雨、臭氧层的消失、空气和水的污染、有毒的废弃物、固体废料的堆积等都亟待解决。新的环境保护主义运动使得消费者更倾向于购买绿色产品,消费者态度的变化促进了一种新的营销策略——绿色市场营销的形成。

　　所谓绿色市场营销,是指企业在营销活动中,以可持续发展为目标,注重地球生态环境保护,防止环境污染,注重可再生资源的开发利用,减少资源浪费,促进经济与生态协调发展,以实现企业利益、消费者利益、社会利益及生态环境利益的统一。在传统的社会营销观念强调消费者利益、企业利益与社会利益三者有机结合的基础上,进一步强调生态环境利益,将生态环境利益的保证看作是前三者利益持久地得以保证的关键所在。

　　绿色市场营销问题是全球范围内跨国经营的又一新热点问题。1987 年联合国环境与发展委员会发表了《我们共同的未来》的宣言,促使“绿色市场营销”观点的萌生;1992 年联合国环境与发展大会通过的《21 世纪议程》中强调:“要不断改变现行政策,实行生态与经济的协调发展”,为绿色市场营销理论的形成奠定了基础。

　　英国威尔斯大学肯·毕泰(Ken Peattie)教授在其著作《绿色市场营销——化危机为商机的经营趋势》一书中指出:“绿色营销是一种能辨识、预期及符合消费者与社会需求,并且可带来利润及永续经营的管理过程。”这里强调两个主要观念:“首先,企业所服务的对象不仅是顾客,还包括整个社会;其次,市场营销过程的永续性一方面需仰赖环境不断地提供市场营销所需资源的能力,另一方面还要求能持续吸收营销所带来的产物。”作者认为,企业市场营销的目的是为“求得企业、环境与社会的和谐均衡共生”。

绿色市场营销要求企业在营销全过程中都强调"绿色"因素,努力消除和减少生产经营对生态环境的破坏和影响。具体来讲,企业要注重绿色消费者需求的调查与引导,注重安全、优质、低能耗、少污染的绿色产品的开发和生产。在选择生产技术、生产原料、制造程序时,应符合环境保护标准;在产品设计和包装装潢设计时,应尽量减少产品包装或产品使用的剩余物,以降低对环境的不利影响;在分销和促销过程中,应积极引导消费者在产品消费使用、废弃物处置等方面尽量减少环境污染;在产品售前、售中、售后服务中,应注意节省资源,减少污染。可见,绿色市场营销的实质,就是强调企业在进行市场营销活动时,要努力把经济效益与环境效益结合起来,尽量保持人与环境的和谐,不断改善人类的生存环境。

美国安利公司在这方面的作为颇受公众称道。该公司一向非常重视保护环境,生产的每一项日化产品都具有生物降解性能,不污染土壤和水源。公司从 1978 年开始已停止使用破坏臭氧层的氯氟化合物。安利产品多采用浓缩包装,因而比其他同类产品减少 50% ~ 70% 的塑胶包装材料。安利公司自设种植园,专门为其生产的营养食品提供原料,在种植园里不使用农药和化学肥料。安利还全面停止利用动物进行实验。安利在世界各地积极赞助环保事业和宣传绿色营销观念,为此,1989 年获得联合国环保组织颁发的"环境保护成就奖"。

四、大市场营销理念

大市场营销理念的主要含义是:一个企业和国家不应消极地顺从、适应外部环境和市场需求,而应借助于政治力量和公共关系,积极主动地改变和影响外部环境和市场需求,以便使产品打入特定的目标市场。

大市场营销理念是在特定的市场形势下产生的,20 世纪 80 年代以后,发达国家生产过剩,但是市场容量有限,国际市场的竞争更加激烈,特别是美国和日本贸易长期处于严重不平衡状态,两国贸易摩擦日益激化。在这种情况下,许多国家都加强了政府干预、运用关税和非关税壁垒保护本国市场。例如:20 世纪 80 年代初,美国政府采取对特定的进口商品限制配额、征收反倾销税、提高关税和出口补贴等手段,实行贸易保护。企业要进入这种封闭型的特定市场,就必须更新营销理念。于是,以美国著名的市场营销专家菲利普·科特勒为代表,提出了大市场营销理念。他把"大市场营销"定义为:企业为了成功地进入特定市场,并在那里从事业务经营,要在策略上协调地使用经济的、心理的、政治的和公共关系等手段,以博得外国或地方的各有关方面的合作和支持。

大市场营销理念与一般的市场营销观念、社会营销观念的区别具体表现在:一是对企业外部营销环境的认识不同。一般的市场营销观念强调企业的市场营销决策要适应和顺从企业外部环境和市场需求,认为这是企业能否成功、能否生存和发展的关键;大市场营销理念则强调企业要主动地改变和影响企业外部环境和市场需求。二是市场营销的手段不同。一般的市场营销观念强调企业要从整体上合理安排产品、价格、销售渠道和促销等营销手段,制定出市场营销的综合策略来吸引消费者并占领市场;大市场营销观念除了强调一般的市场营销手段外,又增加了政治力量和公共关系两个手段。利用政治力量,赢得对企业具有较大影响力的人员、立法部门和政府官员的权力支持。利用公共关系,借助各方面舆论力量,通过各种途径,在人们的心目中逐渐树立起良好的企业形象和产品形象,赢得社会的广泛信赖。三是营销涉及的对象不同。一般的市场营销观念涉及对象面较窄,多与顾客、经销商、广告代理商、市场调研公司等打交道;大市场营销观念则涉及对象面较宽,除了一般的市场营销对象外,还有立法机构、政党、政府部门、政治团体、利益集团、宗教组织等。

第二节　顾客满意理念

一、顾客满意的意义

顾客满意是现代企业营销的核心思想。现代市场营销要求运输企业应致力于顾客服务，达到顾客满意，最终实现包括利润在内的企业目标。而要实现顾客满意，需要从多方面开展工作。20世纪90年代以来，许多学者和经理围绕营销理念的真正贯彻问题将注意力逐渐集中到两个方面，即通过质量、服务和价值实现顾客满意，通过市场导向的战略奠定竞争基础。顾客购买后是否满意，取决于其实际感受到的绩效与期望的差异，是顾客的一种主观感觉状态，是顾客对企业产品和服务满足需要程度的体验和综合评估。研究表明，顾客满意既是顾客本人再购买的基础，也是影响其他顾客购买的要素。对企业来说，前者关系到能否保持老顾客，后者关系到能否吸引新顾客。因此，使顾客满意，是企业赢得顾客，占领和扩大市场，提高效益的关键。

顾客满意是企业的无形资产，它可以按"乘数效应"向有形资产转化。研究表明，吸引新顾客要比维系老顾客花费更高的成本。在激烈竞争的市场上，保持老顾客，培养顾客忠诚感具有重大意义。而要有效地保持老顾客，仅仅使其满意还不够，只有使其高度满意，才能有效地做到。一项消费者调研资料显示，44%宣称满意的消费者经常变换其所购买的品牌，而那些十分满意的顾客却很少改变购买。另一项研究则显示，在丰田公司产品的购买者中，有75%表示十分满意，而且这75%的顾客均声称愿意再次购买丰田产品。这些情况说明，高度的满意能培养一种对品牌的感情上的吸引力，而不仅仅是一种理性偏好。企业必须十分重视提高顾客的满意程度，争取更多高度满意的顾客，建立起高度的顾客忠诚。

二、顾客净得价值

（一）顾客净得价值的含义

顾客净得价值是指顾客总价值（Total Customer Value）与顾客总成本（Total Customer Cost）之间的差额。顾客总价值是指顾客购买某一产品与服务所期望获得的一组利益；顾客总成本是指顾客为购买某一产品所耗费的时间、精神与体力以及所支付的货币资金等。

顾客在购买产品时，总希望把有关成本降到最低限度，而同时又希望从中获得更多的实际利益，以使自己的需要得到最大限度的满足，因此，顾客在选购产品时，往往从价值与成本两个方面进行比较分析，从中选择出价值最高、成本最低，即"顾客净得价值"最大的产品作为优先选购的对象。

企业为在竞争中战胜对手，吸引更多的潜在顾客，就必须向顾客提供比竞争对手具有更多"顾客净得价值"的产品，这样，才能提高顾客满意程度，进而更多地购买本企业的产品。为此，企业可从两个方面改进自己的工作：一是通过改进产品、服务、人员与形象，提高产品的总价值；二是通过改善服务与促销网络系统，减少顾客购买产品的时间、精神与体力的耗费，从而降低货币与非货币成本。

（二）顾客购买的总价值

使顾客获得更大"顾客净得价值"的途径之一，是增加顾客购买的总价值。顾客总价值由产品价值、服务价值、人员价值和形象价值构成，其中每一项价值的变化均对总价值产生影响。

1. 产品价值(Product Value)

服务产品价值是由提供服务的范围、服务质量、服务水平、品牌保证以及售后服务等项目产生的价值。它是顾客需要的中心内容,也是顾客选购产品的首要因素。因而一般情况下,它是决定顾客购买的总价值大小的关键和主要因素。产品价值是由顾客需要来决定的,在经济发展的不同时期,顾客对产品的需要有不同的要求,构成产品价值的要素以及各种要素的相对重要程度也会有所不同。随着经济的发展和人民生活水平的提高,消费者的需求已从追求维持最低生活需要,经过对数量、品种和品位的追求发展到现在的追求心理的满足感与充实感,消费者的价值观念也发生了巨大的变化。即使在经济发展的同一时期,不同类型的顾客对产品价值也会有不同的要求,在购买行为上显示出极强的个性特点和明显的需求差异性。这就要求企业必须认真分析不同经济发展时期顾客需求的共同特点以及同一发展时期不同类型顾客需求的个性特征,并据此进行产品的开发与设计,增强产品的适应性,从而为顾客创造更大的价值。

2. 附加服务价值(Services Value)

服务产品服务价值是指伴随核心服务产品的出售,企业向顾客提供的各种附加服务,如运输企业代办中转等所产生的价值。服务价值是构成顾客总价值的重要因素之一。在现代市场营销实践中,随着消费者收入水平的提高和消费观念的变化,消费者在选购产品时,不仅注意产品本身价值的高低,而且更加重视产品附加价值的大小。特别是在同类产品的质量与性质大体相同或类似的情况下,企业向顾客提供的附加服务越完备,产品的附加价值越大,顾客从中获得的实际利益就越大,从而购买的总价值越大;反之,则越小。因此,在提供优质产品的同时,向消费者提供完善的服务,已成为现代企业市场竞争的新焦点。

3. 人员价值(Personal Value)

人员价值是指企业员工的经营思想、知识水平、业务能力、工作效率与质量、经营作风、应变能力等所产生的价值。企业员工直接决定着企业为顾客提供的产品与服务的质量,决定着顾客购买总价值的大小。一个综合素质较高又具有顾客导向经营思想的工作人员,会比知识水平低、业务能力差、经营思想不端正的工作人员为顾客创造更高的价值,从而创造更多的满意的顾客,进而为企业创造市场。人员价值对企业、对顾客的影响作用是巨大的。并且这种作用往往是潜移默化、不易度量的。因此,高度重视企业人员综合素质与能力的培养,加强对员工日常工作的激励、监督与管理,使其始终保持较高的工作质量与水平就显得至关重要。

4. 形象价值(Image Value)

形象价值是指企业及其产品在社会公众中形成的总体形象所产生的价值。包括企业的产品、技术、质量、包装、商标、工作场所等所构成的有形形象所产生的价值,公司及其员工的职业道德行为、经营行为、服务态度、作风等行为形象所产生的价值,以及企业的价值观念、管理哲学等理念形象所产生的价值等。形象价值与产品价值、服务价值、人员价值密切相关,在很大程度上是上述三个方面价值综合作用的反映和结果,形象对于企业来说是宝贵的无形资产,良好的形象会对企业的产品产生巨大的支持作用,赋予产品较高的价值,从而带给顾客精神上和心理上的满足感、信任感,使顾客的需要获得更高层次和更大限度的满足,从而增加顾客购买的总价值。因此,企业应高度重视自身形象塑造,为企业进而为顾客带来更大的价值。

(三)顾客购买的总成本

使顾客获得更大"顾客净得价值"的另一途径,是降低顾客购买的总成本。顾客总成本不仅包括货币成本,而且还包括时间成本、精神与体力成本等非货币成本。一般情况下,顾客购买产品时首先要考虑货币成本的大小,因此,货币成本是构成顾客总成本大小的主要和基本因素。在货币成本相同的情况下,顾客在购买时还要考虑所花费的时间、精力等,因此这些支出也是构成顾客总成本的重要因素。

1.时间成本

在顾客总价值与其他成本一定的情况下,时间成本越低,顾客购买的总成本越小,从而"顾客净得价值"越大。以服务企业为例,顾客在购买餐馆、旅馆、银行、运输等服务行业所提供的服务时,常常需要等候一段时间才能进入到正式购买或消费阶段,特别是在营业高峰期更是如此。在服务质量相同的情况下,顾客等候购买该项服务的时间越长,所花费的时间成本越大,购买的总成本也就越大。同时,等候时间越长,越容易引起顾客对企业的不满意感,从而中途放弃购买的可能性亦会增大。因此,合理组织、努力提高工作效率,在保证产品与服务质量的前提下,尽可能减少顾客的时间支出,降低顾客的购买成本,是增强企业产品市场竞争能力的重要途径。

2.精神与体力成本

精神与体力成本是指顾客购买产品时,在精神、体力方面的耗费与支出。在顾客总价值与其他成本一定的情况下,精神与体力成本越小,顾客为购买产品所支出的总成本就越低,从而顾客净得价值越大。因为消费者购买产品的过程是一个从产生需求、寻找信息、判断选择、决定购买到实施购买,以及购后感受的全过程。在购买过程的各个阶段,均需付出一定的精神与体力。如当消费者对某种产品产生了购买需求后,就需要搜集该种产品的有关信息。消费者为搜集信息而付出的精神与体力的多少,因购买情况的复杂程度不同而有所不同。就复杂购买行为而言,消费者一般需要广泛全面地搜集产品信息,因此需要付出较多的精神与体力。对于这类产品,如果企业能够采取有效措施,通过多种渠道向潜在顾客提供全面详尽的信息,就可以减少顾客为获取产品情报所花费的精神与体力,从而降低顾客购买的总成本。

(四)顾客净得价值的理解

顾客净得价值的多少受顾客总价值与顾客总成本两方面的因素的影响。顾客总价值与总成本的各个构成因素的变化及其影响作用不是各自独立的,而是相互作用、相互影响的。某一项价值因素的变化不仅影响顾客总价值的增减,而且影响相关顾客成本因素。因此,企业在制定各项市场营销决策时,应综合考虑构成顾客总价值与总成本的各项因素之间的这种相互关系,从而用较低的生产与市场营销费用为顾客提供具有更多的顾客净得价值的产品。

不同的顾客群对产品价值的期望与对各项成本的重视程度是不同的。企业应根据不同顾客的需求特点,有针对性地设计和增加顾客总价值,降低顾客总成本,以提高产品的实用价值。例如,对于工作繁忙的消费者而言,时间成本是最为重要的因素,企业应尽量缩短消费者从产生需求到具体实施购买和产品投入使用和产品维修的时间,最大限度地满足和适应其求速求便的心理要求。总之,企业应根据不同情况细分市场顾客的不同需要,努力提供实用价值高的产品,这样才能增加其购买的实际利益,减少其购买成本,使顾客的需要获得最大限度的满足。

为了争取顾客,战胜竞争对手,巩固或提高企业产品的市场占有率,现代企业应采取顾客净得价值最大化策略,通过企业的全面变革和全员努力,建立"顾客满意第一"的良性机制,使自己成为真正面向市场的企业。

三、全面质量营销

(一)全面质量营销概述

企业营销如果仅仅依赖营销部门,是很难见效的。再出色的营销部门,也没有办法弥补劣质产品或服务给企业带来的影响。

美国质量管理协会认为,质量是一个产品或服务的特色和品质的总和,这些品质特色将影响产品满足所显明的或所隐含的各种需要的能力。顾客有一系列的需要、要求和期望,当所售的产品和服务符合或超越了顾客的期望时,销售人员就提供了质量。一个能在大多数场合满足大多数顾客需求的公司就是优质公司。

市场经济要求质量以顾客为导向,因此区分适用质量和性能质量是很重要的。例如,一辆"奔驰"车所提供的性能质量比"大众"车高:它行驶平稳、快速、经久耐用等。但是,如果"奔驰"和"大众"车分别满足了它们各自的目标市场的期望,那么可以说两种车提供了相同的适用质量。一辆7万美元的小汽车满足了它的目标市场的要求,是一辆优质车。一辆价值1.5万美元的小汽车能满足其目标市场的要求,也是一辆优质车。重要的是"市场驱动质量",而不是"工程驱动质量"。

在产品服务质量、顾客满意和公司盈利之间有一种密切的联系。较高的质量导致顾客较大的满意,同时也支撑了较高的价格和较低的成本。所以,营销管理者应将改进产品和服务质量视为头等大事。企业要想在竞争中立于不败之地,除了接受全面质量管理,别无选择。

全面质量是创造价值和顾客满意的关键。全面质量管理是每个人的工作,正如营销是每个人的工作一样。越来越多的公司通过任命一位"质量副总经理"专门负责全面质量管理(TQM)。以顾客为导向的企业,TQM要求确认下面有关质量改进的诸条件:

1.质量必须为顾客所认知

质量工作必须以顾客的需要为始点,以顾客的知觉为终点。

2.质量必须在公司每一项活动中体现出来

不能只考虑产品的质量,还应考虑广告、服务、产品介绍文献等方面的质量。

3.质量要求全体员工的承诺

惟有当公司全体员工都承诺要保证质量,以质量为动力,并得到良好培训,质量才有保证。

4.质量要求高质量的合作伙伴

一个公司所提供的质量,只有当它的价值链上的伙伴都对质量做出承诺时,才有保证。

5.质量必须不断改进

质量改进方案(QIP)通常会增加盈利。改善质量的最好方法就是将"最佳等级"竞争者作为公司业绩的基准,然后努力赶上或者超越它们。

6.质量改进有时需要总体突破

尽管质量应持续不断地加以改进,但对一个公司来说,有时确定一个总体改进目标是必要的。小的改进常常通过努力工作就可以实现,而大的改进则要求新的思路和更高明的工作。

7.质量未必要求更高成本

质量实际上是通过学习掌握"第一次就把事做好"的方式得以改善的。质量不是检查出来的,质量必须是设计进去的。

8.质量是必要的,但不是充分的

由于买方的要求越来越高,改进产品或服务质量无疑是十分必要的。然而同时,高质量并不是必胜的优势,尤其是当竞争者也处于大致相同的质量水平时。

营销人员必须发挥的重要作用有:(1)在正确识别顾客的需要和要求时承担着重要责任;(2)将顾客的要求正确地传达给产品设计者;(3)确保顾客的订货正确、及时地得到满足;(4)检查顾客在产品使用方面是否得到了适当的指导、培训和技术性帮助;(5)在售后还必须与顾客保持联系,以确保他们的满意能持续下去;(6)应该收集顾客有关改进产品和服务方面的意见,并将其反映到公司各有关部门。当营销者做了上述一切后,他就是对全面质量管理和顾客满意做出了自己的贡献。这就意味着营销人员不仅要花精力和时间改善外部营销,还要改善内部营销。

(二)服务质量的定义

服务产品的质量水平并不完全由企业所决定,而同顾客的感受有很大关系,即使被企业认为是高标准的服务,也可能不为顾客所喜爱和接受。因此,可以认为服务质量是一个主观范畴,它取决于顾客对服务的预期质量同其实际感受的服务水平或体验质量之比,在体验质量既定的情况下,预期质量将影响顾客对整体服务质量的感知。如果顾客的期望过高,或者是不切合实际,则即使从某种客观意义上说他们所接受的服务水平是很高的,他们仍然会认为企业的服务质量较低。预期质量主要受制于4种力量的影响,即市场营销沟通、企业形象、顾客口碑和顾客需求。由于接受服务的顾客往往能够直接接触到企业的各个方面,如资源状况、组织结构和运作方式等,所以,企业的形象将不可避免地影响到顾客对服务质量的认知和体验。如果企业在顾客心目中享有较好的企业形象,那么,顾客可能会原谅企业在推广服务过程中的个别失误。但是如果这些失误频繁发生,则必然会破坏企业形象。而倘若企业形象不佳,则企业任何微小的失误都会给顾客造成很坏的印象。所以,人们有时把企业形象称为顾客感知服务质量的过滤器。

企业形象和顾客口碑只能间接地被企业控制,它们虽然受许多外部因素的影响,但基本上表现为企业绩效的函数。顾客需求千差万别,完全属于不可控制因素。而市场营销沟通包括广告、直接邮寄、公共关系以及促销活动等,则能够直接为企业所控制。市场营销沟通对于预期质量的影响是显而易见的。如果在广告实践中,企业夸大其辞,不切实际地鼓吹自己的产品,结果在顾客心目中形成了对企业产品过高的期望。而当顾客实际接触到产品并发现产品质量并不像所宣传的那样,甚至还有很多缺陷时,顾客对产品质量的感知和评价将大打折扣。

顾客对服务质量的感知主要是从技术和职能两个层面体验的,因此服务质量也决定于技术质量和职能质量的水平。技术质量是指服务过程的产出,即顾客从服务过程中所得到的东西,对此,顾客容易感知,也便于评价。职能质量则指提供服务的过程,也就是顾客同服务人员打交道的过程,服务人员的行为、态度、仪表等将直接影响到顾客对服务质量的感知。因此,顾客对服务质量的感知不仅包括他们在服务过程中所得到的东西,而且还要考虑他们是如何得到这些东西的,显然,职能质量难以被顾客进行客观的评定,它更多地取决于顾客的主观感受。

在旅馆业,排队等待结账,是旅客经常抱怨的一个问题,不少旅馆管理人员认为这是一个无法解决的难题。但是,美国马里奥特(Marriott)旅馆公司却创造了简易快速结账服务方式。在登记时出示信用卡的旅客,在离店前一天晚上可收到账单。如果旅客认为账单上数额是正确的,就只需在离店时,到总服务台交还客房钥匙。在餐饮业,众口难调是许多管理人员多年来无法解决的一个难题。但是,广州市胜利宾馆却推出了"点厨师"服务项目,让顾客选择厨师,使菜肴更符合顾客的口味。

(三)服务质量的评价与分析

长期以来,服务质量的测定一直是困扰着理论研究者和企业市场营销人员的一个难题。由于服务产品具有无形性和差异性等特点,顾客的满意度受到各种无形因素的制约,企业市场营销人员难以把握顾客对服务产品质量的感知,所以,服务产品的质量不像有形产品的质量那样容易测定,很难用固定的标准来衡量服务质量的高低。

美国学者白瑞、巴拉苏罗门、西斯姆等提出的服务质量模型（Servqual Model）基本上解决了服务质量测量这一难题。他们通过对信用卡、零售银行、证券经纪、产品维修与保护等4个服务行业的考察和比较研究，认为顾客在评价服务质量时主要从下述10个标准进行考虑，即可感知性、可靠性、反应性、胜任能力、友爱、可信性、安全性、易于接触、易于沟通以及对消费者的理解程度等。在进一步的研究中，上述10个标准被归纳为5个，其中可感知性、可靠性和反应性保留不变，而把胜任能力、友爱、可信性和安全性概括为保证性，把易于接触、易于沟通以及对消费者的理解程度概括为移情性。

1.可感知性

可感知性是指服务产品的"有形部分"，如各种设施、设备以及服务人员的仪表等。由于服务产品的本质是一种行为过程而不是某种实物，具有无形的特性。所以，顾客只能借助这些有形的、可视的部分来把握服务的实质。服务的可感知性从两个方面影响顾客对服务质量的认知，它们提供了有关服务质量本身的有形线索，同时又直接影响到顾客对服务质量的感知。

2.可靠性

可靠性指服务供应者准确无误地完成所承诺的服务。可靠性要求避免服务过程中的失误，服务差错不仅带来直接意义上的经济损失，而且会失去很多潜在顾客。顾客认可的可靠性是最重要的质量指标，它与核心服务密切相关。许多以优质服务著称的企业都是通过强化可靠性来建立自己的声誉的。

3.反应性

反应性主要指反应能力，即企业随时准备为顾客提供快捷、有效的服务，包括矫正失误和改正对顾客不便之处的能力。对于顾客的各种要求，企业能否予以及时满足，表明企业的服务导向，即是否把顾客利益放在第一位；同时，服务传递的效率则从一个侧面反映了企业的服务质量。

4.保证性

保证性是指服务人员的友好态度与胜任能力。服务人员较高的知识技能和良好的服务态度，能增强顾客对服务质量的信心和安全感。友好态度和胜任能力二者都是不可或缺的，服务人员缺乏友善的态度自然会让顾客感到不快，但是如果他们对专业知识懂得太少也会令顾客失望，尤其是在服务产品不断推陈出新的今天，服务人员更应知识全面、态度友善。

5.移情性

移情性是指企业和服务人员能真诚地关心顾客，设身处地为顾客着想，了解他们的实际需要（甚至是私人方面的特殊要求）并予以满足，使整个服务过程富有"人情味"。有一位名叫吉拉德的德国汽车经销商，每个月要寄出13 000张卡片，任何一位从他那里购买汽车的顾客每月都会收到有关购后情况的询问，这一方法，使他生意兴隆。

根据上述5个标准，白瑞等建立了Servqual Model模型来测量企业的服务质量。具体的测量主要是通过问卷调查、顾客打分的方式进行。该项问卷包括两个相互对应的部分，一部分用来测量顾客对企业服务的期望，另一部分则测量顾客对服务质量的感受。而每一部分都包含上述5个标准。在问卷中，每一个标准都具体化为4个或5个问题，由被访者回答。显然，对于某个问题，顾客从期望的角度和从实际感受的角度所给分数往往不同，二者之间的差异就是在该方面企业服务质量的分数，即

Servqual 分数 = 实际感受分数 − 期望分数

推而广之，评估整个企业服务质量水平实际上就是计算平均 Servqual 分数。如果企业的

Servqual 分数为负,就说明企业在服务质量方面存在问题。为便于分析服务质量问题,西方营销学者提出了一种服务质量差距分析模式,见图 2-1。

模式表明,提供的服务可能存在 5 个方面的差距:

(1)顾客预期服务与管理者认知的顾客预期服务之间的差距。由于管理者未能正确认知顾客需求,或不了解顾客如何评价服务,因而存在差距。

(2)管理者的认知与服务质量之间的差距。

(3)服务提供与服务质量规范之间的差距。

(4)服务提供与外部沟通之间的差距。外部沟通提供的材料如超出实际提供服务的水平,可能误导顾客,形成过高的服务预期,进而使体验质量与预期质量之间存在差距。

(5)顾客的认知服务与预期服务之间的差距。由于顾客衡量职务质量的标准存在差异,或是没有真实体验到提供的服务质量,这有可能导致顾客过高或过低评价服务质量。这一差距的后果,对企业形象可能带来积极的影响,也可能带来消极影响。

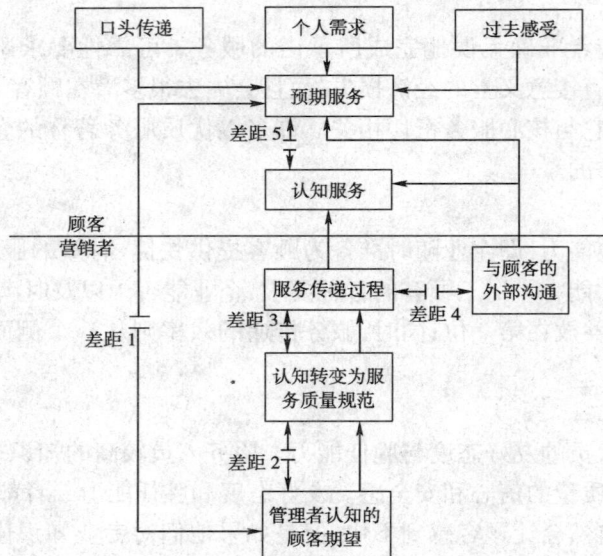

图 2-1　服务质量差距分析模式

(四)提高服务质量的策略

企业对服务质量的规定和执行贯穿于整个服务传递系统的设计与运作过程的始终,而不是仅仅依赖于事后的检查和控制,因此,服务过程、服务设施、服务装备与工作设计等都将体现出服务水平的高低。由于顾客对服务质量的评价是一种感知认可的过程,他们往往习惯于根据服务传递系统中服务人员的表现及其与顾客的互动关系来进行评价,因此,人的因素对于服务质量的提高至关重要。

提高服务质量的方法与技巧很多,有两种常用的方法,即标准跟进(benchmarking)和蓝图技巧(blueprinting technique)。

1.标准跟进

企业提高服务质量的最终目的是在市场上获得竞争优势,而获得竞争优势的简捷办法就是向自己的竞争对手学习。标准跟进是指企业将自己的产品、服务和市场营销过程等同市场上的竞争对手,尤其是最强的竞争对手的标准进行对比,在比较和检验的过程中逐步提高自身的水平。

标准跟进最初主要应用于生产性企业,服务企业在运用这一方法时可以从策略、经营和业务管理等方面着手。

(1)策略。企业将自身的市场策略同竞争者成功策略进行比较,寻找它们的相关关系。如竞争者主要集中在哪些细分市场,竞争者追求的是低成本策略还是价值附加策略,竞争者的投资水平以及资源是如何分配于产品、设备和市场开发等方面。通过这一系列的比较和分析,企业将会发现过去可能被忽略的成功的策略因素,从而制定出新的、符合市场条件和自身资源水平的策略。

(2)经营。企业主要集中于从降低营销成本和提高竞争差异化的角度了解竞争对手的做法,并制定自己的经营策略。

(3)业务管理。企业应该根据竞争对手的做法,重新评估某些职能部门对企业的作用。如在一些服务企业中,与顾客相脱离的后勤部门,缺乏应有的灵活性而无法同前台的质量管理相适应。学习竞争对手的经验,使二者步调一致无疑会有利于提高企业服务质量。

2.蓝图技巧

服务企业要想提供较高水平的服务质量和顾客满意度,必须理解影响顾客了解服务产品的各种因素,蓝图技巧(又称服务过程分析)为企业有效地分析和理解这些因素提供了便利。蓝图技巧是指通过分解组织系统和架构,鉴别顾客同服务人员的接触点并从这些接触点出发来改进企业服务质量。

蓝图技巧借助流程图来分析服务传递过程的各个方面,包括从前台服务到后勤服务的全过程。主要保证步骤是:

(1)将服务的各项内容用流程图的方式画出来,使得服务过程能够清楚、客观地展现出来。

(2)找出容易导致服务失误的接触点。

(3)建立体现企业的服务质量水平的执行标准和规范。

(4)找出顾客能够看得见的作为企业与顾客的服务接触点的服务展示。在每一个接触点,服务人员都要向顾客提供不同的技术质量和职能质量,而顾客对服务产品质量的感知将影响到企业形象。

由于服务的不可感知性等特征,顾客常因担心服务质量难以符合期望水平而在购买时犹豫不决。企业为化解顾客对质量风险的顾虑,可以从以下几方面做工作:

(1)树立质量第一的观点。企业高层管理人员真正投入质量管理活动,包括履行承诺保证,在资源配置上支持质量管理活动,建立以质量为核心的服务企业文化,使得各个管理层次都能自觉地为维持良好的服务产品质量做出贡献。如果顾客感到企业内部所有员工都能认识到质量的重要性,竭尽全力提供优质服务,则质量风险自然会逐渐消除。

(2)加强员工培训。以人为中心的服务,质量决定于人的操作技巧和态度,因此,仅有提供优质服务的意识是远远不够的。企业必须重视员工培训,让员工掌握新的服务技能,改善服务态度。同时要建立一套员工支持的激励机制,争取在员工满意的基础上让所有的顾客满意。

(3)广告宣传强调质量。企业在设计广告宣传时应针对顾客对服务质量存有疑虑的心理状态,形象地突出有关服务的质量特征与水平。例如,请现有顾客"现身说法",介绍自己购买服务后的心理感受。善用顾客口碑,有时能收到比广告更好的效果。

(4)利用促销技巧。站在顾客的立场上,服务产品质量不佳意味着他们在金钱上的损失。为使顾客金钱损失的风险降低,企业可充分利用促销技巧,采用免费试用等方法,鼓励顾客勇于尝试。很多信用卡公司以低价入会或免收入会费的方式鼓励顾客申请使用信用卡便是最好的例证。

(5)增加顾客对有关服务的知识。服务因其无形性而大大不同于物品,物品以物质形态存在,可以自我展示,服务以行为方式存在,是无形的。但顾客能看到服务工具、设备、员工、信息资料、其他顾客、价目表等,这些有形物都是了解无形服务的途径。如管理得好,能增加顾客对有关服务的认识,并增强整个市场营销战略的活力。

(五)服务质量与顾客服务

顾客服务的行为按是否与顾客直接接触,分为前台活动与后台活动。顾客服务的基本要求是尽量扩大前台活动的范围和比例,使顾客接触到更多职责相关而又独立操作的服务人员,这既可提高顾客的满意度,又便于企业进行追踪调查。

1.顾客服务与顾客期望

顾客期望在顾客对企业服务的判断中起着关键性的作用。顾客正是将他们所要的或所期望的东西与得到的东西进行比较,据以对服务质量进行评估。期望与体验之间是否一致是顾客进行服务质量评估的决定性因素。期望作为一个比较评估的标准,既反映顾客相信将会在服务中发生什么(预测),也反映顾客想要在服务中发生什么(愿望)。为了在服务质量方面取得信誉,企业必须按照顾客所期望的水平或超出这一水平为顾客提供服务。

2.管理顾客期望

企业可以通过对所做承诺进行管理,可靠地执行所承诺的服务并与顾客进行有效的沟通来对期望进行有效的管理。

(1)保证承诺的实现性。明确的服务承诺(如广告和人员推销)和暗示的服务承诺(如服务设施外观、服务价格)完全是企业可控制的,对这些承诺进行管理是管理顾客期望的直接的可靠的方法。企业应集中精力于基本服务项目,通过切实可行的努力,确保对顾客所作的承诺能够反映真实的服务情况,保证承诺完满兑现,使企业从中获益。而过分的承诺难以兑现,将会失去顾客的信任,破坏顾客的容忍度,不利于企业的长远发展。

(2)重视服务可靠性。顾客对服务质量进行评估时,可靠性无疑是最重要的指标。提高服务可靠性,能带来较高的顾客保持率与良好的顾客口碑,减少招揽新顾客的压力和再次服务的开支。可靠的服务有助于减少优质服务重现的需要,从而合理限制顾客期望。

(3)与顾客进行沟通。经常与顾客进行沟通,理解他们的期望和所关心的事情,对服务进行说明或是对顾客光临表示感谢,易于获得顾客的谅解,是一种管理期望的有效方式。企业积极地与顾客沟通,传达了一种合作的意愿,这是顾客经常希望却又很少得到的。企业通过与顾客经常对话,加强同顾客的联系,有助于在服务出现失误时减少或消除顾客的失望,从而使顾客树立对企业的信任和谅解。

3.超出顾客的期望

管理期望为超出期望奠定了基础。企业可利用服务传递和服务重现所提供的机会来超出顾客期望。

(1)传递优质服务。在服务传递过程中,顾客亲身体验了企业提供的服务技能和服务态度,有助于保持更切合实际的期望和更好的理解,从而使超出这些期望成为可能。每一次与顾客的接触都是一次潜在的机会,可使顾客感到他得到了比过去的经验期望更好的服务。而那些机械地执行服务、对顾客十分冷淡的员工就会浪费这些机会。

(2)重视服务重现。虽然对完美服务的追求是优质服务的特征,但在第一次服务出现失误时,一流服务的重现显得十分重要。服务重现是一个超出顾客期望的绝好机会,也为企业提供了重新赢得顾客信任的机会。企业必须加强力量组织好重现服务,使服务中的问题得到令人满意的解答。虽然在服务重现期间顾客对过程和结果的期望会比平时更高,但顾客将比往常更加注意服务的传递过程。以全身心的投入来对待顾客的有效重现,能使顾客顺心,并为精心组织的重现超出期望而感到惊喜。

最新研究表明,顾客对服务的期望存在满意和渴望两个水平,所以服务质量的评价也应包括两个方面:感觉到的服务与满意的服务之间的差距,以及感觉到的服务与渴望的服务之间的差距。前者称为服务合格度(MSA),后者称为服务优秀度(MSS)。一个企业的服务合格度与服务优秀度的分数将会从服务质量角度确定企业在竞争中的位置。

四、CS营销战略

20世纪90年代以来,日美等国家兴起了CS热潮。CS是英语Customer Satisfaction的缩写,意为顾客满意。企业推行CS战略有利于提高长期收益:企业在使顾客满意的过程中,更好地了解顾客,减少错误,从而减少费用;满意的顾客常常愿意付出额外的费用,企业可得到价格优势;满意的顾客对企业的忠诚,不仅可增加企业收入,还可以降低交易成本;CS战略实施可使顾客对企业的信任不断加强,使企业信誉提高,吸引更多的顾客。

CS战略由企业理念满意(MS)、企业行为满意(BS)和企业视觉满意(VS)组成。企业理念满意是CS的核心与灵魂。CS战略中最重要的就是站在顾客的立场上考虑和解决问题,把顾客的需要和满意放在第一位。企业行为满意是理念满意诉诸计划的行为方式,是CS战略的具体执行和运作,强调的是行为的运行和效果所带给顾客的满足,只有全面掌握了顾客的心理需求和需求倾向,才能全面及时地推进令顾客满意的产品与服务。企业视觉满意是CS直观可见的外在形象,是顾客认识企业快速化、简单化的途径,也是企业强化公众印象的集中化、模式化的手段。视觉满意必须考虑到顾客偏好,让顾客感到亲切、自然,把顾客满意的理念渗透到企业标志等静态企业识别符号中,以获得顾客满意,提升企业的形象。企业视觉满意设计要做到构思深刻、构图简洁;形象生动,易于识别;新鲜别致,别具一格。

为使顾客能完全满意自己的产品或服务,企业需用科学的方法与手段来检测顾客的满意程度,并根据调查分析结果,整个企业一起来改善产品、服务及企业文化。

第三节　市场营销理念的新发展

一、整体营销理念

整体营销理念是企业开拓市场、满足消费者需要的重要保证。它要求企业全面地组织市场营销活动,针对消费者多方面的需要,综合运用各种营销手段,包括合理设计产品和制定产品价格、正确选择分销方式和促销方式、做好产品的市场调研和售后服务等,使企业的市场营销构成一个有机的整体。同时,整体营销还要求企业树立战略观念,在市场营销活动中根据市场形势和外部环境的变化,高瞻远瞩,审时度势,立足于现实,放眼于全局利益和长远目标,通过研究和制订市场营销战略,提高企业随机应变,驾驭未来的能力。

（一）整体营销的内涵

菲利普·科特勒认为:企业所有部门为服务于顾客利益而共同工作时,其结果就是整体营销。整体营销发生在两个层次，一是不同的营销功能——销售力量、广告、产品管理、市场研究等——必须共同工作；二是营销部门必须和企业的其他部门相协调。

营销组合概念强调将市场营销中各种要素组合起来的重要性，整体营销则与之一脉相承，但更为强调各种要素之间的关联性，要求它们成为统一的有机体，共同为企业的营销目标服务。

要想有效地为满足顾客需求而开展营销，首先要进行有效的沟通。整体营销理念改变了把营销活动作为企业经营管理的一项职能的观点，要求所有活动都整合和协调起来，为顾客的利益服务。同时强调企业与市场之间互动的关系和影响，努力发现潜在市场和创造新市场。以注重企业、顾客、社会三方共同利益为中心的整体营销，具有整体性与动态性的特征，企业把与消费者之间交流、对话、沟通放在特别重要的地位，是营销理念的变革和发展。

(二)整体营销中 4C 的营销观念

传统营销理论强调产品(Product)、定价(Price)、地点或渠道(Place)和促销(Promotion)四要素。4P 理论认为，企业只要围绕 4P 进行灵活的营销组合，产品销售就有了保证。随着经济的发展，市场营销环境发生了很大变化，消费个性化、人文化、多样化特征日益突出，传统的 4P 理论已不适应新形势。为此，美国市场营销专家劳特朋于 20 世纪 90 年代提出用新的 4C 理论取代 4P 理论，强化了以消费者为中心的营销组合。

1. 消费者(Consumer)

指消费者的需要和欲望(The needs and wants of consumer)。4C 理论认为消费者是企业一切经营活动的核心，企业重视顾客甚于重视产品，强调创造顾客比开发产品更重要，满足消费者需求和欲望比产品功能更重要。

2. 成本(Cost)

指消费者获得满足的成本(Cost and value to satisfy consumer needs and wants)，或是消费者满足自己的需要和欲望所愿意付出的成本价格。4C 理论将营销价格因素延伸为生产经营全过程的成本，包括：企业的生产成本，即生产适合消费者需要的产品成本；消费者购物成本，它不单是指购物的货币支出，还包括时间耗费、体力和精力耗费以及风险承担。新的定价模式是：消费者接受的价格 - 适当的利润 = 成本上限。企业要想在消费者支持的价格限度内增加利润，就必须努力降低成本。

3. 便利(Convenience)

指购买的方便性(Convenience to buy)。4C 理论强调企业提供给消费者的便利比营销渠道更重要。便利，就是方便顾客，维护顾客利益，为顾客提供全方位的服务。运输企业要深入了解不同消费者的不同要求，把便利原则贯穿于运输营销的全过程：在售前及时向消费者提供充分的关于运输速度、质量、运价等方面的准确信息，为顾客洽谈运输业务提供咨询服务、方便停车、上门办理等服务；运输过程中，提供上门取货、送货、代办中转和信息等服务，方便顾客；运输产品售出后，应重视信息反馈和跟踪调查，及时答复、处理顾客意见，及时妥当地处理货运事故。为了方便顾客，很多企业开办了热线电话服务。

4. 沟通(Communication)

指与用户沟通(Communication with consumer)。4C 理论用沟通取代促销，强调企业应重视与顾客的双向沟通，以积极的方式适应顾客的情感，建立基于共同利益之上的新型的企业、顾客关系。

企业可以尝试多种营销策划与营销组合，如果未能收到理想的效果，说明企业与产品尚未

44

完全被消费者接受。这时,不能依靠加强单向劝导顾客,要着眼于加强双向沟通,增进相互的理解,实现真正的适销对路,培养忠诚的顾客,而忠诚的顾客既是企业稳固的消费者,也是企业最理想的推销者。

（三）整体营销的实施

营销实施是将营销计划转化为行动和任务的部署过程,也是将纸面上的计划、任务落实以实现预定目标的过程。整体营销计划具有更大的弹性空间和动力机制,其实施可以有更多的活力和更高的效率。

1.影响整体营销实施的技能

（1）营销贯彻技能。为使营销计划实施快捷有效,必须运用分配、监控、组织和配合等技能。分配技能指营销各层面负责人对资源进行合理分配,使其在营销活动中优化配置的能力。监控技能指在各职能、规划和政策层面建立系统营销计划并与反馈系统形成控制机制。组织技能指开发和利用可以依赖的有效工作组织。配合技能指营销活动中各部门及成员要善于借助其他部门以至企业外部的力量有效实施预期的战略。

（2）营销诊断技能。营销实施的结果偏离预期目标,或是实施中遇到较大阻力时,需确定问题的症结所在并寻求对策。

（3）问题评估技能。营销实施中的问题,可能产生于营销决策,即营销政策的规定;也可能产生于营销规划,即营销功能与资源的组合;也可能产生于行使营销功能方面,如广告代理、经销商。发现问题后,应评定问题所处的层面及解决问题所涉及的范围。

（4）评价实施结果技能。将营销活动整体的目标,细分成各阶段和各部门的目标,并对各分目标完成结果和进度及时进行评价,这是对营销活动实施有效控制和调整的前提。

2.整体营销实施的过程

整体营销实施涉及资源、人员、组织与管理等方面。

（1）资源的最佳配置和再生。实现资源最佳配置,既要利用内部资源运用主体的竞争,力求实现资源使用的最佳效益;又要利用最高管理层和各职能部门,组织资源共享,避免资源浪费。

（2）人员的选择、激励。人是实现整体营销目标的最能动、最活跃的因素,要组成有较高的合作能力和综合素质的非长期团队小组,保证圆满完成分目标;采用激励措施不断调动人员积极性,增强人员信心,促使创造性变革的产生。

（3）学习型组织。整体营销团队具有动态性特点,而组织又要求具有稳定性。要建立组织中人们所共同持有的意象或景象,即共同远景。保持个人与团队目标和企业目标的高度一致,并强化团队学习,创造出比个人能力总和更高的团队,形成开放思维,实现自我超越。

（4）监督管理机制。高层管理务求使各种监管目标内在化,通过共同远景培养各成员、各团队自觉服务精神;通过激励培养塑造企业文化;通过团队中人员、职能设置强化团队自我管理能力。团队自身也承担了原有监管应承担的大量工作,在最高层的终端控制下,自觉为实现企业营销目标努力协调工作。

（四）整体营销沟通

整体营销沟通（Integrated Marketing Communications, IMC）也称整体营销传播。我国有学者将其内涵表述为"以消费者为核心重视企业行为和市场行为,综合协调地使用各种形式的传播方式,以统一的目标和统一的传播形象,传播一致的产品信息,实现与消费者的双向沟通,迅速树立产品品牌在消费者心目中的地位,建立产品与消费者长期密切的关系,更有效地达到广告传播和产品行销的目的"。也有学者认为,IMC是指企业在经营活动中,以由外向内战略观点为基础,为了与利害关系者进行有效的沟通,以营销传播管理者为主体所展开的传播战略。即为了对消费者、从业人员、投资者、竞争对手等直接利害关系者和社区、大众媒体、政府、各种社会团体等间接利害关系者进行密切、有机的传播活动,营销传播管理者应该了解他们的需求,并反映到企业经营战略中去,首先决定符合企业实情的各种传播手段和方法的优先次序,通过计划、调整、控制等管理过程,有效地、阶段性地整合诸多企业传播活动。合格的营销传播管理者应该具备多方面的能力,即对新事务的适应能力、传播能力、组织能力、创造能力和调查分析能力,具有广博的知识和兴趣。

二、创新营销理念

创新是现代市场理念的重点之一,也是市场发展的需要。在竞争激烈的市场上,任何一个企业的产品都不可能长期独占市场,当同业竞争者以更优的产品出现的时候,就会使企业失去顾客和市场。同时,随着经济的发展,消费者收入的增加和消费水平的不断提高,其消费需求也在不断变化。因此,市场竞争和市场需求的多变性必然迫使和要求企业在市场营销的各方面不断有所突破、有所创新,以适应和驾驭不断变化的市场情况,取得市场营销的主动权。

创新要求企业不仅重视创造近期的顾客满意,而且要积极适应市场、环境的变迁,致力于创造长期、整体顾客满意,实施有效的组织创新。

(一)组织创新

1.市场导向组织创新

现代市场营销管理理念强调创造顾客和顾客满意,将顾客利益摆在核心地位。许多企业也开始认识到兼顾行业、合作伙伴、社区和国家的利益,对企业成功经营与发展的重要作用。面对现代科技迅速发展、市场环境急剧变迁和竞争日趋激烈的挑战,企业必须对自身组织与管理制度进行革新,以形成能全面有效地创造顾客并为之服务的良好机制。

在总结卓有成效的公司管理模式的基础上,李特尔咨询公司(Arthur D. Little)提出了一个高绩效业务模型。该模型将企业资源与组织配置作为基础,给出了企业组织与体制创新的主要原则。

(1)满足利益方的要求。在今天的价值交换体系中,企业绩效及其利润指标,只有在能使其他主要利益方获得利益的条件下,才有可能实现。因此,企业及其经营业务,都要确定利益方及其要求。一般地说,利益方主要包括:顾客、供应商、经销商、企业员工和股东。如果这些利益方觉得不满意,就不能实现理想的合作,而使整体绩效下降,甚至经营失败。因此,企业必须满足每一个利益团体的最低期望,致力于为不同的利益方传递高于最低限度的满足水平。同时,也需要根据不同情况传递达到不同的满意水平及其条件。如企业可能计划使顾客感到惊喜(高度满意水平),为员工尽好责任(基本满意水平),为经销商提供绩效满意水平。在确定这些满意水平的时候,企业必须注意不要让利益方之间感到相对待遇有失公平。

各方利益关系的协调本质上仍然是以顾客满意为核心的。从经营动态关系上看,通过顾客满意达到包括股东在内的其他利益方满意,是建立在企业组织与制度创新所创造的高质量环境基础上的。建立一个面向市场的组织管理体制,形成高水平的员工满意;通过员工积极性、创造性的充分发挥,以高质量的产品和服务建立高度的顾客满意,带来更多的交易,更高的企业利润,以及供应商、经销商的利益。而各方满意的结果,又会促进新一轮更高质量服务的良性循环。

(2)改进关键业务过程。达到满意目标必须通过对工作过程的管理才能实现。大多数企业的这种管理都是通过以专业职能分工为基础的部门组织来进行的。这种传统的组织结构往往使各业务部门各自为政,追求自身目标最大化而不是企业目标最大化,各部门之间不能实现理想的合作,从而使企业创造顾客高度满意这一总体目标及其战略规划,不能有效遍及整个业务的各个环节和全过程。

为适应以快速变化为主调、灵活反应为关键的外部环境,企业必须突出和加强对关键业务过程的管理,通过组织革新,建立多功能的团体,将市场和企业的各种声音和谐一致地协调起来,形成自己管理核心业务的能力。

(3)合理配置资源。业务过程的执行,需要配置相应的人、财、物及信息等资源。企业必须设计出一个决策框架,使有限资源能够按照使顾客和企业都满意的方式来有效配置。这需要寻求拥有资源并对各业务的资源分配与使用实施控制。同时,企业还应努力寻求运用协作资源的可能性,以充分利用外部获得的非关键性资源。研究表明,高绩效公司往往十分重视自己拥有并培养那些能构成业务核心的资源和能力,以此形成自己的核心竞争力,而将非关键性资源配备转移到企业外部。

(4)组织革新。企业的组织要素通常包括组织结构、政策与文化。这些因素在市场环境发生急剧变化时,如果不相应变革,往往会成为企业维系与市场有机联系的机能障碍。传统的企业组织(有的学者称之为"命令——控制式组织")的致命弱点是阻碍市场知识的积累及其在组织内部的广泛传播,影响企业的决策水平及营销理念的全面贯彻。企业要根据环境的变化对其组织结构和政策进行革新。同时,要通过长期艰苦努力,加强企业的文化建设。

2.创建知识型企业

彼得·德鲁克在1988年就指出:"我们正在进入变革的第三阶段:从命令——控制型组织、分成许多部门与科室的组织,转变为以信息为基础、由知识专家组成的组织……但是,我们还远没有做到真正建立起以信息为基础的组织——这是将来会遇到的管理上的挑战。"迎接知识经济时代的挑战,企业必须以知识作为决策及决策之后的资源分配工作的根据和基础。企业的组织机制应懂得如何倾听市场的条件信号,从所听到的内容及其经验中学习,然后在所学知识的基础上提高自身能力,以其创造并满足顾客的产品和服务领先于他人。倾听、学习和领先工作水平决定了企业业务经营的成功或失败。

(1)倾听。倾听,又称探察,是指企业感知外部世界的所有活动。企业倾听有明确的目的性,就是建立知识基础,以便做出面向市场的决策。

市场调研一直是企业常用的感知手段。但过分依赖市场调研部门,乃至完全依赖营销部门来倾听,并不能保证企业通过有效倾听达到成功决策,通过相当狭小的感知渠道寻求众多对象的反应,调研机构和信息处理人员对信息的控制、存储和阐释,都会成为企业有效倾听的障碍。克服这些障碍,企业需要建立跨职能决策体系,设计出能促进信任、共享信息、积累知识和建立学习制度的各种决策方法。

倾听要保证企业能听取来自与企业决策休戚相关的三个群体(顾客、社区和企业)的多种声音。顾客包括消费者和相关销售系统中的个人;社区包括政府有关部门、特殊利益集团和竞争者;企业除自身外,还包括供应商和投资者。倾听多种声音的目的是协调不同群体之间的利益关系。多种声音往往会互相冲突,如洗衣粉生产商可能发现顾客想要含磷的洗衣粉洗出"更加洁白"的效果,而社区则要求禁止磷化物污染公共水源,使水"更加干净"。这时,企业(股东和员工)则要求生产一种既令顾客满意,又符合企业对环保的责任感,且能盈利的产品。企业的责任是充分听取三大群体的意见,了解和分析它们之间进行合作和冲突的可能性和条件,以做出面向市场的决策。

(2)学习。倾听取得的信息需要转化为进行决策所需要的情报、知识和智慧,否则就不会使企业得到任何改进。为此,需建立企业的学习体系。

要在快速变化的复杂环境中获得成功,企业每个员工必须不断地学习、快速地学习,学习有益于强化企业对内部和外部环境所拥有的共同知识即组织知识,促进个人行为与建立在组织知识之上的集体行动保持一致。

组织知识是每一个组织成员在解决具体问题时,在与集体相关的知识中得到一致认可、共同拥有的那部分知识。组织知识不是所有人知识的总和,而是相关的和共同的知识,是个人知识的有机综合。它比任何个人知识丰富得多,而且为所有与之相关的人深刻理解和内部化。

企业学习系统不仅要重视解决将个人学习和建立的知识转化为组织知识(共识)问题,而且要解决彼此独立的职能部门的组织知识与其他组织成员的共享问题,亦即将部门相对褊狭的各自"共识",转化为企业组织知识问题。因此,加强各职能部门的沟通和相互学习,就显得十分重要。

企业还必须将每一项业务程序视之为学习过程,将业务程序设计成鼓励学习并从中获得知识的程序。完成一项业务程序要求具备一定的知识状态。例如,开发和设计一种新型汽车,来自销售和服务、生产工艺、工程制造等部门和设计室的人,需要有共同知识,以便能够共同明确规定设计过程所需要的信息和要求。共享知识的过程应使他们每个人都能充分利用各自的知识状态,包括其根据经验获得的信息。这些人一致同意共享的信息就是该业务程序的组织知识状态。企业可以通过连续执行共同业务过程,不断地学习和更新组织知识状态,提高适应市场的能力。

(3)领先。倾听和学习的结果,最终要落实到做出更好的决策而实现"领先"上。这里的领先,是指通过决策过程而比竞争对手做得更好。

许多企业都有领先的追求。实践证明,达到领先不易,保持领先更难。能持续领先的企业,大都具有下列共性:①系统地倾听顾客和社区、竞争对手及企业内部的声音;②系统地学习上述声音随时间变化而变化的原理,以及把这些声音综合起来的方法;③拥有促进倾听和学习以及对变化做出快速反映的共同业务程序。

企业要具备这些领先要素,就必须建立一个决策网络,把组织的战略方针同资源配置和为实行该方针所做的决策紧密地结合起来。这种企业的决策网络的主要特征是:

①以资源配置来定义决策。决策实质上是决定如何分配资金、信息、人员、时间及其他企业资源。如提高市场占有率决策就是用具体的资源配置来降低价格、加强促销、改进产品特性等。这样定义决策,有利于经理执行并对其执行结果负责,也有利于决策者明确地解决相关的各种冲突。如决定提高市场份额,就意味着用于其他业务单位的资源有可能减少。决策者必须预先解决这些冲突,否则,决策的执行就会受到干扰。

②建立以市场为依据的决策方法,将企业大量而分散的各种资源转变为统一、协调的行动方针。企业可以通过一个对话框架,来实现这个目标。这种方法是组织负责做决策和负责执行决策的两组人员进行有条理的对话。这两组人员共同学习、工作,建立起决策所依据的知识,在决策过程的 4 个阶段(即确定问题、提出备选方案、分析和建立联系)充分对话。

企业决策网络最终使组织知识得以不断增加,并以此加强了部门之间的联系与合作,保证了企业能更好地实施市场(顾客)导向的营销理念。

(二)营销手段创新(网络营销)

伴随着网络经济时代的到来,一个以 Internet 为基础的网络虚拟市场开始形成。Internet 所具有的全球性、虚拟性、时空性和高增长性的特点,使网络虚拟市场成为一个全球性、数字化、跨越时空、飞速增长和潜力巨大的新兴市场。网络虚拟市场呈现出与传统市场不同的特点,因此不能简单地将传统市场的竞争战略和市场营销策略照搬到网络虚拟市场上来,企业必须重新审视网络虚拟市场,重新调整企业的经营战略思路,改变市场营销策略。

1.网络营销的特点

网络营销(E-marketing)是以互联网为媒体,以新的方式、方法和理念实施营销活动,更有效地促进个人和组织交易活动的实现。网络营销具有与传统营销不同的特点:

(1)跨时空。营销的最终目的是占有市场份额,互联网络具有可超越时间约束和空间限制进行信息交换的特点,使得脱离时空限制达成交易成为可能,企业可每周 7d,每天 24h 随时随地提供全球性营销服务。

(2)多媒体。互联网被设计成可传输多种媒体信息,如文字、声音、图像等信息,使得为达成交易进行的信息交换可以多种形式进行,可以充分发挥营销人员的创造性和能动性。

(3)交互式。互联网可展示商品和目录,接受顾客询价和订单,甚至设立在线收款服务;联结资料库,提供有关商品信息的查询,回答消费者疑问,和顾客进行互动双向沟通;收集市场情报,进行产品测试与消费者满意调查等,是产品设计、商品信息提供及服务的最佳工具。这种直接互动与超越时空的电子购物,无疑是营销渠道上的革命,必将成为未来市场营销最重要的渠道。

(4)拟人化。互联网络上促销是一对一的、理性的、消费者主导的、非强迫性的、循序渐进式的,而且是种低成本与人性化的促销,避免推销员强势推销的干扰,并通过信息提供及交互式交谈与消费者建立长期良好的关系。

(5)成长性。互联网使用者数量快速增长并遍及全球,使用者多半年轻,属于中产阶级,具有高教育水准,这部分群体购买力强并具有很强的市场影响力,因此网络虚拟市场是一个极具开发潜力的市场。

(6)整合性。互联网络上营销可由商品信息至收款、售后服务一气呵成,因此也是一种全程的营销渠道。同时,企业可以借助互联网络将不同的营销活动进行统一规划和协调实施,以统一的传播资讯向消费者传达信息,避免不同传播渠道中的不一致性产生的消极影响。

(7)超前性。互联网是一种功能最强大的营销工具,它同时兼具渠道、促销、电子交易,互动顾客服务以及市场信息分析与提供等多种功能。它所具备的一对一营销能力,恰好符合定制营销与直接营销的未来趋势。

(8)高效性。电脑可储存大量的信息供消费者查询,可传递的信息数量与精确度,远超过其他媒体,并能顺应市场需求,及时更新产品或调整价格,因此,能及时有效了解并满足顾客的需求。

(9)经济性。通过互联网进行信息交换,代替以前的实物交换,可以减少印刷与邮递成本,进行无店面销售,免交租金,节约水电与人工成本,同时可以减少由于迂回多次交换带来的损耗。

(10)技术性。网络营销是建立在高技术作为支撑的互联网络的基础上的,企业实施网络营销必须有一定的技术投入和技术支持,改变传统的组织形态,提升信息管理部门的功能,拥有懂营销与电脑技术的复合型人才,才能具备市场竞争优势。

2. 网络对传统营销的冲击

网络营销作为一种全新营销理念,其发展速度是前所未有的。随着我国市场经济发展的国际化、规模化,国内市场必将更加开放,更加容易受到国际市场的冲击,而网络营销的跨时空性无疑是一种"重磅炮弹",将对传统营销产生巨大冲击。

(1)对传统营销策略的影响。传统营销依赖一层层严密的渠道,并以大量人力与广告投入市场,这在网络时代将成为无法负荷的奢侈品。未来网络将与人员推销、市场调查、广告促销、经销代理等传统营销手法相结合,并充分运用网上的各项资源,形成以最低成本投入,获得最大市场销售量的新型营销模式。

①对传统产品品牌策略的冲击。首先是对传统的标准化产品的冲击。作为一种新型媒体,互联网可以在全球范围内进行市场调研。通过互联网厂商可以迅速获得关于产品概念和广告效果测试的反馈信息,可以测试顾客的不同认知水平,从而更容易对消费者行为方式和偏好进行跟踪。因而,在互联网大量使用的情况下,对不同的消费者提供不同的商品将是大势所趋。这种顾客化方式的驱动力来自最终消费者,而非按惯例来自分销商,互联网的新型沟通能力加速了这种趋势。因此,怎样更有效地满足各种个性化的需求,是每个公司面临的一大挑战。

其次是对品牌全球化管理带来的冲击。与目前企业的单一品牌与多品牌的决策相同,对上网公司的一个主要挑战是如何对全球品牌和共同的名称或标志识别进行管理。如果公司允许其地方性机构根据需要发展自己的有本地特点的区域品牌,当多个有本地特点的区域品牌分别以不同的格式、形象、信息和内容进行沟通时,虽然给消费者带来了某种程度的便利,但也会引起他们的困惑;如果为所有区域品牌设置统一品牌形象,虽然可利用知名品牌的信用带动相关产品的销售,但也有可能由于某种品牌的失利导致全局受损。因此,实行统一形象品牌策略还是实行有本地特点的区域品牌策略,以及如何加强区域管理是上网公司面临的现实问题。

②对定价策略的影响。如果某种产品的价格标准不统一或经常改变,客户将会通过互联网认识到这种价格差异,并可能因此而产生不满。故相对于目前的各种媒体来说,互联网先进的网络浏览功能将使变化不定且存在差异的价格水平趋于一致。这将对分销商分布海外并在各地执行差别化定价策略的公司产生巨大冲击。如果一个公司对某地的顾客提供20%的价格折扣,世界各地的互联网用户都会了解到这个交易,从而可能会影响到那些通过分销商或本来并不需要折扣的业务。另外,通过互联网搜索特定产品的代理商也将认识到这种价格差别,从而加剧了价格歧视的不利影响。

③对传统营销渠道的冲击。通过互联网,生产商可与最终用户直接联系,中间商的重要性因此有所降低。这导致两种后果:一是由跨国公司所建立的传统的国际分销网络对小竞争者造成的进入障碍将明显降低;二是对于目前直接通过互联网进行产品销售的生产商来说,其售后任务是由各分销商承担,但随着他们代理销售利润的消失,分销商将很有可能不再承担这些工作,所以在不破坏现有渠道的情况下,如何提供这些服务将是公司不得不面对的又一问题。

④对传统广告障碍的消除

由于网络空间具有无限扩展性,因此,相对于传统媒体来说,在网络上做广告几乎不受空间篇幅的限制,广告主可以尽可能地将必要的信息一一罗列。此外,迅速提高的网上广告效率也为企业创造了便利条件。有些公司可以根据其注册用户的购买行为很快地改变向访问者发送的广告;有些公司可根据访问者特性如硬件平台、域名或访问时的搜索主题等有选择地显示其广告。

（2）对传统营销方式的冲击。随着网络技术迅速向宽带化、智能化、个人化方向发展，用户可以在更广阔的领域内实现声、图、像、文一体化的多维信息共享和人机互动功能。

经由网络所提供的产品与服务主要在于信息的提供，除将产品性能、特点、品质、价格以及顾客服务内容充分加以显示外，更重要的是能针对个别需求作一对一的营销服务。如：①利用电子布告栏或电子邮件提供线上售后服务或与消费者双向沟通；②提供消费者之间、消费者与企业之间的网上共同讨论区，可借此了解消费者需求、市场趋势等；③提供在线自动服务系统，依据客户需求，自动在适当时机经由网上提供产品与服务信息；④利用网络进行网上研发讨论，如将有关产品构想或雏形在网络上公告，引发进入网络的有关人员充分讨论；⑤通过对网络进行调查，借此了解消费者对产品特性、品质、包装及式样等的意见，加快产品的研发与改进；⑥通过网络提供与产品相关的专业知识，进一步为消费者服务，不但可增加产品价值，还可提升企业形象；⑦开发电子书报、电子杂志、电子资料库、电子游戏等信息化产品，经由网络提供物美价廉的全球服务；⑧利用网络征集消费者对产品设计的构想，提供个性化的产品与服务。

网络营销的企业竞争是一种以顾客为焦点的竞争形态，争取顾客、留住顾客、扩大顾客群、建立亲密顾客关系、分析顾客需求等，都是最关键的营销课题。因此，如何与分布在全球各地的顾客群保持紧密的关系并能掌握顾客的特性，引导顾客，塑造企业形象，建立顾客对于虚拟企业与网络营销的信任，是网络营销成功的关键。基于网络时代的目标市场、顾客形态、产品种类与以前会有很大差异，如何跨越地域、文化、时空差距再造顾客关系，将需要许多创新的营销行为。

（3）对营销战略的影响。首先，对营销竞争战略造成影响。互联网具有平等、自由等特性，使得网络营销将削弱跨国公司所拥有的规模经济的竞争优势，从而使小企业更易于在全球范围内参与竞争。此外，由于网络的自由开放性，网络时代的市场竞争是透明的，人人都能掌握竞争对手的产品信息与营销行为。因此胜负的关键在于如何适时获取、分析、运用这些从网络上获得的信息，来研究并采用极具优势的竞争策略。在自由、平等的网络时代，策略联盟将是网络时代的主要竞争形态，如何运用网络来组成联盟，并以联盟所形成的资源规模创造竞争优势，将是未来企业经营的重要手段。

其次，对企业跨国经营战略产生影响。在过去分工经营的时期，企业只需专注于本业与本地的市场，国外市场则委托代理商或贸易商经营即可。但网络跨越时空连贯全球的功能，使全球营销的成本低于地区营销的成本，企业将不得不进入跨国经营的时代。网络时代的企业，不但要熟悉跨国市场顾客的特性以争取信任，并满足他们的需求，还要安排跨国生产、运输与售后服务等工作，这些跨国业务都是经由网络来联系与执行的。由此可见，尽管互联网为现在的跨国公司和新兴公司（或他们的消费者）提供了许多利益，但也对企业经营带来了冲击和挑战。任何渴望利用互联网的公司，都必须为其经营选择一种恰当的商业模式，并要明确这种新型媒体所传播的信息和进行的交易将会对其现存模式产生的影响。

（4）对营销组织的影响

互联网（Internet）相继带动企业内部网（Intranet）的蓬勃发展，使得企业内外部沟通与经营管理均需依赖网络作为主要的渠道与信息源。对营销组织的影响是：业务人员与直销人员减少，组织层次减少，经销代理与分店门市数量减少，渠道缩短，虚拟经销商、虚拟门市、虚拟部门等企业内外部虚拟组织盛行。这些影响与变化使企业对于组织再造工程（Reengineering）的需要变得迫切。企业内部网的兴起，改变了企业内部作业方式以及员工学习成长的方式，个人工作者的独立性与专业性将进一步提升。因此,个人工作室、在家上班、弹性上班、委托外包、分享业务资源等行为,在未来将会十分普遍,也使企业组织重整成为必要。

3. 网络营销活动内容

网络营销作为新的营销方式和营销手段,其内容是非常丰富的。网络营销要针对新兴的网上虚拟市场,及时了解和把握网上虚拟市场的消费者特征和消费者行为模式的变化,为企业在网上虚拟市场进行营销活动提供可靠的数据分析和营销依据;网络营销在网上开展营销活动来实现企业目标,而网络具有传统渠道和媒体所不具备的独特的特点:信息交流自由、开放和平等,信息交流费用非常低廉,信息交流渠道直接、高效,因此在网上开展营销活动,必须改变传统的营销手段和方式。

网络营销作为在 Internet 上进行的营销活动,它的基本营销目的和营销工具与传统营销是一致的,只不过在实施和操作过程中与传统方式有着很大区别。

(1)网上市场调查。主要利用 Internet 的交互式的信息沟通渠道来实施调查活动。它包括直接在网上通过问卷进行调查,还可以通过网络来收集市场调查中需要的一些二手资料。利用网上调查工具,可以提高调查效率和调查效果。Internet 是信息海洋,获取信息不再是难事,关键是如何利用有效工具和手段实施调查和收集整理资料,在信息海洋中获取想要的信息和分辨出有用的信息。

(2)网上消费者行为分析。Internet 用户作为一个特殊群体,有着与传统市场群体截然不同的特性,因此要开展有效的网络营销活动必须深入了解网上用户群体的需求特征、购买动机和购买行为模式。Internet 作为信息沟通工具,正成为许多兴趣、爱好趋同的群体聚集交流的地方,并且形成了一个个特征鲜明的网上虚拟社区,了解这些虚拟社区的群体特征和偏好是对网上消费者行为分析的关键。

(3)网络营销策略的制定。网络营销虽然是非常有效的营销工具,但企业实施网络营销时需要进行投入,网络营销也是有风险的。企业不同,实力不同,在市场中地位就不同,营销策略也有区别。企业在采取网络营销实现企业营销目标时,必须采取与企业相适应的营销策略,同时企业在制定网络营销策略时,还应考虑到产品周期对网络营销策略制定的影响。

(4)网上产品和服务策略。网络作为有效的信息沟通渠道,它改变了传统产品的营销策略特别是渠道的选择。在网上进行产品和服务营销,必须结合网络特点重新考虑产品的设计、开发、包装和品牌的传统产品策略,如传统的优势品牌在网上市场并不一定是优势品牌。

(5)网上价格营销策略。网络作为信息交流和传播工具,从诞生开始就实行自由、平等和信息免费的策略,因此网上市场的价格策略大多采取免费或者低价策略;考虑到个性化,有的采用定制生产定价策略等。

(6)网上渠道选择与直销。Internet 对企业营销渠道影响最大。Dell 公司借助 Internet 的直接特性建立的网上直销模式,改变了传统渠道中的多层次选择和管理与控制问题,最大限度降低了渠道中的营销费用,从而获得巨大成功。但企业建设网上直销渠道需一定的投入,同时还要改变传统的经营管理模式,需要论证。

(7)网上促销与网络广告。Internet 作为一种双向沟通渠道,最大优势是可以突破时空限制直接沟通双方,简单、高效、费用低廉。因此,在网上开展促销活动是最有效的,但网上促销活动的开展必须遵循网上信息交流与沟通规则,特别是遵守一些虚拟社区的礼仪。网络广告作为最重要的促销工具,主要依赖 Internet 的第四类媒体的功能,其具有传统的报纸、杂志、无线电广播和电视等传统媒体广告无法比拟的优势,即网络广告具有交互性和直接性。目前网络广告作为新兴的产业发展迅猛。

(8)网络营销管理与控制。网络营销作为在 Internet 上开展的营销活动,必将面临许多传统营销活动无法碰到的新问题。如网络产品质量保证问题、消费者隐私保护问题以及信息安全问题等。这些问题都是网络营销必须重视和进行有效控制的问题,否则网络营销效果会适得其反,这是由于网络信息传播速度非常快而且网民对令其反感的问题反应比较强烈而且迅速的缘故。

4.网络营销与传统营销组合

网络营销的特性,符合顾客主导、成本低廉、使用方便、充分沟通的要求。(1)网络为企业市场调研提供了全新的通道,可随时了解全球消费者需求及其对产品的看法和要求,有利于把握需求动态,便于开发适合需要的个性化产品;(2)网络通信成本低廉,可以较低成本了解消费者需求和向消费者传递信息,享有低成本优势,有利于提高产品的性能价格比;(3)消费者利用互联网络,无需四处奔波劳碌,可任意挑选自己所需的产品,数字化产品,如软件、电子书报等,可经由网络渗入用户的电脑。实物产品一般可按用户要求送货上门;(4)网络提供了全新的沟通渠道,企业与顾客可通过电子邮件彼此交流,网上论坛也为企业提供了了解用户的通道。

网络营销作为新的营销理念和策略,凭借互联网的特性对传统经营方式产生了巨大的冲击,但这并不等于说网络营销将完全取代传统营销,网络营销与传统营销需一个整合的过程。首先,因为互联网作为新兴的虚拟市场,它覆盖的群体只是整个市场中某一部分群体,许多的群体由于各种原因还不能或者不愿意使用互联网,如老人和落后国家地区,而传统的营销策略和手段则可以覆盖这部分群体。第二,互联网作为一种有效的渠道有着自己的特点和优势,但许多消费者由于个人生活方式的原因不愿意接受或者使用新的沟通方式和营销渠道,如许多消费者不愿意在网上购物,而习惯在商场上休闲地购物。第三,互联网作为一种有效沟通方式,可以方便企业与用户之间直接双向沟通,但消费者有着自己个人偏好和习惯;愿意选择传统方式进行沟通,如报纸有网上电子版本后,并没有冲击原来的纸张印刷出版业务,相反起到相互促进的作用。最后,互联网只是一种工具,营销面对的是有灵性的人,因此传统的以人为主的营销策略所具有的独特亲和力是网络营销无法替代的。当然,随着技术的发展,互联网将逐步克服上述不足,但在很长一段时间内网络营销与传统营销是相互影响和相互促进的,最后实现融洽的内在统一。也许在将来没有必要再谈论网络营销了,因为营销的基础之一就是网络。

网络营销与传统营销是相互促进和补充的,企业在进行营销时应根据企业的经营目标和细分市场,整合网络营销和传统营销策略,以最低成本达到最佳的营销目标。网络营销与传统营销整合,就是利用整合营销策略实现以消费者为中心的传播统一、双向沟通,实现企业的营销目标。

传播的统一性是指企业以统一的传播资讯向消费者传达,即用一个声音说话(Speak with One Voice),消费者无论从哪种媒体所获得的信息都是统一的、一致的。其目的是运用和协调各种不同的传播手段,使其发挥出最佳、最集中统一的作用,最终实现在企业与消费者之间建立长期的、双向的、维系不散的关系。与消费者的双向沟通,是指消费者可与公司展开富有意义的交流,可以迅速、准确、个性化地获得信息、反馈信息。如果说传统营销理论座右铭是"消费者请注意"的话,那么整合营销所倡导的格言即是"请消费者注意"。虽然只是交换了两个词的位置,但消费者在营销过程中的地位发生了根本的改变,营销策略已从消极、被动地适应消费者向积极、主动地与消费者沟通、交流转化。

目前,互联网的发展正处于商业应用的第四个阶段。第一个阶段以文本、图像在网络上传送为特征,作为一种信息传输手段;第二个阶段,是互联网商务应用的正式开始,尽管当时成功案例并不多;第三个阶段是占主导地位的营销者的广告、销售信息等与网络技术的结合,开始在网上进行销售;第四个阶段是营销者能利用并控制网络技术为公司的营销目标服务,运用网络测试技术得出最大可能的结果。最终将网络整合到整个公司营销计划的时代已经来临。虽然已有很多公司认识到利用 Internet 的必要性,但只有很少一部分公司认识到将网络与传统营销整合起来的重要性。按照美国辛辛那提州的 Matrix 营销公司的调查,大约有60%的被调查公司没有将网络用于顾客服务体系当中,它们只将 Internet 看作一个销售工具。网络营销应该支持公司的整个营销体系,网络只是营销海洋的一个水域,它不是惟一的解决方案,而是整体方案的一部分。

三、竞争营销理念

竞争是市场经济的产物,也是市场经济条件下企业生存和发展的动力和压力。企业必须在市场营销活动中树立竞争理念,勇于并善于参与激烈的国内外市场竞争,在市场营销的不同领域,包括产品、技术、人才、质量、服务、管理等取得竞争优势,使企业不断发展壮大。

在市场营销活动中树立竞争理念,要求企业树立扬长避短理念。扬长避短理念要求企业善于发挥优势,把满足顾客需要与发挥企业优势两者紧密结合起来,客观地估价自己和竞争者的各种能力,认识自己的相对优势和劣势,通过市场细分和实行差异化的市场营销组合,生产和提供消费者需要的、比竞争者更优的、自己擅长的独具特色的产品和服务。企业的优势可以表现在很多方面,如先进的技术和设备,优质的产品和服务,高产量、低成本、低价格,雄厚的人、财、物资源,卓有成效的促销经验和技能,优越的地理位置和高效的分销渠道等。但是,一个企业要想在所有方面都取得优势,必然是力不从心、收效甚微。相反,选择一个或几个方面的优势,使企业高人一筹,树立企业独特的市场形象,则是扬长避短的真正含义。

四、关系营销理念

(一)关系营销及其本质待征

关系营销以系统论为基本思想,将企业置身于社会经济大环境中来考察企业的市场,它认为企业营销乃是一个与消费者、竞争者、供应者、分销商、政府机构和社会组织发生互动作用的过程。

关系营销将建立与发展同所有利益相关者之间的关系作为企业营销的关键变量,把正确处理这些关系作为企业营销的核心。

关系营销的本质特征:

1.信息沟通的双向性

社会学认为关系是信息和情感交流的有机渠道,良好的关系即是渠道畅通,恶化的关系即渠道阻滞,中断的关系则是渠道堵塞。交流应该是双向的,既可由企业开始,也可由营销对象开始。广泛的信息交流和信息共享,可以使企业赢得支持与合作。

2.战略过程的协同性

在竞争性市场上,明智的营销管理者应强调与利益相关者建立长期的、彼此信任的、互利的关系。这可以是关系一方自愿或主动地调整自己的行为,即按照对方要求的行为;也可以是关系双方都调整自己的行为,以实现相互适应。各具优势的关系双方,互相取长补短,联合行动,协同动作去实现对各方都有益的共同目标,可以说是协调关系的最高形态。

3.营销活动的互利性

关系营销的基础在于交易双方相互之间有利益上的互补。如果没有各自利益的实现和满足,双方就不会建立良好的关系。关系建立在互利的基础上,要求互相了解对方的利益要求,寻求双方利益的共同点,并努力使双方的共同利益得到实现。真正的关系营销是达到关系双方互利互惠的境界。

4.信息反馈的及时性

关系营销要求建立专门的部门,用以追踪各利益相关者的态度。关系营销应具备一个反馈的循环,连接关系双方,企业由此了解环境的动态变化,根据合作方提供的信息,以改进产品和技术。信息的及时反馈,使关系营销具有动态的应变性,有利于挖掘新的市场机会。

(二)企业营销基本关系

关系营销把一切内部和外部利益相关者纳入研究范围,用系统的方法考察企业所有活动及其相互关系。企业与利益相关者结成休戚与共的关系。企业的发展要借助利益相关者的力量,而后者也要通过企业来谋求自身的利益。企业营销基本关系如下:

1.企业内部关系

内部营销起源于把员工当作企业的市场。明智的企业高层领导心中装有"两个上帝",一个"上帝"是顾客,另一个"上帝"是员工。企业要进行有效的营销,首先要有具备营销理念的员工,能够正确理解和实施企业的战略目标和营销组合策略,并能自觉地以顾客导向的方式进行工作。企业要尽力满足员工的合理要求,提高员工的满意度和忠诚度,为关系营销奠定良好基础。

2.企业与竞争者关系

企业所拥有的资源条件不尽相同,往往是各有所长,各有所短,为有效地通过资源共享实现发展目标,企业要善于与竞争对手和睦相处,并和有实力、有良好营销经验的竞争者进行联合。

3.企业与顾客关系

顾客是"上帝",企业要实现盈利目标,必须依赖顾客。企业要通过收集市场信息,预测目标市场购买潜力,采取适当方式与顾客沟通,变潜在顾客为现实顾客。对老顾客,要经常联系,提供产品信息,密切双方关系。

4.企业与供销商关系

因分工而产生的渠道成员间的关系是由协作而形成的共同利益关系。合作伙伴虽然难免存在矛盾,但相互依赖性更为明显。企业必须广泛建立与供应商、经销商之间的密切合作的伙伴关系,以获得来自供销方面的有力支持。

5.企业与影响者关系

各种金融机构、新闻媒体、公共事业团体以及政府机构等,对企业营销活动都会产生重要的影响,企业必须以公共关系为主要手段争取他们的理解与支持。

(三)价值链

高度的顾客满意要求企业系统协调其创造价值的各分工部门即企业价值链以及由供应商、分销商和最终顾客组成的价值链的工作,达到顾客与企业利益最大化。

1.企业价值链

企业价值链是指企业创造价值的互不相同,但又互相关联的经济活动的集合。其中每一项经营管理活动都是"价值链条"上的一个环节。企业价值链包括两大部分:企业基本增值活动(即生产经营环节,包括材料供应、生产加工、成品储运、市场营销、售后服务 5 个环节)和辅助性增值活动(包括设施与组织建设、人事管理、技术开发和采购管理 4 个方面,发生在所有基本活动的全过程中)。

价值链中各环节相互关联、相互影响。一个环节经营管理的好坏,会影响其他环节的成本和效益。但每一个环节对其他环节的影响程度并不相同。一般地说,上游环节经济活动的中心是创造产品价值,与产品技术特性紧密相关;下游环节的中心是创造顾客价值,成败优劣主要取决于顾客服务。

企业必须依据顾客价值和竞争要求,检查每项价值创造活动的成本和经营状况,寻求改进措施,并做好不同部门之间的系统协调工作。

在多数情况下,企业各部门都有强调部门利益最大化倾向。如企业财务部门可能会搞一个复杂的程序,花很长时间审核潜在顾客的信用,以免发生坏账,结果是让顾客等待,企业销售部门业绩受到影响。因此要加强核心业务流程管理,使各有关职能部门紧密合作。核心业务流程主要有:

(1)新产品实现流程。包括识别、研究、开发和成功推出新产品等各种活动。要求这些活动必须快速、高质并达到成本预定控制目标。

(2)存货管理流程。包括开发和管理合理储存的所有活动,以使原材料、半产品和制成品实现充分供给,避免库存过大,增大成本。

(3)订单—付款流程。包括接受订单、核准销售、按时送货以及取货所涉及的全部活动。

(4)顾客服务流程。包括使顾客能顺利地找到本公司的适当当事人(部门),得到迅速而满意的服务、答复以及解决问题的所有活动。

2. 供销价值链

供销价值链是指企业价值链向外延伸形成的一个由供应商、分销商和最终顾客组成的价值链。

高度的顾客满意需要供销价值链成员的共同努力。因此,许多企业致力于与其供销价值链上的成员合作,以提高整个系统的绩效与竞争力。

例如著名牛仔服制造商莱维·斯特劳斯公司运用电子信息系统加强与其经销商和供应商的合作与业务协调。每天晚上,莱维公司通过电子数据交换,详细了解其主要零售商西尔斯公司和其他主要零售点销售的牛仔裤的尺寸和型号,然后再向其布料供应商订购第二天的布料花色和数量,而布料供应商又向纤维供应商杜邦公司订购纤维。通过这种方式,供销链上的所有参与者都运用最新的销售信息来生产经营适质适量的产品,而不是根据"估计数"来生产。这样,莱维公司与其他牛仔服制造商的竞争,也就变成了不同的供销价值链系统之间的绩效竞争。

随着市场竞争的加剧,企业间的合作正在不断加强。企业仔细选择供应商、经销商等合作伙伴,制定互利战略,锻造供销价值链,可以形成更强的团队竞争能力,赢得更多的市场份额和利润。

3. 价值链的战略环节

在一个企业价值链的诸多"价值活动"中,并不是每一个环节都创造价值。企业所创造的价值,实际上往往集中于企业价值链上某些特定的价值活动。这些真正创造价值的经营活动,就是企业价值链的战略环节。

经济学认为,在充分竞争市场,竞争者只能得到平均利润;如果超额利润能长期存在,则一定存在某种由垄断优势引起的"进入壁垒",阻止其他企业进入。价值链理论认为,行业的垄断优势来自该行业某些特定环节的垄断优势。抓住了这些关键环节,即战略环节,也就抓住了整个价值链。战略环节可以是产品开发、工艺设计,也可以是市场营销、信息技术,或是人事管理等,视不同行业而异。

要保持企业的垄断优势,关键是保持其价值链上的战略环节的垄断优势,而不需要将之普及到所有的价值活动。战略环节要紧紧控制在企业内部,很多非战略性活动则完全可以通过合同方式承包出去,尽量利用市场以降低成本,并使企业能将有限资源集中于战略环节,增强垄断优势,提高顾客满意程度。

对战略环节的垄断有多种形式,既可以垄断关键性原材料,关键性人才,也可以垄断关键销售渠道,关键市场等。如在依靠特殊技能竞争的行业(广告业、表演业、体育专业等)需要垄断若干关键人才;在依靠产品特色竞争的行业,其垄断优势来自关键技术或原料配方(如可口可乐的原浆配方,麦当劳"巨无霸"汉堡包的专用配料配方);在高科技行业,垄断优势通常来自对若干关键性生产技术的垄断。

(四)关系营销的主要目标

关系营销更为注意的是维系现有顾客,丧失主顾无异于失去市场、失去利润的来源。有的企业推行"零顾客背离"(Zero Defection)计划,目标是让顾客没有离去的机会。这就要求及时掌握顾客信息,随时与顾客保持联系,并追踪顾客动态,有条件的企业要建立客户关系管理系统。

要维持较高的顾客满意度和忠诚度,企业必须分析顾客产生满意感和忠诚度的根本原因。由于对企业行为绩效的感知和理解不同,表示满意的顾客,原因可能也不同,只有找出顾客满意的真实原因,才能有针对性地采取措施来维系顾客。满意的顾客会对产品、品牌乃至公司保持忠诚,忠诚的顾客会重复购买产品或服务,不为其他品牌所动摇。他们不仅会重复购买已买过的产品,而且会购买企业的其他产品。同时顾客的口头宣传,有助于树立企业的良好形象。此外,满意的顾客还会高度参与和介入企业的营销活动过程,为企业提供广泛的信息、意见和建议。

(五)关系营销的具体实施

1.组织设计

关系营销的管理,必须设置相应的机构。企业关系管理,对内要协调处理部门之间、员工之间的关系,对外要向公众发布消息、征求意见、搜集信息、处理纠纷等。管理机构代表企业有计划、有准备、分步骤地开展各种关系营销活动,把企业领导者从繁琐事务中解脱出来,使各职能部门和机构各司其职,协调合作。

关系管理机构是企业营销部门与其他职能部门之间、企业与外部环境之间联系沟通和协调行动的专门机构。其主要作用是收集信息资料,充当企业的耳目;综合评价各职能部门的决策活动,充当企业的决策参谋;协调内部关系,增强企业的凝聚力;向公众输送信息,沟通企业与公众之间的理解和信任。

2.资源配置

(1)人力资源配置。实行部门间人员轮换,以多种方式促进企业内部关系的建立;从内部提升经理,可以加强企业观念并使其具有长远眼光。

(2)信息资源共享。在采用新技术和新知识的过程中,以多种方式共享信息资源。如利用电脑网络协调企业内部各部门及企业外部拥有多种知识与技能的人才的关系;提高电子邮件和语音信箱系统的工作效率;建立"知识库"或"回复网络",并入更庞大的信息系统;组成临时"虚拟小组",以完成自己或客户的交流项目。

3.文化整合

关系各方环境的差异会造成建立关系的困难,使工作关系难以沟通和维持。跨文化之间的人们要相互理解和沟通,必须克服不同文化规范带来的交流障碍。文化的整合,是关系双方能否真正协调运作的关键。

文化整合是企业市场营销中处理各种关系的高级形式。不同企业有不同的企业文化。推动差别化战略的企业文化可能是鼓励创新、发挥个性及承担风险。而成本领先的企业文化,则可能是节俭、纪律及注重细节。如果关系双方的文化相适应,将能强有力地巩固企业与各子市场系统的关系并建立竞争优势。

案　例

中远国际货运有限公司是中远集团的下属核心企业之一,是中国远洋运输(集团)总公司及中远集运公司所属的大型货运及班轮代理公司。中远国际货运有限公司在全国 29 个省区以及亚太地区的 100 多个城市设有业务网点 300 多个,形成了以大连、天津、青岛、上海、广州、武汉、厦门、北京 8 大口岸和内陆地区公司为龙头,以遍布全国主要城镇的货运网点为依托的江海、陆上货运服务网络。

2002 年,中远国际货运有限公司提出"零距离服务"的服务理念,以网络信息化为手段,将电子商务、客户关系管理、客户完全满意度销售与传统服务流程、货运销售理念相结合,与客户实现双赢。创建出"中远货运"自己的服务品牌——没有距离的服务。

"零距离服务"就是在客户服务上的零距离:实现对客户服务上的即时、快速,从空间、时间上实现对客户服务的零距离,从心理上拉近船东与客户之间的距离,提高营销亲和力,最终实现与客户心理和感情上的零距离沟通。

中远国际货运有限公司"零距离服务"是在延续以往公司所实施的"一站服务"、"绿色服务"、"2000 服务在中货"等服务的基础上发展而来。它是通过 IT 技术创新、推行客户关系管理和 TCSS 体系建设,把中远的优质服务延伸到客户身边,与客户实现"零距离"对接。在 2002 年8 月,"中远货运"通过国内 8 大区域公司、300 多个货运服务网点,同时推出中远货运"零距离服务"。其目标是提高其服务质量、提高信息服务质量和服务水平,建立同客户良好的、快捷的沟通机制,提高中远货运品牌的知名度。

1.IT 打造零距离

中远国际货运有限公司的"零距离服务"是以中远国际货运公司 www.cosfre.com 网站为平台,依托 IT 技术,进行网上订舱、查询班期运价、网上保险、满意度调查等服务项目,重点突出网上客户服务功能的完善,实现"零距离服务"的网络化。

中远国际货运有限公司与著名保险商合作推出网上保险业务,利用强大的海内外销售网络优势,向客户提供优质、优价的网上保险代理知识、B2B 电子商务最新技术,通过 www.cosfre.com 网站,客户只需简单的登陆及操作,就可获得网上货运保险业务的配套服务,并可直接在网上与中远货运公司开展其他有关商务活动。该公司推出的网上保险业务是市场上独一无二的服务形式。

通过网站该公司还向客户推介中远集装箱运输系统的海铁、江海、陆海等多式联运业务网络,利用联运网络资源向客户提供多种运输方式,多种交接货物方式的货运服务。在网站上向广大客户提供拼箱业务的精品航线、相关知识和网络服务。

进一步提高对客户服务的反应速度,依托 IT 技术创新,推广使用网上订舱、网上保险、电子支付结算等传统核心服务内容,实现对外销售与业务信息共享,为客户提供更为便捷的一站服务。同时,积极配合中远集运 IRIS2 系统在中国区域的推广和实施,开发客户传真、E-mail、EDI 等自动反馈模式,以便客户在第一时间掌握货运动态。进一步扩大 EDI 等电子订舱的应用范围,实行"一站服务"、"驻厂员"、"上门服务"等好的服务形式。对有特殊需求的客户提供"量身定制"的个性化服务,最大限度满足客户的需求。

2.推行客户关系管理(CRM)先进理念

推行 CRM 先进理念,对外建立客户管理体系,对各类客户进行分级管理,通过定期拜访,设立高效服务通道,降低客户成本,提高公司效率,扩大销售份额。对内建立各口岸公司从领导到一线营销人员的 4 级"营销关系管理体系",形成全员营销的科学营销体系。

武汉中远货运公司的市场营销人员为进军国际市场,进行大范围的公关揽货。恒冠电子有限公司是一家专业生产显示器等电子产品的国际公司,在恒冠取得美国市场第一份 200 万美元的订单之后,对 10 多家外贸运输企业进行严格的筛选,初步确定与中远的合作意向。在经过细致的调研之后,中远货运有限公司向恒冠公司郑重承诺,为恒冠提供"零距离服务"标准,争取到恒冠公司 2002 年出口产值 1.5 亿的份额最大的一份运输合同,打了一个漂亮的营销战。

3.全面推行客户完全满意体系(TCSS)

在中国区域内全面推行 TCSS 体系,为保证科学测量、监督和客户服务系统有效运行,中远货运一方面为实现客户忠诚度,推动营销市场持续满意,提升中远班轮服务品牌,增强营业员营销能力;另一方面,借助 TCSS 建设进一步优化各分公司业务流程和操作规范,使中远货运整个系统达到统一化和标准化,使之成为一个有机整体,产生更大的市场效益。

4.竞争意识

武汉中远货运有限公司在"零距离服务"中提出了拼搏市场的"抢"字理论:市场营销抢箱量,重新夺回集装箱市场份额;操作服务抢第一,全面提升服务质量;开拓有支撑力的利润源,盯住指标抢进度。三峡项目、四川长虹、武汉恒冠、荆州换流站、沙市钢管项目纷纷启动;集装箱市场份额又升居湖北、江西、重庆等地市场的第一位。生产经营实现了时间过半、任务过半、效益过半。

根据《中国水运报》整理

复习思考题

1.简述市场营销管理理念的演变及其背景。

2.市场营销管理的新、旧理念的最根本的区别是什么?为什么?

3.企业要从哪些方面做出努力去达到顾客满意?

4.评述价值链理论及其对企业营销的指导意义。

5.试论企业组织改革在全面贯彻现代市场营销管理理念中的作用。

6.大市场营销理念的含义是什么?这一市场理念具有什么特点?

7.网络营销的特点与内容是什么?其对传统营销的冲击是什么?

第三章　运输市场营销与企业发展战略

运输企业在正确的市场营销管理思想的指导下开展市场营销管理的一个重要步骤就是制订切实可行的运输市场营销规划与战略,而运输市场营销规划又受到运输企业总体发展战略的制约。因此,在研究运输市场营销规划与战略之前,必须首先分析企业战略规划的制订过程。

第一节　运输市场营销过程

企业市场营销管理的目的在于使企业的营销活动与复杂多变的市场营销环境相适应,这是企业经营成败的关键。所谓市场营销管理过程,是指企业为实现企业任务和目标而发现、分析、选择和利用市场机会的管理过程,亦即企业与它最佳的市场机会相适应的过程。更具体地说,市场营销管理过程包括如下步骤:分析市场机会、选择目标市场、设计市场营销组合、管理市场营销活动。

战略计划过程明确了企业重点经营的业务,而市场营销管理过程则用系统的方法寻找市场机会,进而把市场机会变为有利可图的企业机会。

一、分析市场机会

市场营销学认为,寻找和分析、评价市场机会,是市场营销管理人员的主要任务,也是市场营销管理过程的首要步骤。在现代市场经济条件下,由于市场需要不断变化,任何产品都有其生命周期,因此任何企业都不能永远依靠其现有市场过日子。正因为这样,所以每一个企业都必须经常寻找、发现新的市场机会。

市场营销管理人员不仅要善于寻找、发现有吸引力的市场机会,而且要善于对所发现的各种市场机会加以评价,决定哪些市场机会能成为本企业有利可图的企业机会。这是因为某种有吸引力的市场机会不一定就能成为某些企业的企业机会。

在现代市场经济条件下,某种市场机会能否成为某企业的企业机会,不仅要看利用这种市场机会是否与该企业的任务和目标相一致,而且取决于该企业是否具备利用这种市场机会、经营这种业务的条件,取决于该企业是否在利用这种市场机会、经营这种业务上比其潜在的竞争者有更大的优势,因而能享有更大的"差别利益"。

总之,市场营销管理人员要善于对所发现的某种市场机会加以评价。市场营销管理人员评价各种市场机会时,要看这些市场机会与本企业的任务、目标、资源条件等是否相一致,要选择那些比其潜在竞争者有更大优势、能享有更大差别利益的市场机会作为本企业的企业机会。

市场营销管理人员还要进一步对每种有吸引力的企业机会进行评价。这就是说,还要进一步调查研究:谁购买这些产品?他们愿意花多少钱?他们要买多少?顾客在何处?谁是竞争对手?需要什么分销渠道等等。通过调查研究这些问题,市场营销管理人员要分析研究市场营销环境、消费者市场、生产者市场、转卖者市场和政府市场。此外,企业的财务部门和制造部门还要估算成本,以便对各种机会作最后评价,看看它们能否成为能够赢利的企业机会。

二、选择目标市场

市场营销管理人员发现和选择了有吸引力的市场机会之后,还要进一步进行市场细分和目标市场选择。这是市场营销管理过程的第二个主要步骤。市场细分、选择目标市场以及后来将要提到的市场定位,构成了目标市场营销的全过程。

从现代市场营销发展史考察,企业起初实行大量市场营销,后来随着市场形势变化转为实行产品差异市场营销,二次大战之后开始实行目标市场营销。西方国家在工业化初期,由于物资短缺,生产观念在企业中颇为流行,纷纷实行大量市场营销,即大量生产某种产品,并通过众多的渠道大量推销产品,试图用这一产品来吸引市场上所有购买者。采取这种市场营销方式,可以大大降低成本、价格,创造最大的潜在市场,获得更多利润。后来,由于科学技术进步、科学管理和大规模生产的推广,商品产量迅速增加,市场商品供过于求,卖主之间竞争日趋激烈。因为同一行业中各个卖主的产品大体相似,所以卖主不能完全控制产品销售价格,于是,一些卖主开始认识到产品差异的潜在价值,实行产品差异市场营销,即企业生产销售多种外观、式样、质量、型号不同的产品,但是这时的产品差异不是由市场细分产生的。到战后50年代,处于买方市场形势下的西方企业纷纷接受现代市场营销观念,开始实行目标市场营销,即企业识别各个不同的购买群体,选择其中一个或几个作为目标市场,运用适当的市场营销组合,集中力量为目标市场服务,满足目标市场需要。

三、设计市场营销组合

市场营销组合是企业市场营销战略的一个重要组成部分。麦卡锡曾指出:企业市场营销战略包括两个不同而又互相关联的部分:①目标市场,即指一家公司拟投其所好的、颇为相似的顾客群;②市场营销组合,即公司为了满足这个目标顾客群的需要而加以组合的可控变量。所谓市场营销战略,就是企业根据可能机会,选择一个目标市场,并试图为目标市场提供一个有吸引力的市场营销组合。

市场营销组合是现代市场营销理论中的一个重要概念。市场营销组合中所包含的可控变量可概括为4个基本变量,即产品(Product)、价格(Price)、地点(Place)和促销(Promotion)。

市场营销组合中的产品代表企业提供给目标市场的货物和劳务的组合,其中包括产品质量、外观、买卖权(即在合同规定期间内按照规定的价格买卖某种货物等的权利)、式样、品牌名称、包装、尺码或型号、服务、保证、退货等等。

市场营销组合中的价格代表顾客购买商品时的价格,其中包括价目表所列的价格、折扣、折让、支付期限、信用条件等等。

市场营销组合中的地点代表企业使其产品进入和到达目标市场(或目标顾客)所进行的种种活动,其中包括渠道选择、仓储、运输等等。

市场营销组合中的促销代表企业宣传介绍其产品的优点和说服目标顾客来购买其产品所进行的种种活动,其中包括广告、销售促进、宣传、人员推销等等。

企业可根据目标市场的需要,决定自己的产品结构,制定产品价格,选择分销渠道(地点)和促销方法等,对这些市场营销手段的运用和搭配,企业有自主权。但这种自主权是相对的,因为企业营销过程中不但要受本身资源和目标的制约,而且还要受各种微观和宏观环境因素的影响和制约,这些是企业所不可控制的变量,即不可控因素。因此,市场营销管理人员的任务就是适当安排市场营销组合,使之与不可控制的环境因素相适应,这是企业营销能否成功的关键。

市场营销组合是一个复合结构,四个"P"之中又各自包含若干小的因素,形成各个"P"的亚组合,因此,市场营销组合是至少包括两个层次的复合结构。企业在确定市场营销组合时,不但应求得四个"P"之间的最佳搭配,而且要注意安排好每个"P"内部的搭配,使所有这些因素达到灵活运用和有效组合。

市场营销组合又是一个动态组合。每一个组合因素都是不断变化的,是一个变量,同时又是互相影响的,每个因素都是另一因素的潜在替代者。在四个大的变量中,又各自包含着若干小的变量,每一个变量的变动,都会引起整个市场营销组合的变化,形成一个新的组合。

市场营销组合要受企业市场定位战略的制约,即根据市场定位战略设计,安排相应的市场营销组合。

把企业的市场营销因素分为可控因素与不可控因素,以及把可控因素概括为"4P",这些传统理论,在西方已经有30年之久。但是,近年来在国际市场竞争激烈,许多国家政府干预加强和贸易保护主义再度兴起的新形势下,市场营销理论有了新的发展,菲利普·科特勒从1984年以来提出了一个新的理论,他认为企业能够影响自己所处的市场营销环境,而不应单纯地顺从和适应环境。因此,市场营销组合的"4P"之外,还应该再加上"2P",即权力(Power)与公共关系(Public Relations),成为"6P"。这就是说,要运用政治力量和公共关系,打破国际或国内市场上的贸易壁垒,为企业的市场营销开辟道路。他把这种新的战略思想,称之为大市场营销。

自从菲利普·科特勒提出"大市场营销"观念之后,中国学者很快将之引进国内,并且写进了教科书中。但是,这一战略思想在80年代的新发展却很少在中国市场营销的实践中得到应用,不少学者因而对其失去了兴趣,未能认真将其推广。

四、管理市场营销活动

企业的市场营销管理过程的第4个主要步骤是管理市场营销活动,即执行和控制市场营销计划,这是整个市场营销管理过程的一个关键的、极其重要的步骤。因为企业制定市场营销计划是为了指导企业的市场营销活动,实现企业的战略任务和目标。

(一)执行计划

企业要贯彻执行市场营销计划,有效地进行各种市场营销工作,就必须建立和发展市场营销组织。在现代市场营销实践中,大公司的市场营销管理人员较多,分工较细。一般都由一个市场营销副总裁负责领导公司的整个市场营销工作,而且在工作中要与制造、财务、研究与开发、人事等副总裁密切协作,集中公司各个部门的一切力量、资源,千方百计满足目标顾客的需要,实现企业的战略任务和目标。

在现代市场经济条件下,市场营销部门的经营效益不仅取决于其组织结构是否合理,而且取决于市场营销经理是否善于挑选、培训、指挥、激励、评价市场营销人员,充分调动其积极性。

为了执行计划,市场营销经理要把计划任务落实到人,指派专人负责在规定的时间内完成计划任务。例如,市场营销经理要把销售指标逐级合理分配到各个销售区、各个推销人员;要把市场营销预算合理分配到渠道、广告、宣传、人员推销等业务领域,切实落实计划任务,保证计划贯彻执行。

(二)控制计划

市场营销计划控制包括年度计划控制、盈利能力控制、效率控制和战略控制。

1.年度计划控制

年度市场营销计划的执行能否取得理想成效,需要看控制工作进行得如何。所谓年度计划控制,是指企业在本年度内采取控制步骤,检查实际绩效与计划之间是否有偏差,并采取改进措施,以确保市场营销计划的实现与完成。许多企业每年都制定有相当周密的计划,但执行的结果却往往与之有一定的差距。事实上,计划的结果不仅取决于计划制定得是否正确,还有赖于计划执行与控制的效率如何。可见,年度计划制定并付诸实施之后,搞好控制工作也是一项极其重要的任务。年度计划控制的主要目的在于:(1)促使年度计划产生连续不断的推动力;(2)控制的结果可以作为年终绩效评估的依据;(3)发现企业潜在问题并及时予以妥善解决;(4)高层管理人员可借此有效地监督各部门的工作。

年度计划控制包括4个主要步骤:(1)制定标准,即确定本年度各个季度(或月)的目标,如销售目标、利润目标等;(2)绩效测量,即将实际成果与预期成果相比较;(3)因果分析,即研究发生偏差的原因;(4)改正行动,即采取最佳的改正措施,努力使成果与计划相一致。企业经理人员可运用5种绩效工具以核对年度计划目标的实现程度。即销售分析、市场占有率分析、市场营销费用对销售额比率分析、财务分析、顾客态度追踪。

2.盈利能力控制

除了年度计划控制之外,企业还需要运用盈利能力控制来测定不同产品、不同销售区域、不同顾客群体、不同渠道以及不同订货规模的盈利能力。由盈利能力控制所获取的信息,有助于管理人员决定各种产品或市场营销活动是扩展、减少还是取消。

3.效率控制

假如盈利能力分析显示出企业关于某一产品、地区或市场所得的利润很差,那么紧接着下一个问题便是有没有高效率的方式来管理销售人员、广告、销售促进及分销。

(1)销售人员效率控制。

企业的各地区的销售经理要记录本地区内销售人员效率的几项主要指标,这些指标包括:①每个销售人员每天平均的销售访问次数;②每次会晤的平均访问时间;③每次销售访问的平均收益;④每次销售访问的平均成本;⑤每次销售访问的招待成本;⑥每百次销售访问而订购的百分比;⑦每段期间的新顾客数;⑧每段期间丧失的顾客数;⑨销售成本对总销售额的百分比。

企业可以从以上分析中,发现一些非常重要的问题,例如,销售代表每天的访问次数是否太少,每次访问所花时间是否太多,是否在招待上花费太多,每百次访问中是否签订了足够的订单,是否增加了足够的新顾客并且保留住原有的顾客。当企业开始正视销售人员效率的改善后,通常会取得很多实质性的改进。

(2)广告效率控制。

企业应该至少做好如下统计:①每一媒体类、每一媒体工具接触每千名购买者所花费的广告成本;②顾客对每一媒体工具注意、联想和阅读的百分比;③顾客对广告内容和效果的意见;④广告前后对产品态度的衡量;⑤受广告刺激而引起的询问次数。

企业高层管理可以采取若干步骤来改进广告效率,包括进行较好的市场定位工作;确定广告目标;利用电脑来指导广告媒体的选择;寻找较佳的媒体;以及进行广告后效果测定等。

(3)销售促进效率控制。

为了改善销售促进的效率,企业管理阶层应该对每一销售促进的成本和对销售的影响作记录,注意做好如下统计:①由于优惠而销售的百分比;②每一销售额的陈列成本;③赠券收回的百分比;④因示范而引起询问的次数。企业还应观察不同销售促进手段的效果,并使用最有效的促销手段。

(4)分销效率控制。

分销效率主要是对企业存货水准、仓库位置及运输方式进行分析和改进,以达到最佳配置并寻找最佳运输方式和途径。例如,面包批发商遭到了来自连锁面包店的激烈竞争,他们在面包的实体分配方面尤其处境不妙。面包批发商必须作多次停留,而每停留一次只送少量面包,不仅如此,送货的汽车驾驶员一般还要将面包送到每家商店的货架上。而连锁面包商则将面包放在连锁店的卸货平台上,然后由商店工作人员将面包陈列到货架上,这种物流方式促使美国面包商协会提出:是否可以利用更有效的面包处理程序为题进行调查。该协会进行了一次系统工程研究,他们按 1min 为单位具体计算面包装上货车到陈列在货架上所需要的时间;通过跟随驾驶员送货和观察送货过程,这些管理人员提出了若干变革措施,使经济效益的获得来自更科学的作业程序。不久,他们在货车上设置特定面包陈列架,只需驾驶员按动电钮,面包陈列架就会在车子后部自动开卸,这种改进措施受到进货商店的欢迎,又提高了工作效率。不过,人们通常要等到竞争压力增强到非改不可的时候才开始行动。

效率控制的目的在于提高人员推销、广告、销售促进和分销等市场营销活动的效率,市场营销经理必须注视若干关键比率,这些比率表明上述市场营销组合因素的功能执行的有效性以及应该如何引进某些资料以改进执行情况。

4.战略控制

战略控制是指市场营销管理者采取一系列行动,使实际市场营销工作与原规划尽可能一致,在控制中通过不断评审和信息反馈,对战略不断修正。市场营销战略的控制既十分重要又难以准确把握。因为企业战略的成功是总体的和全局性的,战略控制注意的是控制未来,是还没有发生的事件,战略控制必须根据最新的情况重新估价计划和进展,因而难度也就比较大。

企业在进行战略控制时,可以运用市场营销审计这一重要工具。所谓市场营销审计,是对一个企业市场营销环境、目标、战略、组织、方法、程序和业务等作综合的、系统的、独立的和定期性的核查,以便确定困难所在和各项机会,并提出行动计划的建议,改进市场营销管理效果。市场营销审计实际上是在一定时期对企业全部市场营销业务进行总的效果评价,其主要特点是,不限于评价某一些问题,而是对全部活动进行评价。

第二节　运输企业总体战略规划

一、运输企业总体战略规划的步骤

企业总体战略规划,是指企业的最高管理层通过制定企业的任务、目标、业务组合计划和新业务计划,在企业的目标和资源(或能力)与迅速变化的经营环境之间发展和保持一种切实可行的战略适应的管理过程。也就是说,企业总体战略规划是企业为生存和发展而制订的长期总战略所采取的一系列重大步骤,包括:(1)规定企业任务;(2)确定企业目标;(3)安排生产业务组合;(4)制订新业务计划。

(一)规定企业任务

规定运输企业的任务是为了指引全体工作人员朝着一个方向前进,使全体工作人员同心协力地工作。

运输企业在规定任务时,可向股东、用户、代理商等有关方面广泛征求意见,并且需考虑这些主要因素:(1)企业过去历史的突出特征;(2)企业最高管理层的意图;(3)企业周围环境的发展变化。企业周围环境的发展变化会给企业造成一些环境威胁或市场机会;(4)企业的资源情况;(5)企业的特有能力。

为了指引企业全体员工朝着同一方向前进,企业的最高管理层要写出一个正式的任务报告书。而一个有效的任务报告书应具备如下条件:

1.市场导向

企业的任务或目的应回答本企业的主导业务是什么,那么在任务报告书中如何表述企业经营的业务范围呢?在西方国家,过去表述的传统方式是以所生产的产品来表述,如"本企业从事公路运输";或者以所从事的技术来表示,如"本企业是公路运输企业"。战后以来,企业在市场营销观念指导下,要通过千方百计满足目标顾客的需要来扩大销售,取得利润,实现企业的目标,因此,企业的最高管理层需要写出一个市场导向的任务报告书。这就是说,企业的最高管理层在任务报告书中要按照其目标客户的需要来规定和表述企业任务,如"本运输企业的任务是满足客户的运输需要"。

2.切实可行

任务报告书中要根据本企业资源的特长来规定和表述其业务范围,不要把其业务范围规定得太窄或太宽,也不要说得太笼统,因为这样都是不切合实际的,也是不能实行的,而且会使企业的工作人员感到方向不明。例如,世界上最大的旅馆企业美国假日饭店过去曾经把它的业务范围规定得太宽,原来规定为"旅馆业务",后来扩大为"旅行业务"。那时假日饭店为了执行这种任务,曾购买了一家大公共汽车公司和一家轮船公司。但是,假日饭店又没有能力经营管理好这些企业,到 1978 年不得不放弃这些业务。

3.富鼓动性

例如,一家公路客运企业可以这样规定和表述其任务"本企业的任务是帮您解决出行困扰,提供经济、舒适的运送服务,创造清洁卫生的环境,保证您的身体健康。"这样就可以使全体工作人员感到其工作有利于提高社会福利并很重要,因而就能提高士气,鼓励全体工作人员为实现企业的任务而奋斗。

4.具体明确

企业最高管理层在任务报告书中要规定明确的方向和指导路线,以缩小各工作人员自由处理权限的范围。例如,在任务报告书中要明确规定有关工作人员如何对待资源供应者旅客、代理商和竞争者,使全体工作人员在处理一些重大问题上有一个统一的准则可以遵循。

(二)确定企业目标

企业的最高管理层规定了企业的任务之后,还要把企业的任务具体化为一系列的各级组织层次的目标。各级经理应当对其胸中有数,并对其目标的实现完全负责。为此,所制订目标必须具有:

1.层次性

企业目标是企业生产经营活动想要达到的境地和目的。由于各企业的发展历史、管理水平以及对市场的认识等的不同,所确立的目标往往是不同的。企业目标按是否可定量研究来划分,可分为两类:一类是以追求财务生产经营为最终目标的"经济目标";另一类则是以追求优质服务,促进社会可持续发展为目标的"社会人道目标"。各企业应根据自己的实际情况,制定出企业的经营总目标,然后层层展开,层层落实,下属各部门以至每个职工根据企业经营总目标,分别制定部门及个人的目标和保证措施,形成一个全过程、多层次的目标管理体系。

2.数量化

在企业任务的指引下,各企业还要根据各级组织层次的具体情况将各部门的具体目标进行定量,使目标明确,责任到部门,以便实施中进行衡量和控制。如"经济目标"衡量有:企业产值、市场占有率、实现利税或运输任务完成率等。但是,目标不宜太多,以免力量过于分散,应将重点工作首先列入目标,并将各项目标按重要性分成等级或序列。

3.现实性

正确的经营目标能把企业的生产管理活动引向正确的方向,从而取得较好的效果。如果目标不正确,工作效率再高也不会得到较满意的效果。

合适的目标能激发人们的动机,调动人们的积极性。根据弗罗姆的期望理论,目标的效价越大,越能激励人心;经过努力实现目标的可能性越大,越感到有奔头。这二者结合得好,目标的激励作用就越大。因此,为充分发挥目标的激励作用,应该提出合理的奋斗目标,使广大职工既认识目标的价值,又认识到实现目标的可能性,从而激发大家的信心和决心,为争取目标的圆满实现而共同奋斗。

有的企业在制定自己的目标时往往只看到市场的需求,而超离本企业的实际,这样不但实现不了目标,反而会给企业带来损失。因此企业在确定目标时,一定要从本企业的实际情况出发。以免多走弯路。

4.协调一致性

企业的目标体系中的每个分目标要与总目标密切配合,分目标的实现直接或间接地有利于总目标的实现;各部门或个人的分目标之间要协调平衡,避免相互牵制或脱节;各分目标要能够激发下级部门和职工的工作欲望和充分发挥工作能力,应兼顾目标的先进性和实现的可能性。

有些企业的最高管理层提出的各种目标可能是互相矛盾的,例如"最大限度地增加销售额和利润"。实际上,企业不可能既最大限度地增加销售额同时又最大限度地增加利润。因为企业可能通过降低价格、提高产品质量、加强广告促销等途径来增加销售额,但是当这些市场营销措施超过了一定限度,利润就可能减少;所以,各种目标必须是一致的,否则就会失去指导作用。

(三)安排业务组合

企业的最高管理层规定了企业的任务和目标之后,就需要安排业务组合,把企业有限资金用于经营效益最高的业务。这是企业战略计划工作的一个主要任务。

1.战略业务单位的划分

企业的最高管理层在安排业务组合时,首先要把所有业务分成若干"战略业务单位"(Strategy Business Units,简称 SBU)。一个战略业务单位具有如下特征:

(1)是单独的业务或一组有关的业务;

(2)每一战略业务单位有不同的任务;

(3)它有其竞争者;

(4)它有认真负责的经理;

(5)它掌握一定的资源;

(6)它能从战略计划得到好处;

(7)它可以独立计划其他业务。

一个战略业务单位可能包括一个或几个部门,或者是某部门的某类服务,或者是某种许可或领域。

2．战略业务单位的评价

企业的最高管理层在安排业务组合的过程中还要对各个战略业务单位的经营效益加以分析、评价,以便确定哪些单位应当发展、维持、减少或淘汰。西方学者曾提出一些对企业的战略业务单位加以分类和评价的方法,其中最著名的分类和评价方法是美国波士顿咨询集团的方法和通用电气公司的方法。波士顿咨询集团是美国第一流的管理咨询企业,它建议企业用"市场增长率——相对市场占有率矩阵"来对其战略业务单位加以分类和评价。通用电气公司的方法较波士顿咨询集团的方法有所发展,它用"多因素投资组合矩阵"来对企业的战略业务单位加以分类和评价。

根据上述的分类、评价,企业的最高管理层还要绘制出各个战略业务单位的计划位置图,并据此决定各战略业务单位的目标和资源分配预算,而各个战略业务单位的最高管理层和市场营销人员的任务是贯彻执行好最高管理层决定和计划。

(四)制定新业务计划

企业的最高管理层制定了业务组合计划之后,还应对未来的业务发展方向做出战略规划,即制定企业的新业务计划或增长战略。企业发展新业务的方法有3种:

1．密集增长

如果企业尚未完全开发潜伏在其现有产品和市场的机会,则可采取密集增长战略。这种战略包括以下3种:

(1)市场渗透　即企业通过改进广告、宣传和营销工作,在某些地区增设网点,借助多渠道将同一产品送达同一市场以及短期削价等措施,在现有市场上扩大现有服务的销售。包括:千方百计使现有客户多委托本企业服务,把竞争者的顾客吸引过来,想办法在现有市场基础上向从未委托本企业服务的客户营销。

(2)市场开发　即企业通过在新地区或国外增设新商业网点或利用新营销渠道,加强广告促销等措施,在新市场上扩大现有产品的销售。

(3)产品开发　即企业通过增加服务品种、规格、型号等,向现有市场提供新产品或改进产品。

2．一体化增长

如果企业的基本业务很有发展前途,而且企业实行一体化能提高效率,加强控制,扩大销售,则可实行一体化增长战略。这种战略包括以下3种:

(1)后向一体化　即企业通过收购或兼并若干原材料供应商,拥有和控制其供应系统,实行供产一体化。

(2)前向一体化　即企业通过收购或兼并若干商业企业,或者拥有和控制其分销系统,实行产销一体化。

(3)水平一体化　即企业收购、兼并竞争者的同种类型的企业,或者在国内外与其他同类企业合资生产经营等。

3．多元化增长

多元化增长就是企业尽量增加产品种类,跨行业生产经营多种产品和业务,扩大企业的生产范围和市场范围,使企业的特长充分发挥,使企业的人力、物力、财力等资源得到充分利用,从而提高经营效益。多元化增长的主要形式有:

（1）同心多元化　即企业利用原有的技术、特长、经验等发展新产品，增加产品种类，从同一圆心向外扩大业务经营范围。例如，汽车制造企业增加拖拉机产品的生产。

（2）水平多元化　即企业利用原有市场，采用不同的技术来发展新产品，增加服务种类。例如，原来运输货物企业又投资客运项目。水平多元化的特点是原产品与新产品的基本用途不同，但存在较强的关联性，可以利用原来的分销渠道销售新产品。

（3）集团多元化　即大企业收购、兼并其他行业的企业，或者在其他行业投资，把业务扩展到其他行业中去，新产品、新业务与企业的现有产品、技术、市场毫无关系。也就是说，企业不以原有市场为依托，向技术和市场完全不同的产品或劳务项目发展。

二、战略规划的波士顿矩阵法

在战略规划中，企业经营范围的划定、企业资源的配置，具体行动策略的选择，都需要对已有的产品和经营单位进行仔细的分析后加以定夺。而波士顿矩阵法是企业进行有效分析的有力手段。

波士顿矩阵法是美国波士顿咨询公司（Boston Consulting Group）在 1970 年创立并推广的一种产品投资组合方法，又被称为 BCG 分析法、四象限分析法、产品系列结构管理法等。它假定企业拥有复杂的产品系列，且产品之间存在着明显差别，具有不同的市场细分。在这种情况下，企业决定产品结构时应主要考虑两个基本因素：一是企业的相对竞争地位，用"相对市场占有率"指标表示，指本企业某种产品的市场销售额与该产品在市场上最大竞争对手的销售额的比率；另一个是业务增长率，用"市场增长率"指标表示，指前后两年产品市场销售额增长的百分比。这两个因素相互影响共同作用的结果，会形成 4 种具有不同发展前景的产品类型，分别被称为"问题产品"（Question Marks）、"明星产品"（Stars）、"现金牛产品"（CashCows）和"瘦狗产品"（Dods）。

上述 4 种产品可以定位在波士顿矩阵图中（见图 3-1）。图中，横轴表示产品的相对市场占有率，一般以 10 为分界线将其划分成高低两个区域：产品的相对市场占有率高，表示其竞争地位强，在市场中处于领先地位；反之，则表示其地位弱，在市场中处于从属地位。纵轴表示产品的市场增长率，代表产品在市场中的相对吸引力，通常用 10% 的平均值作为增长高低的界限：最近两年平均增长率超过 10% 的为高增长业务，低于 10% 的为低增长业务。波士顿矩阵图揭示了企业的系列产品在

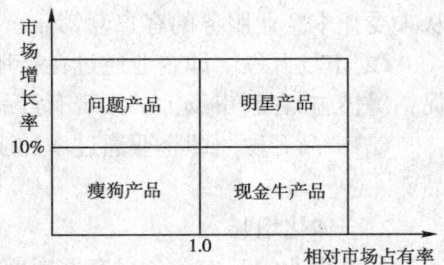

图 3-1　波士顿矩阵图

市场竞争中的地位。据此，企业可以判断自己各经营业务的机会和威胁，优势和劣势，判定当前面临的主要战略问题和企业未来在竞争中的地位，从而针对不同类型的产品采取相应的战略对策，有选择地集中运用有限的资金，实现投资组合的最优化。

波士顿矩阵法强调产品系列的概念。根据国际标准化组织（ISO）的定义，产品是指"活动或过程"的结果，包括服务、硬件、流程性材料、软件或它们的组合。运输企业运输的产品是通过货物的位移所实现的对货主的服务。服务的多样性和差异性决定了运输产品的系列化。运输产品可以按品名、车种、地区（或流向）和服务的行业进行不同方式的细分。由于运输产品具有系列性的特点，因而可以运用波士顿矩阵法对其结构和市场地位进行有效的分析。

波士顿矩阵法原本是一种研究企业投资组合的方法。但是，"投资"只是企业实现营销目

标的手段之一。企业所拥有的资源除了资金以外,还包括人才、设备及其无形资产。企业所能使用的资金是有限的,除资金以外的其他资源也同样是有限的。资源的有限性要求企业应科学地分配资源,实现资源组合的最优化,而这正是企业营销最重要的目标,它与波士顿矩阵法的目的是一致的。因此,波士顿矩阵法可延伸运用于运输企业市场营销战略规划的分析。

复习思考题

1. 运输市场营销过程是怎样的?
2. 制订市场营销战略规划的意义何在?
3. 企业发展新业务的方法有哪些?

第四章 运输市场营销调研

第一节 运输市场营销调查

一、运输市场调查的概念与意义

通常情况下,运输市场调查是指运输企业为了实现自身经济利益和社会公益目标,运用科学的方法和手段,系统地、有目的地收集、分析和研究与运输市场营销有关的各种信息,掌握运输市场现状及发展趋势,找出影响运输企业市场营销的主要因素,为运输企业准确地预测和决策,有效地利用市场机会提供正确依据的一种市场营销活动。有时国家为了制定某项运输计划或预测,也要进行市场调查,收集相关的信息,为计划的制定提供依据。本书运输市场调查的概念主要是对运输企业而言的。

运输市场调查的目的就是获取有用的运输市场情报,为运输企业进行科学预测、确定经营方针、编制运输计划、提高经营决策水平提供依据。运输市场调查是运输企业生存和发展所不可缺少的条件。

1.运输市场调查是营销决策的基础和前提

运输市场是运输企业经营管理活动的起点和终点,往往一个企业经营的好坏取决于该企业的决策水平。正确的决策是建立在对运输市场的过去、现在和未来发展前景的深刻把握的基础上。只有通过市场调查,系统地、客观地收集各类有用信息,并加以全面分析和评价,企业的经营决策才能切合实际,才能减少失误,降低风险,为企业带来效益。

2.运输市场调查有利于提高企业的竞争能力

运输企业面临着激烈的全方位的市场竞争,通过运输市场调查,运输企业不仅可以了解和掌握国内外运输市场的需求和产、供、销的全面情况,了解客货源的构成变化规律及发展趋势,还可掌握竞争对手的情况,获取有价值的市场营销活动情报资料,只有这样才能根据运输市场情况和本身的实际,决定企业的发展方向,并在产品、价格、广告、分销渠道等营销活动的全过程,采取措施,提高市场竞争力。

3.运输市场调查有利于满足货主、旅客需要,提高企业的经济效益

企业经济效益的高低最终取决于企业营销活动的好坏。营销活动的成败归结为一点,就是货主、旅客对运输企业的运输服务能否认可、接受并感到满意。只有通过对市场环境和货主、旅客行为调查,了解货主、旅客需求,适应货主、旅客需求,才能赢得市场。

二、运输市场调查的内容

运输企业的市场营销涉及很多方面,因此运输市场调查的内容十分广泛。可以说,凡是直接或间接影响运输企业营销活动的资料,都应收集和研究。但由于每次调查目的的不同,调查时间有限,其内容也不完全一样,且一次调查活动不可能包罗万象,涵盖所有内容,必须通过多次长期的调查积累,才能全面认识市场。

（一）运输市场营销环境调查

运输企业的营销活动是在一定的市场环境下进行的。所谓营销市场环境是指影响企业营销活动的各种外部条件。运输市场营销环境包括政治法律、经济、社会文化、自然和科技等环境。市场营销环境是经常变化的,这种变化既会给运输企业营销带来新的成功机会,也会造成新的威胁。对运输企业而言,运输市场营销环境是不可控因素,运输企业必须认真分析和研究市场环境,并努力谋求企业外部环境与企业内部条件同营销目标之间的动态平衡,使企业不断发展壮大。

(1)人口环境调查,主要了解当地人口总量及其增长速度;人口的地理分布;人口的年龄分布及知识水平等。

(2)经济环境调查,主要包括地区经济特征、经济发展水平、产业结构情况、国民生产总值、国民收入总值、人均收入、居民消费水平和消费结构、基本建设规模、类型、发展规划以及交通方式、能源状况等。

(3)政法环境调查,了解对运输市场起影响和制约作用的国内外政治形势以及政府对实施市场管理的有关方针政策、法律、法规。

(4)科技环境调查,主要调查内容包括当前国内外科学技术发展水平,新技术的开发、应用及普及,新材料、新产品、新能源的开发、研制与推广,当代科学技术的发展速度与发展趋势等。

(5)自然环境调查,包括自然资源、自然地理位置、气候条件、季节因素等。

(6)社会文化环境调查,主要有人口受教育程度与文化水平、价值观念、职业构成、民族分布、宗教信仰和风俗习惯、社会流行审美观念与文化禁忌等。

（二）运输市场需求调查

运输市场购买力和市场规模大小是由运输市场需求决定的。整个运输市场需求由消费者市场需求和组织市场需求构成,消费者是运输市场上最活跃、最多变的群体,其需求多种多样,组织市场具有购买者数量少、购买数量大,产品专用性强,技术要求高,受经济改革影响大等特点,因此针对消费者和组织市场所进行的需求调查是运输市场调查中非常重要的内容。

1.消费者市场调查

消费者市场规模及构成调查,包括人口总数、分布及年龄结构;消费者职业、性别、民族、文化程度;消费者收入水平、消费水平、家庭状况。

2.组织市场调查

运输企业所运送的货运产品,极大部分是属于组织市场需求,因此认识和了解组织市场特别是生产者市场供求对运输企业营销工作具有重要意义。

3.货主、旅客购买动机和购买行为调查

了解促使货主、旅客产生购买动机的因素,研究社会、经济、文化、心理因素对购买决策的影响,货主、旅客购买行为特点、购买习惯(时间、地点、数量等)。运输企业通过了解货主、旅客的动机,可以有针对性地诱导和激发购买行为,扩大运输产品销售。

（三）运输市场供给调查

运输市场供给是指一定时间内运输企业为市场提供的产品总量。运输市场供给调查的目的在于使运输市场供给与需求相适应,更好地满足不断变化的运输市场需求。调查的内容主要包括:各种运输方式的布局、运输能力、设备设施状况、各种运输方式技术经济特点与主要技术经济指标、适用范围,运输企业数量、生产能力、技术水平、产品类型和数量,交通运输总体发展规划、企业发展规划等。

(四)运输市场营销策略调查

现代市场营销活动是综合运用产品、价格、分销和促销等策略的组合活动,追求全面满足消费者的需求。因此运输市场营销调查也应围绕这些营销组合来进行。

1.产品调查

主要调查产品的种类、数量、特色、市场占有率;产品的市场生命周期;旅客和货主对运输安全性、及时性、方便性等的评价,旅客和货主的偏好,期望改进的意见和要求;产品是否存在尚未开发的潜力;是否有新产品出现及新产品的潜在市场接受能力。

2.价格调查

了解旅客和货主对运输产品的价格和质量因素的反应,以确定企业与顾客双方均能接受的价格水平,调查内容包括运输产品定价状况、顾客对产品价格的看法、价格变动趋势及对销售影响等。

3.分销渠道调查

包括销售渠道的种类、分布、营销业绩;中间商的数量、位置,运输、储存能力,中间商的管理能力;旅客和货主对中间商的评价等。

4.促销调查

对运输产品客货运促销方式的调查,确定促销活动能否有效地激发旅客和货主兴趣,并产生购买行为。调查重点为促销对象、促销方法、促销费用、促销效果等,了解促销对象类型,各种促销方法的有效性,促销方式是否为促销对象所接受,促销投入预算,促销宣传内容是否符合促销范围内的需求水平、风俗习惯,促销后运输企业的销售业绩等。

5.竞争情况调查

主要调查同行竞争企业的数量及分布地区,竞争者的市场占有率、产品品种、数量、价格、利润等方面水平及变化趋势,竞争者在生产、销售、服务、技术、质量、价格、时间等方面的优势和劣势等。

三、运输市场调查过程

运输市场调查是一项既复杂又涉及面很广的工作,只有采用规范的步骤以及重视细节才能保证调查工作的效率和调查数据的高质量,才能保证调查报告对市场行为有深刻的认识。运输市场调查过程在逻辑上有五个阶段。

(一)第一阶段:调研说明

调研说明是一个诊断性的阶段,它涉及到委托人和调研者之间的最初讨论,通过对市场的初步分析,对运输市场情况和市场营销问题有一个清楚的表述,从而决定整个调查活动的性质和方向。在这一讨论过程中,包括下面一些典型的问题:

1.企业行业背景和企业产品的性质

包括:企业所处行业及提供的产品?谁购买这些产品?企业和它的竞争对手所占的市场份额?企业的优势?企业市场营销的总目标和战略?

2.运输市场调查将要讨论的问题

包括:运输企业市场营销存在什么问题?运输市场调查想要调查什么情况?解决的主要问题?运输市场调查应集中在哪些特定的产品上?这对企业或市场来说是一些新的产品吗?为什么企业愿意销售这些产品?企业希望把这种产品卖给谁?如何卖?企业希望达到的销售

量和市场份额是多少？企业的新产品如何与现有产品的生产和预先技能协调一致？

3.运输市场调查活动的范围

调查范围的区分直接影响到调查收集资料的范围，如果范围界限不清，调查中就可能出现资料信息收集不全或信息杂乱、资料庞杂。收集资料范围过大，则造成不必要的浪费。

包括：调查的是国内运输市场还是国外运输市场？调查的对象是货主还是旅客？调研说明包括对媒体的评价和推荐吗？调研说明包括新产品的设计建议吗？调研说明包括定价建议吗？

该阶段试探性的询问有助于调研者深刻认识该组织及其市场，从而明确调查的目的，确定调查主题和范围。

(二)第二阶段：调研计划

调研者在研究了第一阶段收集的信息之后，提出详细的调查计划，提交委托人审批，委托人应对调研者对于调查问题的理解和总体思路进行评价。调查计划是对调查工作的设计和预先安排，对于保证调查有目的、有计划、有组织地进行起到重要作用。通常调查计划包括以下内容，委托人应仔细审查。

1.对所要调查的营销问题的性质的清楚表述

调查主题及目的的确定要符合企业的实际，要尽量具体、准确，倾听有关专家及经营管理者的意见，准确界定调查的产品。

2.调查测试的主要内容

是与运输营销问题相关的主要因素。如运量、对产品的信心、顾客的态度、动机、生活方式、购买者类型、购买决策过程、购买频率、媒体宣传情况、行业密度、经济动态、技术开发、竞争情况等。

3.调查地点确定

调查地点的确定要根据调查目的考虑地区的分布、调查对象的居住地点。

4.调查抽样总体的准确界定

调查对象的确定要考虑被调查对象应具备的条件，对旅客来讲，应考虑年龄、性别、职业、收入水平、文化程度等方面的要求；对企业而言，应考虑企业规模、产品类别、数量、销售地区、对运输工具的要求。

5.采用的方法

包括数据类型、抽样方法、调查工具等。方法的确定应从调查的目的和具体条件出发，以有利于搜集符合需要的第一手材料为原则进行。

6.调查者的经验

由于调查对象的多样性与复杂性，市场调查人员的水平对调查结果影响甚大，为了确保调查质量，对参加市场调查的人员应有一定的素质要求，包括一定的经验、文化基础知识、专业知识、认真负责的工作态度、稳重外向的性格等。

7.预算调查成本

市场调查的成本要考虑运输企业的承受能力，应在有限调查费用的条件下，力求取得最好的调查效果。或在已确定的调查目标下，使费用支出最小。费用包括：印刷费、资料费、交通费、调查费、上机费、人员开支、杂费等。

8.调查工作进度

为了保证调查工作有序且按期完成，必须做出具体的时间安排。例如，何时作好准备工作,何时开始人员培训,何时开始正式调查,何时完成资料整理,何时完成调查报告等。有了时间要求,还应定期或不定期地对工作进度进行监督检查,这样一方面可以确保调查工作按预期的目标进行,另一方面还可以掌握情况,及时发现问题,加强薄弱环节,从而使调查活动顺利完成。

(三)第三阶段:收集资料

又称调查实施阶段,这一阶段主要是按照调查计划,组织调查人员,深入实际,全面系统地收集有关资料、信息数据,大体分为如下4个步骤:

1.选择资料收集方法

资料收集方法选得是否合理,会直接影响调查结果。因此,合理选用资料收集方法是营销工作的重要环节。市场调查资料分为第一手资料和第二手资料。第一手资料,又称原始资料,是调查人员通过现场实地调查所收集的资料,如对货源的调查。第一手资料的获得可通过询问法、观察法和实验法等得到,也可综合使用这3种方法获得。第二手资料,又称现成资料,来源于企业内部资料和外部资料。企业内部资料是企业内部所经常收集和记录的资料,如有关统计报表、企业历年的统计资料、有关年度总结报告和专题报告等;外部资料是从统计机构、行业组织、市场调研机构、科研情报机构、报刊杂志文献等获得的资料。第二手资料可通过直接查阅、购买、交换、索取以及通过信息情报网、国际互联网收集和复制,也可通过参观学习、技术交流、学术交流、新产品鉴定、技术鉴定等间接方式收集。

1)询问调查法

询问调查法又称直接调查法,是调查人员通过某种方式向被调查者询问问题而收集所需要的资料的一种调查方法。通常应事先设计好一套调查表(或称问卷),以便有步骤地提问。

询问调查法在实际应用中,按传递询问内容的方式以及调查者与被调查者接触方式不同,有面谈调查、电话调查、邮寄调查、留置调查等方法。这些方法各自具有自己的特点,应用于不同场合,下面分别介绍。

(1)面谈调查法　面谈调查法是调查人员直接面对被调查对象了解情况,询问有关问题,获得资料的方法,是一种最常用的方法。

面谈调查时应根据调查的目的和要求,选择若干调查样本(个人、用户等),分别进行交谈。这种交谈可以采用个人面谈,也可采取小组面谈或集体面谈形式,根据需要,可以安排一次或多次面谈。

采用面谈调查时,调查人员与调查对象面对面的接触,往往可以避免被调查者因忙碌或其它各种理由拒绝回答的情况,因而可以得到较高的回收率。而且所搜集到的信息的真实性较强,可靠程度高。但是当调查样本多、分布地域广、需要分别面谈时,将花费较高的费用和较长的时间。而且调查时主观因素影响较大,在一定程度上会影响调查结果的真实性,对调查人员的要求也很高。

(2)邮寄调查法　邮寄调查法是指将事先设计好的调查问卷(调查表)邮寄给被调查者,由被调查者根据要求填写后寄回的一种调查方法。调查人员根据回答问卷加以整理分析,从而得到市场信息。

采用邮寄调查方式不受调查者所在地的限制,可以扩大调查区域,增加调查对象的数量。由于调查人员不在场,被调查者可以自由填写意见,不受调查人员态度及主观因素诱导的影响,使资料更加客观,同时还可消除调查人员误记录和偏见,调查质量较高。邮寄调查法所需的调查的费用较低。采用邮寄调查法时,由于种种原因会导致问卷回收率较低,回收期长。另外,调查者对调查项目产生误解时无法得到及时纠正,对调查内容的理解容易产生偏差。

(3)电话调查法　电话调查法,是指通过电话与被调查者交谈,从而获得调查资料的方法。通过电话调查可以在较短的时间内获得所需的资料,且费用较低。因电话交谈时间不宜过长,只能得到简单回答,不能获取深层次的信息,且一些相关的照片、图表无法利用。电话调查法一般适用于调查简要的带有普遍性的急需问题,对这些问题做出探索性的初步调查,为以后进一步深入调查奠定基础。

(4)留置调查法　留置调查法是调查人员将调查问卷(调查表)当面交给被调查者,并对有关问题作出适当解释说明,留下问卷,由被调查者事后自行填写回答,调查人员约定日期收回问卷,再进行汇总分析的一种市场调查方法。

采用留置调查法,由于调查人员当面向被调查者说明调查的目的和要求,其理解偏差比邮寄调查要少得多,且这种调查法有利于被调查者独立思考问题,避免调查者主观意见对被调查者的影响。由于调查人员需要将问卷(调查表)亲自送给被调查者,在人力、财力、时间上都不可能允许访问地域范围相差甚远的被调查者,因此调查地域范围小,而且调查费用高。

2)观察调查法

观察调查法是指调查人员在调查现场对调查对象的情况直接观察和记录,从而获得第一手资料的一种调查方法。这种方法的特点是调查人员不直接向调查对象提出问题要求回答,而是利用自身感官(视觉、听觉)或者某些器材(照相机、摄像机、录音机等)对调查对象的活动和现场事实间接地观察、记录以搜集资料。

观察调查法主要有直接观察法、行为记录法、痕迹观察法。

(1)直接观察法　直接观察法是掌握市场动态的简便易行的常用方法,指由市场调查人员直接到现场观察市场活动,以获取信息。例如某客运公司要了解其竞争企业的经营措施与经营状况,便可以亲自到竞争对手的交通工具上坐一坐,亲身感受一下其服务态度,并观察其设施设备情况,以便知己知彼,扬长避短,增强本公司的竞争力。

(2)行为记录法　行为记录法是指在调查现场安装某些仪器(如录音机、摄像机等),把调查对象在一定时间内的行为如实记录下来,从中获得定量的市场信息。

行为记录法经常用于交通量的观察中。运输企业可选择一些有代表性的日子,如节假日、平常日,在某地点(车站、道路)安装仪器,记录下不同时期旅客流动量或车辆的数量、种类及行驶方向,然后汇总统计,分析出高峰期以及低谷期的客流量、道路拥挤状况。根据这些信息,对企业的营业时间、车辆开行时间进行合理安排,对劳动力加以适当调整,以改进企业的经营管理水平。

(3)痕迹观察法　痕迹观察法是观察市场上的特定活动留下的痕迹来收集市场信息。例如,铁路部门常在货运营业大厅以及旅客列车上放有留言簿,请货主和旅客提出意见,通过这些顾客在留言簿上的留言,了解顾客的要求,收集市场信息。

3)实验调查法

实验调查法是指首先在一个较小的范围内,并在一定的实验条件下对某种影响产品销售的因素进行实际试验,分析其结果,以判断这种方法是否有大规模推行的价值。所以这种实验常称为销售实验,或者称为试销。对试销效果的调查,需要限定在一个特定的地区和特定的时间。这种在特定时间里、特定范围内的特定市场称为"实验市场"。

采用实验调查法时,必须讲究科学性,遵循客观规律,应注意做到以下两点:

第一,寻找科学的实验场所。市场调查大部分不能像自然科学一样,在实验室中处理各种现象,而要在社会中寻找实验市场。这个市场的实验条件与实验结果应尽可能符合市场总体的特征。

第二,实验中要正确控制无关因素的影响,减少干扰,使实验接近真实状态。否则,将影响结果的可信度。

实验调查法主要有无控制组的事前事后对比实验调查法和有控制组的事后实验调查法两种。

(1)无控制组的事前事后对比实验调查法　无控制组的事前事后对比实验调查法是最简便的一种实验调查方法,它是在不设置控制组(即非实验单位或企业)的情况下,考察实验组(即实验单位或企业)在引入实验因素前后状况的变化,从而测定实验因素对实验对象(调查对象)影响的实验效果。

采用这一方法,是在同一个市场内,先对正常经营情况进行测量,收集必要的数据,然后进行现场实验,经过实验一段时间后,再测量实验过程中(或事后)的资料数据,最后,进行事前事后测量数据对比,了解实验因数的市场信息。这种实验法的实验效果 E 可表达为:

$$E = x_2 - x_1$$

式中:x_1——实验组事前测定值;

$\qquad x_2$——实验组事后测定值。

上述实验得到的效果 E 是一个绝对量,其值的大小与实验组原有销售规模有关,为了真实地度量实验效果,可用实验效果的相对指标来反映,相对实验效果 RE 可表达为:

$$RE = \frac{x_2 - x_1}{x_1} \times 100\%$$

无控制组的事前事后对比实验简便易行,当运输企业采取改变产品质量、品种、调整产品价格以及增减广告公关费用等措施时,都可作为一种决策依据。但应注意,在使用这种方法时,由于事前事后测量相隔一段时间,而各种非实验因素,如季节变化、心理、购买能力等都可能发生变化,这些非实验因素不可避免地会影响实验结果的准确性。

(2)有控制组的事后实验　有控制组的事后实验是一种横向比较实验,它同时设定两组调查数据,一组为实验组(即实验单位企业),一组为控制组(即非实验单位或企业)。对实验组,按设定的实验条件进行实验;对控制组,按原来的正常状况进行经营活动,也就是说,在实验前后都不受试验因素影响。最后将两组试验结果进行比较,以测定试验效果。

实验效果 E 可表达为:　　　　　　$E = x_2 - x_1$

相对试验效果 RE 可表达为:　　$RE = \frac{x_2 - x_1}{x_1} \times 100\%$

式中:x_1——实验组事后测定值;

$\qquad x_2$——控制组事后测定值。

应用有控制组的事后实验调查法必须满足一个提前条件,即试验组与控制组间的各方面条件应基本相同。

2.设计调查问卷

确定调查方法后,接下来的工作就是设计调查问卷。调查问卷是市场调研的基本工具,是沟通调查人员与被调查对象之间信息交流的桥梁。调查问卷中应该含有所有需要调查的内容,且均以问题的形式出现,对被调查者来说对所要回答的问题便一目了然。调查问卷质量的高低,将影响搜集的资料的全面性和准确性,从而影响到调查目标的实现程度。因此,我们必须重视问卷的设计工作。

1)问卷设计原则

设计问卷应遵循以下原则:

(1)主题明确。根据调查主题和调查目标并联系实际拟定题目,做到问题目的明确,重点突出。

(2)结构合理,逻辑性强。按一定的逻辑顺序排列问题,先易后难,先简后繁,先具体后抽象。

(3)通俗易懂。考虑到被调查者的知识层次不一,因此要避免使用专业术语,适合应答者的理解能力;对敏感问题使用一定的技巧,使问卷具有合理性和可答性;避免主观性和暗示性,以免造成答案失真。

(4)便于统计。设计问卷时还应考虑到事后的整理、统计、分析工作。

(5)长短适宜。调查问卷的长度要适宜,答卷时间应控制在 30min 左右,时间过长,会使答卷者失去耐心,从而影响调查结果。

2)问卷设计程序

为使问卷具有合理性、科学性、可行性,问卷设计需按一定的程序进行:

(1)明确调查主题,确定资料范围。在全面分析调查目的的基础上,确定调查主题,由此明确调查所需搜集的资料及资料来源、调查范围等。

(2)确定调查内容。根据调查主题,拟定所要调查的项目,要全面考虑,把各种与调查主题有关的内容都罗列出来。

(3)依据调查项目,拟定并编排问题,完成问卷的初步设计。针对每一个调查项目,设计若干问题,确定问句的类型,形成调查表的主干部分。最后设计调查表的其他组成部分,如被调查者本身情况、说明词、编号等内容,并按照问卷设计原则编排问题的顺序,形成问卷的初稿。

(4)对问卷初稿在小范围内进行试验与征求意见。为了达到调查目的,需将初步设计的问卷在少数被调查者中进行试填与征求意见,以便发现问题,对其中不合理的部分加以修正,形成最终的正式问卷。

3)问卷构成

一份完整的问卷,通常由以下几部分组成:

(1)调查说明。一般用在问卷的开头,包括两方面内容:一是向被调查者说明进行此项调查的目的、意义;二是请求被调查者的合作。市场调查是一种协商性调查,只有使被调查人员了解调查的意义,才能引起兴趣,并给予支持与合作,也才可能取得调查的最佳效果。

(2)被调查者的某些情况。被调查者分个人和单位两大类。对个人,一般包括被调查者的姓名、性别、年龄、文化程度、职业、工作单位、家庭人口及收入、居住地点等;对企、事业单位则应包括行业类别、所有制形式、职工人数、经营范围、营业额等。列入这些项目,是为了对调查资料进行分类和整理。

(3)调查内容。它是问卷最主要的组成部分,是指所需调查的具体项目,直接关系到调查所能获得的资料数量和质量。

(4)填表说明。包括填表要求,调查项目必要的解释说明,填表注意事项、调查人员应注意事项、调查时间等的说明。

(5)编号。对问卷加以编号,以便分类归档,或便于计算机处理。

4)问句类型

理想的问句既能使调查人员获得所需的信息,又能使被调查者乐意并轻松地回答问题。为此,要依据具体的调查内容,设计选择合适的问句进行调查。

(1)自由回答式问句。又称开放式问句。其特点是调查者事先不拟定任何具体答案,让被调查者根据提问自由回答问题。如:"您对车站货场工作有何意见和建议?""您认为我们的客运服务质量需要做哪些改进?"这种询问方法能制造一种活跃、宽松的调查气氛,被调查者思维不受约束,有利于被调查者思考和回答问题,有时能使调查人员搜集到一些忽视的答案和资料。缺点是被调查者的答案各不相同,整理、统计、分析调查结果有一定的难度。

(2)二项选择式问句。也称是非式问句。这种问句所提的问题只允许被调查者在两个答案中选择一个,最常见的是在"是"与"否","有"与"无","好"与"坏"等类词中选答。如"您认为目前公路运价合理吗?"这种询问方法容易发问,也容易回答,且便于统计、分析调查结果,缺点是被调查者没有说明原因的机会,不能表达出意见程度的差别,只能反映一种趋势和倾向,只适合询问一些简单的事实或意见。

(3)多项选择式问句。这种问句是调查人员对所提的问题预先拟订几种可能答案,从中选出一个或几个最能代表被调查人员的实际情况和意见的答案。如"你单位经常使用的运输方式是哪种?"答案 a.公路运输( );b.铁路运输( );c.航空运输( );d.水路运输( );e.管道运输( )。"你经常出行乘坐飞机是因为飞机的哪些优点?"答案 a.安全( );b.舒适( );c.快速( );d.准时( )。要求被调查者在选择答案后的括号里打勾。这种方法保留了"二项选择式询问方法"回答简单,易于分类与整理的优点,同时能表达被调查者意见的差异程度。要注意的是选择答案必须包括被调查者所有可能的答案,且要避免重复。

(4)顺位式问句。是在多项选择式问句的基础上,由被调查者根据自己的认识程度,对所询问的问题的各种可能答案定出先后顺序。如"如果您购买汽车,请对下列各项按您认为的重要程度以 1,2,3,4 为序进行排序:耐用( );省油( );便宜( );舒适( )。"这种询问方式回答较为简单,便于被调查者表达其态度和重要程度,也便于调查人员对调查结果的归类统计。适用于表示答案的先后次序或轻重缓急的问题,如顾客要求、消费倾向等调查。但须注意避免可供选择的答案的片面性。

(5)程度评等式问句。是指对所询问的问题列出程度不同的几个答案,并对答案事先按顺序评分,好的分数高,差的分数低。如"您认为目前我国多式联运状况怎样?"答案 a.很好,2分( );b.好,1分( );c.一般,0分( );d.较差,-1分( );e.差,-2分( )。将全部问卷汇总并进行总分统计,即可了解被调查者的态度,当总分为正值时,表明大多数被调查者持肯定看法;当总分为负值时,表明大多数被调查者持否定看法;若总分为零,则表明肯定与否定意见持平。

程度评等式问句所列答案是围绕同一对象或同一因素的,调查内容是对某一对象或某一因素评定等级。应注意它与多项选择式及顺位式问句的区别,后者调查内容是针对不同对象或对影响不同对象的不同因素做出选择或排序。

(6)倾向偏差式问句。提出几个态度不同的答案,请被调查者按顺序回答,如对公路运输旅客的调查:"从上海到南京你选用何种交通工具?"答:"汽车"。"现在开通了上海至南京的旅游列车,你今后是否仍乘汽车?"答:"是"或"不是"。对答"是"的人进一步问:"旅游列车的票价将下调,你还打算乘汽车吗?"采用此种询问方式可以调查到底偏差到何种程度,才能使被调查者改乘火车出行。

上述 6 种问句类型,各有其特点,在应用时应根据调查的主题、所需资料的种类、问题的性质及调查方法加以选用。一般而言,对于面谈调查,所有类型的问句均可有效地应用;对于电话采访,较适合的是二项式问句,也可以与自由回答式问句配合使用;对邮寄、留置调查,所有类型的问句均可使用,但对于自由回答式问句所提出的问题回复率较低。

3.选择调查方式

进行调查时,应根据调查的目的和要求以及调查对象的特点,选用适当的调查方式。

(1)市场普查是对调查对象的全体进行的无一遗漏的逐个调查,是一种全面调查的组织方式。它要花费大量的人力、物力、财力以及较长的时间,一般企业很难承受。所以,市场普查很少用于运输企业的市场调查工作中。

(2)重点调查是在全体调查对象(即总体)中选择一部分重点单位进行的一种非全面调查。所谓重点单位是指所要调查的这些单位在总体中占重要地位或在总体某项标志总量中占绝大比重的单位。如要了解全国钢铁生产的基本情况,只要对少数几个重点钢铁生产企业,如首钢、宝钢、鞍钢、武钢、包钢等企业进行调查即可获得所需资料。重点调查可用于运输企业对大宗货源的调查,以及有关流通渠道、经营条件、竞争对手等的调查。这种调查方式能以较少的人力和费用开支,较快地掌握调查对象的基本情况。但重点调查中选取的重点单位不具有普遍的代表性,一般情况下不宜用其综合指标来推断总体的综合指标。

(3)典型调查是在全体调查对象(总体)中有意识地选择一些具有典型意义或有代表性的单位进行非全面的专门调查研究。这种调查方式由于调查单位较少,人力和费用开支较省,可以有较多的调查内容,因此有利于深入实际对问题作比较细致的调查分析。如一段时期内,某铁路线上客源有较大幅度的增加,经过对沿途几个大站及旅客的调查,了解到车站合理的始发、到达时间以及方便购票、优质服务等一系列营销措施是吸引旅客的重要原因。因此,可以根据情况将此经验在全路范围内加以推广。用典型调查的综合指标推断总体的综合指标,一般只能做出估计,不可能像随机抽样那样能计算出抽样误差,也不能指明推断结果的精确度。不过,在总体各单位的差异比较小,典型单位具有较大代表性情况下,以典型调查资料推断总体指标也可以得到较为满意的结果。

(4)抽样调查是一种从全体调查对象(称为总体)中抽取部分对象(称为样本)进行调查研究,用所得样本结果推断总体情况的调查方式。抽样调查可把调查对象集中在少量样本上,并能获得与全面普查相近的结果,有很强的科学性与准确性,同时又省时、省力、省费用,所以在市场调查中广泛采用。

4.实地调查

调查人员按照确定的调查对象、调查方法,进行实地调查,收集第一手资料。对于这一阶段,不同的调查人员可能有不同的调查结果。因此,调查人员必须具备一定的素质、知识水平和调查技巧,才能确保获得正确而又满足要求的第一手资料。

(四)第四阶段:数据分析和评价

搜集到的原始的信息资料和回收的问卷都是杂乱无章的,为了更好地发挥信息资料的作用,必须根据调查的目的和要求,对这些资料进行系统的整理、分析和评价。

1.整理

调查所得的资料是大量的、零散的,有的甚至可能是片面和不真实的,必须进行系统的编辑整理,去粗取精,去伪存真。

2.分类汇编

对经过编辑整理的资料,依据调研目的,按一定的标准进行分类,把性质相同的归在一起。

分类后的资料还要加以统计汇总,编号归档存贮,这样将方便以后的查找和使用。当采取计算机加工处理资料时,资料的分类编号更为重要。

3.分析

为了掌握被调查事物的内在联系,揭示问题的实质和各种市场现象间的因果关系,就必须对调查资料进行综合分析,以找出其内在的规律性和关联性。

4.评价

对经过一系列处理过程的资料,要评价它们的可靠度、真实度以及对调查目的的实现程度等。

(五)第五阶段:撰写调研报告

市场调查工作的最后一个阶段是撰写和提交调研报告,它是将调查分析的情况、得出的结论、提出的措施或建议写成书面报告,提供给管理部门和职能部门的管理人员作为决策时的参考。

市场调研报告的基本内容一般包括:调查的地点、时间、对象、范围、目的,采用的主要调查方法,调查结果的描述分析,调查结论与建议。

调研报告的撰写一般要满足以下几个基本要求:

第一,紧扣调查主题,突出重点。调研报告中切忌罗列一大堆数据和高深的数学公式,而应主要阐述调研中的发现和结论。

第二,对象明确,讲求实用。调研报告是给各级营销决策者看的,内容要实用,结论尽可能量化而明确,符合读者的理解水平。

第三,说明调研结果的局限性和误差范围。

正式提交调研报告书后,工作并未完全结束,应跟踪调查实施程度及其效果,以便纠正偏差,取得更佳效果,并可据此总结经验教训,进一步提高今后市场调查水平。

第二节　运输市场营销环境分析

一、运输市场营销环境概述

(一)运输市场营销环境的含义

1.市场营销环境的含义

任何企业的营销活动,都是在一定的环境制约下进行的。现代营销学认为,企业营销活动的成败,关键就在于企业能否适应迅速变化的市场营销环境。因此,企业对所面临的市场营销环境进行分析和研究,是企业营销活动的前提和基础。

什么是市场营销环境?美国著名市场营销学家菲利普·科特勒的定义是:"一个企业的市场营销环境是由企业营销管理职能外部的行动者与力量所组成,这些行为者与力量影响企业营销管理者成功地保持和发展其目标顾客进行交易的能力。"市场营销环境的内容即广泛又复杂,主要包括市场营销的宏观环境和微观环境两大类。

2.运输市场营销环境的含义

如果将运输企业放入一个社会经济技术系统来考虑,则运输企业是一个子系统,是一个有机的整体。它既包括运输生产过程中的各种物质和技术因素,又包括各种社会因素。根据市场营销学环境的定义,我们可以这样描述运输市场营销环境:是指运输企业在制订相应的营销策略过程中所涉及的各种不可控因素,即与运输企业营销活动存在潜在关系的外部力量与机构的体系。

运输企业的营销环境同样也可分为宏观环境和微观环境。宏观环境主要指影响运输企业营销的各种政治、经济、法律、科技、自然、社会文化等因素的综合。微观环境则是指与运输企业紧密相连的,影响其为顾客服务的能力的各种参与者,包括运输企业、供应商、营销中介、竞争者、顾客和社会公众。

(二)运输市场营销环境的特点

运输企业营销环境受多种因素的影响而不断变化,运输企业要在动态的环境中抓住机会,避开风险,取得竞争优势,就必须了解运输市场营销环境的特征,采取有效的营销手段,适应并利用有利的营销环境,避免不利环境的影响。

1. 差异性

运输市场营销环境的差异性主要体现在:不同的企业受不同的营销环境影响,如客运市场和货运市场所处的环境就不一样;同一环境因素对不同企业的影响程度也不一样。这就要求不同的运输企业,根据自己所处的营销环境,制定符合实际,独具特色的营销策略。

2. 多变性

运输市场营销环境是一个多因素、多层次且不断变化的综合体,多变性指构成运输企业市场营销环境,总是处于动态变化中,从而客观上要求运输企业对环境变化的适应要快,营销策略调整也要及时、迅速。运输企业要了解、适应并利用有利的营销环境,就必须抓住营销环境多变的特性,有针对性地制定、调整市场营销策略,取得竞争优势。

3. 相关性

相关性是指营销运输企业的营销环境不是任何单一因素作用的结果,而是由一系列相关因素所组成的综合体共同影响的结果。其中任何一个因素的变化,都会引起其他因素的变化,特别是宏观环境因素的变化更明显。如航运运价的变动,不仅受供求关系的影响,还受运输的结构方式、货主心理等因素的影响。

4. 不可控性

对运输企业来说,营销环境是客观存在的不可控因素。运输企业不可能控制国家的法令政策,不可能控制经济的增长与变化趋势,也不可能控制竞争对手的生产和经营。虽然运输企业无法控制这些外部因素的变化,却可以改变环境因素变化给企业带来的影响。

5. 目的性

目的性主要是指运输企业研究各种环境因素的目的在于适应外部环境因素的变化,提高应变能力,增强主动性,求得企业的生存和发展。

(三)运输市场营销环境与运输企业营销的关系

运输企业的市场营销活动实际上就是根据目标市场的环境要求,有效地利用产品、价格、渠道、促销等手段实现整体营销的过程。因此,运输市场营销环境与运输企业市场营销的关系是一种相互适应、相互联系、相互作用、相互制约的关系,即企业内部的可控因素要不断地调整,以适应外部环境的变化。运输市场营销环境与运输企业营销的关系见图4-1。

图4-1 运输市场营销与目标市场

研究营销环境与企业市场营销的关系,对于指导运输企业的市场营销活动有重大的意义。环境因素虽然并不决定运输企业的营销,但却影响企业的营销。因此,运输企业必须根据外部环境的变化,主动、积极地调整营销战略,以提高企业的适应能力和应变能力。运输企业在营销活动中,不仅要要加强微观环境的分析,更应重视对宏观环境的研究,保持同外部环境的协调适应关系,在实际市场中,只有那些主动适应外部环境的运输企业,才能在竞争激烈的市场中立于不败之地。

二、运输市场宏观环境分析

影响运输市场营销的宏观环境主要包括人口统计环境、经济环境、科学技术环境、政治法律环境、自然环境、社会文化环境、生态与可持续发展环境等方面。

(一)人口统计环境

市场是由有购买欲望和购买能力的人构成的,运输企业市场营销活动的最终对象是运输产品的消费者。人口统计环境对运输市场的影响是整体的和深远的,主要体现在对运输消费需求和消费行为的变化上。在人口统计因素中,应重点关注人口总量及其增长,人口的统计分布积极变化等因素以及这些因素对市场营销的影响。

1.人口总量及其增长

人口总量对运输市场的影响主要在于获取社会生活需要。人口越多,市场对运输产品的需求量也就越大。运输企业开展营销活动,首先就要了解企业运输生产服务区域的人口总量,以便确定企业开展企业市场营销活动的市场潜力和规模,同时还要考虑到人口的增减变化趋势,以预测市场容量。

2.人口的地理分布

人口的地理分布是极不均衡的,即使在一个城市之内也有较大差别。人口的地理分布与运输企业的营销决策密切相关。一方面,人口密度的不同,人口流动量的多少,影响着不同地区运输量的需求的大小;另一方面,人们的消费需要、购买习惯和行为,不同地区也会存在差异,其主要反映在需求的构成上。从我国人口的地理分布看,大致上是沿海多、内地少,长江中下游、华北平原、成都平原一带人口密集,西北地区人口稀少。人口聚居区也正是主要的市场所在地,运输网的布局及发展要与人口分布相适应。

3.人口的构成

人口构成包括自然构成和社会构成,性别结构、年龄结构都属于自然属性;职业构成、民族构成、教育程度等属于社会构成。人口的构成不同,产生了收入、生活方式、价值观念、风俗习惯、社会活动等方面的差异,从而产生不同层次的运输需求和消费行为。

4.人口的流动趋势

随着经济的发展,人们的物质文化生活水平越来越高,生活方式也在发生巨大的变革,远距离的旅行、探亲访友变得更容易,因此,人口的流动趋势也越来越大,也在一定程度上刺激了对运输的消费。人口在地区间的流动,给不同地区的市场营销环境带来不同的影响,必然为运输企业提供新的营销机会。

(二)经济环境

这里的经济环境是指与运输企业市场营销有关的社会经济条件及运行状况。主要包括社会购买力水平、消费者收入与支出状况,消费者的储蓄与信贷。

1.社会购买水平

社会购买水平是指一定时期内由社会各方面用于购买产品的货币支付能力。从营销角度看,运输市场是由有购买运输产品的欲望并具有购买力的人构成的,而且这种人越多,市场规模就越大。因此,社会购买力是运输企业经营的主要环境力量,运输企业的营销活动必然会受到社会购买力发展变化的影响和制约。

社会购买力的大小取决于国民经济的发展水平以及由此决定的国民平均收入水平。经济发展快,人均收入高,社会购买力强,运输企业的营销机会就越大,反之亦然。

社会购买力的实现与国家宏观经济运行状况有着密切的关系。如果国民经济长期处于高速增长期,必然导致各种生产资料需求量的增长,反之则生产资料需求量将减少。社会购买力的实现与国家投资规模等密切相关。运输总需求是由投资总需求和消费总需求构成,在一定时期内投资的增加或减少,会带来运输需求的相应增强或减弱,对运输企业营销产生不同的影响。

2.消费者的收入与支出状况

1)收入

市场消费需求指人们有支付能力的需求。仅有消费欲望是不能创造市场的,只有当消费者既有购买欲望,又有购买能力,才能形成市场。在研究收入对消费需求的影响时,常应用以下概念:

(1)人均国内生产总值,一般指价值形态的人均 GDP。它是一个国家或地区,所有常住单位在一定时期内,按人口平均所生产的全部货物和服务的价值,超过同期投入的全部非固定资产货物和服务价值的差额。国家的 GDP 反映了全国市场的总容量、总规模。人均 GDP 则从整体上影响和决定了消费结构与消费水平。

(2)个人收入,指城乡居民从各种来源得到的收入总和。各地区居民收入总额,可用来衡量当地消费市场的容量,人均收入的多少,反映了购买力水平的高低。

(3)个人可支配收入。从个人收入中,减除缴纳税收和其他经常性转移支出后,所余下的实际收入,即能够作为个人消费或储蓄的数额。

(4)可任意支配收入。在个人支配收入中,有相当一部分要用来维持个人或家庭的生活以及支付必不可少的费用。只有在可支配收入中减去这部分维持生活的必须支出,才是个人可任意支配收入,这是影响消费需求变化的最活跃因素。

2)支出

主要指消费者支出模式和支出结构。收入在很大程度上影响消费者支出模式与消费结构。消费者支出一般包括衣、食、住、行等,各种支出所占比例不同,对运输企业的营销活动有重大影响。

一般来讲,随着家庭收入的增加,用于食物支出的比例呈下降趋势,用于服装、交通、保健、住房、教育、娱乐等方面的支出逐渐增加。恩格尔系数是衡量一个家庭、一个地区乃至一个国家富裕程度的重要指标。恩格尔系数越小,富裕程度就越高。一个国家的居民的消费水平也可用恩格尔系数来衡量。近年来,从整体上看,我国的恩格尔系数有所下降,但是由于我国居民的总体消费水平低下,增长缓慢,所以恩格尔系数居高不下如表4-1所示。

研究表明,消费者支出模式与消费结构,不仅与消费者收入有关,而且受以下因素的影响:(1)家庭生命周期所处的阶段;(2)家庭所在地;(3)城市化水平;(4)商品化水平;(5)劳务社会化水平等。

我国居民消费的恩格尔系数(%)   表4-1

年 份	1957	1965	1978	1981	1984	1994	1996	1997	1998
城镇系数	58.43	—	—	56.66	57.97	50	48.6	46.4	44.5
农村系数	65.8	68.5	67.7	—	59.0	58.8	56.3	55.1	53.4

3)消费者的储蓄与信贷

(1)储蓄。储蓄是指城乡居民将可任意支配收入的一部分储存起来备用。储蓄的形式有多种,可以是银行存款,可以是购买债券,也可以是现金。当收入一定时,储蓄增加,现实购买力和消费支出就少,从而影响企业的销售量;反之,储蓄量减少,现实购买力和消费支出就多。我国人均收入虽然不高,但储蓄率相对来说是很高的(见表4-2),从银行存款余额的增长趋势来看,国内市场规模潜力很大。

(2)信贷。信贷是指金融或商业机构享有一定支付能力的消费者融通资金的行为。主要形式有信用卡结算、分期付款等。消费信贷的规模与期限在一定程度上影响了某一时期的现实购买力的大小,消费信贷高,时间长,现实购买力就大,反之,现实购买力就小。

我国居民年终储蓄存款余额表   表4-2

年 份	城乡居民年终储蓄存款余额(亿元)	平均每人储蓄存款余额(元)
1978	210.6	21.88
1980	399.5	40.47
1985	1622.6	153.29
1990	7034.2	615.24
1995	29662.3	2448.98
1997	46279.8	3762.36

注:资料来源:中国统计年鉴,1998.北京:中国统计出版社,1998.324

(三)科学技术环境

科学技术是第一生产力,也是影响运输企业发展的重要的长远性的环境因素,它不仅直接影响运输企业的市场营销活动,还将与其他影响因素相互作用,给企业营销活动带来有利和不利的影响。随着现代高科技的发展,科学技术在交通工具中的应用更加广泛,任何一项先进的科学技术用于实践,都会给部分企业带来新的营销机会,同时也将给另一部分企业造成环境威胁,带来经营困难。科学技术在运输企业中的应用,既可以提高运输企业的劳动生产率,又能促进运输企业销售手段的现代化,引发营销手段和营销方式的重大变革,提高运输企业的市场营销能力。

信息技术的应用使综合物流在运输中得到迅速发展,更好地满足了货主的要求。以 EDI (电子数据交换)为例,航运企业可以利用 EDI 技术用电子报表代替书面单证,在很大程度上减少了数据重复录入和差错率,实现了运输信息流转过程的自动化和高效化,从而方便快捷地完成国际集装箱运输单证的流转,提高了航运服务质量。

科技进步促进各种运输方式市场竞争激烈,也给运输企业营销提供新的机会。营销管理者必须更多地考虑应用尖端技术,重视软件开发,加强对用户的服务,适应知识经济时代的到来。

(四)政治法律环境

1.政治环境

政治是经济的集中表现。把握政治环境,应注意政治形势大势以及对运输企业的营销活动产生重大影响的政府的方针、政策等。

1)政治形势大势

政治形势大势即是当前国际国内政治形式的态势与走势。国际国内的政治状况直接影响经济、贸易的发展,从而影响运输市场的经营状态。大势分析得准确,才能制定出与政治大势相适应的营销战略。也才能在战略实施中遇到暂时的、偶发的政治波动时不动摇。

2)国家政策

为了保证运输市场的有效运行和运输企业的经济效益不断提高,运输企业应该密切关注国家政策的变化,抓住国家政策的变化带来的有利影响,使之为企业的经营活动服务;同时采取对策来避免或减轻政策的变化带来的不利影响。

(1)人口政策。我国将长期实行计划生育政策,控制人口的增长,从发展的趋势来看,将对我国客运市场需求产生一定的影响。但人口自由流动政策又将给铁路、公路、民航等运输需求带来增长。

(2)经济政策。这里的经济政策是指针对运输领域在某一特定时期的经济状况所采用的政策。它主要有价格政策、货币政策、财政政策、金融政策等。

价格政策主要是指价格水平和主要产品和服务的价格控制与监控政策。国家的价格政策对运输企业的营销活动将产生重要影响。公路、水路运输价格由市场供求关系决定,灵活性较大;铁路运价国家控制较严,灵活性差;民航价格,实行国家定价和浮动价格。运输价格的变化,对运输需求总量和运输需求结构也将产生重大影响。运价上涨,需求将下降,反之需求则上升。同时,一种运输方式比价的变化,也会影响到其他运输方式的运价。

货币政策包括货币供应量政策、存款贷款利息率变动政策等。货币政策发生变化,同样也会影响到运输需求量和运输需求结构的变化。

财政、金融政策等是政府用来实施宏观调控最有效的手段。随着财政、金融体制改革的深化,各项政策措施的相继出台,都会不同程度地影响交通运输企业的市场营销活动。

(3)环保政策。随着人们生活水平的提高,消费观念也在不断发生变化,环保意识得到了很大程度的提高。环境保护是人类进入21世纪的必然选择,国家在环境保护方面也出台了很多相关的政策法规,以实现环境保护的目的。

(4)能源政策。交通运输业是能源的重要消费者,因此,国家的能源政策对运输企业产生了重大影响。国家能源总量、结构、地区分布以及对某些地区能源消耗的限制,都会影响运输企业的发展。

3)法律环境

市场营销的法律环境是指国家或地方颁布的各项对企业的市场营销活动产生重要影响的法规、法令和条例等。法律环境对市场营销需求的形成和实现,具有一定的调节作用。企业研究并熟悉法律环境,既保证自身严格依法管理和经营,也可以运用法律手段保障自身的权益。

(五)自然环境

自然环境是指影响社会生产和企业经营的各种自然因素,主要包括自然地理位置、气候、自然资源分布等。这些因素都对运输业及运输企业的发展产生重要影响,进而影响到运输企业的市场营销活动。

自然地理位置包括地形、山川、河流等因素。运输企业所处的地理位置不同,直接影响到采用的运输方式、运输工具以及运输成本的高低。地理位置优越,经济腹地广阔,将给运输企业带来良好的发展机会。因此,运输企业应全面分析所处位置的各种地理环境因素,为运输决策做准备。

自然气候主要包括温度、降雨、降雪、降雾等情况及其变化。这些因素对各种运输方式的正常运行会产生一定的影响。如在雾很浓的天气,飞机不宜飞行,容易造成事故。因此,运输企业应时刻关注自然气候的变化,并采取相应措施,保证企业的正常运营。

运输企业的运营需要消耗大量的自然资源,如汽油、柴油、煤炭、电能等,这些资源大多为不可再生资源,随着对它们的消耗,将会产生资源短缺,必然导致这些资源价格的上涨,加大运输企业的运输成本,制约运输企业的发展。因此,自然资源的分布状况也是运输企业分析营销环境必须重视的一个重要问题。

(六)社会文化环境

社会文化主要指一个国家、地区的民族特征、价值观念、生活方式、风俗习惯、宗教信仰、伦理道德、教育水平等的总和,它影响人们的购买欲望和水平。

教育程度不仅影响劳动者收入水平,而且影响着消费者对服务的鉴赏力,影响消费者心理、购买欲望和消费结构,从而影响运输企业营销策略的制定和实施。人们的宗教信仰、风俗习惯,生活方式等的不同,同样也在一定程度上影响消费需求和购买行为,影响运输企业的市场营销行为。如我国春节运输往往是旅游消费最旺的时期,人们探亲访友,学生寒假放假都给客运市场带来运营的高峰期。人们的价值观念、生活方式、文化层次等的不同,选择的交通工具就不同,从而都会在一定程度上影响运输方式结构,进而影响运输企业的市场营销行为。

(七)生态与可持续发展环境

现在,基于人口、自然资源与生态环境的可持续发展问题已经成为人类面临的最严峻的挑战,企业在营销理念中加进企业的社会责任内容方面做的还不够,大多数是出于被动,才不得不转变营销理念,企业应该将人类面临的可持续发展的挑战作为人类最大的需要,作为企业发现的最大的能够为人类提供满足的商业机会。

运输企业也同样如此,随着社会对可持续发展问题的重视,将会给那些能较好的促进可持续发展的运输方式提供良好的发展市场和机会,这就要求运输企业在服务营销过程中特别注意要充分考虑到生态保护问题,并将生态意识贯穿于生产、营销和服务的全过程,在可持续发展方面较之竞争者更能得到顾客和公众的拥护,从而建立自己的竞争优势。

三、运输市场微观环境分析

运输企业的营销管理者不仅要重视宏观环境的变化对企业的影响,也要了解企业营销活动的微观环境因素。运输市场的微观环境即运输企业的内部环境,主要包括以下几个方面的内容(见图4-2):其中供应商—运输企业—营销中介—旅客和货主构成了运输企业的核心营销系统,而竞争者和社会公众这两大群体对运输企业满足目标顾客的需要而获得利润这个目标的实现也有重大影响。

(一)运输企业

运输企业自身的条件直接影响企业的营销活动,主要包括运营基础设施和运输企业内部的经营管理条件等。

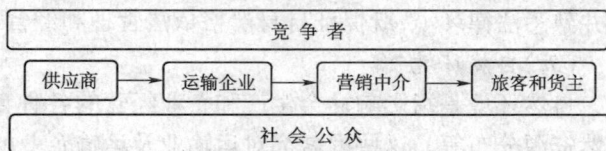

图4-2 运输市场营销的微观环境因素

1.运营基础设施

良好的基础设施是保证运输企业正常运营的重要条件,也直接影响到企业市场营销的效率和效益。运输方式不同,对基础设施的要求也不一样。

铁路是各种运输方式中的龙头老大,我国铁路发展的现状是车站多、运距小、速度慢,在今后的发展中,应重视列车速度的提高和安全保障系统的健全。速度的提高在一定程度上必然带来安全事故的增多,这就要求基础设施的建设要加强,主要包括铁路路网的布局要严密、营业里程要加长,车站的规模要扩大,牵引方式先进化,通信信号设备要运用高科技等。

公路基础设施主要包括公路网布局、公路质量、各等级公路的里程及比例,主要附属设施如停车场、维修网、加油站的数量、分布及服务质量等。公路基础设施的改善能为运输公司提供良好的运营环境,还可以有利于企业的市场营销。近年来,由于"九五"、"十五"计划、西部大开发的实施,国家对公路运输的发展极为重视,投入了大量资金进行公路运输的基础设施建设,为我国公路运输打下了良好的基础。

水路运输受到快速发展的其他运输方式(尤其是公路运输的发展)的冲击,发展速度曾一度下降严重,但由于其本身具有的不可替代的优势,如占地少、污染小、能耗小、运量大、有利于社会的可持续发展等,开始受到重视。目前,各地都在投入资金进行航道的疏通、港口基础设施及装卸设备的改善。水运基础设施的改善,将为水运企业的发展创造良好的条件。

航空运输的基础设施主要包括机场、通信、导航、航线等。航空运输的特点决定了对基础设施的要求很高,它需要非常发达的通信技术,来保证每次飞行的安全。目前,我国已经形成了以北京为中心,连接国内主要大中城市和重点旅游区的空中运输网。

2.运输企业内部经营管理

运输企业的市场营销由营销部门负责,该部门由营销经理、营销研究人员和促销人员等组成。营销部门负责为营销服务制定并实行营销计划。运输企业的营销部门在制定营销计划时,必须考虑到与企业其他部门如最高管理层、财务部门、人事部门、会计部门、营业部门等的协调,所有这些部门构成了运输企业内部的微观环境(如图4-3)。

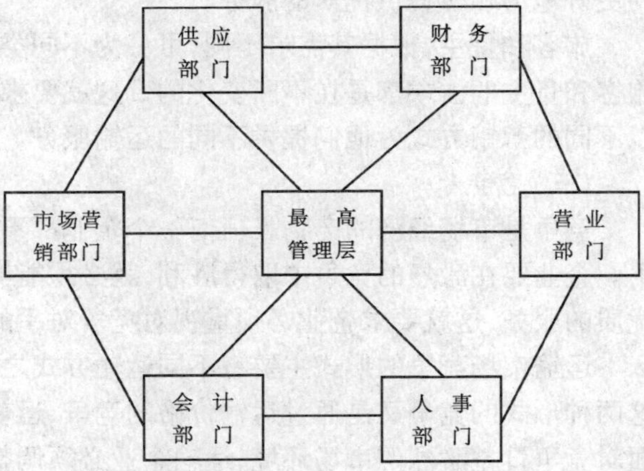

运输企业的最高管理层由总经理、董事会组成,他们负责企业目标、总战略及政策的制定。营销经理只能在最高管理层所规定的范围内进行决策,而且制定的营销计划必须得到最高管理层的同意之后才能在实践中实施。营销管理部门与企业其他业务部门配合的状况都直接影响企业营销活动的顺利进行。营销经理为保证营销活动的协调一致,必须做到:在以顾客需求为导向的营销理念基础上,协调整个企业的全部营销活动;与主管财务、生产等的经理们协调部门之间的活动及关系。

图 4-3 运输企业内部的微观环境

(二)供应商

运输企业所需的人员、生产资料、资金等资源的供应,是其正常运营的保障。因此,向运输企业提供这些资源的供应商,也是其微观环境的重要组成部分。

1. 人才

进入 21 世纪,企业的竞争已转向知识和科技的竞争,从根本上讲也就是人才的竞争。大凡一个兴旺发达、蒸蒸日上的企业,最显著的标志是对人才的吸引力和人才的聚集程度。运输企业必须建立完善的人才引进、培训、激励机制,并对传统的薪资制度进行改革,使员工的薪资与他们的工作业绩挂钩,激励员工的工作热情,为企业的发展储备人才。

2. 生产资料

运输企业的生产资料是指保证运输服务所需的原材料、机械设备、通信设备、燃油等。供应商提供的这些生产资料的数量、质量、价格等都直接影响到运输企业的运输成本,进而影响到运输产品的质量、价格、销售和利润。如何在动态变化的市场中与供应商建立密切、稳定、高效的合作关系,对运输企业营销目标的实现有重大影响。

3. 资金

运输业是典型的资金密集型行业,资金是运输企业发展的保证。仅靠国家拨款是不够的,运输企业必须依靠自己的力量,增强企业实力,树立良好的企业形象,多方面、多渠道的收集资金,保证资金的正常供应。

(三)营销中介

营销中介是指协助运输企业促销或分销运输产品给最终消费者的机构或个人,主要包括运输代理公司、营销服务机构等。营销中介能为运输企业提供货源或客源,拓宽销售渠道,分销产品,提供市场调研,以及进行运输产品的广告宣传,塑造企业形象等,从而提高企业的营销水平。

(四)旅客和货主

旅客和货主是运输企业服务的对象,它既是企业营销活动的出发点,也是企业营销的最终点。运输企业必须坚持"顾客至上"、"用户第一"的现代营销观念,识别市场上顾客的特征,以便更好地为顾客提供优质的服务。

旅客和货主,根据其需求不同,可分为不同类型、不同层次的消费群体,而且在任何时候,旅客和货主的需求都是在不断变化的。这就要求运输企业要充分了解这些消费群体的特征,以不同的营销方式为他们提供不同的运输服务。

(五)竞争者

竞争是市场经济的产物。任何一个企业都不可能独占市场,都会面对形形色色的竞争对手。企业要在激烈的竞争中取得胜利,就必须能够向顾客提供比其竞争对手更好的产品或更优质的服务,这就要求企业必须重视对竞争对手的分析和研究。

运输市场竞争的形式主要有不同运输方式之间的竞争和同种运输方式内部的竞争两种,这两种形式的竞争又是通过运输价格的竞争、运输速度的竞争以及运输服务的竞争来实现的。面对竞争日益激烈的市场环境,运输企业必须调整自己的营销组合策略,了解和掌握不同时期竞争对手的营销目标、策略和手段,分析竞争对手的优劣势,做到"知己知彼",扬长避短,才能在竞争中立于不败之地。

(六)社会公众

社会公众是指与企业实现营销目标的能力有实际或潜在利害关系和影响力的社会团体或个人。企业面对的广大公众的态度,会协助或妨碍企业营销活动的正常开展。现代运输企业是一个开放的系统,它在营销活动中必然和各方面发生联系,必须处理好与各方面公众的关系。运输企业面临的社会公众主要有下面几种:

1.融资公众

融资公众是指影响运输企业融资能力的金融机构,如银行、投资公司、保险公司、证券公司等。运输企业可以通过公布财务报表、回答关于财务问题的询问,谨慎地运用资金等方式在融资公众中树立良好的信誉,以保证资金的正常供应。

2.政府公众

政府公众是指与运输企业有直接关系的上级主管部门和对企业的经营行为有监督、指挥、制约功能的一些政府部门,如财政、税收、商检、海关等。企业必须妥善地处理好与这些机构的关系,其发展战略和营销计划和这些部门的有关政策保持一致,才能顺利地开展业务活动。

3.媒介公众

媒介公众是指报社、杂志社、广播电台和电视台等从事信息传递工作的大众传播媒体。运输企业的营销活动关系到社会各方面的切身利益,必须密切注意来自社会公众的批评和意见。

4.社区公众

社区公众是指企业所在地邻近的居民和社区组织。运输企业的营销活动必然要和这些公众发生联系,甚至有可能与它们发生冲突。企业必须重视保持与社区公众的良好关系,积极支持社区的活动,为社区的发展贡献力量,争取社区公众理解和支持企业的营销活动。

5.内部公众

内部公众是指企业内部的所有员工,包括高层管理人员和一般职工。运输企业的营销计划,需要全体职工的充分理解、支持和参与。运输企业要加强内部凝聚力教育,充分调动职工的创造性和积极性,不断完善和健全激励机制,使职工树立主人翁责任感,把企业当自己的家。只有这样才能使企业始终充满生机和活力,在竞争中发展壮大。

6.一般公众

一般公众是指除上述各种关系公众之外的社会公众。一般公众虽未有组织地对企业采取行动,但企业形象会受到它们的惠顾。

第三节　货主与旅客消费行为分析

货主与旅客消费行为是货主与旅客实现其需求的必然过程,是从个体角度了解运输需求的发生和变化情况。货主和旅客消费行为分析主要包括货主与旅客消费行为模式、影响消费者购买的主要因素以及消费者购买决策过程。

一、货主与旅客消费行为模式分析

货主与旅客是运输需求的主体。货主与旅客消费行为表现为以自身的运输需求得到最理想的满足为原则而进行的一个从认识、评价、决策到实施等一系列的活动过程。

(一)消费者行为要研究的问题

消费者行为研究要解决的根本问题是"消费者是如何进行购买决策的?"如果我们能够掌握消费者的决策过程及其影响因素,便可以设法通过影响和控制这些因素来影响消费的购买行为,从而达到提高营销效率的目的。

消费者市场是指个人或家庭为了生活消费而购买产品或服务的市场。消费者市场涉及的内容很多,市场营销学家归纳出了以下 7 个主要问题:

消费者市场由谁构成?（Who）　　　　　　　　　购买者（Occupants）

消费者市场购买什么？（What）	购买对象（Objects）
消费者市场为什么购买？（Why）	购买目的（Objectives）
消费者市场的购买活动由谁参与？（Who）	购买组织（Organizations）
消费者市场怎样购买？（How）	购买方式（Operations）
消费者市场何时购买？（When）	购买时间（Occasions）
消费者市场在何地购买？（Where）	购买地点（Outlets）

由于这些问题的英文的开头字母都是 O，所以称为"7O"研究法。

(二)货主与旅客消费行为模式

研究消费者购买行为的理论中最有代表性的是刺激—反映模式，如图 4-4 所示。

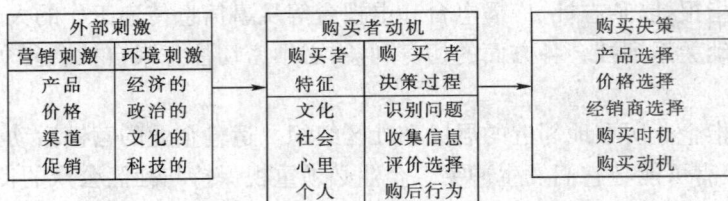

外部刺激		购买者动机		购买决策
营销刺激	环境刺激	购买者特征	购买者决策过程	产品选择
产品	经济的	文化	识别问题	价格选择
价格	政治的	社会	收集信息	经销商选择
渠道	文化的	心里	评价选择	购买时机
促销	科技的	个人	购后行为	购买动机

图 4-4　运输消费者购买行为模式

货主与旅客由于受到各种刺激，产生购买动机，最终发生购买行为。运用这一模式分析运输消费者的购买行为，关键是运输企业要认真调查消费者对本企业策划的营销策略和手段的反应，了解各类运输消费者对不同运输形式的产品、服务、价格、促销方式的真实反应，恰当运用"市场营销刺激"诱导运输消费者的购买行为，从而使企业在竞争中处于有利地位。

二、影响消费者购买的主要因素

消费者生活在复杂多变的社会环境中，其购买行为也将受到各种因素的影响和制约。要及时掌握消费者的购买行为，并展开有效的市场营销活动，就必须对各种影响消费者购买行为的因素进行分析。

影响消费者购买行为的因素主要有个人因素、心理因素、社会因素和文化因素。从影响的直接性来看，前面因素的直接性比后面因素的强；从识别性来看，前面因素比后面因素易于识别(图 4-5)。

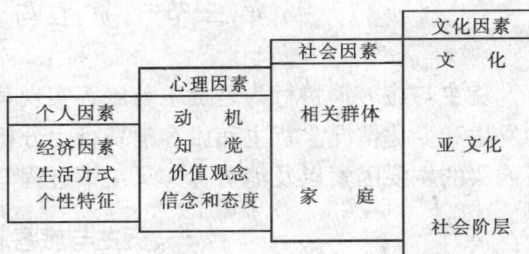

文化因素		
社会因素	文化	
心理因素	相关群体	亚文化
个人因素 动机		
经济因素 知觉		
生活方式 价值观念	家庭	社会阶层
个性特征 信念和态度		

直接　　影响消费者购买决策的直接性　　间接
易识别　　对市场营销者而言的识别性　　难识别

图 4-5　影响消费者购买的因素

(一)个人因素

个人因素是影响购买决策的最直接，最易识别的因素。主要包括消费者的经济条件、生活方式以及个性特征等。

1.经济因素

经济因素是指消费者可支配收入、储蓄、资产、债务、借贷的能力以及对待消费与储蓄的态度等。经济因素是决定购买行为是否发生及其发生规模的首要因素。因此运输企业在开展市场营销活动时，应密切注意居民的收入、支出、储蓄和借贷等方面的变化。

2.生活方式

生活方式是指人们在活动、兴趣和见解上表现出来的生活模式。生活方式不同会造成人

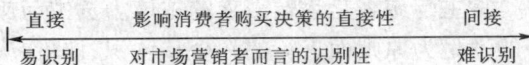

们对产品和服务的需求不同。市场营销者应能根据本企业营销的特点和营销的战略进行生活方式的划分,以便有针对性地开展营销活动,提高营销服务水平。

3.个性特征

个性是指一个人的心理特征。个性导致对自身所处环境相对一致和连续不断的反应。一个人的个性影响着消费需求和对市场营销因素的反应。

(二)心理因素

消费者的购买行为受到动机、知觉、学习、价值观念、信念和态度等心理因素的影响。

1.动机

任何一种经济活动的发生,都是由人的需求和欲望支配的。消费者的需求多种多样,只有那些未得到满足的需求和欲望才会使人们产生购买动机。动机是发生购买行为的直接和内在原因。消费者受其教育程度、消费水平、收入等的限制,其购买动机也是不一样的。运输企业应根据不同的购买动机,采取相应的营销对策,提高企业的营销水平。运输企业消费者的购买动机主要有求实购买动机(消费者注重的是产品的实际使用价值)、求廉购买动机(注重产品的价格)、求名购买动机(注重运输产品的品牌)、求新购买动机(追求新的运输产品)、安全购买动机(追求运输产品的安全性)、从众购买动机(一种随大流的消费心理)、习惯购买动机(消费者的消费习惯比较固定)、好奇购买动机(追求产品与众不同)。充分了解运输消费者的购买动机,对运输企业分析、确定运输目标市场,制定营销战略,具有深刻的指导意义。

2.知觉

知觉是指个人选择、组织并解释信息的投入,以便创造一个有意义的外界事物图像的过程。不同的人会对同一刺激物产生不同的知觉,是因为知觉要经历3种过程,即选择性注意、选择性扭曲和选择性保留。

(1)选择性注意　人们每天都会接触到很多信息,只有那些对自己有意义或与其他信息有明显区别的信息才容易被他们重视并接受。例如,一个决定选择公路运输货物的客户会特别留意有关公路运输方面的信息。

(2)选择性扭曲　选择性扭曲是指人们将得到的信息加以扭曲使之符合自己的认识,然后接受。由于存在选择性扭曲,消费者所接受的信息不一定与信息的本来面貌相一致。比如,一个经常选择铁路方式旅行的人,当别人向他介绍其他运输工具时,他总会设法挑出毛病,以维持自己固有的认识和习惯。

(3)选择性保留　选择性保留是指人们容易记住并接受符合自己的态度和信念的信息,而忘记那些与自己态度和信念不一致的信息。

3.价值观念

由于个人所处的环境和生活经历不同,会造成人们价值观念的差别。价值观念对消费者行为有很大影响。具有相同或相似观念的消费者对价格和其他营销刺激因素往往会有相同或相似的反应。价值观与人们的消费模式存在一定的对应关系。比如,环保意识较强的消费者只会购买绿色产品和绿色服务。同时价值观念还影响消费者观看电视节目和阅读报纸、杂志的习惯,这些都可能影响企业营销信息的传播。

4.信念和态度

(1)信念　信念是指一个人对某些事物所持有的描述性思想。例如,某顾客可能认为某运输公司信誉卓著,服务热情周到。顾客的信念决定了企业和产品在顾客心目中的形象,决定顾客的购买行为。营销人员应当高度重视顾客对本企业的信念,如果发现顾客的信念是错误的并阻碍了其购买行为,就应采用有效的促销活动来纠正顾客的错误信念以促进产品或服务的销售。

(2)态度 态度是指人们对某一客观事物所持的好或坏的评价与行为倾向。态度具有 3 个特点:第一,态度具有统合性。它是认知、情感、意向等心理过程的统合。第二,态度具有媒介性。它是心理活动与外部表现的中介,是潜在的行为。第三,态度具有压力,具有导向某一行动的倾向。

态度是后天学习所得的。当一个产品或服务满足了顾客的需要,对这一产品或服务的积极态度就加强。反之则产生消极态度。这时,市场营销者就要设法改变消费者的态度。由于人们的态度呈现为稳定一致的模式,所以改变一种态度是比较困难的。企业最好使自己的产品、服务、营销策略符合消费者的既有态度,而不是试图去改变。只有在改变一种态度能带来的利润大于为此耗费的成本时,才值得尝试。

(三)社会因素

影响消费者购买行为的社会因素主要有消费者相关群体、家庭、身份和地位等。

1.相关群体

消费者的相关群体是指直接或间接影响消费者购买行为的个人或集体。相关群体对消费行为的影响主要表现在 3 个方面:第一,示范性。即相关群体的消费行为和生活方式为消费者提供了可供选择的模式;第二,仿效性。即相关群体的消费行为引起人们仿效的欲望,影响人们的产品和服务选择;第三,一致性。即由于相关群体之间的消费行为的仿效,导致消费行为趋于一致。

根据相关群体对消费者的购买行为是否发生直接影响,相关群体可以分为直接相关群体和间接相关群体。直接相关群体是指与消费者经常见面的群体,它又可分为主要相关群体(Primary membership group)和次要相关群体(Secondary membership group)。间接相关群体主要包括渴望相关群体和离异相关群体。渴望相关群体是指消费者可望成为其中的一员的群体,离异相关群体则是指消费者希望避而远之的群体如图 4-6 所示。

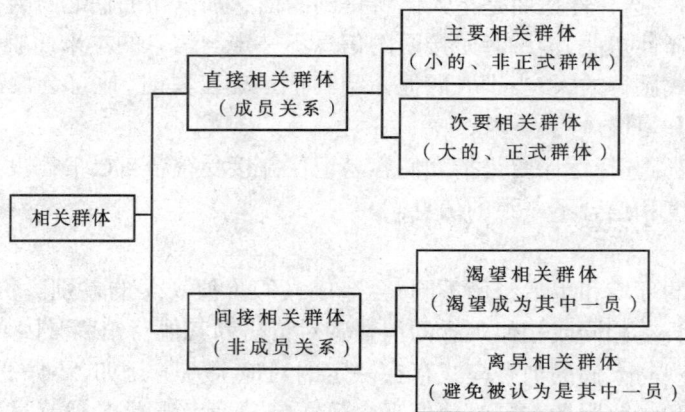

图 4-6 相关群体的主要类型

2.家庭

家庭是最主要的相关群体。消费者以个人或家庭为单位购买产品或服务,一个家庭的经济大权由谁掌握,在一定程度上影响着消费者的购买行为。社会学家根据家庭权威中心点不同,将所有家庭分为四种类型:各自做主型(家庭各成员享有独自决定自己的购买决策权,不受

92

其他人的干涉);妻子支配型(家庭收入由妻子掌管,购买决策权也由妻子掌握);丈夫支配型(家庭购买决策权由丈夫掌握);共同支配型(家庭内的大部分购买决策权都是由家庭所有成员经过商议后才做出决定的)。企业营销人员在进行营销策划和营销活动的时候,应该充分考虑到这些情况,以确定营销重心。

(四)文化因素

1.文化

文化是指人类从生活实践中建立起来的价值观念、道德、理想等。文化是决定人类欲望和行为的基本因素,文化背景不同的人们,其消费观念和消费行为也有很大的差别。

2.亚文化

每一个国家的文化中又包含若干不同的亚文化群,主要有民族亚文化群、种族亚文化群、宗教亚文化群和地理亚文化群等。人们所处的亚文化群也会影响其对运输的需求及运输方式的选择。

3.社会阶层

社会阶层是社会学家根据人们的职业、收入来源、价值观、教育水平和居住区域的不同而进行的一种社会分类,是按层次排列的、具有同性质和持久性的社会群体。社会阶层具有以下几个特点:(1)相同社会阶层的人们具有更为相似的消费行为。(2)人们以所处的阶层来判断自己的社会地位。(3)一个人所处的社会阶层是由他的职业、教育程度、收入水平、价值观以及居住地来决定的。(4)一个人的社会阶层归属是可以通过他自己的努力来改变的。改变的幅度随各社会层次森严程度的不同而不同。正因为社会阶层具有这样的特点,因此,市场营销者可以通过对社会阶层的识别来进行市场细分,从中选择目标市场,并进行适当的市场营销策略安排。

三、货主与旅客购买决策过程

通过对货主与旅客的购买决策过程进行分析,运输企业便可以针对各个程序中运输消费者的心理和行为,有的放矢地制定营销策略。

西方营销学者对消费者购买决策的一般过程进行了深入地研究,提出若干模式,采用较多的是五阶段模式。对运输消费者而言,购买决策的五阶段模式为:确认运输需求、搜集信息、评价选择、购买决策和购后行为。其过程如图 4-7 所示。模式表明,货主与旅客的购买过程早就在实际购买之前就已经开始了,并延伸到实际购买以后,这就要求营销人员注意购买过程的各个阶段而不能只注重营销。在实际操作中,并不是每次购买行为的发生都要经历这 5 个阶段,对某些产品的购买过程,消费者可以跳过其中的某个阶段或倒置某个阶段。

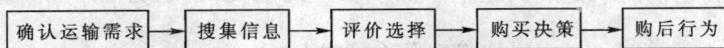

确认运输需求 → 搜集信息 → 评价选择 → 购买决策 → 购后行为

图 4-7　货主与旅客购买决策过程五阶段模式

1.确认运输需求

确认运输需求是货主与旅客进行购买决策的起点。在任何一次购买行为发生之前,货主与旅客都必须充分了解自己的运输需求。对货主来说,主要了解要运送的货物的种类、运输的距离、对运输条件的要求、时效性要求、运输费用的多少等。对旅客来说,主要了解自己出行的目的、距离、时间要求、安全性要求、身体的适应能力、对运输的支付能力等。

在货主与旅客确认运输需求这一阶段,市场营销者要加强对消费者的刺激,以激起消费者的购买动机和欲望。

2.搜集信息

在了解自己的运输需求之后,货主与旅客还要广泛搜集市场信息,充分的市场信息可以避免决策的失误,减少购买风险。对货主和旅客来说,需要搜集的信息主要有现有的运输方式及其各自的优缺点、运费水平、服务质量、班次频率等。总之,只要是有助于他们做出正确的购买决策的信息,都属于应搜集的范围。信息来源主要有4个方面:(1)经验来源。通过直接使用产品或享受服务得到的信息。(2)公共来源。通过社会公众传的信息。(3)个人来源。是指家庭成员、朋友、同事、邻居和其他熟人提供的信息。(4)商业来源。通过企业的营销活动提供的信息。

这一阶段,运输企业营销的关键是要掌握消费者在搜集信息时会求助于哪些信息源,并通过这些信息源向消费者施加影响力。

3.评价选择

一般情况下,无论是货运消费者还是客运消费者,都会面临多种选择方案。如,运输方式的选择、运输企业的选择。这就要求消费者根据自己的消费需求以及自己所掌握的各种有关信息,对各种备选方案做出综合评价,根据评价结果做出最后的选择。

在这个过程中,消费者常常要综合考虑多种因素。因此,企业如果能够了解消费者的评价标准和评价过程中考虑的因素,通过营销手段强化消费者看重的因素,弱化次要因素和消极因素,就可能比竞争对手更能获得消费者的青睐。

4.购买决策

货主与旅客在对备选方案进行评价之后,根据自己选定的产品或服务,进行购买。但是,有时也会因为受到他人的态度和意外因素的影响,而导致购买行为失败。

5.购后行为

购后行为是购买决策的最后阶段。货主与旅客通过此次发生的运输活动,可以检验自己购买决策的正确性,确认满意程度,以便为以后类似的购买活动积累经验。

第四节　运输市场需求分析预测

一、运输需求的概念

运输需求是指在一定时期内,在不同的价格水平下运输消费者愿意并能够购买的运输产品或服务的数量。运输需求是购买运输产品或服务的前提,也是运输市场存在的必要条件。

二、运输需求分析

分析运输需求是进行预测的前提和基础。

(一)运输需求的特征分析

相比其他商品的需求,运输需求具有下面几个方面的主要特征:

1.非物质性和无形性

与人们对其他商品的需求相比所不同的是,运输需求中消费者支付货币后,实际消费的并不是有形的物质产品,而是实现无形的非物质性的空间转移。

2.广泛性

运输需求是现代社会、经济、文化等各方面最基本的需求之一,因为现代人类生产和生活都离不开物和人的空间移动,除了少部分的人和企业能自行实现空间的移动外,绝大多数的运输需求都是由运输企业提供的。

3.多样性

运输需求的种类从大体上说有货运需求和客运需求两种。在货运需求中,不同的货物又对应着不同的运输需求,如普通货物运输需求、特殊货物运输需求。同样的特殊货物中,又有阔大货物、危险货物、易腐货物的运输需求之分。在客运需求中,由于旅客的出行目的、身份地位、年龄、收入水平的不同也会形成不同的运输需求,如学生运输需求、旅游运输需求、通勤运输需求、民工运输需求等。不同的运输工具也对应着不同的运输需求,如铁路、公路、水运、航空、管道运输需求。

4.同一性

运输需求的同一性是指无论是哪种运输方式或运输目的,所有的需求都是运输对象的位移。

5.派生性

需求从产生的角度来分析,可分为本源性需求和派生性需求两大类。对于运输需求,无论是货运还是客运,购买运输产品或乘坐运输工具都只是一个中间环节,而不是最终目的。因此运输需求的产生始终是被动的,如果没有与运输需求相关的本源性需求产生,就不会产生运输需求。运输需求的变化也是被动的,当与运输需求相关的本源性需求因各种因素发生变化时,运输需求也随之变化。因此运输需求属于派生需求的范畴。

当然运输需求的派生性也是相对的,如果人们单纯是为了领略一下坐火车、汽车、飞机、轮船的感受而去乘坐这些交通工具,那么这些运输需求在一定意义上可以看作是本源性需求。但在现实生活中,这些情况都是极少出现的。

6.可替代性

由于运输需求的产生本身就是为了实现货物或旅客的空间位移,这就决定了不同运输需求在一定范围内是可以相互替代的。这种可替代性不仅表现为不同运输方式之间的替代,还表现为同种运输方式之间不同运输企业的替代。运输需求的可替代性就决定了运输市场必然存在激烈的竞争,这种竞争主要体现在各种运输方式和运输企业之间的竞争。因此,运输企业必须不断提高运输服务质量,改进运输产品形式,进行有效的市场营销,形成新的运输产品差别,刺激新的运输需求,提高企业的市场占有率。

7.不平衡性

运输需求的不平衡性主要体现在一定的时期内运输需求的时间分布和空间分布是不均衡的。运输需求的不平衡性归根究底是由货主或旅客最终需求的季节性引起的。宏观经济的周期性波动也会使运输需求呈现相应的不平衡,因此,正确认识运输需求的不平衡性,对分析和预测运输需求的变化有十分重要的意义。

(二)运输需求的影响因素分析

根据运输企业服务对象的不同,运输需求可以分为货运需求和客运需求。无论是货运需求还是客运需求在其产生和变化的过程中,都要受到各种因素的影响。充分了解这些影响因素,对于把握运输需求的变化,意义重大。

1. 货运需求的影响因素分析

(1)经济发展水平和国家的宏观经济政策　货运需求的大小取决于国经济的发展水平以及国家的宏观经济政策。

当经济高速增长时,物质生产部门的产品数量也相应呈现增长的趋势,商品流通范围扩大,就会对货运产生强烈的需求,货运市场则出现发展、繁荣的景象。反之,经济发展缓慢,商品流通范围缩小,货运市场出现萧条和不景气。

同时国家的宏观经济政策对短期内的货运需求也有明显的影响。如果国家的经济政策有利于经济的快速发展,则投资规模迅速扩大,能源、原材料需求增加,商品流通活跃,市场繁荣,对货运的需求就会急剧增加;相反,如果国家的经济政策不利于甚至阻碍经济的发展,则货运需求将明显减少。

(2)生产力布局　生产力布局对货运需求的影响主要表现在货物的流向、流距和流量上。生产力布局对货运需求的影响在较长时间内才能反应出来。如旧矿区的衰竭,新矿区的开发,新的生产加工、流通中心的建立,物流中心、物流园区的形成等都会使货运需求发生变化。

(3)产业结构及其变化　产业结构是指不同产业(如农业、工业等)在整个国民经济中的比例关系。不同的产业结构会引起不同的产品结构,也即不同的货物结构。货物结构的变化,就会引起各种货物对运输需求的变化,从而产生货运需求的变化。

(4)货物的运价水平　货物运价的变化是引起货运需求变化的最直接原因。一般情况下,运价上升,货主支付运费的能力就小,货运需求就少;运价下跌,货主支付运费的能力就大,货运需求也就相应增加。

(5)运输方式之间的替代因素　通常情况下,运输方式之间的可替代性并不会引起整个社会货运需求总量的变化,而只是使不同运输方式之间的货运需求发生转移。这就要求运输企业在分析市场需求时,要考虑自身的市场竞争能力和其他运输企业的分担能力,才能提高自身的竞争力。

(6)交通运输业的发展状况　交通运输业的发展对运输需求的影响表现在刺激需求和抑制需求两方面。如果交通运输业发展迅速,则使许多潜在的货运需求成为现实需求,如果交通运输业发展滞后,则对货运需求将产生抑制作用。

2. 客运需求的影响因素分析

(1)经济发展水平　旅客运输需求中的很大一部分是属于生产性客运需求,如参加会议、洽谈业务、出外学习等产生的出行要求。一般经济发展水平高的国家或地区,其客运需求水平也高,而且,经济发展快的时期,客运需求也增加较快。经济发展水平还通过影响人们的收入水平和消费观念来影响客运需求。

(2)人口数量及结构　人口数量和结构的变化必然会引起客运需求的变化。人口密集的国家和地区,客运需求就高,相反,人口稀少的国家和地区,其客运需求也相应少。人口的结构及其变化对客运需求也产生重要的影响。

(3)客运运价水平　客运运价水平对客运需求的影响和货物运价水平对货运需求的影响基本相似。客运运价水平的高低直接影响到旅客支付能力的大小,从而引起客运需求量的降低或增加。而且每个运输企业的定价也会影响其市场占有份额。一旦某个企业的运价提高,其市场占有额就可能向未提价的企业转移。

(4)人们的收入水平　生活性客运需求在整个客运需求中占很大比重,如探亲、访友、旅游等产生的客运需求。人们的收入水平增加,则探亲、访友、旅游等成为现实的可能性就会增加,

96

因而对运输的需求就增加。

(5)旅游业的发展　随着人们生活水平的提高,越来越多的人们开始重视旅游。旅游运输需求比普通运输需求更具潜力。因此,在分析客运需求的发展变化时,要特别重视发展旅游业,以提高旅游客运需求的份额。

(6)运输方式的替代性　和货运需求一样,客运需求也存在运输方式、运输企业之间的替代性。因此一种运输方式或某个运输企业在分析运输需求时,不能只从本身出发来分析,还要考虑到其他运输方式、运输企业对自己的需求的替代程度的大小。

无论是货运需求还是客运需求,其影响因素都十分复杂,而且各种因素的影响程度、影响时间的长短都不尽相同。因此,在实际分析过程中,必须结合一个地区在一定时期内的实际情况,分析各种可能的影响因素,尽可能准确的分析出本地区的运输需求。

(三)运输需求弹性分析

1.运输需求弹性的概念

运输需求弹性是指在影响运输需求的因素发生一定范围的变化后,运输需求对其反应的灵敏程度。这种灵敏程度用运输需求弹性系数大小来衡量。运输需求弹性分为运输需求的价格弹性、收入弹性和对经济发展水平的弹性等,由于运价是影响运输需求的最主要因素,因此,下面将专门对需求的价格弹性做出分析。其他需求弹性的计算和分析方法和价格需求弹性基本相同。

需求的价格弹性是用来衡量价格变动的比率所引起的需求量变动的比率,即需求量变动对价格变动的反应程度,需求量变动的比率与价格变动的比率的比值就是需求弹性的弹性系数。可用公式表示为:

$$E_d = \frac{\Delta q}{q} \bigg/ \frac{\Delta p}{p} = \frac{\Delta q}{q} \bigg/ \frac{q}{p} = \frac{\Delta q \cdot p}{\Delta p \cdot q}$$

式中: E_d——需求弹性系数;

　　q——运输需求量;

　　Δq——运输需求量的变化值;

　　p——运价;

　　Δp——运价的变化值。

由于价格与运输需求量呈反方向变动,所以运输需求价格弹性的弹性系数为负值。实际运用中,一般用绝对值表示。

弹性系数的大小可能出现 5 种情况:

(1) $E_d = 0$,完全无弹性,需求曲线是一条与纵坐标轴(价格)平行的直线。

(2) $E_d = 1$,单位需求弹性,运输需求量与价格同幅度增长,总收入保持不变。

(3) $E_d = \infty$,完全有弹性,需求曲线是一条与横坐标轴(需求量)平行的曲线。

(4) $1 > E_d > 0$,需求缺乏弹性,运输需求量增长比例较小,意味着运价一定幅度的上升或下降,引起运输需求以较小的幅度下降或上升,如图 4-8a)所示。

(5) $E_d > 1$。需求富有弹性,运输需求量增长比例较大,意味着运价的一定幅度的上升或下降,引起运输需求以更大的幅度下降或上升,如图 4-8b)所示。

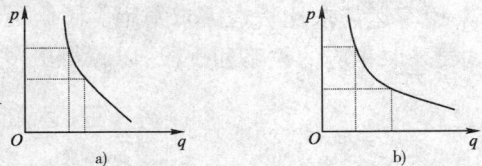

图 4-8　运输需求弹性分析

a) $1 > E_d > 0$;b) $E_d > 1$

由上图可以看出,运输需求的价格弹性系数大于1的数值越多,说明运价对运输需求的影响程度越大;反之,运输需求的价格弹性系数小于1的数值越多,说明运价对运输需求的影响程度越小。

严格地说,前面3种情况都是一种理论上的假定,在现实生活中,运输需求的弹性都是属于后面两种情况。

2.影响运输需求价格弹性的因素

不同的运输需求之所以对运价的反应灵敏度不同是由其本身的性质和特点决定的。

1)影响货运需求价格弹性的因素

(1)运输需求的可替代性程度　在交通日益发达的今天,各个地区通常都有好几种运输方式可供选择,就是同一种运输方式也有多个运输企业相互竞争,这就增加了运输消费者的选择机会。一旦某种运输方式或某个运输企业的运输价格上涨,则其运输需求就会向其他未提价的运输方式或运输企业转移,否则,运输需求的弹性就会较小。

(2)运输的时效性　一般情况下,时效性强的货物,其运输需求的价格弹性就较小;反之,时效性弱的货物的运输需求的价格弹性一般较大。

(3)运输费用在产品总成本中所占的比重　如果货物的价值高,运费在产品总成本总的比重相应较低,则这种货运需求的价格弹性就较小。因为运价的上涨或下跌对这种产品的市场竞争能力不会产生较大的影响。相反,如果货物的价值低,运费在其总成本中占的比重相应较大,这类货物需求的价格弹性就较大。

2)影响客运需求价格弹性的因素

和货运需求的价格弹性一样,客运需求的价格弹性也受需求的可替代性程度和运输的时效性的影响。除此之外,客运需求的价格弹性的大小还取决于出行的必要程度以及人们的收入水平等。如人们为了出差、参加会议、上学、打工、探亲等产生的出行的必须程度较高,运价的变化对这部分运输需求的影响较小。为了旅游、娱乐等产生的运输需求的必须程度较低,因而运价的变化对它们的需求的影响较大。从人们的收入水平来看,运价的变化对收入高的运输需求者的影响较小,对低收入的运输需求者的影响较大。

(四)运输需求变动的一般规律

运输需求受多种因素的影响而不断变化,从总体上来说,运输需求的变动呈现一定的规律。

1.运输需求的波动呈上升趋势

随着社会经济的发展,作为社会经济发展派生的运输需求也必然不断提高。运输需求的上升并不是直线进行的,而是呈现出波动性。其具体表现为一年之内的不同季节、不同月份,一月之内的不同周、日,甚至不同年份之间等,运输需求量的分布是不均衡的。

2.运输需求的波动增长呈现差别

由于不同的运输需求具有不同的需求弹性,因此各种运输需求的波动的程度是不一样的。一般来说客运需求比货运需求稳定。了解运输需求的这些特点,可以根据一定时期内不同运输需求,采取相应的策略和手段,以赢得更多的市场份额。

三、运输市场需求预测

科学的营销决策,不仅要以市场营销调研为出发点,而且要以市场需求预测为依据。运输市场需求预测,就是在市场调研的基础上,运用科学的理论和方法对运输市场需求以及影响市场需求变化的因素进行分析研究,对未来的发展趋势做出估计和推测,并调节市场营销策略和方式,为运输企业制定正确的市场营销策略提供依据,以实现企业既定的经营目标。运输需求预测可分为运输需求总量预测和客货流预测两部分。其中运输需求总量预测主要是从总量上把握全国或某地区的客货流需求量,它基本不涉及具体线路上的客货流。而客货流预测主要是将已经预测出的客货运输需求总量,分配到具体的运输方式和运输线路。

由于运输需求是一种派生需求,因此,在对其进行预测时,必须充分考虑国民经济各部门的发展情况,才能对运输需求做出科学的、合理的、准确的预测。

(一)运输市场需求预测的作用

1.市场预测是企业探求未来,掌握发展前途的有目的的行为

运输企业从事市场营销活动之前,对运输市场的发展及市场营销行为将带来的经济效果,做出准确的估计和判断,对企业制定合理的经营战略,在激烈的竞争中取得胜利,具有重大的作用。

2.市场预测是运输企业提高应变能力的有力手段

现代企业处在复杂多变的市场环境中,信息技术和科学技术的飞速发展,使得企业之间的竞争越来越激烈。在这样一个动态的市场环境中,应变能力成为企业必须具备的基本素质之一。应变能力的基本要求就是对环境的变化能够做出快速又准确的反应,企业通过市场预测,就可以敏捷地捕捉市场的发展新动向,及时调整企业的发展战略,提高企业的应变能力。

3.预测是决策的基础,是决策科学化的重要前提

决策是企业管理的核心,涉及未来的决策要做到准确无误,就必须对未来的形势发展做出科学的分析。预测是决策的基础,科学的决策必须依据准确的预测结论才能做出。

(二)运输市场需求预测的分类

1.按预测的对象分

根据预测的对象不同,运输市场需求预测可以分为货运市场需求预测和客运市场需求预测两种。货运市场需求预测又可根据运输货物的运输批量、运输距离、运输条件等进行市场细分,如根据货物的运输批量,货运市场需求预测可分为大宗货物和其他货物运输市场需求预测;根据运输货物的运输距离,货运市场需求预测可分为长途、中途、短途货运市场需求预测;根据货物的运输条件,货运市场需求预测可分为普通货物、特殊货物运输市场需求预测。同样,客运市场需求预测也可根据细分的客运市场分类,如根据旅客出行的目的,客运市场需求预测可分为旅游、出差、探亲等客运市场需求预测;根据旅客出行距离的长短,客运市场需求预测可分为长途、中途、短途客运市场需求预测。

2.按预测期分

根据预测时间的不同,运输市场需求预测可以分为长期预测、中期预测、近期预测和短期预测。预测期的划分主要是根据预测的内容来定的,一般地,对运输需求预测期在 1 年以内的为短期预测,1～5 年的为近期预测,5～10 年的为中期预测,10 年以上的为长期预测。

3.按预测的范围分

根据预测的范围不同,运输市场需求预测可分为国内运输市场需求预测和国际运输市场需求预测两种。

4.按预测的主体分

根据预测的主体不同,运输市场需求预测可分为宏观运输市场需求预测和微观运输市场需求预测。宏观运输市场需求预测是指国家或地方政府为制定国家或地区交通运输发展规划而对运输市场所做的预测。微观市场需求预测是指运输企业为了制定企业的运输计划、发展战略、竞争策略而对运输市场所做的预测。

5.按预测的性质分

根据运输市场需求预测的性质不同,运输市场需求预测可分为定性预测、定量预测和定时预测。定性预测只要求对预测对象有一个概括性的了解,主要依靠人的直观判断能力进行。定量预测要求对预测对象有一个数量的描述。定时预测要求确定对象未来的到达时间。

(三)运输市场需求预测的基本原则

唯物辩证法认为,事物总是处于不断运动、变化、发展的过程中,而事物的运动、变化、发展过程都是遵循一定的客观规律的。市场经济的运行虽然复杂,但进行深入研究之后就会发现,运输市场也是存在一定规律的。预测过程,实际上就是对市场运行规律的认识过程。运输市场需求预测都是在一定的原则指导下进行的。

1.目的性原则

运输市场需求预测的目的性要求在进行预测时,必须明确预测信息的用户和用途及用户对预测结果的要求。通常情况下,进行运输市场需求预测信息的用户主要是运输企业的营销决策人员,因此,预测者和营销决策人员之间的沟通非常重要。实际预测工作中,要求企业对预测工作给予高度重视,促进和加强预测者和决策人员之间的沟通与合作,保证预测工作的目的明确,避免因为工作的盲目性给企业带来的损失。

2.客观性原则

客观性原则指的是运输市场需求预测得到的信息必须客观、真实、可靠,预测过程中必须以客观事实为基础,杜绝偏离实际的主观臆断,保证预测结果具有很高的参考价值。

3.惯性原则

所谓惯性原则,就是从时间上考察运输市场需求的发展。运输市场发展变化的各个阶段在时间上具有连续性的,在性质、范围、数量等方面,存在继承性和变异性。现在的运输市场是过去运输市场的基础上的演进和发展,未来运输市场的状况又是以现在的为基础。因此,在实际的预测过程中,必须充分了解、研究和分析运输市场的历史和现实的资料,在惯性原则的指导下进行逻辑推理,以提高预测结果的可靠度。

4.综合性原则

运输市场的营销活动不仅受企业内部环境的制约,还要受到各种政治、经济、文化等因素的影响和制约,因此,市场营销人员必须要具有广博的知识和丰富的经验,尽可能搜集较全面的资料,并善于将所得信息进行综合与分析。

5.经济性原则

运输市场需求预测工作是一项非常复杂的超前性工作,需要投入一定的人力、物力和时间,因此运输市场需求预测本身也要求重视经济效益。运输市场需求预测的经济性原则就是要求在保证预测结果的准确性的前提下,选择合理而有效的样本、适当的计算方法,以最低的费用和最少的时间,获得最佳的预测结果。

6.及时性原则

运输市场需求预测工作对时间的要求很高,因此要求运输市场营销者具有敏锐的洞察能力,及时捕捉各种有用的信息,做出正确的预测。

(四)运输市场需求预测的基本步骤

运输市场需求预测工作一般包括以下几个步骤:

1.明确预测目标、制定预测计划

明确预测目标,是任何一项运输市场需求预测工作得以进行的前提条件。明确预测目标就是要明确预测的目的、对象和要求。预测的目的是指通过此次预测要了解什么问题或解决什么问题。预测的对象则是整个预测系统的总体。预测的要求是对预测结果的要求及对预测的附加条件,如预测的性质、预测的时间跨度等。这些预测目标直接影响到预测的整个过程,如预测的内容、规模,对预测人员的组织、预测信息的搜集、方法的选择、费用的支出等。总之,只有明确预测目标,才能避免预测工作的盲目性,取得较满意的预测结果。

明确预测目标后,为了保证预测工作的顺利进行,还必须制定详细的预测计划。预测计划不是一成不变的,有时需要根据预测工作进行的情况作适当的调整和修改。一份完整的预测计划应包含的主要内容有:预测工作前的准备工作、资料的搜集和整理的步骤和方法,预测工作开始的时间、主要的负责人、预测方法的选择、预测结果精确度的要求、预测工作的期限、费用等。

2.资料的搜集和整理

资料是预测的基础,搜集的资料是否准确、全面将直接影响预测结果的精度。要根据预测对象的目的和要求,搜集所有可能影响预测对象未来发展的资料,资料的来源主要有统计资料、业务资料、会计资料、计划资料、考核资料、方针政策法规及其他社会调查资料等。在搜集资料时,还要特别注意资料不断补充和更新的可能性。

3.预测方法的选择

预测方法选得恰当可以大大的提高预测质量。因此,在进行预测时,必须根据预测对象的特点、预测的目标、预测结果的要求等选择适当的预测方法,以保证用最少的费用,得到比较满意的预测结果。

4.预测

根据选定的预测方法和搜集的大量资料,进行具体的计算、建模、研究和分析工作,推断出预测对象未来的发展方向和发展趋势。

5.预测结果误差的分析

由于预测结果是根据历史资料,利用简化了的模型分析得到的,有些影响预测结果的因素不可避免的会被遗漏,因此误差的产生是不可避免的。预测误差的大小,反映了预测结果的准确程度。因此,必须将预测误差控制在被允许的范围内,而且越小越好。对产生误差的原因要进行认真的分析,如果预测误差较大,则要对预测结果进行修正。

6.参照新情况,确定预测值,进行评审

经过以上步骤得到的预测值,只能作为初步的预测结果。要得到最终的预测结果,还要根据预测过程中已经出现的各种可能情况,利用正在或将要形成的各种趋势,进行综合对比和判断分析,确定最终的预测值。另外,还要将确定的预测值请各方面的专家评审,使预测效果更好。

7.经常反馈,及时调整预测方法和预测值,发布正式的预测报告

运输市场需求预测的目的是为运输决策人员提供决策依据。预测人员应及时根据预测值与实际值之间的差异和预测工作中的实践经验,以及专家评审意见,调整预测方法和预测值,并提交真实的预测报告和说明。

(五)运输市场需求预测的方法

从总体上说,运输市场需求预测的方法有定性预测方法和定量预测方法两种。

1.定性预测方法

所谓定性预测方法。就是依靠熟悉业务知识,具有丰富经验和综合分析能力的人员或专家,根据已经掌握的历史资料和直观材料,运用人的知识、经验和分析判断能力,对事物的未来发展趋势做出性质和程度上的判断。然后,再通过一定的形式综合各方面的判断,得出统一的预测结论。

定性预测方法比较常用的有专家意见法、情景分析法和调查法。

1)专家意见法

专家意见法是根据专家的经验和判断求得预测值。专家意见法又可以分为专家会议法、单独预测集中法和德尔菲法。

(1)专家会议法　专家会议法是指预测者邀请专家以开讨论会的形式,向专家获取有关预测对象的信息,经归纳、分析、判断,预测事物未来变化趋势的预测方法。这种方法有利于集中各方面专家的专业知识和各种意见,有利于克服片面性和局限性,能使微观的智能结构形成宏观的智能结构,并通过专家信息交流而引起共鸣。但是由于参加会议的人数有限,不能广泛地搜集各方面的资料。采用专家会议法进行预测时,邀请的专家通常包括:预测领域的专家、所讨论问题的专家、分析专家和具有高度推断思维能力的专家。

(2)单独预测集中法　单独预测集中法是由每位专家单独提出预测意见,再将它们的预测结果通过加权平均,得出结论。其预测程序如下:

首先,要求每位参加预测的专家就预测结果的最高限、最低限和最可能的值加以判断,并对这3种情况出现的概率进行估计。

例如,第 i 位专家得出的预测结果如下:最高限为 F_{1i},出现的频率为 p_{1i};最低限为 F_{2i},出现的频率为 p_{2i};最可能的值为 F_{3i},出现的频率为 p_{3i}。

其次,根据专家对预测结果最高限、最可能值和最低限的估计以及对3种情况出现的概率的估计,计算每一位专家的意见平均值 F_i,计算公式为:

$$F_i = \sum_{j=1}^{3} F_{ji} p_{ji}$$

再次,根据每位专家个人意见的重要程度 C_i,通过加权平均,得出最后的意见 F,

$$F = \sum_{i=1}^{n} F_i C_i$$

式中: n——参加预测的专家数。

(3)德尔菲法　德尔菲法是由美国著名的咨询机构——兰德公司创立的,它是一种较特殊的专家意见法。其基本特点是由企业有选择地聘请一批专家,通常是7到20人,由预测主持人与他们建立联系。德尔菲法是定性预测方法中最重要、最有效的一种方法,可以用于短、中、长期预测。

德尔菲法突出的特点是:第一,反馈性。多次双向反馈,每个专家在多轮讨论中,可以多次提出和修正自己的意见,又可以多次听取其他专家的意见。第二,匿名性。专家讨论问题时,采取背对背方式,这样可以消除主观上和心理上的影响,使讨论比较快速和客观。第三,趋同性。德尔菲法注意对每一轮的专家意见做出定量的统计归纳,使专家们能借助反馈的意见,最后使预测意见趋于一致。

2)情景分析法

情景分析法是由美国 SHELL 公司的科技人员 Pierr Wark 于1972年提出来的,这种方法是根据事物发展趋势的多样性,通过对预测对象内外相关问题的系统分析,设计出多种可能的未

102

来情景,然后,用象撰写电影剧本一样的手法,对事物的发展态势做出自始至终的情景和画面描述。其分析结果主要包括三部分:事物未来可能发生态势的确定;各态势特征及其发生的可能性描述;各态势发展路径分析。

情景分析法的突出特点有:第一,情景分析法认为事物发展的未来具有多样性。由于预测使根据事物过去和现在的发展特点对未来的发展做出推断,这种超前性的特点决定了在预测过程中不可避免的会遇到一些不确定因素,对不确定因素的不同处理将导致预测的结果有很大差别,因此其预测结果是多样的。第二,情景分析法是一种系统的预测方法。进行预测时,要考虑影响预测对象的各方面的因素,如政治、经济、文化等。情景分析法能够做到在系统环境变化条件下对事物的发展作深层次分析。第三,情景分析法是一种认同并发挥人的主观能动性的方法。情景分析法是在已经掌握的客观资料的基础上,融合专家的逻辑思维和形象思维能力,对事物发展前景进行分析。第四,情景分析法是一种定性与定量相结合的预测方法。在运用情景分析法对事物进行预测时,有时要用到趋势外推等定量预测方法,定性分析主要是获取专家的经验和智慧。情景分析法是一种定性分析与定量分析相互嵌入,以定性分析为主的综合预测方法。

3)调查法

调查法是进行运输市场预测的一种较重要也是最常采用的方法。最近常采用的调查方法有询问调查法、观察调查法、试验调查法等等,由于在本章的第一节中已经对这些方法进行了详细的阐述,在此就不赘述。

2.定量预测方法

定量预测方法是利用已经掌握的比较完备的历史统计数据,凭借一定的数理统计方法和数学模型,寻求有关变量之间的规律性联系,用来预测和推测市场未来发展变化趋势的一种预测方法。常用的定量预测方法有时间序列预测法、马尔柯夫预测法、灰色模型预测法、回归分析预测方法等。

1)时间序列预测法

市场的变化总是随着时间的推移,由衰及盛或由盛及衰,周而复始,不断变化着的。采用时间序列法来预测市场的发展趋势,既考虑了事物发展的延续性,又充分考虑到事物的发展受偶然因素的作用而产生随机变化。时间序列预测的方法很多,常用的主要有移动平均法、指数平滑法等。

(1)移动平均法 实际数据点的自然分布,能正式反应时间序列的发展过程,但其掺杂了多种变动因素。移动平均法是取预测对象最近一组实际值的平均值作为预测值的方法。其基本思想是:每次取一定数量周期的数据平均,按时间次序逐次推进。每推进一个周期时,舍去前一个周期的数据,增加一个新周期的数据,再进行平均。

①一次移动平均法:

如果时间序列数据具有明显的水平变化趋势,则可以使用一次移动平均法进行预测。

一次移动平均法的计算公式为:

$$M_t^1 = (X_t + X_{t-1} + \cdots + X_{t-n+1})/n = \frac{1}{n}\sum_{i=1}^{n} X_{t-i+1}$$

式中: M_t^1——第 t 期的一次移动平均值;

X_t——第 t 期的实际值;

t——周期序号;

n——移动平均值的跨越周期数。

通过以上公式可以看出,一次移动平均值比实际值要滞后,时间移动量为$(n-1)/2$。因此,直接用一次移动平均值作为预测结果,存在一定的误差,只能用于近似预测。

②二次移动平均法:

如果时间序列数据具有明显的线性变化趋势,则不宜用一次移动平均法预测,因为一次移动平均法预测结果的滞后偏差将使预测结果偏低。二次移动平均是在一次移动平均的基础上进一步进行计算。其计算公式为:

$$M_t^2 = (M_t^1 + M_{t-1}^1 + \cdots + M_{t-n+1}^1)/n = \frac{1}{n}\sum_{i=1}^{n} M_{t-i+1}^1$$

式中:M_t^1——第 t 期的一次移动平均值;

M_t^2——第 t 期的二次移动平均值。

二次移动平均值与一次预测平均值一样也存在滞后现象,因此一般都是通过建立二次移动平均预测模型进行预测。

二次移动平均预测模型为:

$$Y_{t+T} = a_t + b_t \times T$$

式中:Y_{t+T}——第 $t+T$ 期的预测值;

t——本期;

T——本期到预测期的间隔数;

a_t, b_t——模型参数或称平滑系数,其计算公式为:

$$a_t = 2M_t^1 - M_t^2$$

$$b_t = \frac{2}{n-1}(M_t^1 - M_t^2)$$

使用二次移动平均预测模型时,应注意以下的问题:第一,历史数据的发展呈直线趋势;第二,计算一次移动平均数和二次移动平均数时,移动平均的项数应取同一数。

(2)指数平滑法 指数平滑法是在移动平均法的基础上发展起来的,也是移动平均法的改进。指数平滑法实质上是一种加权移动平均法,它给近期观察值以较大的权数,给远期观察值以较小的权数。这种方法能巧妙利用历史信息,并能提供良好的短期预测精度。

①一次指数平滑法:

设预测对象第 t 期的观察值为 Y_t,第 t 期的一次指数平滑值为 S_t^1,则一次指数平滑值的递推计算公式为:

$$S_t^1 = \alpha Y_t + (1-\alpha)S_{t-1}^1$$

式中:α——平滑系数,$0 \leqslant \alpha \leqslant 1$。

可根据货运量预测值与实际值之间的差别大小来确定。当本期实际货运量与预测量相差较大时,α 取大值。平滑系数大,下期预测值偏向于本期实际值,预测的变化较大;平滑系数小,下期预测值偏向于本期预测值,预测的变化较小,也较平滑。

一次指数平滑的结果可直接作为下一期的预测值,但也存在滞后现象。

②二次指数平滑法:

如果时间序列数据具有明显的线性变化趋势,这不宜使用一次指数平滑法预测,因为滞后偏差将使结果偏低。二次指数平滑是根据本期一次指数平滑值和上次二次指数平滑值,计算加权平均数作为本期趋势值的方法。其计算公式为:

$$S_t^2 = \alpha S_t^1 + (1 - \alpha) S_{t-1}^2$$

式中：S_t^1——第 t 期的一次指数平滑值；

S_t^2——第 t 期的二次指数平滑值；

α——平滑系数，$0 \leqslant \alpha \leqslant 1$。

二次指数平滑值与一次指数平滑值一样也存在滞后现象，因此，一般不直接将二次指数平滑值作为下一期的预测值，而是通过建立二次指数平滑预测模型进行预测。二次指数平滑预测模型为：

$$Y_{t+T} = a_t + b_t \times T$$

式中：Y_{t+T}——t 期之后第 T 期的预测值；

t——原始时间序列的最后一期；

a_t, b_t——模型参数，计算公式为：

$$a_t = 2S_t^1 - S_t^2$$

$$b_t = \frac{\alpha}{1 - \alpha}(S_t^1 - S_t^2)$$

③三次指数平滑法：

如果时间序列的趋势呈现二次曲线型，则需采用三次指数平滑法进行预测，其计算公式为：

$$S_t^3 = \alpha S_t^2 + (1 - \alpha) S_{t-1}^3$$

式中：S_t^3——第 t 期的三次指数平滑值。

其预测模型的计算公式为：

$$Y_{t+T} = a_t + b_t \times T + c_t T^2$$

式中：Y_{t+T}——t 期之后第 T 期的预测值；

t——原始时间序列的最后一期；

a_t, b_t, c_t——模型参数，其计算公式为：

$$a_t = 3S_t^1 - 3S_t^2 + S_t^3$$

$$b_t = \frac{\alpha}{2(1 - \alpha)^2}\left[(6 - 5\alpha)S_t^1 - 2(5 - 4\alpha)S_t^2 + (4 - 3\alpha)S_t^3\right]$$

$$c_t = \frac{\alpha^2}{2(1 - \alpha)^2}(S_t^1 - 2S_t^2 + S_t^3)$$

三次指数平滑预测模型几乎可以适用于所有问题。

④初始值和平滑系数的确定：

确定初始值的方法有两种：第一，初始值等于第一期的实际值；第二，初始值等于前几期实际值的平均值。

平滑系数是用指数平滑法预测趋势能否符合实际的关键问题。平滑系数的大小，体现了各期观察值在指数平滑值中所占的比重，可以权衡各期观察值的不同影响作用。平滑系数的大小直接影响预测结果。

当时间序列仅受不规则变动影响，其发展趋势呈水平形状态时，预测趋势值与 α 的大小无关；当时间序列波动很大，呈突然上升或突然下降变动时，α 的数值越小越好；当时间序列按相对稳定的发展速度上升或下降，其发展趋势呈斜坡形状态时，α 的数值越大越好，直至接近 1；当时间序列的发展趋势在一定时期内相对稳定，然后上升或下降到一个新的水平，呈阶梯形状态时,α 的数值也是越大越好。

2)马尔柯夫预测法

马尔柯夫预测法是应用概率论中马尔柯夫链中的理论和方法来研究分析有关市场数据的变化规律,并由此预测未来变化趋势的一种方法。它是以俄国数学家马尔柯夫(A. A. Markov)的名字命名的数学方法。马尔柯夫预测法主要用来研究事物的状态转移。

马尔柯夫经过多次试验后,发现系统第 n 次转移结果出现的状态,只与前第 $n-1$ 次时的状态有关,与它以前所处的状态无关。

由于状态转移是随机的,因此,须用概率来描述转移可能性大小。设在某一时间 t 内事物发生概率的分布如表 4-3 所示,且有 $\sum_{i=1}^{t} S_i(t) = 1$。

时间 t 内事物发生概率的分布表 表 4-3

结果	1	2	⋯	n
概率	$S_1(t)$	$S_2(t)$	⋯	$S_n(t)$

若将发生各结果的概率记为一向量元素,则可写成:

$$S(t) = \left[S_1(t), S_2(t), \cdots, S_n(t) \right]$$

$S(t)$ 为 t 时期的状态向量。如果到 $t+1$ 时期事物的概率分布会发生变化,并且其变化仅与 t 时期的概率分布有关,但能够知道从 t 时期到 $t+1$ 时期的过程中,从每一结果 $i(i=1,2,\cdots,n)$ 向结果 $j(j=1,2,\cdots,n)$ 转变的概率 p_{ij} 时,则可得到转移矩阵

$$P = \begin{bmatrix} p_{11} & p_{12} & \cdots & p_{1n} \\ p_{21} & p_{22} & \cdots & p_{2n} \\ \vdots & \vdots & \vdots & \vdots \\ p_{n1} & p_{n2} & \cdots & p_{nn} \end{bmatrix}$$

其中:$0 \leqslant p_{ij} \leqslant 1, (i \setminus j = 1, 2, \cdots, n)$

$\sum_{j=i}^{n} p_{ij} = 1, (i = 1, 2, \cdots, n)$。

利用 P 矩阵乘状态 $S(t)$,就可得到 $t+1$ 时期概率分布状态向量 $S(t+1)$,即

$$S(t+1) = \left[S_1(t+1), S_2(t+1), \cdots, S_n(t+1) \right] = S(t) \times P$$

具体地说,在第 $t+1$ 时期,结果 j 出现的概率为

$$S_j(t+1) = S_1(t)p_{1j} + S_2(t)p_{2j} + \cdots + S_n(t)p_{nj} = \sum_{i=1}^{n} S_i(t)p_{ij}$$

如果从 $t+1$ 时期发展到 $t+2$ 时期的过程中,事物依然按转移矩阵 P 进行概率转移,则有

$$S(t+2) = S(t+1) \times P = S(t) \times P \times P = S(t) \times P^2$$

进一步推广得,如果在 t 之后的 T 时期内,转移矩阵一直有效,则有

$$S(t+k) = S(t)P^k (k = 1, 2, \cdots, T)$$

3)灰色模型预测法

灰色预测法一般利用时间序列数据,通过建立 $GM(1,1)$ 模型进行预测。其预测步骤如下:

(1)对原始时序列数据 $X^{(0)}(t), (t=1,2,\cdots,n)$,做一次累加生成,得到新的数列 $X^{(1)}(t)$,$(t=1,2,\cdots,n)$。其中,$X^{(1)}(t) = \sum_{i=1}^{t} X^{(0)}(i)$

(2)利用一次累加生成数列拟合微分方程:

106

$$\frac{\mathrm{d}X^{(1)}}{\mathrm{d}t} + aX^{(1)} = u$$

得参数 a 和 u。

其中参数 a 和 u 的计算公式为:

$$\begin{bmatrix} a \\ u \end{bmatrix} = (B^{\mathrm{T}}B)^{-1}B^{\mathrm{T}}X$$

其中 B 和 X 分别为如下矩阵和向量:

$$B = \begin{bmatrix} -1/2(x_1^{(1)} + x_2^{(1)}) & 1 \\ -1/2(x_2^{(1)} + x_3^{(1)}) & 1 \\ \vdots & \vdots \\ -1/2(x_{n-1}^{(1)} + x_n^{(1)}) & 1 \end{bmatrix}$$

$$X = \begin{bmatrix} x_2^{(0)} \\ x_3^{(0)} \\ \vdots \\ x_n^{(0)} \end{bmatrix}$$

B^{T} 为 B 的转置矩阵,$(B^{\mathrm{T}}B)^{-1}$ 为矩阵 $(B^{\mathrm{T}}B)$ 的逆矩阵,n 为原始数列的数据个数。

(3)求解上述微分方程,得到时间响应函数

$$X^{(1)}(t+1) = [X^{(0)}(1) - u/a]e^{-at} + u/a$$

(4)对时间响应函数求导还原,得预测方程

$$X^{(0)}(t+1) = -a[X^{(0)}(1) - u/a]e^{-at}$$

(5)利用历史数据对预测模型进行精度检验,即利用模型计算出的预测值与数列的实际值进行比较,得各期预测值的绝对误差,并计算各期预测值的相对误差,通过相对误差,可以看出模型拟合数列实际发展趋势的程度,如果相对误差较小,说明可以利用该模型进行预测。

(6)通过预测方程进行预测,将预测期的 t 值代入预测方程,就可以计算出预测期的预测结果。

4)回归分析预测方法

回归分析预测方法就是从各种因素之间的相互关系出发,通过对与预测对象有联系的现象变动趋势的分析,推算预测对象未来状态数量表现的一种预测方法。回归分析预测方法可分为一元线性回归预测法、多元线性回归预测法和非线性回归预测法。

(1)一元线性回归预测法　一元线性回归预测法,是指两个具有线性关系的变量,配合线性回归模型,根据自变量的变动来预测因变量平均发展趋势的方法。

设 x 为自变量,y 为因变量,y 与 x 之间存在某种线性关系,即一元线性回归模型为:

$$y_i = a + bx_i + \varepsilon_i \quad i = 1,2,\cdots,n$$

式中:y_i——y 的历史数据;

　x_i——x 的历史数据;

a、b——待定参数,斜率 b 又称回归系数;

　ε_i——随机误差,可以认为 ε 服从正态分布 $\varepsilon \sim N(0,\sigma^2)$。

随机误差 ε_i 的存在,使得预测对象 y 与自变量 x 之间的计算关系不能确定。因此,

设 $$\hat{y}_i = \hat{a} + \hat{b}x_i$$

式中：$\hat{y}_i$——预测对象 y_i 的估计值，它可以集中反映 y_i 与 x_i 之间的关系。

参数 $\hat{a}$ 与 $\hat{b}$ 可以通过历史数据 y_i 与 x_i 来估算，采用最小二乘法求得：

$$\hat{a} = \overline{y} - \hat{b}\overline{x}$$

$$\hat{b} = \frac{\sum(x_i - \overline{x})(y_i - \overline{y})}{\sum(x_i - \overline{x})^2}$$

式中：$\overline{x}$，$\overline{y}$——分别为自变量 x 和因变量 y 历史数据的平均值，其计算公式为：

$$\overline{x} = \frac{1}{n}\sum x_i$$

$$\overline{y} = \frac{1}{n}\sum y_i$$

式中：n——自变量 x 和因变量 y 的历史数据的个数。

具体计算时，可以用下列公式来求解 $\hat{b}$：

$$\hat{b} = l_{xy}/l_{xx}$$

$$l_{xy} = \sum(x_i - \overline{x})(y_i - \overline{y}) = \sum x_i y_i - \frac{1}{n}(\sum x_i)(\sum y_i)$$

$$l_{xx} = \sum(x_i - \overline{x})^2 = \sum x_i^2 - \frac{1}{n}(\sum x_i)^2$$

对建立的一元线性回归模型，需进行显著性检验，判别两变量之间是否具有显著的线性关系。步骤如下：

首先计算回归平方和 U 和残差平方和 Q：

$$U = \hat{b}^2 l_{xx} = \hat{b}l_{xy}$$

$$Q = l_{yy} - U = \sum(y_i - \hat{y})^2 - U$$

$$l_{yy} = \sum(y_i - \overline{y})^2 = \sum y_i^2 - \frac{1}{n}(\sum y_i)^2$$

然后计算 $F_比$：

$$F_比 = (n - 1)U/Q$$

如果 $F_比$ 大于 $F_\alpha(1, n-1)$（由 F 检验表可查得），则回归效果是显著的，说明模型拟合实际较好；否则，就不显著，模型拟合效果较差。

(2)多元线性回归预测法　一元线性回归预测法研究的是某一因变量与一个自变量之间的关系问题。但是，客观现象之间的联系是复杂的，许多现象的变动都涉及到多个变量之间的数量关系。多元线性回归预测法就是研究一个因变量与多个自变量之间的关系。因多元线性回归预测的计算很复杂，为简便起见，我们采用矩阵形式来讨论其求解过程。

设所研究的对象受多个因素 $x_1, x_2, \cdots x_n$ 的影响，假定各个影响因素与 y 的关系是线性的，则多元线性回归模型为：

$$y_i = \beta_1 x_{i1} + \beta_2 x_{i2} + \cdots \beta_m x_{im} + \varepsilon_i \quad i = 1, 2, \cdots, n$$

其中 $y_i, x_{i1}, x_{i2}, \cdots x_{im}$ 为预测目标和影响因素的第 i 组观察值。若取 x_{i1} 的观察值为 1，即对任意 i 都有 $x_{i1} = 1$，则上式可写为：

$$y_i = \beta_1 + \beta_2 x_{i2} + \cdots \beta_m x_{im} + \varepsilon_i \quad i = 1, 2, \cdots, n$$

其矩阵形式为：

$$Y = XB + \varepsilon$$

其中

$$Y = \begin{bmatrix} y_1 \\ y_2 \\ \vdots \\ y_n \end{bmatrix} \qquad X = \begin{bmatrix} 1 & x_{12} & \cdots & x_{1m} \\ 1 & x_{22} & \cdots & x_{2m} \\ \vdots & \vdots & \vdots & \vdots \\ 1 & x_{n2} & \cdots & x_{nm} \end{bmatrix}$$

$$B = \begin{bmatrix} \beta_1 \\ \beta_2 \\ \vdots \\ \beta_n \end{bmatrix} \qquad \varepsilon = \begin{bmatrix} \varepsilon_1 \\ \varepsilon_2 \\ \vdots \\ \varepsilon_n \end{bmatrix}$$

为了估计参数 B,我们采用最小平方法,设观察值与模型估计的残差为 E,则

$$E = Y - \hat{Y} \qquad (\hat{Y} = XB)$$

根据最小平方要求,有

$$E'E = (Y - \hat{Y})'(Y - \hat{Y}) = (Y - XB)'(Y - XB) = 最小值$$

由极值原理,根据矩阵求导法则,对 B 求导,并令其等与零,得

$$\frac{\partial E'E}{\partial B} = \frac{\partial (Y - XB)'(Y - XB)}{\partial B} = \frac{\partial (Y'Y - 2Y'XB + B'X'XB)}{\partial B} = 0$$

整理得回归系数向量 B 的估计值为:

$$\hat{B} = (X'X)^{-1}X'Y$$

多元线性回归的显著性检验,不仅要检验所有因素共同的回归效果,而且要检验每一个因素的显著性,其方法可用方差分析。

(3)非线性回归预测法 在现实经济生活中,因变量和自变量之间不一定存在线性关系,可能存在某种非线性关系,这时,就必须建立非线性回归模型。这里我们只讨论可化为线性回归模型的非线性模型。

常见的可化为线性回归模型的非线性回归模型可分为两大类,第一类为直接换元型,其代换过程如表 4-4;另一类为间接代换型,其代换过程如表 4-5。

表 4-4

原　模　型	模 型 代 换	代换后模型	代换后计算方法
双曲线模型 $y_i = \beta_1 + \beta_2 \dfrac{1}{x_i} + \varepsilon_i$	$X'_i = \dfrac{1}{x_i}$	$y_i = \beta_1 + \beta_2 X'_i + \varepsilon_i$	同一元线性回归预测法
二次曲线模型 $y_i = \beta_1 + \beta_2 x_i + \beta_3 x_i^2 + \varepsilon_i$	$X'_i = x_i^2$	$y_i = \beta_1 + \beta_2 x_i + \beta_3 X'_i + \varepsilon_i$	同多元线性回归预测法
对数模型 $y_i = \beta_1 + \beta_2 \ln x_i + \varepsilon_i$	$X'_i = \ln x_i$	$y_i = \beta_1 + \beta_2 X'_i + \varepsilon_i$	同一元线性回归预测法
三角函数模型 $y_i = \beta_1 + \beta_2 \sin x_i + \varepsilon_i$	$X'_i = \sin x_i$	$y_i = \beta_1 + \beta_2 X'_i + \varepsilon_i$	同一元线性回归预测法

表 4-5

原 模 型	模 型 代 换	代换后模型	代换后计算方法
指数模型 $\hat{y}_i = ab^{x_i}$	$\lg\hat{y}_i = \lg a + x_i \lg b$ $\hat{y}_i = \lg\hat{y}_i$ $A = \lg a$ $B = \lg b$	$\hat{y}_i = A + Bx_i$	同一元线性回归预测法
指数模型 $y_i = e^{\beta_0 + \beta_1 x_{i1} + \beta_2 x_{i2} + \varepsilon_i}$	$\ln y_i = \beta_0 + \beta_1 x_{i1} + \beta_2 x_{i2} + \varepsilon_i$ $y'_i = \ln y_i$	$y' = \beta_0 + \beta_1 x_{i1} + \beta_2 x_{i2} + \varepsilon_i$	同多元线性回归预测法
幂函数 $\hat{y}_i = ax_i^b$	$\lg y_i = \lg a + b\lg x_i$ $\hat{y}'_i = \lg\hat{y}_i$ $A = \lg a$ $X'_i = \lg x_i$	$\hat{y}'_i = A + bX'_i$	同一元线性回归预测法

5) 速度比例预测法

速度比例法,又叫弹性系数法,是相关系数法的一种。弹性是指作为因变量的经济变量的相对变化与作为自变量的经济变量之间的相对变化之比,运输需求弹性指运输需求量变动率与影响因素变动率之比。

$$E_d = \frac{Q\,变动的\,\%}{Z\,变动的\,\%} = \frac{\Delta Q/Q}{\Delta Z/Z}$$

式中:E_d——运输需求弹性;

  Q——运输需求量;

  Z——影响运输需求量的特定因素。

基于运输需求是国民经济派生的基本原理,预测时采用国民经济数据,弹性系数法优越性在于它不受计量单位的影响。

$$a : b = x : c$$

式中:a——历年运输需求平均增长速度;

  b——历年国民经济平均增长速度;

  c——未来国民经济平均增长速度;

  x——未来运输需求平均增长速度。

求得未来运输需求平均增长速度后,即可按下式预测未来运输需求的大小:

$$Q' = Q(1 + x)^t$$

式中:Q'——未来期运输需求量;

  Q——基期运输需求量;

  x——未来运输需求平均增长速度;

  t——未来期距基期的年数。

第五节　运输市场供给分析

供给和需求,同是经济学和市场学的精髓。需求是供给的原因,而供给则是需求的物质基础。没有运输供给就没有运输需求。本节主要讨论运输供给的概念及其特征,分析影响运输供给的因素及运输供给弹性。

一、运输供给的概念及其特征

所谓供给是指在一定时期内、一定价格水平下,生产者能够而且愿意出卖的商品和劳务的总量。

运输供给是在运输市场上,运输服务供给者在各种运价条件下,能够而且愿意提供的运输产品或服务的数量。

运输供给的主要特征有:

1.运输产品的非贮存性

运输企业的生产活动只是通过运输工具使运输对象发生空间位置的变化,并不生产新的物质产品。因此,运输产品的生产和消费是同时进行的。也就是所运输产品不能脱离生产过程而独立存在。这就是运输产品的非贮存性。

2.运输供给的不平衡性

运输供给的不平衡性主要体现在两个方面:第一,运输供给在不同国家和地区之间的不平衡。由于国家和地区之间经济发展的不平衡性,导致不同国家和地区的运输供给量有区别。一般来说,经济发达的国家和地区,运输供给量大,而发展中国家和相对落后的地区运输供给量不足。第二,由于运输需求的季节性不平衡导致运输供给的季节性不平衡。

3.供给的服务性

运输供给不同于有形的工业产品或普通消费品的供给,它提供给购买者的只是一种位移,即货物或旅客在一定的时间内的空间地理位置的移动。因而运输供给是一种无形商品,或者说是一种服务。运输服务的特点有以下几个方面:第一,它需要更昂贵的有形物品(运输工具)来支持,每一次运输服务所得的收入只占运输工具价值中的很少一部分;第二,它需要很高的投资,而且投资回收期较长;第三,它与一个国家或地区的经济发展息息相关。

二、运输供给的影响因素分析

与运输需求一样,运输供给同样也要受到多种因素的影响。

1.经济发展水平和国家的宏观经济政策

国家经济的发展水平以及国家的宏观经济政策都将刺激运输供给的变化。

当经济快速增长时,运输市场出现繁荣的景象。运输需求增加,为了适应快速增长的运输需求的要求,运输总供给也会随之增加。反之,经济发展缓慢,运输需求减少,运输供给也被迫减少。

同时国家的宏观经济政策对短期内的运输供给也有明显的影响。如果国家的经济政策有利于经济的快速发展,则运输需求增加,运输供给也增加。相反,如果国家的经济政策不利于甚至阻碍经济的发展,运输供给减少。

2.有关运输政策法规

国家关于运输方面的政策法规是影响运输供给的重要因素,因此一个国家制定交通运输政策法规需要从经济、政治、军事等多个方面来考虑。如果国家和地区的政策能够给运输业的发展提供经济补助或其他优惠条件,则运输业就会有良好的发展机会,而且有了有关政策的支持,各种先进的运输工具和技术都能为运输服务提供有力的保证,使得运输供给能力大大加强。

3.技术因素

科学技术是推动社会经济发展的第一生产力,也是推动运输业发展的第一生产力。在人类历史的进程中,科学技术的三次革命都加快了交通工具的改造和革新速度,使得各种先进的交通运输工具相继诞生,各种信息技术,网络技术在运输业中的应用,使得运输速度和运输效率有了很大的提高。

每一次科学技术成果在运输业中的应用都大大提高了运输的供给能力,推动运输市场的最终形成。

三、运输供给弹性分析

1.运输供给弹性的概念

通常情况下,运输供给弹性指的是运输供给的价格弹性,是指在影响运输供给的价格因素发生一定范围的变化后,运输供给对其反应的灵敏程度。这种灵敏程度可用运输供给弹性系数大小来衡量。

运输供给的价格弹性是用来衡量价格变动的比率所引起的供求量变动的比率,即供给量变动对价格变动的反应程度,供给量变动的比率与价格变动的比率的比值就是运输供给弹性的弹性系数。可用公式表示为:

$$E_s = \frac{\Delta Q}{Q} \bigg/ \frac{\Delta P}{P} = \frac{\Delta Q}{\Delta P} \bigg/ \frac{Q}{P} = \frac{\Delta Q}{\Delta P} \cdot \frac{P}{Q}$$

式中:E_s——供给弹性系数;

Q——运输供给量;

ΔQ——运输供给量的变化值;

P——运价;

ΔP——运价的变化值。

由于运价和供给量的变化方向一致,所以供给弹性值为正值。这样,供给对运价的变化的反应就可以用供给的价格弹性来衡量。

和运输需求的弹性系数一样,运输供给的弹性系数的大小也可能有五种情况,即 $E_s = 0$,完全无弹性;$E_s = 1$,单位需求弹性;$E_s = \infty$,完全有弹性;$0 < E_s < 1$,需求缺乏弹性;$E_s > 1$,需求富有弹性。通常情况下,运输市场呈现为供给富有弹性和缺乏弹性两种情况。

2.需求的波动对运输供给弹性的影响

运输供给是在运输需求的指导下活动的,运价则是运输市场的晴雨表,运输供给量既取决于运价又取决于需求。

当需求量较大时,运输供给具有较小的弹性,因为此时运力处于紧张状态,无多余的运力来投入市场,而投建的运输工具需要一定周期才能投入市场,因此,运输供给不会很快增加,所以,供给弹性较小。

反之,当需求量较小时,市场上的过剩运力急于寻找出路,因此,提高运价能够刺激供给的迅速反应,运输供给的弹性较大。

3.运价波动时的供给弹性变化

运价是每个运输企业最关注的市场信息,往往运价的波动会引起运输企业的强烈反应。

当运价上涨时,运输企业将采取一切措施增加运力,因此,供给具有较大的弹性。当运价下跌时,运输企业将转移其业务重心,供给弹性变小。

4.供给在短期与长期的不同弹性

由于市场的状态变化,在短期内需求与供给之间存在一段时间上的差异,而运输企业的成立,运输工具的投入运输活动都需要有一段时间,所以短期内运输的供给弹性较小。但是,从长期来看,市场的状态变化在运价的作用下,供给与需求会逐渐趋于相互适应,因此,在长期内运输供给具有足够的弹性。

复习思考题

1. 什么叫市场调查? 市场调查的一般过程是什么?

2. 阐述市场调查的作用? 运输企业进行市场调查的内容有哪些?

3. 分析影响运输企业市场营销的宏、微观环境因素有哪些?

4. 简要阐述营销环境与运输企业市场营销的关系。

5. 影响消费者购买行为的因素有哪些? 试分析消费者购买决策过程。

6. 运输需求有哪些特征? 影响运输需求的因素有哪些?

7. 试分析运输需求变动的一般规律。

8. 什么是运输市场需求预测? 它有哪些作用?

9. 运输市场需求预测一般应遵循哪些原则? 预测的一般步骤有哪些?

10. 比较分析专家意见法、德尔菲法和情景分析法在进行运输市场需求预测中的优缺点?

11. 已知 1992～2001 年某省的国内生产总值和货运量如下表所示,并知 2010 年、2020 年该省国内生产总值的规划值分别为 18000 亿元和 38900 亿元。要求,根据题目中提供的资料,运用移动平均预测法、指数平滑预测法、灰色预测法、一元线性回归预测法对 2010 年和 2020 年该省的货运量进行预测。

年 份	1992	1993	1994	1995	1996	1997	1998	1999	2000	2001
国内生产总值 (亿元)	1570	1840	2137	2353	2640	2957	3120	3351	3500	3900
货运量 (亿吨)	29460	29910	30400	31200	32528	34256	34968	35623	36695	35012

12. 述运输供给的概念、特征及影响因素。

13. 需求的波动对运输供给有哪些影响?

第五章 运输市场营销信息系统

第一节 运输市场营销信息

在我国市场经济条件下,运输企业的生产经营活动都必须围绕市场进行展开。面对瞬息变化的市场环境,运输企业为了寻找和快速响应新的市场机会,在竞争日益激烈的市场中求得生存和发展,就必须具有较强的应变能力,及时地做出正确的决策。然而,正确的决策来自全面、可靠的市场信息,信息作为一种特殊的生产要素,已经成为运输企业的一种重要战略资源,是运输企业的灵魂。因此,运输企业必须重视对市场信息的搜集和分析,并且在对信息分析研究的基础上,制定有效的企业营销计划。

一、运输市场营销信息的概念

市场信息是指在市场经济运行中,一定时间和条件下,反映各种事物发展变化和特征的各种消息、资料、情报和数据等的总称。

运输市场营销信息则是泛指与运输企业的市场营销活动有关的各种内外部的状态及其发生变化的各种消息、资料、情况和数据等的总称。它可以为运输企业进行市场预测、制定营销策略提供有利的依据。

从系统论的观点来看,市场营销活动是物质流、货币流及信息流三大要素统一的过程,并且,营销过程中信息流先于物质流和货币流发生,而晚于二者的结束而结束,贯穿整个企业发展过程,其至还将辐射到行业、整体经济中。在营销活动中,信息影响着企业营销理念的树立、营销组合的策划、营销策略的制定、营销实务的操作、营销过程的控制以及营销结果的反馈等营销全过程。市场营销信息是继企业人才、资金、设备、材料之后的对企业生产经营活动起重要作用的第五大资源。

运输市场营销的信息很广泛,既包括运输企业内部的信息,如运输企业系统内部客货运部门的计划、销售情况、原始数据、统计报告、运力资源配置、新技术的开发和运用、设备更新情况等,也包括运输企业的外部信息,如其他运输企业、运输方式提供的服务情况等。运用科学的方法和手段全面地搜集、分析整理市场营销信息是运输企业展开营销活动的基础,也是运输企业在激烈的竞争中立于不败之地的基本条件之一。

二、运输市场营销信息的分类

1.按照市场营销信息的产生过程,可以分为原始信息和加工信息

原始信息也称一次信息,是运输市场营销活动中直接产生和记载的原始单据、凭证、数据和记录等。如,运输企业在一定时期内运输货物或运送旅客的数量等。原始信息是市场营销活动的实况记录,经过市场营销管理者按照既定目标要求进行加工处理后,便成为加工信息,也可成为二次信息或三次信息。如运输企业内部的报表、统计资料等。一般来说,加工信息比原始信息具有较大的信息量,对接收者具有更大的使用价值。

2.按照市场信息搜集的渠道,可分为正式组织系统信息和非正式组织系统信息

前者指的是通过正式组织渠道输入的信息,如同行企业之间的信息沟通,各种业务与会议资料等。后者指的是通过人际关系渠道和大众传播媒介所获得的信息,如通过市场调研获得的信息。正式系统信息一般准确性高,但时效性差,非正式系统信息则时效性强,而准确性较差。

3.按照市场营销信息发生的时间顺序,可以分为滞后信息、实时信息和预测信息

滞后信息一般指货流、客流等的反馈信息,如货主或旅客的反映意见。实时信息是指货流、客流运营活动中同时发生的信息,如货物列车的确报信息。预测信息是指那些产生的时间先于货流、客流的信息,如客货源信息。预测信息的产生必须建立在对反馈信息的系统搜集和利用上,必须进行科学的分析和判断,使之符合市场发展的规律。因此预测信息是运输企业制定经营目标和发展战略的依据。

4.按照运输市场营销的内容,可以分为外部信息和内部信息

外部信息主要指市场需求信息、科技情报信息等。内部信息是指发展在运输企业内部的信息,如运力配置、设备状况等。

三、运输市场营销信息的特征

1.系统性

运输市场营销信息的系统性表现在:市场营销信息不是零星的、个别的信息集合,而是若干具有特定内容的同质信息在一定时间和空间范围内形成的系统集合,它具有层次性和可分性;市场信息的搜集、加工、传递、检索、应用是通过有组织的信息管理系统进行的;市场信息在时间上具有纵向连续性,在空间上具有最大的广泛性,在内容上具有全面性和完整性。企业必须大量地、多方面地、连续地搜集、加工有关信息,分析它们之间的内在联系,提高其有序化程度,才能取得真正反映市场营销动态的信息。

2.目的性

运输市场营销信息的目的性表现在:信息的发出是有计划、有组织的;信息的接收是自觉、主动、适时而有选择的;信息的传播和处理机构是有组织的系统;大部分信息是经过人工按照一定目的和要求进行处理的。

3.广域性

运输市场信息在地理上的分布很广,对数据源的搜集比较困难,往往要借助先进的通信基础设施和计算机网络技术才能及时掌握。

4.时效性

当今世界,市场竞争越来越激烈,市场的供求瞬息万变,信息生成速度快,时效性极强。这就要求运输企业必须建立灵敏反应的信息测报系统,做到信息灵通,情报准确,反应灵敏,为企业竞争提高适应能力和应变能力。

5.动态性

由于人们对运输的需求是一种较高层次的派生需求,它要受到来自政治、经济、文化等多方面因素的影响,这些影响因素是时刻变化着的。因此,运输市场营销信息也是时刻变化的,不易测量的。

6.社会性

运输市场营销信息不是自然信息,而是在产品交换过程中人与人之间传递的社会信息,是信息发出者和信息接收者所能共同理解的数据、文字、符号、图形,反映的是人类社会市场经济活动。

四、运输市场营销信息的功能

信息的基本功能就是为企业营销活动服务,目前,运输市场激烈的竞争形势使得运输企业对市场营销信息的需求较以往任何时候都更为强烈。市场竞争实质上已变为掌握市场营销信息量的竞争。运输企业要提高自己在市场上的竞争能力,就需要不断地深入市场,了解市场,利用先进技术获取所需信息。因此,市场信息对企业的营销活动是至关重要的。运输市场营销信息的功能主要表现在:

1.运输市场营销信息是运输企业进行正确决策和计划的基础

运输企业决策与计划的正确与否,是企业营销活动的关键,而正确的决策与计划是以把握最佳决策时机及解决问题的方案为基础的。市场营销环境是不断变化的,企业要迅速反应新的市场机遇,就必须依靠专门的机构搜集和提供信息,并及时提醒需要做出决策的时机,必须以全面反映市场动态和过程的信息为依据,经过分析判断,明确市场营销机会,找出企业现实营销的最佳方案。

2.市场信息是运输企业实行营销决策,制定营销战略的重要因素之一

营销是一个广泛的含义,包括众多的内容,如产品定价、分销、促销服务等。在运输企业的营销活动中,经常会遇到很多问题需要做出决策。由于营销决策受外部环境的制约,因此,企业必须掌握有关的市场信息,以便更好地展开营销活动,开拓新的服务领域,使企业在竞争中立于不败之地。

3.运输企业市场营销信息是运输企业各部门、各环节、各层次相互联络、协调的桥梁

运输企业市场营销组织一般由市场调研部门、广告宣传部门、销售服务部门以及研究开发、质量管理、财务计划等业务部门组成。在实际管理工作中,为了使整个营销组织能协调一致的工作,就必须有统一的信息来进行协调。信息在职能组织内准确、迅速有效地传递是发挥营销机构整体功能的保证。

4.运输企业市场营销信息是运输企业不断提高经济效益的源泉

市场营销信息是运输企业的无形财富,直接关系到企业经济效益的好坏。市场营销信息可以说是当今社会生产力中最活跃的因素,企业发展生产力,除了要有先进的生产设备,现代化的管理思想,高素质的员工,还要能够及时把握市场营销信息。一个企业如果能在其生产经营活动过程中,及时、正确地把握市场信息,便可以在很大程度上提高其经济效益。

5.运输市场营销信息是连接社会大市场的桥梁和纽带

现代社会是一个多结构、多层次的错综复杂的系统。在这样一个庞大的系统内,必须依靠信息来协调其行动。如果没有一个四通八达的信息网络,社会大市场的有效经营就会受到严重影响。

第二节 运输市场营销信息系统概述

一、运输市场营销信息系统的基本概念及其发展

(一)运输市场营销信息系统的概念

运输市场营销信息系统是运输企业管理信息系统的重要组成部分,它与运输企业的生产

管理信息系统、后勤供应信息系统、人力资源管理信息系统和财务管理信息系统共同构成运输企业管理信息系统的业务部门管理信息系统。运输市场营销信息系统是指由人、计算机和程序组成的，专门为运输企业的市场营销活动提供准确的市场信息，为企业营销决策者提供决策依据，为发挥运输市场营销的整体功能而进行运营管理的系统。

运输市场营销信息系统的概念包含三层含义：第一，运输市场营销信息系统是由人、计算机和程序组成的集合体；第二，运输市场营销信息系统为企业提供准确的市场信息；第三，运输市场营销信息系统要为运输企业的营销决策提供依据。

（二）营销信息系统的发展

传统的营销信息系统的开发一般是基于功能层次组织结构下，采用管理信息系统方法（原因是认为营销信息系统是管理信息系统的一部分），并与决策模型集成起来，处理营销活动和策略，这种方法适合于传统的层次组织结构。

现代营销理论认为，营销活动是为了在竞争的市场中为客户提供更有价值的产品和更好的服务，营销信息系统的目的应是支持整个营销过程，而不仅是用于营销管理和决策。因此，营销信息系统不但用于营销管理，而且还应支持具体的日常营销活动。

至此，营销信息系统已发展成为包括下面两部分的完整系统：管理营销信息系统（Management Marketing Information System）和操作营销信息系统（Operational Marketing Information System）。管理营销信息系统是管理营销信息、营销研究、模型化营销业务、制定营销决策、预算、报表和控制营销活动及环境的工具。操作营销信息系统是营销活动的实现工具，是对传统事务处理系统的发展，被称作销售人员的个人生产力工具。

随着信息技术和决策理论的发展，营销信息系统在决策支持方面也在逐渐发展和完善。首先被采用的是决策支持系统（DSS），DSS主要以数据和模型（数学模型、运筹学模型、经济计量模型等）来支持决策，采用数值分析方法解决结构化问题，但由于它缺少对知识的利用及符号推理，因而难以处理那些不确定性问题以及信息不完备的问题，使其应用受到限制。80年代以来，人们将人工智能技术，特别是专家系统（ES）用于决策支持系统，出现了智能决策支持系统（Intelligent Decision Support System，简称IDSS）。专家系统使用人类专家的经验，利用知识推理和定性分析，能有效解决半结构化及非结构化问题。扩大了决策支持系统的应用范围，提高了决策支持的能力。现在，大多数西方国家企业营销信息都是数据库系统、决策支持系统和专家系统的集成。

二、建立运输市场营销信息系统的必要性

技术进步、全球市场一体化、客户对服务需求的增长和电子商务的广泛应用，对运输企业竞争的影响极大。面对快速变化的市场环境，信息成为运输企业不可缺少的生产经营资源。为了及时处理大量增加的内、外部信息和提高其处理质量，运输企业必须利用现代信息技术。营销信息系统作为连接运输企业和营销环境的纽带，可以使公司更贴近客户，及时有效地了解客户的需求、市场环境的变化、竞争者的动态以及行业的发展趋势，不断快速地捕捉新的市场机会，对运输企业的决策和经营活动起着重要的作用，也是提高运输企业竞争能力的重要问题。

1.建立运输市场营销信息系统，可以提高运输企业营销决策能力

任何一个企业都是在不断变化的社会经济环境中运行的，虽然企业无法控制营销环境，但可以正确、全面地了解市场营销环境，把握各种环境力量的变化，适时做出适当决策。运输市

场营销信息系统集成了电子商务、业务处理、营销决策,不但改变运输企业交易手段,更重要的是将运输企业与市场环境紧密联系起来,使运输企业的营销决策能够与环境的变化相协调,从而提高营销决策能力。

2. 建立市场营销信息系统,有利于运输企业的营销工作实行规范化管理

运输市场营销信息系统的开发将企业内部生产信息、运输市场信息内容系统化,收集信息程序制度化,信息管理数据化、格式化。系统通过建立吸引区内运输市场信息库,可及时掌握企业生产、销售、商贸等各类生产和社会活动引发的运输需求,了解和研究运输企业吸引区范围的竞争对手的运量、技术进步和采取的营销策略等。这些信息的处理有利于规范化,使现场工作人员便于操作。

3. 应用运输市场营销信息系统,可以建立运输企业的竞争优势

运输企业市场营销信息系统将企业和市场紧密联系起来,提高对市场信息的获取和处理速度,并提高企业决策能力,使企业能够及时准确把握市场脉搏,提高企业的市场应变能力。而且运输企业营销信息系统不仅处理传统的营销操作,还着重处理企业与顾客、合作伙伴的关系,在分析研究市场的基础上,通过与客户、合作伙伴的有效联系,建立运输企业的市场竞争优势。

三、运输市场营销信息的来源与搜集

(一)运输市场营销信息的来源

运输市场营销信息是从运输企业生产和经营的环境中产生的,它存在于运输市场营销活动的全过程和营销环境的各个方面。要在较短的时间内,以较高的效率搜集所需的信息,就必须充分了解信息的来源。

运输企业市场营销信息的来源是多方面的,归纳起来可分为以下两类:

1. 来源于各种不同的机构

运输企业的市场信息首先来源于各种不同的机构,这些机构包括:

(1)国家政府管理部门。国家政府管理部门是运输企业营销活动环境中各种法律、政策、制度等信息的发布者。国家对交通运输的发展规划、决策计划都将引起运输企业的外部环境发展变化,从而给运输企业的市场营销活动带来新的信息。

(2)统计部门。统计部门也可以为运输企业市场营销活动提供许多重要的信息。由国家统计局每年编辑出版的《中国统计年鉴》,分行政区域和自然资源、综合、人口、劳动力和职工工资、固定资产投资、人民生活、运输等19个方面,汇总了我国经济和社会发展的情况。这里面的一些相关资料可以为运输企业市场营销活动的策划和开展提供重要的信息资源。

(3)信息中心、计算机数据库、市场调研机构及信息市场。我国从中央到地方的各个部门,都建立了信息中心、计算机数据库及相应的咨询服务机构和信息市场,交通运输部门也不例外。这些都是提供运输市场营销信息的重要机构。

(4)国内外运输市场及运输企业内部。运输市场是运输产品供求关系信息的最直接来源,各类运输产品的运能供给量、服务质量、运价、需求状况、旅行消费倾向,都在运输市场融合体现。运输企业还可以通过各种渠道及时掌握国际运输市场信息,研究国际运输市场需求,积极开拓国际联运业务。运输企业在自身生产经营管理活动中产生的各种资料、报表是企业开展营销活动的第一手资料,也是最可靠的信息来源。

2. 来源于各种不同的载体

各种市场信息的传播和传递都需要有一定的载体来支持,所以,各种不同的载体是运输市场营销信息的重要来源。

(1)报纸。报纸是传递市场信息的重要来源。国家制定的新政策、法规等都要在报纸上刊登出来,而且有的报纸还开辟了经济信息专栏,传播各种经济和市场信息,通过报纸,运输企业可以及时地了解所处的外部环境的变化情况,掌握其变化趋势,从而快速调整营销战略。因此,报纸是运输企业获得市场信息的一个重要途径。

(2)电视、广播。电视、广播也是传播市场信息的重要媒介。许多运输需求发展动态、市场调研研究和市场预测报告都可能通过电视、广播来传递。

(3)计算机网络。计算机网络是传播市场信息的一种现代化载体,随着计算机技术的不断发展,出现了跨越国家和地区的计算机信息网络,使得在网络上传播市场信息成为可能,运输企业可以在网络上发布信息,也可以从网上获取所需的信息。

(4)货主和旅客。货主和旅客是运输的真正需求者,因而他们是市场信息的最重要载体。运输企业要通过各种方式,与货主和旅客保持经常联系,并从他们那里获得所需要的各种市场信息。

(二)运输市场营销信息的搜集

1. 运输市场营销信息的搜集过程

要全面而准确地搜集运输市场营销信息,首先必须要明确信息需求,然后选择正确的信息源,最后才是信息搜集的具体实施过程。

1)明确信息需求

通常情况下,引起运输企业的营销管理人员对信息的需求的原因主要有两个:一是遇到某个需要解决的问题,二是在具体的营销管理活动中还缺少必要的数据情报。需求动机是导致行为产生的第一动因,但并不是所有的信息需求都会导致信息收集活动。运输企业的营销管理人员在进行信息的搜集之前,必须明确搜集信息的目的,这样才能有的放矢,在较短的时间内,花费较少的精力和资金完成对所需信息的搜集,减少时间以及资金的浪费。

2)选择信息源

信息源是指产生、持有、载有并可能被传递出去的供一定活动所需的信息来源。信息源的选择正确与否直接关系到搜集的信息的好坏。讨论信息源的目的在于认明可供开发、利用的信息来源,明确特定营销活动所需的信息内容可能从哪些渠道获得,减少信息收集中不必要的浪费,为满足信息处理和利用打下良好的基础。

3)信息的搜集

运输企业市场营销信息的搜集包括企业内部资料的搜集和外部市场情报的搜集两个部分。

(1)企业内部资料的搜集。内部资料是指从企业内部信息源获取的信息资料,例如财务部的财务报表和有关销售、成本、现金流量的原始数据;生产部的生产计划、采购和存货报告;销售部关于销售商、竞争者的分析情报以及顾客购买行为和心理特性的数据库;售后服务部有关顾客满意度及维护的统计数字等,营销管理人员可以借助这些部门的资料与数据制定符合企业发展规律的营销方案。搜集企业内部资料与搜集其他信息的方式相比,具有快速、经济的特点,但也存在不足。大多数内部资料的收集是出于其他原因(会计部门销售与成本数据是用于编制财务报表),而并非是为了制定营销计划。因而内部信息对于营销决策来说是不全面和不完全适合的,有时甚至会导致错误。

(2)搜集市场情报。市场情报是一切有关市场经济活动的信息的总称,包括反映市场上运输供求、价格、竞争、风险、管理等状况和趋势的各种消息、数据和资料。搜集市场情报有很多途径。大量情报的取得来源于本企业的职员,如企业领导、销售人员等。一些重要情报的获取可能来源于企业的合作伙伴和客户,与他们建立良好的合作关系,可以获取意想不到的市场信息。获取竞争对手情报的信息源很多,如公开信息源中的竞争对手的年度报告、重要人物讲话、媒体报道、企业招聘广告等,以及非公开信息源中的行业会议、访问竞争者的客户等。市场调查是主动获取市场情报的重要途径,它根据调查的目的,采用适当的调查方法,通过接触实际市场环境,系统地搜集信息,是一种高级的、深层次获取信息的重要方法。运输企业可以利用自己设立的市场调研机构进行调查,也可以把课题部分或全部"外包"给其他专业机构。

2.搜集运输市场营销信息的条件

(1)要有先进的技术手段和设备

随着市场营销向多元化、全球化发展,市场营销信息的搜集、整理、传递都需要有先进的技术和设备来支持。

(2)建立一支专业的信息人员队伍

这支队伍的成员既要具有扎实的专业技术知识,又应具有市场营销学、情报学、公共关系学、外语、计算机等方面的知识,同时还应具有操作现代化通信技术和设备的技能。此外,这些专业人员应具有较强的分析、综合和判断能力,才能将大量杂乱无章的信息去伪存真,进行有序化的整理,为企业进行科学的决策提供可靠的依据。

四、运输市场营销信息的处理、分析与评价

为了充分发挥信息在运输企业市场营销活动中的作用,就必须对搜集到的市场营销信息进行处理、分析和评价。

1.运输市场营销信息的处理

运输市场营销信息的处理分为整理、传递、储存、检索和输出5个阶段。

(1)信息的整理。信息的整理就是按照一定的原则和方法,对调研采集来的分散无序的营销信息资料进行整理,使之从微观无序的状态转变成宏观上的有序化,达到能反映客观环境情况的总体特征,更加便于管理和使用。整理工作包括从初级的加工性的定性整理(如分类筛选、综合比较)、数据加工(对原始数据情报进行数理统计和综合计算)、定量整理到深度加工处理得出的信息研究和预测成果的全过程。

(2)信息的传递。经过整理的信息要按照营销决策者的需求及时、快速地传递给营销决策者。信息只有进行有效地传递,才能得以利用从而实现它的价值。因此,信息传递的质量和速度在很大程度上影响着市场营销效益和营销目标的实现,运输企业要采用先进的通讯技术保障信息传递的质量和速度,提高信息传递的有效性。

(3)信息的储存。有时候,经过整理后的信息暂时不用的,以及那些有价值的信息就需要将这些信息储存起来,妥善保管以备后用。信息的储存需要注意安全性,储存的信息要保证能随时被调用和检索。

(4)信息的检索。由于市场营销信息量大、复杂,为了便于查阅,必须建立起快速方便的查询系统,在系统中备有目录、文摘、索引等以方便检索。

(5)信息的输出。信息的输出是信息处理阶段的最后一个环节,各运输企业可以根据自己

的营销需要,选择信息输出方式。

2.运输市场营销信息的分析与评价

营销信息的分析就是按照调研计划所规定的要求,应用有关科学的方法和软件、设备,对采集的营销信息、数据进行进一步地加工分析,找出信息之间的内在联系,提炼出恰当的调查结果,以反映某些客观的变化规律,揭示营销活动中的各种关系。

常用的信息分析方法有系统分析法、统计分析法、数学模拟法等。

系统分析法从系统的总体最优出发,将市场运行的生产、销售、运力分配等各个环节的信息综合到运输市场营销组合系统中进行分析研究。其主要程序是:确定系统目的→搜集信息→建立系统模型→进行系统优化→选择最佳方案。

统计分析法是通过对大量数量化的市场总体信息进行综合处理,得到具体的或概括性的市场信息的方法。

数学模拟法是通过分析影响市场供求关系的各因素信息数据库中的相关变量之间的关系,建立预测目标和影响因素之间关系的数量模型,进行定量分析来推测市场发展变化的趋势的方法。

营销信息的评价是把采集的营销信息进行客观的、必要的分析评价,得出研究结果,作为企业的经营战略决策的依据,也使企业的营销活动更能适应市场的变化,更好地实现自己的经营目标。通常评价市场信息的标准主要有:市场信息的准确性、及时性、适应性、可比性和经济性。

五、运输市场营销信息系统的构成

一个完整的运输市场营销信息系统的构成如图 5-1 所示。由图中可以看出,运输市场营销信息系统处于运输市场营销环境和运输市场管理者之间。运输市场营销信息系统接收来自运输市场营销环境的市场信息资料,经过营销信息系统的处理、分析、传递给运输市场营销的管理者。运输市场营销管理者依据营销信息系统提供的信息,制定、修改、执行和控制运输企业的市场营销计划和方案。

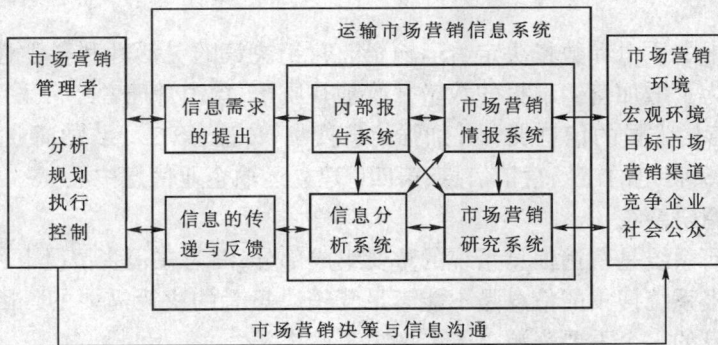

图 5-1　运输市场营销信息系统构成

1.内部报告系统

营销管理者使用的最基本的信息系统是内部报告系统,它的主要功能是向市场营销管理者及时提供报告订单、价格、应收账款、应付账款等。通过分析这种信息,营销管理者能够及时识别各种机会与威胁。

内部报告系统的核心是"需求—生产—销售"循环,这个循环过程集中反映了运输企业各个环节及运输企业的生产经营活动的效率,因此,运输企业的内部报告系统的关键就是如何提高这一循环系统的运行效率,并使整个内部报告系统能准确、迅速、可靠地提供各种有价值的信息给企业的营销管理者。

2.市场营销情报系统

从营销决策的角度来看,内部报告系统提供的是已经发生的事后信息,而市场营销情报系统提供的是有关外部环境的当前信息,如市场需求、新的经济政策、技术创新、竞争者情况等。可以将市场营销情报系统定义为:营销管理者为了获得关于市场营销环境发展变化的日常信息所用的一整套程序和信息来源。

搜集外部信息的方式主要有4种:(1)无目的地观察。没有既定目标,在和外界接触时留心搜集有关信息。(2)有条件的观察。不主动搜集信息,但直接接触范围或类型比较明确。(3)非正式地搜寻。为获得特定信息进行有限的和无组织的搜寻。(4)有计划的搜寻。按预定计划、程序和方法来搜寻特定信息。

营销情报系统通过企业的各级营销人员、中间商以及专职的营销搜集人员形成情报的循环网。如图5-2所示。

(1)情报定向。这个阶段的主要目的在于确定运输企业所需的外部环境的情报及其优先次序,还有观察这些情报的指标和搜集系统的建立。

(2)情报的搜集。这个阶段主要是负责观察环境,以搜集适当的情报。

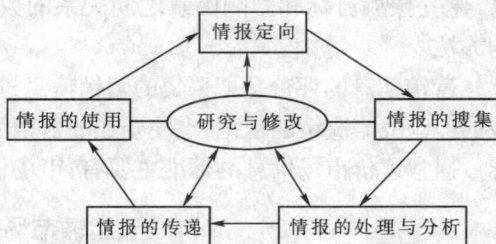

图5-2　市场营销情报系统

(3)情报的处理与分析。对搜集到的情报,要分析它们的可靠程度、适应性、有效性等,并进行适当的处理,提取那些有价值的情报。

(4)情报的传递。即将经过处理的情报及时送到营销决策者手中。

(5)情报的使用。为有效地使用情报,必须建立一种索引系统,并且及时地清除那些过时的、无用的情报。

市场营销情报的质量和数量决定着运输企业营销决策的灵活性和科学性,进而影响运输企业的竞争力。为了增加营销情报的数量并改善其质量,营销管理者经常采用如下措施:

第一,提高营销人员的信息观念并加强信息搜集、传递;第二,鼓励商业伙伴通报有关信息;第三,积极购买特定的市场营销信息;第四,建立运输企业信息中心。

3.市场营销调研系统

市场营销调研系统是营销信息系统的重要组成部分,因为在很多情况下,仅靠内部报告系统和市场营销情报系统搜集的信息是不能满足营销决策者的决策需要的。因此,市场营销调研是获取市场信息的一个重要来源。

4.信息分析系统

由以上几个系统搜集到的信息,通常还需要进行分析。信息分析系统是指运输企业以先进技术分析市场营销数据和问题的营销信息子系统。一个完善的信息分析系统是由资料库、统计库和模型库3部分构成的。

(1)资料库。有组织地搜集运输企业内部和外部资料,营销管理者可随时取得所需资料进行研究分析。内部资料包括销售、订单、财务信用资料等;外部资料包括政府资料、行业资料、市场研究资料等。

(2)统计库。统计库是指一组随时可用于分析的特定资料的统计程序,它通过分析输入的市场信息,找出各市场营销变量之间的关系。营销人员为了测量各变量之间的关系,需要运用各种多变数分析技术,如回归、相关、判别、变异分析以及时间序列分析等。统计库分析结果将作为模型的重要投入资料。目前国内外普遍采用的统计库有 SPSS、TSP、NCSS 等软件包。

(3)模型库。模型库是由高级营销管理人员运用科学方法,针对特定营销决策问题建立的一组数学模型。它主要用于协助运输企业决策者选择最佳的市场营销策略。常用的模型有两类:按照目的分有描述性模型和决策模型;按照技术标准划分有图示模型、文字模型和数学模型等。

六、运输市场营销信息系统的内部结构

运输市场营销信息系统包括数据库、统计库、模型库和显示部件。整个体系同使用者与环境这两项外部要素是相互作用的,其内部结构如图 5-3 所示。

数据库的作用在于执行数据的存储、检索、操作与转换。模型库是各种模型的集合,包括定价模型、广告预算模型以及进行营销计划和控制所使用的各种模型。显示部件是系统与使用者之间的接口,执行咨询功能。在这四者之间存在着数据的相互提取和使用。

一个完整的市场营销信息系统一般包含 2 个分析库和 7 个数据库,其中分析库为统计库和模型库,它们已经在前面介绍过了,下面就着重介绍一下数据库。

(1)市场数据库。市场数据库主要用来存储关于市场及其特征的信息。

(2)市场营销环境数据库。市场营销环境数据库主要存储有关运输企业进行市场营销时的微观和宏观环境的信息。

(3)市场营销计划数据库。在这个数据库里主要存储了有关市场营销计划的信息,包括产品的销售和利润状况及预测。

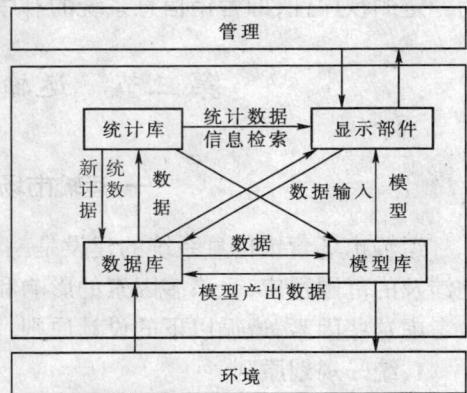

图 5-3 运输市场营销信息系统的内部结构

(4)客户数据库。客户数据库是用来存储客户的需求以及实际的和潜在的客户资料的。

(5)市场营销分析和控制数据库。此数据库能够提供有关运输企业的销售业绩、广告效果、分销水平等信息。

(6)市场营销组合数据库。该数据库存储的信息主要包括产品、定价、分销和促销措施和策略以及它们的变化情况等。

(7)竞争者数据库。竞争者数据库主要存储了有关竞争者的产品销售、市场细分及他们的营销策略等。

七、营销信息系统的特征

营销信息系统是信息系统中的一个子系统,它既具有信息系统的一般特性,又具有属于营销信息系统的独特的特性,主要体现在下面几个方面:

1.开放性

信息系统开放性的特点决定了营销信息系统同样具有开放性,它与外界营销环境之间存

在着密切的物质、能量和信息等的交换流动,这种流动可以是由其他系统向营销信息系统的输入,也可以是营销信息系统向其他系统的输出。

2.整体性

营销信息系统是由相互联系、相互作用的4个子系统即内部报告系统、市场营销情报系统、市场营销调研系统和信息分析系统构成的,是具有一定结构和功能的整体。营销信息系统的本质特征就是整体性。表现在:营销信息系统的目标、性质、运动规律和系统功能等只有在整个信息系统中才能体现出来,营销信息系统中每个子系统的目标和性能必须服从于整体发展的需要。各子系统之间保持着有机联系,形成一定的结构,用以维持其整体性。

3.目的性

营销信息系统具有明确的目标,即不仅要满足信息商品消费者的需求,达到信息消费者所追求的经济效益和社会效益,而且还要符合消费者自身的利益和社会的长远利益。营销信息系统中的各子系统具有明确的功能,为完成既定的任务各尽其职,目的性非常明确。

4.有序性

由于营销信息系统是由若干相互联系、相互作用的子系统结合而成的具有特定功能的有机整体,营销信息系统各子系统之间,子系统和管理信息系统之间存在着有规划的联系,表现为一定的秩序性,即营销信息系统的有序性。

第三节 运输市场营销信息系统设计

一、运输市场营销信息系统的设计原则

运输市场营销信息系统的建设是一项集计算机技术和市场经济内容为一体的系统工程,它涉及的范围很广,受诸多因素的影响和制约。因此,在设计运输市场营销信息系统时,要综合考虑这些因素,遵循以下的设计原则:

1.统一规划原则

运输市场营销信息系统的建设应根据运输企业的发展目标,从企业的全局出发,综合其他各部门的功能和业务流程等进行统一规划,使搜集到的信息为企业整体服务,以便于各个职能部门之间进行联系和协调,提高管理工作效率。

2.实用原则

实用性是指设计的营销信息系统能够最大限度地满足实际工作要求。因此,系统总体设计要充分考虑用户当前各业务层次、各环节管理中数据处理的便利性和可行性,把满足用户业务管理作为第一要素进行考虑。

3.适应性和可扩展性原则

任何一个营销信息系统的开发都是在现有的环境下完成的,开发的结果是要满足运输企业现行的营销管理要求。由于运输企业所处的内、外环境是不断发展变化的,因此运输企业的生产经营活动也不断变化,企业营销的内容和方式也要不断变革,才能适应社会的发展,捕捉到新的市场机遇。为适应这种变化的需要,建立的新系统必须具有较强的适应性,才能为运输企业的营销活动及时提供有价值的各种信息。

另外,市场营销信息系统在业务处理方面应充分考虑用户业务发展需求,提供丰富的用户自定义功能,使系统具有弹性和更好的适应性。

4.完整性原则

考虑到影响运输企业市场营销的因素众多,因此在设计系统时,要保证能搜集到尽可能完整的信息,且系统功能亦应完备,以使对功能模块的设计满足系统要求,实现优化的网络设计,安全的数据管理,高效的信息处理。

5.经济性原则

一个营销信息系统的建立往往需要耗费大量的人力、物力、财力和时间,新系统的开发一方面要考虑企业此项支出的承受能力,又要考虑投入使用后运行、维护等方面支出的经济承受能力。经济性原则,就是要在营销信息系统的建立过程中,努力做到耗费少,又能提供数量多、价值高的营销信息。为此,就要在系统方案的选择上通过科学的分析比较,根据营销目标的要求,选择既经济又能高标准地实现营销管理的系统建立方案。

6.技术先进性原则

现代运输信息系统建设是一项综合的、复杂的技术和社会工程,它涉及到计算机网络技术、通信技术、市场学、经济学、管理学、社会学等多门学科。

一个新研制的营销信息系统不仅所应用的管理理论是尽可能新的,而且所使用的技术、设备也要是先进的。系统的开发要基于较高的层次,利用当前成熟的技术保证系统的性能。尤其是在计算机技术和通信技术飞速发展的今天更要充分注意这个问题。

7.安全和保密性原则

随着计算机的普及,尤其是微机和网络技术的快速发展,信息的共享性大大提高,计算机犯罪问题出现的频率也越来越高。另一方面,计算机病毒出现以后,信息系统时刻处于计算机病毒的威胁之中。因此,在网络系统中安全和保密性极为重要。所设计的信息系统,要保证其在遭到计算机病毒和黑客侵袭时具有安全保护作用,对于系统的机密信息,系统也应具有保密作用。

8.高效原则

处于瞬息变化的市场环境中的运输企业,每天都可能会搜集到很多的市场信息,而许多运输企业,服务辐射地区广,客户储备量大,因此要求系统投入使用后应具有较强的业务处理能力、较高的处理速度及较大的存储容量,以保证系统能高效地搜集、处理、传递信息,为运输企业的营销决策服务。

二、运输市场营销信息系统开发的方法

目前,用于信息系统开发的方法主要有原型法和生命周期法。

1.生命周期法

生命周期法是结构化生命周期法的简称,它是 20 世纪 70 年代初发展起来的,是信息系统开发的基本方法。由于它是一种较传统的方法,在技术运用上较为成熟,因此,目前国内外广泛采用这种方法来进行软件的开发。

生命周期法从时间角度对软件开发和维护的复杂问题进行分解,采用自顶向下的设计把软件生命的漫长周期依次划分为若干阶段,每个阶段有相对独立的任务,在这些分析的基础上自底向上逐步地实现系统的全部功能。软件生命周期可划分为问题定义、可行性分析、需求分析、总体设计、详细设计、编码和单元测试、综合测试、软件维护等几个阶段。

生命周期法强调阶段完整性,即每个阶段的活动最终都要形成完整一致的、正确无误的阶段文档,经过严格的阶段审查后,以冻结文档的方式结束该阶段的活动。阶段的完整性基于这

样两个假设:在系统需求分析和规格说明两个阶段中,系统的使用者能清楚地、完整地提供有关系统的需求;同时系统的开发者能完整地、严格地理解和定义这些需求。在这样的假设下,才形成了严格的开发顺序。生命周期法还强调开发过程的顺序性和连续性,即前一个阶段的结果作为后一个阶段的前提和基础,后一个阶段是前一个阶段的发展和继续。这样就要求冻结的文档确保其完善性和稳定性,否则,在开发后期修改前期不完善的文档将要付出极大的代价。

生命周期法的优点是易于实现用户的要求,工作阶段明确,容易得到用户的理解,系统文档齐全,便于系统的维护和运行管理。由于生命周期法的复杂程度不高,用其开发环境稳定,最终需求容易确定的传统的信息系统是行之有效的。

随着技术的进步和发展,人们对信息系统开发的要求越来越高,现代信息系统发生了深刻的变化,它具有应用范围广泛,复杂程度高,使用环境灵活,采用技术多等特点。生命周期法在开发系统中的局限和不足也日益显现:由于生命周期法中阶段的划分是基于事先已经明确系统需求的基础,而往往在实际开发中,虽然开发人员通过全面调查现实系统,对业务过程作了许多仔细深入的研究,但在开发过程中还会遇到很多现实问题,因此,系统的需求很难被预先定义,同时也导致阶段的划分难以切中实际。另外采用生命周期法进行系统的开发,开发的周期较长,一次性的投资量很大。开发的系统不能快速地、较大范围地进行变化,不能很好地适应外部环境的变化。

2.原型法

原型法是 20 世纪 80 年代初随着计算机软件技术的革命而产生的一种开发信息系统的新方法。原型法摒弃了那种一步步周密细致的调查分析,然后逐渐整理出文字档案,最后让用户看到结果的方法,而是一开始就凭借着对用户需求的理解和用户希望系统实现后的形式,迅速设计系统原型,用户可通过此原型解决一部分实际问题。在此基础上,通过用户和设计者之间的意见交换,经过反复迭代和求精,借助于强有力的软件开发环境对模型进行快速修改。如此反复,直到用户满意为止。采用原型法开发信息系统有五个主要阶段:基本需求分析、快速构造原型、快速原型的使用、原型的评价和原型的修改和完善。

原型法通常按项目特点,人员素质,可支持的原型开发工具和技术等具体情况采用下列 3 种执行方式:(1)丢弃式原型:原型系统与通常意义上的"模型"的概念相似,不作为实际系统运行,只是作为用户和开发人员之间的通信媒介,以共同明确系统需求。(2)演化式原型:是构造易于修改的原型系统,经若干次设计、实施、演化,在不断改进中,逼近最终系统。(3)递增式原型:是在总体设计的基础上,先开发出系统的局部功能的版本,再开发出总体设计要求的其他各部分的功能。

原型法的优点主要表现在:

(1)快速原型法以其合理性克服了生命周期法阶段完整性难以保证的缺陷。以可运行原型为通信媒介,使用户快速介入系统,缩短用户与需求定义之间的距离,加强用户与开发人员之间的沟通。并通过评审原型使用户参与系统开发的全过程,达到提高用户对最终系统满意度的目标。

(2)开发速度快。系统开发管理方法的改进,集成化计算机辅助软件工程工具和集成化第四代语言的发展,以及原型开发工具的产生,提高了系统开发、系统维护和系统转换的速度。开发速度快是原型法的最大优点,也是此方法被采用的关键因素。

(3)质量高。快速原型法充分体现了软件开发中的反复性和渐进性,它能够提高软件开发的质量。

（4）维护费用低。系统的修改和维护在重新定义、重新生成的过程中进行，这种描述级的维护大大简化了维护工作，使维护费用降低。

原型法的缺点是对开发人员和用户的要求都比较高且必须有用户的充分配合。

生命周期法和原型法是开发信息系统的两种基本方法，他们各有特色，在实际的开发过程中，也可以将这两种方法结合起来使用，以便扬长避短，充分发挥这两种方法的优点。

三、运输市场营销信息系统的开发步骤

由于运输市场营销信息系统的功能涉及到销售、财务和管理控制，以及电子数据处理等多个方面，因此，运输市场营销信息系统的开发要求企业领导、营销管理人员、市场研究人员、财务和管理人员、系统分析人员、程序设计人员等的密切配合。因此，要开发一个功能完备、快速反应的适应运输市场营销需求的信息系统并不是一件很容易的事。

开发一个运输企业市场营销信息系统一般要经过系统分析、系统设计、系统实施和系统评价等步骤。

（一）运输市场营销信息系统分析

开发一个新的信息系统，必须对其进行充分地分析。系统分析的主要任务是了解现行系统的运作方式和运作情况；理解对现行系统的改进和新系统的需求以及新系统建立的目的和要达到的目标；把对新系统需求的理解用标准的工具表达出来。

系统分析的步骤如下：

1.用户提出要求

信息系统的开发是开发者和用户合作的结果。系统分析的首要步骤就是用户明确提出对系统功能方面的要求。

2.初步调查

初步调查的内容有：运输企业的现行组织机构以及各机构的业务情况和各机构存在的问题；企业内部的人、财、物的状况以及发展空间；运输企业的内外部发展环境；与系统开发有关的背景材料等。通过对这些资料的调查，然后再进行总结，找出运输企业信息资源管理存在的主要问题，提出合理化建议。

3.撰写系统开发任务书

在初步调查的基础上，分析人员以书面形式编写系统开发任务书，其内容主要包括现行系统的不足，新系统建立的必要性研究，新系统的总体目标、功能要求，新系统的效益估计，新系统的费用估计和开发周期估计等。

4.可行性分析。在充分了解了系统开发的背景的基础上，就要进行系统的可行性分析，以便判断是否已经具备了开发此系统的条件。

系统可行性分析主要从以下几个方面进行：

（1）系统目标的合理性。系统目标的合理性分析是系统可行性分析的首要环节，如果系统目标不合理、不切实际，开发出来的系统也没什么实际意义。

（2）组织机构和操作方式的可行性。运输企业的市场营销信息系统的运作和企业各组织机构都有密切的联系，因此，需要各组织机构的大力支持和合作。为了适应新的信息系统的要求，企业原有的组织机构可能要做出适当的调整，其固有的工作方式也可能要做出改变。因此，在进行系统可行性分析时，要充分了解企业各组织机构以及它们的操作方式，并对其进行

可行性分析。

(3)技术可行性分析。主要是对企业建立市场营销信息系统的软硬件技术支持进行分析和评价。

(4)经济可行性分析。开发市场营销信息系统,运输企业需要投入大量的人力、物力和财力。因此,在建立系统之前,必须对此系统能带来的经济效益与开发此系统企业所需的投资进行比较分析,进行经济可行性论证。

5.明确系统要求

对系统进行可行性分析之后,就要详细分析运输企业的内外部环境,明确系统要求。系统要求主要包括 4 个方面:(1)基本要求。确定各组织部门涉及的各种信息的来源和流向,各部门业务活动处理过程的时间限制和容量等,并在此基础上画出系统流程图。(2)营销部门的信息处理要求。(3)营销人员的决策要求。(4)整个企业的要求。即营销信息系统置于企业管理信息系统内部时,企业管理信息系统的其他子系统对营销信息系统的要求。

6.信息要求分析。常用的信息要求分析工作主要有数据分析、功能分析和信息流程分析。

数据分析采用数据流程图、数据字典、数据规范化、数据即刻存储图等工具和方法,采用定性和定量相结合的方法分析市场信息系统中数据的属性、存储要求、查询要求等。

功能分析采用决策树、决策表和结构式语言等工具和方法对数据流程中的基本功能单元进行分析,最后得到全局数据流程图和系统的功能树。

信息流程分析包括数据流程图的正确性和完整性检查、不合理信息流程的检查以及市场流程的变化分析等。

7.建立市场营销信息系统的逻辑结构模型。在以上分析的基础上,根据用户需求,可以确定其逻辑需求,制定系统的逻辑结构模型。

8.编写系统规格书。

这是系统分析的最后一步,是对系统分析结果经过整理,形成的书面文件,也称系统分析报告。主要内容包括系统目标、现行信息系统的情况、新系统的逻辑结构模型、系统开发项目管理的组织结构、下一步的开发计划、投资预算与阶段投资计划、预计新系统的经济效益等。

(二)运输市场营销信息系统的设计

系统设计是运输市场营销信息系统开发中的最核心部分,其主要任务是按照系统分析阶段确定的系统逻辑模型,具体设计出运行效率高、适应性强、易于维护升级、可靠性高且经济实用的系统实施方案。

1.系统模块结构设计

系统模块结构设计就是对系统内部进行层次分解,划分出系统的模块结构,确定模块的调用和模块之间数据流和控制流的传递关系。

通常情况下,运输市场营销信息可以划分为业务基础数据模块、业务流程处理模块、业务报表管理模块和业务信息管理模块。各模块根据其功能等实际情况的需要又可划分出多个子功能模块。但是,在实际开发过程中,由于运输企业的运输方式、服务对象、企业规模等的不同,其系统模块结构的划分也就有很大差别,因此,必须根据各运输企业的实际情况来划分其系统模块结构。

系统结构设计常采用结构化设计方法来进行。结构化设计方法在数据流程图的基础上利用事务分析和变换分析两种手段建立起系统结构。事务分析适用于事务型结构。事务型结构是接受一项事务,然后根据事务的类型决定执行某一事务处理。变换分析适用于变换型结构。

变换型结构是一种线性结构,它可以明显地划分为输入、处理和输出3部分,其核心是如何将得到的信息经过处理并输出。

利用结构化设计方法得到各模块的初始结构图后,还需要不断地改进才能得到最终的系统模块。

2.代码设计

一个信息系统储存的信息很多,为了避免重复劳动以及方便储存和处理,通常采用数字、字母或特殊符号等来表示各种事物和信息的名称、状态及属性等。我们将这些数字、字母、特殊符号称作代码。

合理的代码体系能有效提高营销信息系统处理信息的效率,从而有效地提高信息的使用价值。代码设计一般要遵循以下几个原则:(1)惟一性。代码是用来惟一标识实体及其属性的字母、数字的组合符号,因此,代码设计和编码对象之间必须存在一一对应的关系。(2)标准化。尽量使用国际通用代码,若出现现存代码不能满足要求,则可自行编码。自行编码要考虑编码的科学性、系统性和用户的习惯。(3)代码结构尽量简单、长度尽量短,减少冗余。(4)可扩展性。代码既要简短,又要留有余地,以适应企业发展的需要。(5)代码要使用方便、稳定。(6)分类性。为了方便储存和检索,要求所设置的代码应具有分类性,即可按照一定的顺序进行分类。

3.数据库设计

数据库是用来存放数据文件及信息的地方,因此,数据库的安全性是一个很重要的问题,另外,还要考虑其可靠性和数据的存储和提取的方便性。

4.输入输出设计

在一个系统中,输入输出部分是系统与人对话的接口,设计的好坏直接影响使用者的方便与否,影响到整个系统的好坏,从而影响系统的运行效率和实用性。

在输入部分,要保证内外部信息获取的速度要快,而且要保证信息的准确性和可靠性。在输出部分,营销活动要能根据营销决策快速地执行。

5.模块设计

模块设计是系统设计中的关键部分。由于各模块具有独立性和整体性相结合的特点,因此,在设计时,要尽可能保证各模块的独立性,以便可以单独地进行维修、调试,而不影响系统中的其他子系统。

6.撰写设计报告

完成以上各步骤之后,就要写出系统设计说明书,并提交。

(三)运输市场营销信息系统的实施

运输市场营销信息系统设计全部完成以后,应该考虑和解决的问题就是如何将营销信息系统运用到实际的工作之中。运输市场营销信息系统的实施阶段的主要任务有:所需设备的购买安装;程序的设计和调试;技术说明书和用户手册的编写;技术、操作人员和用户的培训;系统测试、转换及验收。

1.设备订货

系统设计好后,就要购买系统所需的软、硬件设备。在购买设备时,应注意要根据系统功能对设备的要求及用户的经济性要求等进行选购。尽可能使选的设备既经济,又能保证系统的各项功能顺利实现。

2.编制和调试程序

程序通常都是由专门的程序员设计完成的。在编制程序时,要根据系统设计步骤中提供的系统设计报告来进行,以保证设计出来的程序能完成系统要求的各项功能。程序设计通常采用的是结构化设计思想,从上至下依次对各模块进行编程。为方便维护,程序设计时尽量按软件工程规范来进行,做到规范化、标准化。程序设计完成后,还要对其进行调试。

3.编写技术说明书和用户手册

程序调试通过之后,就要编写出技术说明书和用户手册,以供技术人员和用户学习使用。用户手册应尽可能使用通俗语,少使用专业术语,以适用层次不同的用户。

4.技术、操作人员和用户的培训

运输市场营销信息系统要能正常的运行,需要有一大批的技术人员和操作人员来支持。在他们上岗之前,必须对他们进行足够的培训,让其充分了解和熟悉该系统的各项功能和运作方式,这样有助于提高工作效率。另外,对用户也要进行适当的培训,以使其充分了解整个系统。

5.系统的测试、转换和验收

系统的测试分计算机系统的测试和总系统的测试两部分。研制好的系统必须经过调试,以保证其能正常工作。

系统的转换是指从原有的人工管理系统到计算机系统的转换。新研制的系统不能即刻投入实际工作中,还需要进行新老交替。系统转换的任务就是平稳而可靠地进行人工系统与计算机系统的交接。

经过上述的所有过程之后,系统的开发阶段就已经全部完成了。新系统经过试行一段时间就可以正式移交给用户。用户根据原定的各项系统目标进行评价,如果认可,就可以对系统进行验收。

(四)运输市场营销信息系统的综合评价

运输市场营销信息系统是一项综合性的工程建设项目,对运输市场营销信息系统进行综合评价是指根据系统的目的,在系统调查和系统可行性研究的基础上,从技术、工作性能、利用率及经济效益等方面做出全面的评价。对运输系统进行评价的目的是要检查系统目标、功能及其他指标的实际情况和系统中各种资源的利用程度是否达到了设计要求。并根据分析,找出系统的薄弱环节。提出改进意见和建议。

运输市场营销信息系统综合评价包括系统技术评价和经济效益评价两个主要方面。

运输市场信息系统的经济效益评价主要是通过计算、比较、分析其投入将带来的利益,确定其综合利用程度。系统的投入成本是指在系统的开发、实施、运行、管理维护等各阶段投入的人力、物力、财力。在进行经济效益评价时,要建立完整的评价指标体系,主要的评价主要有静态评价指标(年经济效益、投资回收期、投资效果系数、追加投资回收期等)和动态回收期(成本效益、动态投资回收期、净现率、内部收益率等)。评价指标体系建立后,就可以选用评价方法来对其进行评价,常用的经济评价方法有专家评分法、层次分析法、模糊评价方法等,为了保证评价的结果的可靠性,通常采用两种或两种以上的方法来进行评价,并综合评价结果,得出最后的结论。

随着计算机技术和信息技术的快速发展,各种先进的计算机技术、通讯技术、网络技术都运用到信息系统的建设上来。对系统进行技术评价就是对系统采用的技术的先进性、适用性、可靠性、维护性等方面进行分析、比较、评价。

第四节　运输市场信息管理系统实例

在前面几节中,我们讲述了有关运输市场营销信息及信息系统的一般理论,以及系统开发的方法、步骤。本节将通过一个具体的运输市场营销信息系统开发的实例,将系统开发的一般方法、步骤贯穿其中,以加深对运输市场营销信息系统开发的分析和设计的理解。

一、运输企业的基本情况

某铁路局是专门从事铁路货物运输生产的企业。随着市场经济的发展,货运市场竞争越来越激烈,为了更好地了解市场运输需求,把握市场发展动态,捕捉新的市场机遇,该铁路局迫切需要建立起市场营销信息系统,为企业的营销决策及时地提供可靠的货运市场信息,如企业产品信息、生产资料来源信息、国家及地方的政策法规信息、生产布局的调整及变化信息、其他运输方式和运输企业的信息、企业内部的信息等。

二、铁路货运企业市场营销信息需求分析

根据铁路运输营销的特点,货运营销信息可分为两大类:内部生产过程信息和外部环境信息。

内部生产过程信息主要包括内部运车资源配置、运车资源使用信息,货运及收入的完成情况等生产经营信息,货源情况等。外部环境信息是指铁路运输生产部门难以控制的信息,主要包括市场信息、竞争信息、政策信息、地理信息等。市场信息包括吸引区内企业的产成品生产销售情况、原材料的来源情况、运输及库存情况、技术水平的变化等。掌握货源信息,是铁路运输业赖以生存的基础,是物流与铁路运力资源合理配置的关键。竞争信息是指竞争对手的规模、营销策略、作业方式、服务水平、发展趋势、市场份额等信息,通过这些信息,充分了解竞争对手,分析他们在货运市场竞争上的优劣势,从而制定铁路运输企业的营销策略。政策信息是指国家政府行为及国际形势变化等信息,掌握这类信息对调整铁路运输企业生产力布局具有前瞻性,如国家大力发展清洁能源,在一定程度上降低了煤炭用量,铁路煤炭运量将减少。通过政策分析,及时调整铁路运输企业的运力配置、车种结构,开发新货源,以减少由于煤炭运量减少对铁路运输的影响。地理信息是指与企业地域相关的人口、资源、经济状况等信息,这些信息对运输企业根据实际情况开展营销具有重要意义。

三、系统目标的确定

各企业的目标和战略不同,导致营销信息系统的目标也会有所差别。通过分析此铁路货运企业的目标、基本情况以及营销信息来源等,可以确定此营销信息系统的目标为:

(1)用计算机管理全部运输市场信息。即从信息的搜集、整理加工、传递、查询、输出到进行市场销售分析和预测的整个过程都是由计算机软件来完成的。

(2)信息搜集制度化。由于与此运输企业的运输活动相关的信息繁多,而且非常复杂,为了提高信息搜集的效率,以便在最短的时间内搜集到更多可靠的信息,就需要将信息搜集工作制度化,规定哪些人员搜集哪方面的信息,采用什么方法,在什么时间什么地点去搜集等。

(3)信息加工标准化。信息加工的方式有多种,为了便于整理、存放、查阅、使用等,要求经

过加工后的信息要求统一规范的输出形式。

(4)信息内容系统化。市场营销信息的系统性决定了在建立信息系统时,要考虑全面,使所搜集的信息全面、完整,包容企业营销活动所需的所有信息。

(5)信息传递的规范化。为了防止在信息传递过程中出现排队、拥挤、阻塞与混乱现象,就要对传递时间、方式、途径、方向、路径等制定出有序的传递规程,提高传递效率和信息利用率。

四、系统功能分析

货运营销信息系统是一个庞大的系统工程。为充分满足铁路营销的需要,必须设计各种不同的功能,通过不同功能的有机组合,达到为营销决策提供支持的目的。通过对营销信息分析,营销信息系统应由以下几个子系统组成。

(1)营销环境信息子系统:以自然地理状况为背景,反映铁路运输企业自然资源的分布情况。可查询及输出吸引区范围内的企业产成品、农副产品、主要货物品类及原材料来源情况,可显示竞争对手、铁路沿线的地理地貌等信息。

(2)市场调研子系统:该系统根据铁路运输的特点,满足铁路运输市场调查工作中信息处理的需要,专门处理货运市场调查中的数据,建立各种档案,通过对市场调查信息进行不同侧面、不同数学模型的分析,以反映货运市场的变化,及时采取对策,适应市场变化。

(3)营销决策支持子系统:该系统要按照资产经营的要求,充分利用各种信息,建立大量的分析模型库,对各种数据资料进行分析,为领导决策提供依据。主要包括与货运相关的运量、收入、车辆运用等指标在数量、结构方面进行单因素及多因素分析;以点到点成本及运输收入为信息源,进行货运盈亏分析,从中找出在经营过程中存在的问题;以各种收入与收入相关的因素为信息源,分析收入的增减因素,为提高企业运输收入提供有效的途径。

(4)营销监测及预警子系统:该系统主要包括对车流、车辆使用监测。以车流径路为基础信息源,对车流实际走行的径路进行监测,对违反车流径路的车辆进行记录统计,并与相关单位清算,同时对调度指挥也是一种监督,督促按照规定的车流径路进行调度指挥,规范作业,为企业降低运输成本;以 18 点统计为信息源,对企业的车辆使用进行监测,对超出规定的范围后进行预警,并要求采取措施使之恢复正常。

(5)营销信息服务子系统:信息服务有内部与外部之分,要严格区分,以防泄密。对内建立一个统一的信息发布系统,特别是对企业营销比较重要的信息,如货物发送量、周转量、运输收入、行业政策等信息,企业其它部门可共享这部分信息。对外建立客户信息服务系统,可供货主查询铁路货物运输情况,包括计划信息、运输期限、运价信息等。随着新技术的广泛应用,对外信息增值服务将逐步得到重视和加强。

每一个子系统都是由若干功能模块组成的,如营销环境信息子系统的功能模块可以划分为图5-4所示的形式。

图 5-4 铁路货运营销环境信息系统功能模块图

五、建立逻辑结构模型

市场营销信息系统的逻辑结构模型是在系统分析的基础上，根据功能分析的结果建立的便于计算机实现的处理模型。例如，此铁路货运企业可建立如图5-5所示的客户管理模型。

客户管理模型处理的事务主要有：根据客户的订单信息和市场营销人员掌握的客户信息登录，并及时更新客户档案资料，营销管理人员和企业领导者可以随时查阅有关客户的信息。

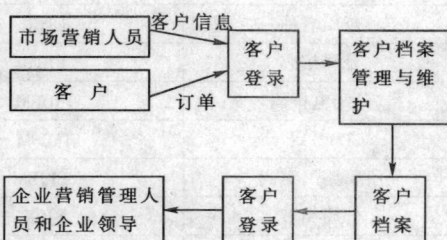

图 5-5 客户管理基本处理模型

六、代 码 设 计

在此铁路货运市场营销信息系统中要用到很多代码，根据前面给出的代码设计原则可以得到各种信息代码。这里给出一个示例：

如，要设计此企业服务辐射区内的某个地区的人口环境信息代码，

$$\underset{\text{地区}}{\times\ \times} \quad \underset{\text{总量及增长速度}}{\times\ \times} \quad \underset{\text{地理分布}}{\times\ \times} \quad \underset{\text{年龄结构}}{\times\ \times} \quad \underset{\text{知识水平}}{\times\ \times}$$

七、输入输出设计

输入主要是指各种运输单据及原始信息的输入。数据及信息输入的格式可以根据用户的习惯来进行。

例如，该企业的竞争对手的基本信息的输入格式可以设计成表5-1所示。

_____年企业竞争者情况输入   表 5-1

竞争企业名称	竞争企业规模	竞争企业营销策略	竞争企业作业方式	竞争企业服务水平	竞争企业发展趋势	竞争企业市场份额
⋮	⋮	⋮	⋮	⋮	⋮	⋮
⋮	⋮	⋮	⋮	⋮	⋮	⋮

在输入过程中，可以提供增加、修改、删除等功能，在这里就不一一列举了。

输出的形式有两种，一种是在终端屏幕上输出，一种是将结果在打印机上打印后输出。其中终端屏幕输出主要用于各种查询结果的输出，其设计类似于输入设计。在这里就不另外举例说明了。打印机上打印输出主要为各种报表，在设计中要尽量与各级单位所要求的报表格式一致。

八、数据库文件设计

在设计数据库文件时，要根据系统和用户的具体要求来进行，注意要保证其具备良好的可靠性、安全性和易操作性。例如，此货运系统中各分局的数据库文件可设计为表5-2所示：

属 性 名	字 段 名	字 段 类 型	字 段 宽 度
分局名称	FJMC	字符	10
分局编码	FJBM	字符	6
分局电报码	FJDBM	字符	3
TMIS 码	TMISM	字符	5
所属路局编码	SSLJBM	字符	6
分局类型	FJLX	字符	4
分局等级	FJDJ	字符	2

九、处理模块设计

此铁路货运企业市场营销信息系统是由多个子系统组成的,每个子系统又包含若干个模块,而每个模块又是由多个子模块构成。处理模块是指计算机要完成信息的输入、加工整理、传递、输出等功能的程序。

例如,此系统有 3 个处理模块,即信息登录处理模块、信息编辑处理模块和信息查询处理模块,在这里,我们给出信息登录处理模块的设计图,如图 5-6 所示。

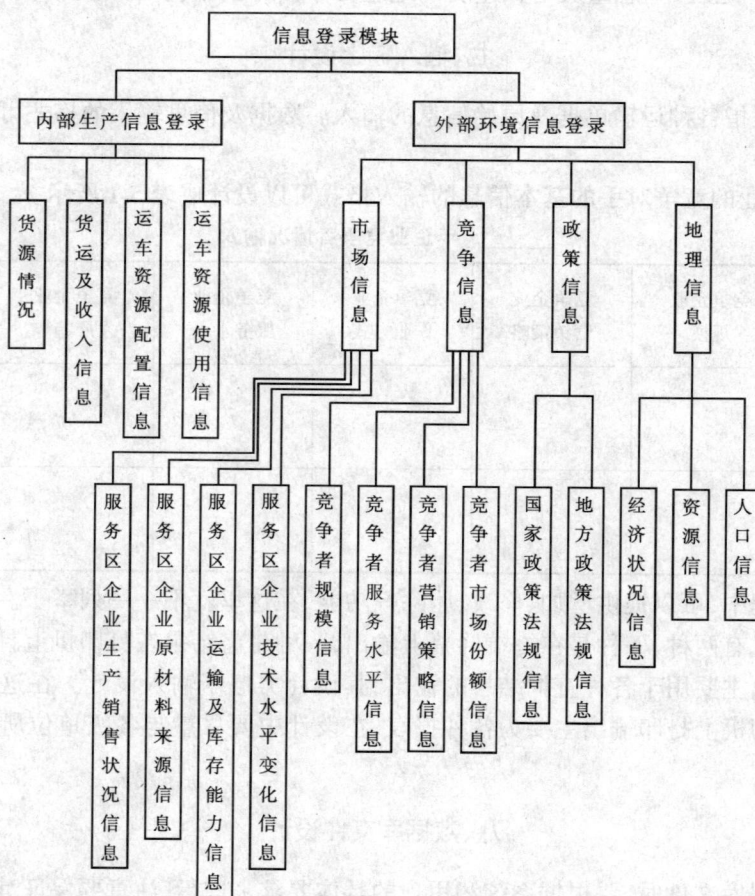

图 5-6　信息登录处理模块

十、应用程序的总体设计

应用程序设计是一项非常复杂的工作,它要根据数据流程图、数据库结构、处理逻辑模型和数据关系和输入输出方式等,运用计算机程序语言(如 VisualC ++ 、VisualBasic 等)编制应用程序。

复习思考题

1.简述运输市场营销信息的涵义、分类及特征和功能。
2.试述运输市场营销信息系统的概念和构成。
3.论述运输企业为什么要建立市场营销信息系统。
4.目前主要的信息系统开发方法有哪几种? 试对它们进行比较分析。
5.运输市场营销信息系统开发中的系统分析主要要考虑哪些问题?

第六章 运输目标市场战略与策划

运输市场面对的是一个庞大而复杂的客户(旅客、货主)群体,其需求具有复杂多样性。对于任何一个运输企业而言,它不可能有能力、也没有必要满足所有客户的需求或客户的所有需求。因此,只有通过市场调研,进行市场细分,结合企业自身的发展目标与资源条件,选择有效的细分市场,同时,确定适当的营销组合策略,不断满足客户的需要,使企业自身在激烈的运输市场竞争中得以生存和发展。实践证明,许多成功的市场营销战略都是建立在以客户需求特点为基础的市场细分基础之上的。本章主要论述运输市场细分、目标市场选择、市场地位以及营销策划等内容。

第一节 运输市场细分

一、运输市场细分及其产生的客观基础

市场细分(Segmenting 或 Market Segmentation)是把整体市场分割成为有意义的、具有较强相似性的、可以识别的较小客户群的过程。每一个这样的客户群称为一个细分市场(Market Segment)。

运输市场细分,是指运输企业通过市场调研,根据客户对运输服务的不同欲望和需求,以及不同的购买行为和购买习惯,按照一个或几个细分变量将运输产品的整体市场划分为若干旅客群或货主群的市场分类过程。在每一个细分市场上,旅客或货主的运输需求、欲望和购买行为具有相似性。因此,运输市场细分不是对运输产品的分类,而是对具有不同运输需求的客户的分类。

在运输市场细分中,运输需求的异质性和运输企业资源的有限性是细分产生的客观基础。这是因为:

首先,运输市场细分的假定前提是:需求在不同的细分市场是异质的,而在同一细分市场内部是同质的。运输市场是由多个实在的或潜在的运输服务购买者组成的,而不同购买者之间总是存在差别的,他们有不同的欲望和需求。严格来讲,每一个不同的购买者构成一个单独的市场。近年来,随着计算机辅助系统和网络的不断普及,使得彻底市场细分,即实行"一对一"营销,在实践上成为可能。但是,对于多数运输营销者来说,细分规模为一个单位是无利可图的,因此对于营销者而言,行之有效的方法是进行较宽的市场细分,即发现不同的具有相似或相近需求的运输服务购买者群体。例如,根据"旅客出行目的"这个细分变量可以将旅客运输市场细分为差旅市场、通勤市场、探亲市场、旅游市场等。

其次,在运输市场竞争中企业的资源是有限的。在运输市场中存在着众多的竞争对手。这些竞争对手为了谋求竞争优势,往往只能专注于某一或某些领域,因为他们的经营活动除了受市场特征的影响外,还直接受限于自身的资源条件。任何一个运输企业,不论规模多大,都不可能为所有客户提供某一种或几种运输服务,同时也不可能为某一个或某一群客户提供他

们所需的所有运输服务。因为满足这些需求,需要庞大的资源:资金、技术、人力、信息、土地等,这些资源本身就是稀缺的,对于一家运输企业而言,其可获得程度要受到很大限制,更何况,企业所面对的市场需求的增长,又是相对无限的。

二、运输市场细分的目的

运输市场细分有 3 个主要目的:

1.进行市场细分有助于运输企业发掘市场机会,进而开拓新的运输市场。

通过运输市场细分,企业可以把握各个不同的客户群体的需求及其满足程度,了解哪些细分市场中的运输服务的需求已经得到满足,哪些细分市场中的运输服务未得到满足或未得到完全满足,从而可以发现市场机会。同时,在分析运输市场上的竞争状态的基础上,根据运输企业自身的资源条件及竞争能力,形成适于自身发展的较为有利的目标市场。

2.进行市场细分有利于运输企业充分利用现有资源,获得竞争优势。

在现代运输业进入买方市场的条件下,运输企业的生产取决于市场的需求,如果市场需求量大,就会吸引更多的运输生产者进入,运输行业的竞争就会逐渐加剧。因此,企业只有借助于市场细分,整合自身的各种资源,专注于某一个或几个细分市场,获得竞争优势,从而在市场中求生存和发展。

对于中小型运输企业,其资金实力薄弱,研发力量不强,其他资源与大型运输企业相比也处于劣势,通过市场细分,选择进入一些大型企业不能顾及或不愿顾及的细分市场,可以避免激烈的竞争,减少竞争压力,拓展生存空间,增加发展机会。

对于大型运输企业而言,虽然其资源约束条件较小,但由于市场需求的不断增长以及大型企业间同样存在激烈的竞争,使得大型运输企业的这种资源优势也仅是相对的。因此,市场细分更应该是大型运输企业为谋求竞争优势而充分运用的工具。

3.进行市场细分有利于运输企业了解各细分市场的特点,制定并调整营销组合策略。

细分后的运输市场相对较小而具体,从而有助于运输企业把握不同细分市场的需求特点及变化情况,提高运输企业的市场适应程度。在此基础上,运用产品(服务)、价格、分销及促销策略,形成一套市场营销组合。同时根据细分市场不同变化,对这种组合进行调整,以适应市场需求特点。

三、运输市场细分的原则

运输市场细分对于运输企业确认和分析运输市场需求差别,发现市场机会,进而制定行之有效的营销组合策略具有十分重要的意义。但运输企业在应用市场细分策略时必须考虑到细分市场的实用性和有效性。实际上,每个客户之间都会有所不同,因此,每个运输市场都可以无限地细分下去,直到把每一个客户都看做是一个细分市场为止。显然,把市场看做是一个无差异的整体,或者把市场细分为每一个个体,都是对待市场的极端态度。市场细分的任务就是在这两种极端之中寻找一个折衷。由此可见,如何寻找合适的细分标准,对市场进行有效的细分非常重要。一般来说,在进行市场细分时,应把握以下 4 个原则:

1.可度量性

细分的市场是可以度量的,即运输市场特征资料是可以用数据进行测算的。这主要指用以细分运输市场的旅客和货主信息不仅能通过市场调研及时获得而且还具有可度量性,否则这种特征资料就不能成为细分运输市场的标准。

2.可盈利性

可盈利性是指细分后的运输子市场的规模必须达到足以使企业实现盈利。因为企业的经营目标就是为顾客提供最大价值的同时获取利润。如果细分后的运输子市场上货主发送货物的数量或旅客乘坐该运输工具的人数较少,以及使用的频率不高等,说明该子市场的潜力不大,获利就会很少甚至亏本。因此,有效的运输市场细分必须具有足够的运输需求规模和市场潜力,保证运输企业的盈利,使企业能够不断发展,否则这种细分对企业来说是没有价值的。

3.可进入性

可进入性是指运输企业资源条件和市场营销能力必须足以使企业进入所选定的运输子市场,并有所作为。每个运输企业的设备、技术力量、管理、比较优势等决定了该企业可以进入的运输市场是有限的,因而只能在可以进入的市场范围内进行细分。实际上,运输子市场的可进入性就是运输企业营销活动的可行性。显然,对于无法进入和难以进入的运输市场进行细分是毫无意义的。

4.可识别性

可识别性是指细分后的运输子市场不仅范围界定清晰,而且各子市场的规模以及购买力是可以估量的。对于运输企业而言,凡是难以辨认、难以测量的因素或特性,都尽可能地不要利用,因为这些不足以细分市场的变量会造成细分后的市场难以界定,不能被有效识别。

四、运输市场细分的标准

运输市场是以客户特征作为基础的,其出发点是客户对商品和服务的不同需求。运输市场的标准,对于客运市场和货运市场,存在一定的差异。

(一)客运市场细分的的标准

由于旅客需求的差异性是由多种因素造成的,这些因素也就成为了客运市场细分的标准。

1.旅客行程

对不同旅行距离的旅客来说,可将客运市场细分为长途客运子市场、中途客运子市场和短途客运子市场。

2.旅客出行目的

旅客出行目的的差异性较大,主要有出差、探亲、打工、求学、旅游等,相应的,客运市场可以分为出差子市场、探亲子市场、通勤子市场、打工子市场、求学子市场和旅游子市场等。

3.地理位置

按照旅客的地理位置来进行市场细分,这是大多数运输企业进行市场细分的主要标准,因为地理位置相对稳定,也较易于分析。我国是个幅员辽阔的国家,不同地区的人口密度、经济发展水平、工业化程度等具有很大差异性,因此不同地区的旅客消费水平、消费需求和目的也有相当的差异。依据地理区域范围细分,客运市场可以分为东北、东南、中部、西北和西南等子市场;根据行政区细分,客运市场可以分为各省、市(自治区)子市场。

4.旅客收入水平

在客运市场上,旅客的收入具有明显的差异,它将对旅客出行方式及交通工具的选择产生较大影响。根据这个标准可将客运市场细分为高收入、中高收入、中等收入、中低收入和低收入子市场。

5.旅客对舒适度的要求

随着人民生活水平的提高,旅客对运输的要求呈现出多样性及高层次的需求,希望在旅行过程中享受一定程度的舒适。根据此项标准可将客运市场细分为舒适度高、舒适度较高、舒适度一般及舒适度较低等子市场。

6.旅客旅行路径

可将客运市场细分为干线子市场、支线子市场及客运专线子市场等。

(二)货运市场细分的标准

货运市场细分,是指运输企业根据货主运输需求、行为的差异性以及货物性质、运输条件要求的差异,将货物运输整体市场分为若干个货主群体的过程。货运市场之所以可以细分,是因为货主的运输需求及货物的运输条件具有差异性,而这种差异性是由多种因素造成的,这些因素也就成了货运市场细分的依据。货运市场可根据以下因素进行细分:

1.根据货主生产规模大小细分

货主生产规模的大小是细分货运市场的重要依据。大货主虽然数量不多,但有大量的原材料运进及半成品运出业务,其货物发送量占总发送量的比例相对较大,且相对稳定。每个中小货主的货物发送量虽然较小,但发送总量并不小,且其生产和销售具有较强的灵活性和机动性。目前这类企业发展较快,数量很多。因此,根据货主生产规模可以将货运市场细分为大规模货主子市场、中等规模货主子市场及小规模货主子市场。或相应地也可称之为,大宗货物运输子市场、中等批量货物运输子市场和零星货物运输子市场。

2.根据货物运输距离细分

根据货物运输距离的不同可以将货运市场细分为长距离货运子市场、中距离货运子市场和短距离货运子市场。

3.根据地理位置细分

我国是一个资源分布和生产力布局不均衡的国家,资源丰富的地区,生产力水平却相对较低;生产力水平较高的地区,资源却相对匮乏。因此,在不同的地区主要运输的货物品类也有较大的差异。根据地理区域范围细分,货运市场可以细分为东北、东南、中部、西北和西南等子市场;根据行政区域细分,货运市场可以细分为各省、市(自治区)子市场。

4.根据货物运输条件细分

货物的品类不同,其运输条件也有所不同。按运输条件,可将货运市场细分为普通货物运输子市场和特种货物运输子市场。其中,普通货物运输子市场和特种货物运输子市场分别都可以继续细分,例如特种货物运输子市场还可以细分为长大货物运输子市场、危险货物运输子市场和易腐货物运输子市场。

5.根据货物运价率水平细分

不同品类的货物,其运价率水平也不相同。根据货物运价率水平的高低,可将货运市场细分为高运价率货物运输子市场和低运价率货物运输子市场。

6.根据货物运输时效性要求细分

随着社会主义市场经济体制的建立和不断完善,部分货主对货物运输的时效性提出了更高的要求。根据此项因素可将货运市场细分为快速货物运输子市场和普通速度货物运输子市场。

7.根据货物运输路径性质细分

可将货运市场细分为干线子市场、支线子市场及货运专线子市场等。

对货运市场还可以按照其它因素进行细分,如按运输组合方式等还可以划分出不同的子市场。

五、市场细分的步骤

1.选择运输市场范围

每一个运输企业都应该把自己的任务和所追求的目标作为制定发展战略的依据。各运输企业应在营销调研和市场预测等的基础上,结合本企业的实际能力及竞争实力,选择和确定营销目标,进而根据运输市场的需求选择市场范围。

2.列出顾客(潜在顾客)的所有运输需求

这是对运输市场进行细分的重要依据。运输企业应根据已经存在、刚刚出现或将要出现的旅客或货主的运输需求,进行全面、详细地分类,以便针对运输需求的差异性确定细分运输市场的因素和组合,从而为运输市场细分提供可靠的依据。

3.根据细分市场的标准对运输市场进行初步细分

运输企业通过分析评价不同的旅客或货主的运输需求特征,选出一些旅客或货主作为典型,研究他们需求的具体内容,然后根据具体的相应细分变量作为分析单位进行初步细分。

4.进行筛选

在对运输市场进行初步细分的基础上,分析评价旅客或货主的运输需求特征,并根据本企业的具体条件,去除那些引起各运输子市场具有同等重要性的因素。然后将各子市场进行比较,分析本企业在各细分市场上的盈利可能性,放弃不适合企业进入的细分市场,筛选出最有利于本企业发展的细分市场。

5.为各细分市场初步命名

根据各细分市场上旅客或货主运输需求的主要特征,为筛选剩下的各细分市场命名。

第二节 目标市场的选择

运输企业进行市场细分后,接下来就要考虑决定具体进入哪一个或哪几个细分市场并为之提供服务,这就是目标市场的选择。

一、目标市场及其选择的标准

运输市场细分的目的是选择目标市场。目标市场是指在运输企业在市场细分之后,对不同的细分市场评估,结合本企业的目标和资源确定一个或几个运输子市场作为服务对象,即为目标市场。一般而言,运输企业考虑进入的目标市场,应该符合以下几个标准:

1.细分市场存在潜在需求,即市场有一定的规模和发展潜力

运输企业选择进入一个细分市场的目的是为这个市场提供服务的同时,获得一定的利润。具有一定规模的细分市场才能为企业提供可观的利润。一定规模是相对于企业的规模和实力的,较小的市场规模相对于大的运输企业而言,不值得进入;而较大的市场规模对于小的运输企业而言,既缺乏进入市场的资源,又无力与大企业竞争,也没有进入的必要。当然,细分市场的规模也并不是惟一的指标,如果市场具有较大的发展潜力,企业进入后有可能获得较大的市场份额,则可考虑进入。

2.细分市场具有吸引力

吸引力是指运输企业在细分市场上的长期获利能力,某细分市场可能具有一定的规模和增长潜力,但从获取利润的观点来看不一定具有吸引力。

3.符合企业的目标和能力

市场机会在理论上是无限的。有些细分市场虽然有很大的吸引力，但是进入这个市场同运输企业的发展目标及竞争能力、资源条件可能并不匹配，则不宜进入。

二、目标市场战略影响因素

运输市场选定目标市场之后，能否取得预期的经营效果和效益，主要取决于是否制定并实施了正确的营销战略。

目标市场战略各有利弊，运输企业在选择目标市场战略时需综合考虑企业、产品市场和竞争对手等多方面的因素。

1.企业的实力

企业的实力主要指人力、物力、财力及管理能力等。如果运输企业实力雄厚，在运力充沛、技术先进、管理科学和人才济济的情况下，可以考虑施行无差异性或差异性战略；如果实力有限，则最好实行集中性市场战略。

2.产品的同质性

产品的同质性是指产品在性能、特点上的相似度大小。相似程度高，则同质性高，反之，则同质性低。对于同质性运输产品来说，这些产品的竞争主要体现在价格和服务上，一般适合实行无差异营销战略。对于差异性较大的运输产品，同质性较低，则应实行差异性或集中性市场战略。

3.市场同质性

市场同质性指各细分市场上顾客需求、购买行为等方面的相似程度。如果运输市场上顾客在一定时期内需求和偏好比较接近，并且对市场营销刺激的反应相类似，则市场同质性较高，比较适用于实行无差异战略；反之，如果运输市场需求和偏好的差异较大，则市场同质性较低，宜采用差异性或集中性战略。

4.产品所处的生命周期阶段

处在导入期的运输产品，同类竞争不多，竞争不激烈，最好实行无差异性营销战略；进入成长期后，竞争者增多，为了树立竞争优势，可以采取差异性营销战略；当产品进入成熟期后，市场竞争激烈，消费者需求日益多样化，可以用差异性营销战略以确立和维持竞争优势，同时开拓新市场，满足新需求；产品步入衰退期后，实行集中性市场战略，有助于维持市场地位，延长产品生命周期。

5.竞争者的目标市场战略

运输企业选择目标市场战略时，一定要充分考虑竞争者特别是主要竞争对手的营销战略。一般来说，企业的目标市场战略应与竞争者有所区别。

第三节 运输市场的定位

一、市场定位的含义及其意义

市场定位是20世纪70年代由美国学者阿尔·赖斯提出的一个重要的营销学概念。

市场定位是指设计一定的营销组合，以影响现在顾客对一个品牌、产品或一个组织的全面认识和感知。运输市场定位，是运输企业设计出自己的产品和形象，从而在目标顾客中确定与众不同的有价值的地位。

顾客面对的是众多的运输企业及其过于复杂的产品或服务信息,因此,当他们做出一项购买决策时,往往没有时间、精力或有效的办法重新评估欲购买的产品或服务。于是,他们为了简化购买过程,提高购买效率,往往有意或无意识地对产品或企业分类,即对产品、服务或企业进行定位,而这种心目中的定位在很大程度上影响消费者的购买决策。

不难看出,市场定位可以给企业的营销效果带来不可估量的影响。在营销过程中,运输产品的市场定位是通过为本企业的运输产品创立鲜明的个性,从而塑造出独特的市场形象来实现的。许多同类运输产品在市场上品牌繁多,各具特色,广大旅客或货主都有着自己的价值取向和认同标准,运输企业要想在目标市场上取得竞争优势和更大的效益,就必须在了解旅客或货主运输需求、竞争企业及竞争产品的基础上,为企业树立形象,为产品赋予特色,以独到之处取胜。这种形象和特色可以是实物方面的,也可以是心理方面的,或二者兼而有之,如质优、价廉、豪华、服务周到等,都可作为定位观念。

二、运输市场定位的依据和方式

(一)市场定位的依据

每个运输企业的产品都具有差异性,面向的旅客或货主也有所不同,所处的竞争环境也不相同,因此市场定位的依据也是不相同的。

1.根据运输产品的属性和效用定位

运输产品本身的"属性"以及由此获得的"效用"能使旅客或货主感受到它的定位。例如,公路货物运输具有"机动灵活"的特点,铁路货物运输则强调"大宗货物运输"及"安全"等特征。在有些情况下,新的运输产品应强调一种属性,这种属性是其他竞争者所不具备或无暇顾及的,同时是旅客或货主能够认可和接受的,这种定位往往容易成功。

2.根据运输价格和服务质量定位

"运输价格"和"服务质量"都可以为运输企业及产品创立不同的市场位置,给旅客或货主留下不同的印象,这两项因素也是许多旅客或货主所注重的。例如,航空公司的飞机票价格虽然较贵,但强调服务质量好且旅行时间短;铁路旅客运输在服务质量和旅行时间上不如航空运输,但强调票价便宜且较为舒适。

3.根据旅客或货主的类型定位

运输企业常常试图将它们的产品指向某一类特定的旅客或货主即某个运输子市场,以便根据该运输子市场的看法塑造合适的形象。例如,某公路货运公司可以将自己的产品定位于专门为中小型企业(即中小货主)提供货物运输服务,或专门为大企业(即大货主)提供货物运输服务。

4.根据产品档次定位

可以根据为旅客或货主提供的运输产品(包含服务)的档次为运输企业及其产品确定市场位置。例如,铁路运输企业为旅客提供不同档次的产品(含服务),有软卧、硬卧、软座、硬座等,它们分别为旅客提供不同的舒适程度、服务等。

5.根据竞争定位

运输企业及产品还可以定位于同竞争直接有关的不同属性或利益。例如,铁路运输企业的某些客运产品强调,为旅客提供的服务质量及水平要向航空公司看齐。

实际上,许多运输企业及产品在进行市场定位时,其依据往往不只一个,而是多个结合使用。因为作为市场定位体现的运输企业及其产品的形象,应当是多维的。

(二)市场定位的方式

运输企业必须充分考虑自身条件、竞争者状况以及市场外部环境等因素,科学合理的进行市场定位,在激烈的市场竞争中突出本企业及产品的优势。根据运输企业自身与竞争者的关系,可以把市场定位分为以下几种类型:

1.对抗定位

这是一种把运输企业及产品定位在市场上占据主导地位的,即最强有力的竞争对手附近的方式,争取同一个子市场上的旅客或货主的方式。显然地,对抗定位有时是一种比较危险的商业战术,但也有不少运输企业认为这是一种更能激发本企业奋发向上的定位尝试,一旦成功就会获得巨大的竞争优势。采用对抗定位方式,运输企业必须做到知己知彼,应了解市场上是否可以容纳两个或两个以上的竞争企业,尤其应认真分析本企业的资源和实力,分析是否能比竞争企业做得更好。

2.避强定位

这是一种运输企业为避开强有力的竞争对手,而采取的市场定位方式。运输企业不与对手直接对抗,而是将自己置于运输市场的"空隙",发展目前运输市场上没有的特色产品,开拓新的运输市场领域。其优点是:能够迅速地在运输市场上求得生存,获得发展的契机,并在旅客或货主心目中尽快树立一定的形象。这种定位方式的市场风险较小,成功率较高,常常为多数企业所采用。但也应注意到,避强定位有两种情况:一种情况是该潜在运输市场还没有被其他运输企业发现,此时如果本企业定位于这一市场,不需花费太大的努力,就可以获得较大的成功;另一种情况是许多运输企业发现了这部分潜在市场,但没有能力和资源去占领,此时本企业如果定位于这一市场,就需要足够的实力才能获得成功。在上面的例子中,第二种定位方式就属于这种情况。

3.重新定位

这通常是指对于销路较少、市场反映较差的运输产品进行二次定位。初次定位后,随着时间的推移,新的运输企业进入市场,选择与本企业相近的运输市场位置,致使本企业的市场份额下降;或者,由于旅客或货主的运输需求发生改变或转移,使得他们对本企业的运输需求下降;或者,初次定位的位置或方案不合适,转而采用另一个定位方式。

三、客、货运产品的市场定位

各运输企业可根据旅客或货主对客运产品或货运产品属性的重视程度、需求的满足程度及自身的实力和条件对不同的客运产品或货运产品进行市场定位。

通过调查和分析可知,旅客主要对旅行时间(或旅行速度)、旅行时段、舒适程度、客票价格、服务质量、方便性(包括购票、乘车等)等因素较为关注。而且,不同的旅客群体,即不同的旅客运输子市场对以上因素的重视程度亦不相同。例如,经商子市场(商务流),即商务客流较重视旅行时间、时段及服务质量,票价则是相对次要关注的因素;而打工子市场(打工流)则较重视票价,对于其他因素的重视程度一般;求学子市场(学生流)具有较强的集中性,寒、暑假期间流量很大,较重视票价、旅行时间、方便性,对其他因素的重视程度一般。各运输公司可根据本产品的目标市场组成,针对旅客的需求和对产品特性的重视情况,为本企业和运输产品塑造出特殊的形象,如价格低廉、速度快、车上旅馆、服务热情周到、舒适、高档、物美价廉等等,并传递给旅客,即市场定位。

货主主要对货物送达时间(速度)、时效性、方便性(如能否实现门到门运输)、运输价格、货物的安全、服务质量等方面较为重视。但是对于不同的货主在托运不同的货物时,其运输需求并不相同,对以上各因素的重视程度亦不相同,即使是同种货物(如销往国外和国内的同种类货物),重视程度也可能不一样。例如,有的货主在托运货物时十分注重货物的安全和完整及运输价格,其送达时间和服务质量则为次要重视的因素;有的货主较为关注运输的时效性,如托运季节性较强的货物、严格按照销售合同托运的货物、销往国外的货物等;有的货主较为重视运输的方便性,能否提供门到门运输服务。各运输企业要根据本产品的目标市场的具体情况和特点,为本企业和运输产品塑造出与众不同的、有特色的形象,如十分安全、运价较低、快速运输、准时运到、服务热情周到、门到门等等,并将其准确地传递给货主,即实现市场定位。

当然,以上所说的运输企业及运输产品形象的塑造不是单一因素的,可以是多个因素的融合形成一种生动的、多方位的运输企业或产品的形象。

第四节 企业整体形象设计

在市场竞争日趋激烈的情况下,树立良好的企业形象是运输企业生存发展的重要条件。企业形象是社会公众(包括用户和其他所有有意或无意关注企业的非用户)对企业的组织行为(包括商品、服务、员工行为、经营作风、标志、信条和广告等)的综合性总体评价。这种评价是社会公众通过亲身体验,人际交流,宣传媒体等的传播,耳濡目染以及自己的理性思考而形成的认识。国际上运输企业进行企业形象设计应用的实例很多象美国的西特兰运输公司、英国的 P60 通运公司、荷兰的 Furness 公司等都早已通过形象设计,在全球范围树立了牢固的企业形象。

一、企业形象设计的功能

企业形象设计,将许多原本业绩平平的企业频频引向成功之路,现在已成为有远见的企业家所关注的致胜法宝,其奥秘就在于成功的企业形象设计具有以下几个方面的重要功能。

1.能提高企业的凝聚力

良好的企业形象犹如一块巨大的磁铁,能产生强大无比的吸引力,运输企业的主体是全体员工,广大员工的积极性和创造性是企业能否兴旺发达的关键所在。而良好的企业形象能使员工产生自豪感和自信心,增强员工的归属感,使员工对企业产生一种强烈的向往和依赖感,增强集体意识,从而自觉约束自己的个人行为,使自己的思想、感情和行为与企业整体紧密联系在一起,并愿意参与企业的有关各项事务,利用各种机会释放自身潜在的能量,自觉为企业的发展贡献自己的聪明才智。

2.能提高企业的社会知名度,赢得消费者的信任感

良好的企业形象,能使消费者产生对企业的依赖感,使他们乐意购买和宣传该企业产品。在现代社会,消费者的消费水平随着商品经济的高度发展而不断提高,消费状况开始从满足基本需要为主转向以满足选择性需要为主,对于运输业,人们现在更多的要求是安全、舒适、快捷、省时,更青睐于具有良好形象的运输企业,这也说明了消费者的选择观很大程度上受该企业产品、服务形象的制约。

3.能增强企业的吸引力

这个吸引力主要表现在两方面,一是对人才的吸引,人才是企业的创业之源和发展之本,这在当今社会已成为人们的共识。具有良好形象的企业,会使人产生"这家企业有前途,到这里工作比较踏实"的感觉,出现"筑巢引凤"的效应,各类人才自然会不约而至。而如果一运输企业,其站场破败不堪,货物堆放无序,凭这样的形象是不可能吸引优秀人才的。二是吸引资金。企业形象是外来投资者的一个重要考虑因素。通过企业形象设计,在社会公众中创建良好的企业信誉,将极大地增强投资者的投资信心,争取到更多更有力的合作伙伴,这也是企业未来得到更大发展的前提和基础。

4.有利于与竞争对手友善相处,同谋发展

良好企业形象有助于妥善处理和协调与竞争对手的关系,广结善缘、广交朋友,互利互惠、共同发展,从而使企业与竞争对手之间既相互竞争,又互相合作、取长补短、共同发展,在竞争中互相提高、共同得益。

5.有利于争取政府的大力支持

任何企业都是由政府领导的,都不能超越政府进行管理,都应在政府制定的方针、政策的规范下进行经营,所以良好的企业形象,会得到政府的赞许、鼓励和支持,而政府的认可和支持是最具权威性和影响力的,对企业的发展将会带来十分有利的条件。

二、企业形象设计策略

目前,国内运输企业形象设计还存在着很多的不足。如,企业名称陈旧、无特色,不能表现出企业服务、业务等特色,也不易识别和记忆;企业缺乏统一的精神理念,员工形象、环境形象差;重效益,轻服务,缺乏服务品牌化意识;车辆老化,硬件基础设施落后,缺乏现代化设施,维护也很差;公共关系意识淡薄,甚至根本就没有此方面的意识;营销组织工作基础欠缺,在这方面几乎是空白。为了解决这些问题,必须把塑造良好的企业形象当成一项竞争性战略和企业总体战略来考虑。

1.明确企业理念,加强企业文化建设

企业理念是企业的灵魂,企业形象是企业文化的外在表现,所以企业形象的塑造必须从明确企业理念开始,明确企业目标、企业精神、价值观念、行为准则、道德规范等内容。我国运输企业应根据自身经营特色重新确认企业理念,并对员工进行教育,统一思想,形成共同的价值观,达到能够理念识别的目的。

2.选择目标市场,明确经营方向及经营规模

运输市场竞争越来越激烈,每个企业应根据自身情况,对市场作细致的调查和细分,根据各个细分市场的需求、竞争和企业资源的状况,决定进入哪个细分市场,然后,明确是重新设计企业形象,还是完善企业形象或是改变企业形象。最终利用有限的资源建立起适合自己的企业形象。

3.调动员工积极性,塑造员工良好形象

运输企业不同于其他企业,驾乘人员都直接与顾客打交道,员工的精神风貌、仪容、仪态等外在形象给旅客或货主及有关公众的视觉感受如何,对企业形象起着很重要的作用,在一定程度上可以反映企业的经营风格和企业的水平。所以说,运输企业应成功雇用、训练和尽可能激励员工更好地为企业形象服务,同时还应加强对员工进行企业形象的教育和培训,以使员工理解企业形象的意义,认同企业的理念,自觉自愿地投入到塑造企业形象的各项活动中去。

4.塑造服务形象,培养服务品牌化意识

服务形象的好坏对运输企业形象起着决定性作用,关键在于提高运输服务质量,改善服务态度,从而提高旅客、货主的满意度。为此,运输企业必须确立"发现需求并努力设法满足其需求"的市场营销观念,认真分析旅客、货主的消费心理和消费行为,全方位满足他们的消费需求。

5.塑造环境形象

服务与消费的主要场所是企业的站场设施与运输工具,这些场所与运输工具的环境如何,不仅对服务质量产生制约作用,影响服务形象,而且影响员工的士气和顾客的视觉感受,最终影响企业在顾客心目中的整体印象。所以,企业要注意美化、绿化客、货运站区及运输工具的环境,保持环境的整洁、幽雅。

6.通过广告、公共关系等促销组合获得公共信赖,树立良好企业形象

广告宣传具有信息传递快、覆盖范围广、可以反复宣传等特点,能够迅速提高企业的知名度,而公共关系是企业营销沟通组合中的关键环节,它可以评估公众的态度,识别可能引发公众关注的事件,执行可赢得公众理解和认可的方案。主要目的是树立和保持企业的信誉和形象。运输企业有了优质的服务、统一的理念后,还必须进行广泛的宣传,将企业的各种信息传达给广大观众,以便获得公众的好感及扩大知名度。对于运输企业来说,专业报刊等宣传广告媒体显然是非常好的阵地,流动的车辆、船舶、票据等均是一种好的广告媒体。

第五节　运输市场营销策划

一、运输市场营销策划的概念

市场营销策划及其相关概念是20世纪60年代末70年代初在美国提出来的。在20世纪50年代、60年代,由于国内市场需求稳定增长,美国的工商企业管理部门通过常规性业务管理就可以取得理想的利润水平,这导致了那些管理不善的企业高枕无忧、不思进取。20世纪60年代末期,特别是进入20世纪70年代以后,来自日本和其他国家的低成本、高质量的商品大量涌入美国,加之能源短缺、通胀加剧、失业率上升等因素,使得美国企业面临着来自国内外的全面挑战和激烈竞争。在连续而又沉重的打击下,一些企业开始寻求和采用新型的经营管理策略,市场营销策划应运而生。营销策划这一概念一经提出,就在一些国家引起了强烈的反响。在短短的十几年时间内,营销策划在西方国家得到了广泛的发展与传播,正如菲利浦·科特勒所说:"市场营销策划作为一种较高级的企业市场营销观念,体现了现代市场营销的精髓。"

关于市场营销策划,至今还没有一个严格统一的定义,菲利浦·科特勒将其定义为:"市场营销策划是一种管理程序,其任务是发展和维持企业的资源、目标与千变万化的市场机会之间切实可行的配合,策划的目的就是发展或重新开拓企业业务与产品,将它们组合起来,以期获得令人满意的利润和发展。""运输市场营销策划是指运输企业对其经营过程中的市场营销行为进行的超前决策与计划。"

一般地,运输市场营销策划至少应包括以下3项重要内容:

(1)营销策划要求把运输企业的投资业务当作一个投资组合来管理,以使企业的资源配置能适应市场的变化。

(2)营销策划要求运输企业对未来的市场情况进行准确的预测,并根据预测结果,制定出适应市场变化的具有分析性的经营方案。

(3)营销策划要求运输企业根据其长远目标,为每一项重要业务确定出一个"策略行动"。

二、运输市场营销策划的特点及其要素

(一)运输市场营销策划的特点

一般地,运输市场营销策划具有如下特点:

1.竞争性

在激烈的运输市场竞争中,一家企业具有全面的优势是很少见的。一般情况是,竞争对手之间都各有自己的优势和劣势。市场营销策划是在对未来市场环境分析、判断的基础上所进行的对企业未来经营的运筹,它体现了运输企业在激烈的市场竞争中扬长避短、主动超前、能动进取的内在要求。运输市场营销策划摒弃过去主要依靠价格竞争的做法,采取非价格因素如运输产品设计、品牌、促销等手段,全方位提升企业形象和竞争优势,使企业在未来的市场竞争中争取主动、把握机会。

2.系统性

市场营销策划作为一种管理或决策程序,从提出策划任务开始,通过对运输企业外部环境和内部条件的分析,选定企业目标,制定营销策略,到具体计划方案的制定、执行、反馈和控制,各个环节之间互相衔接,构成一条策划活动链。另外,运输市场营销策划为了实现"企业的资源、目标与千变万化的市场机会之间切实可行的配合",必须对企业的各种营销要素进行立体组合,以推进企业经营业务的增长。

3.权变性

企业内部的可控因素和企业外部的不可控制因素是影响营销绩效的两大类因素。市场营销策划虽然是运输企业自身的行为,但它要受到企业外部环境的影响和制约。因此,市场营销策划是在不断变化的市场空间进行操作的,要为运输企业未来的营销提出预见性的行动方案,由此决定了这种策划必须集灵活性与变通性于一体,这样才能制定出能通权达变的适宜行为方案。

此外,运输市场营销策划作为一种策划活动,它本身同样具有一般性策划的特点,如复杂性及由此决定的主观性等。

此外,运输市场营销策划作为一种策划活动,它本身同样具有一般性策划的特点,如复杂性及由此决定的主观性等。

(二)运输市场营销策划的要素

市场营销策划的内容十分广泛,涉及到产品开发、目标市场选择、市场进入分析、营销组合确定、市场细分、竞争定位、企业识别系统(CIS)设计、营销战略与规划等许多方面。

运输企业进行营销策划首先应明确营销策划的要素,选择营销策划要素应保持高度的企业内部协同性和显示高度清晰的企业外部差异性。一般选择以下5项要素:

1.营销目标

营销策划的核心是准确确定营销目标。一般需要考虑3种不同的营销目标:防御性或防止衰退的目标;稳定增长的目标;取得市场支配地位的目标。营销目标与产品寿命周期的演变过程有着密切的联系。一般地,在成长的市场中应追求进取性营销目标;成熟市场与稳定性营销目标十分匹配;而防御性营销目标则更适合于饱和或衰退的市场。

2.策划重点

营销目标一经确定,就需要决定实现目标的策划重点。运输企业实现营销目标通常有三

方面重点:扩大市场面;增加市场份额;提高生产率和降低成本。需要指出的是,上述重点并不是相互排斥的。例如,在优选策划重点时,企业会认识到,由赢得市场占有率所产生的附加利益可能来源于更低的生产和经营成本。一般而论,市场扩张最适合于成长的市场;增加市场占有率适合于成熟的市场,因为此时任何销售利益的获得将取决于竞争强度;提高生产率和降低成本则适合于饱和或衰退市场。

3. 目标市场

为了着眼于策划重点,实现营销目标,运输企业可瞄准整个市场,或有选择的细分市场,或个别消费者。目标市场的选择应紧密地与消费运输需求的多样化相联系。在同质市场上,由于大多数消费者基本上需要相同的产品和服务,整体目标市场是很合适的;在异质市场上,选择性的细分市场目标则更为有效。

4. 质量定位

选择好目标市场之后,运输企业就需要决定其竞争定位。竞争定位包括质量定位和价格定位两个方面。就质量定位而言,运输企业的产品质量可高于或低于竞争对手产品的质量,也可以与竞争产品质量相同。在变化较快的市场上,如高端运输市场,企业可采取高质量的定位,因为在此类市场上,客户对价格并不太敏感,而常常看重运输服务质量和运输的附加值。在变化缓慢或近于衰退的市场上,常常采取降低生产成本的手段来提高竞争力,此时,平均质量水平的定位更具有效益性。对许多运输企业来说,质量与成本是一项互补优化决策,作为市场需求差异程度指示器的消费者所能接受的质量水平应该是企业进行质量定位的依据。

5. 价格定位

与产品质量水平相适应,价格定位中的产品价格也可高于或低于或等同于竞争产品价格。在大多数运输市场上,当其他竞争因素相对稳定时,低价格可能是最成功的市场竞争手段,它能导致运输量的迅速扩大和市场占有率的提高。价格与质量的互动与协调是运输企业经营绩效的关键。例如,在运输产品已标准化的市场上,相对低的价格是成功的竞争定位。

三、运输市场营销策划的基本步骤

运输营销策划是营销管理活动的核心,是将营销活动的每一个环节通过引入全新的构想与创新,事先做一个整体规划,并以之为执行准绳,以及跟踪、纠正、评定运输企业营销绩效的依据。运输营销策划过程包括确定营销目标、利用各种信息、产生创意、撰写营销策划书、推出营销策划和执行营销策划6个步骤。

(一)确定营销目标

营销目标是营销策划的出发点,营销策划是为营销目标服务的。营销目标指出了要达到销售目标必须完成"什么";而营销策划则指出实现目标的各种方法。

营销目标不应只是客、货运量或客、货运收入,还应包括诸如市场占有率、企业拳头产品的知名度、市场开拓等具体目标。在确定目标时,要注意以下几点:

(1)目标要具体,尽量数量化,以便实施中进行衡量和控制。

(2)应确定时间,即指出应完成或达到目标的具体时间。

(3)目标加以分解,按时间、人员、区域等将目标分解,以便实行目标管理。

(4)目标要具有可完成性和挑战性。目标过高,营销人员在执行感到无法实现,会出现抵触情绪,甚至放弃;目标过低,难以激发起营销人员的潜力和斗志。

运输营销目标有短期和长期之分,营销的长期和短期目标是问题、机会以及通过研究所获得的资料而确认的营销对象三者本质的延伸。长期目标及短期目标一旦确定后就可据此制定营销策略。在运输营销策划过程中,长期目标和短期目标有着一定的区别,首先,长期目标的时间架构是无时间限制的、持续不断的,而短期目标仅是暂时的、有时间限制的,并刻意要在短期内改良或以新的目标来替换;其次,长期目标往往以广泛的、整体性的词句来表示,而且通常涉及到诸如企业或产品形象、品牌价值及自我认知等,而短期目标则更具特定性,它是以明确的"在特定期间内完成特定的成果"来表示;再次,长期目标通常表述一些有关外在环境的变量,而短期目标则通常表述诸如在短期内公司资源的利用方法等。在建立长短期目标之前,策划者应该明确一些问题。在此列出一个问题清单:

(1)每一个长期目标及短期目标的完成如何影响公司及其整个运输产品线?

(2)消费者的运输需要是否已经确定? 满足其需要的程度如何?

(3)营销对象是否已经确定? 是否有足够的能力去完成营销计划?

(4)公司是否有足够的资源及生产能力去支持达成每一个长短期目标所必需的营销活动?

(5)运输产品生命周期是否与短期目标的成长一致?

(6)竞争者对长短期目标的反应能力如何? 能预期得到些什么?

(7)长期目标和短期目标是否具有支持性及相容性?

(8)长期目标和短期目标执行的成本和计划的收入是否和公司需要的利润一致?

(9)有无法律、法规、道德、文化或公司政策冲突?

(10)是否每一个长期目标和短期目标都具有足够的弹性去接受改变?

(二)收集利用信息

运输市场营销策划的第二个步骤就是收集并有效处理信息。中国有句古语:"巧妇难为无米之炊",营销策划也是如此。策划人再聪明,分析能力再强,如果没有信息,也难以做出优秀的营销策划案来。

1.处理最新的信息

策划的要领是迅速处理最新的信息。要作出一项优秀的策划,除了具有较强的策划构想能力以外,选择最新的信息也是必不可少的条件。只有在别人尚未发觉时,依靠敏锐的信息意识掌握最新信息,才能迅速作出优秀的策划案。

2.把握信息的收集方向

明确的目标能给出信息收集的方向。也就是说,在何种范围内收集何种信息,事先要有明确的目标,信息收集的目标一旦确定下来,就等于在目标的特定范围内安装了灵敏度极高的天线,有用的信息就会出现。应该指出的是,我们不应该忽略某些重要的细微信息,切勿小看某些细小的信息,在其中可能会发掘出一座"金矿"。

3.收集有价值的信息

策划需要有价值的信息。那么,如何找到有价值的信息呢? 有价值的信息就是能够使你心动的信息,主要有3个方面:(1)以前不曾有过的新现象或新信息;(2)与以前不一样的现象或信息;(3)以前不曾发生过的有趣的现象或信息。值得注意的是,有价值的信息也可能来自市场的负面信息。负面信息就是市场或用户以各种形式对企业的产品或服务提出的意见或诉求构成的信息,例如,用户提出的意见正是产品或服务不能使消费者满意的有力证据,如果不采取及时的措施就会给企业的销售带来不利影响。故这种负面信息是策划很重要的着眼点。

4.有效整理信息

通过各种渠道收集到第一手资料之后,下一个步骤就是把收集来的资料整理成有用的信息,整理后的信息可以作为拟定运输营销策划方案的重要参考依据。要达到有效整理信息的目的,应该明确4点:(1)要定期整理信息;(2)要将资料进行分类,但分类不可过细;(3)要定期删除失去时效的信息;(4)信息一般需要自己亲自整理。

例如,在年度营销目标的制定中要搜集、整理的资料有:

(1)与运输企业营销相关的宏观经济、政治、社会、文化、人口等历史资料、现状和发展趋势;

(2)与运输企业营销相关的政府统计资料、学术研究资料;

(3)所在运输行业的历史、现状和发展趋势资料;

(4)对所面临市场的资料和预测;

(5)竞争态势和竞争者情况资料;

(6)该企业各年度营销计划及执行情况;

(7)本企业各种历史数据、资料;

(8)有关人员对营销策划提出的意见、资料。

(三)市场竞争态势分析

1. 优势/劣势分析

寻找相对优势,创造或发挥相对优势是企业竞争中获胜的一个重要因素。营销人员一定要清楚自己有哪些相对于竞争者的优势,这些优势对旅客和货主来说是很重要的。例如,通过对出行旅客的调查,旅客出行在选择交通方式时,考虑的主要因素依次是安全、价格合理、购票方便、快速、乘车舒适度等。对于铁路运输企业相对于竞争者(如公路运输)的优势是安全、价格合理,劣势主要是购票不如公路运输业方便和快速,在乘车舒适度方面铁路略优于公路。说明铁路运输业在未来营销中应以发挥安全、价格和乘车舒适度的优势,迅速改善旅客购票条件和提高旅客列车直通速度为主。

2. 机遇/威胁分析

市场环境时刻在发生变化,企业要不断分析、判断市场发展的趋势。因为,环境的变化可能为企业带来新的营销机遇,也可能给企业造成威胁。

对于环境变化带来的机遇,企业首先要能通过对环境的观察敏锐地感觉到;其次,企业要对机遇加以分析,而不是见到机遇就抓。对机遇的分析要看该机遇对企业吸引力的大小和企业把握该机遇成功的概率。

环境的变化,也会给企业带来威胁。对于威胁,企业要分析其严重性和出现的可能性,并提前拟定应变计划,以便对一旦出现的威胁迅速反应。

(四)撰写营销策划书

营销策划书是为了实施某一营销计划的书面文件,有时也是计划本身的书面说明。营销策划书的作用是向接受方推销自己对某个营销问题的意见和创意,最终达到使接受方采纳自己的意见或创意的目的。

若要出色地完成一个营销项目,书写一份完美的营销策划书是必要的,原因在于:

(1)营销本身的复杂性和重要性,客观上要求营销管理者对整个项目的来龙去脉做一个清晰的交代,同时充分陈述项目的意义、作用和效果。

(2)营销策划书中的信息分析将为高层领导的决策提供必要的依据。

(3)营销管理者可借此学习策划项目的方法和技巧。

一般地,营销策划书中应具备以下主要内容:策划名称(策划主题);策划者姓名(或小组名称、成员名称);策划制作年、月、日;策划目的以及策划内容的简要说明;策划的经过说明;策划内容的详细说明;策划实施的步骤说明以及计划书;策划的预期效果;对本策划问题症结的想法;可供参考的策划案、文献、案例等;若有第二、第三备选方案时,列出其概要;策划实施中应注意的问题。

(五)推出营销策划

策划案在拟定完成之后,策划者首先要做的第一件事情就是要使策划案获得别人的认同。一定要充分认识到策划采用与否的关键在于"人",也就是说,策划案是针对人的一项提案,事前准备的最终目标就应该放在有关的"人"上。因此,在提案纳入讨论之前,应模拟现场的实际情况进行事前演练,在演练过程中,应尽可能展现本身的优势,淡化本身的不足,并对关键任务可能提出的问题预设答案。

一般地,推出营销策划案的工作步骤如下:(1)模拟演练;(2)进行事前协调;(3)突出策划案的"卖点";(4)准备报告中使用的工具;(5)把握决策者的水平;(6)提炼阻击反对意见的技巧;(7)找到提案的恰当时机。

(六)执行营销策划

策划的实施要充分依靠组织的力量。对于任何工作,仅仅依靠个人的力量是难以完成的,在营销策划案的实施过程中,必须依靠组织的支持和协调才能实现预期的目的。也可以这样说,一个营销策划案的实施成功与否关键看该策划案是否能充分利用组织或团队的力量。因此,策划人员及实施人员应该充分考虑策划与组织的关系。

在策划实施过程中,策划人员要充分利用自己的组织、协调与说服能力,使各个部门既分工明确又能良好地协作。当然,需要注意的是,任何策划的实施都包含着变化,营销策划也不例外,特别要注意消除员工对变化的抵触情绪。

营销策划的实施要注意反馈,反馈首先要分析策划实施的结果,其次要找出问题点,然后在划清策划责任的基础上将策划实施的分析结果妥善保存,并加以利用。

复习思考题

1.为什么要进行市场细分?
2.进行市场细分的原则和标准有哪些?
3.目标市场战略有哪些? 简要介绍它们的优缺点。
4.运输市场定位有哪些方式?
5.设计企业形象有哪些策略?

第七章 运输市场营销策略

第一节 运输市场产品策略

运输企业在营销过程中,明确了目标市场后,就要根据目标市场的需要分析有关的环境因素,制定市场营销组合。产品是营销组合中决定性的要素,其他要素策略都要以产品策略为基础。运输产品策略是以满足市场需求为手段,以取得较好的经济效益为目的,以市场占有为前提、以经营为重点的战略性决策。运输企业只有面向市场,按照市场的需求组织生产适销对路的产品,才能经受住市场考验,才能生存和发展。

一、运输产品的概念和特性

(一)运输产品的概念

从广义上讲,产品是指提供给市场,用来满足人类某种需要的物质产品或服务。所谓运输产品,是由运输企业通过特定的运输手段、方法提供给运输市场,满足旅客和货物空间位移改变这一需求的服务。

运输产品和其他物质产品相比,有其突出的特性。

1.非实体性

物质产品是实实在在的、具体的,有一定质量、外观和形体,运输产品则是无形的,以服务的形式体现,其使用价值就是改变客货的空间位置。正因为运输产品是无形的,所以在服务的数量和质量方面,运输产品不同于有形的物质产品。从数量上,运输产品产量由复合的计量单位计量,即旅客运输产量用人·km,货物运输产量用 t·km 等计量。运输产品产量的多少,不仅要看一定时间内被运送的服务对象的数量,也要看被运输的距离长短。从质量上,实体产品质量好坏一般体现在产品当中,它的性能、使用寿命、外观、用途等,都可通过一定的方法测定和评价。而运输产品的质量好坏完全体现在运输服务过程中,从托运、装卸、作业、运输、保管、交付全过程中,每一个环节,都体现着服务质量的内容。因此,运输产品质量的评价具有较大的间接性,只能通过实际资料的汇总、统计做出总体性结论。评价的内容也比较特殊,一般包括安全性、及时性、经济性、方便性,旅客运输服务质量还包括舒适性等。

2.非储存性

由于运输产品不具实物形态,因而运输产品具有非储存性这一特点。运输产品不能储存,意味着它不象物质产品那样有生产、流通和消费之分,而是生产、消费在空间和时间上同时进行,即生产的时候,就是消费的时候。运输需求得不到满足时,无法通过产品流通或调剂来解决。运输产品不象物质产品那样,在预期市场供给短缺时,可以进行囤积,相反,在市场短缺时,受运输能力限制,只能失掉一部分市场,在市场供给过剩时,将面临运输能力的闲置。运输产品的非储存性,使运输企业在生产、经营方面具有较大的被动性和较大风险性。

3.效用的一次性

由于运输产品生产和消费的同时性,使得它的效用对其消费者来说,只能满足一次性的消费。在每一次运输服务活动结束时,运输产品对消费者而言已经消失。因此,它不象大多数物质产品那样可以反复使用。从一般意义上看,一种产品的市场容量大小、市场寿命长短,在某种程度上取决于该产品的耐用性大小。越是耐用的消费品,由于其使用上的反复性,也就越容易达到市场饱和,相反,一次性产品则由于其用途上的一次性,其市场越不容易饱和。另一方面,具有较长期效用的产品,消费者在选择、购买时,更谨慎、挑剔,任何选择失误,都会带来损失。一次性消费品,相对就不是那么重视,一次选择失误,带的损失较小。

4.同一性较强

从用途看,运输产品有着巨大的稳定的市场,但同时有着比其他产品市场更激烈的竞争。因为无论哪种运输方式、哪个运输企业、或按哪一种服务形式等提供的运输产品,其基本功能都表现为旅客和货物的空间位移,这种基本功能上的同一性,必然引起运输方式之间、运输企业之间的替代性,进而形成了运输市场激烈竞争的局面。当然运输产品这种同一性只是相对而言的,从运输需求的各个细小方面也可将运输产品区别开来,但是,这种差异的形成,相对来说具有较大的难度。例如同样是空调,制造厂家可通过规格、外观、辅助功能等方面的改变,很容易地将自己的产品和别的厂家的产品相区分,但运输企业,特别是同一运输方式内部的不同运输企业,要想做到这一点就不那么容易了。

二、运输产品的生命周期及营销策略

(一)运输产品生命周期的概念

产品的生命周期,或称产品寿命周期,是指产品从引入市场开始,经过它的成长期(又称发展期)、成熟期(又称竞争期)、直至衰败(即称之谓衰退期)而被市场所淘汰,企业不能再生产为止的全部延续时间。

任何一种产品在市场上都有一个发生、发展直到最后由于不被用户所采用而被淘汰的过程。产品在市场上的销售状况和盈利能力也并不是固定不变的,而是随着时间的推移发生变化。企业要掌握社会对产品的需求变化,了解其变动趋势,来研究产品的经营策略。图7-1 表

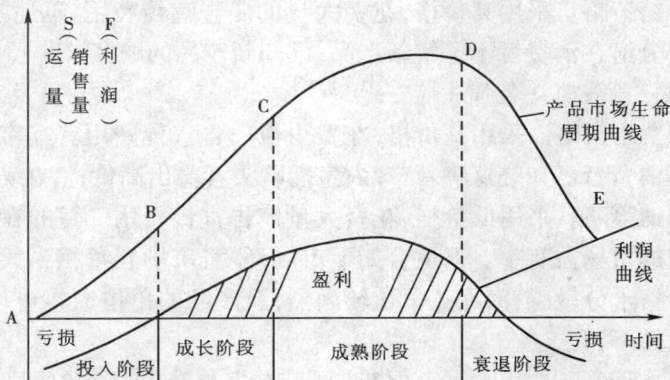

图 7-1 运输产品生命周期

示了产品的销售量、利润水平与时间相互关系变化的生命周期。该图所说明的产品生命周期是一种典型变化模型,是一条理想曲线,实际上大多数产品的生命周期并非完全如此理想化。具体的每一产品生命周期变化是多种多样的。例如,有的产品开始投入市场需求量增加很快,

但此后趋于平稳状态,销售量没有大的增加;有的产品开始销售量就比较平稳,变化幅度不大;有的产品开始销售很快,后来下降也很快等等。

理解运输产品生命周期或市场寿命这一概念时,只能从相对意义上来理解,即它始终与特定产品的定义相联系。比如,在满足人们生活需要的各种大类产品中,运输产品作为一大类产品来看和粮食这类产品一样,其寿命是持久的,而不象其他产品,如工业品那样,市场生命周期现象十分明显。但是,如果结合对运输产品所作的划分来看,不同种类的运输产品却有一定意义上的市场寿命问题。例如,不同运输方式的地位变化这一现象,其实是不同运输方式提供的特定的运输产品生命周期所引起的。又比如,我国前段时间某些地区的水路客运航线由于需求下降,或受到其他运输产品(如航空、铁路、高速公路)的竞争影响,使其进入衰退期,并最终退出市场。一般说来,每个运输企业经营的位移产品并不繁多,更新变化也较缓慢,不少产品还是"多年一贯制",其产品生命周期相对来说也比较长些。虽然运输企业的产品在周期的各个阶段其销售量经常受季节、气候、假日等因素影响而出现周期性波动,但总的发展趋势,仍是符合一般产品生命周期的规律。

(二)运输产品寿命周期各阶段特点及营销策略

根据运输产品市场寿命周期的发展规律,运输产品也要经历从无到有,从小规律发展到大量普及,再到饱和,以至走向衰落的变化过程。一般情况下将运输产品的寿命周期分为四个阶段:引入期、成长期、成熟期和衰退期。运输产品种类繁多,不同的产品种类,寿命周期经历的阶段,每一时期经历的时间长短也不同。但与其他工业产品相比,所有运输产品的周期阶段都较长。

1.引入期特点和营销策略

在引入期,产品处于初期发展阶段,对它在用途上的优势、价格、服务质量、服务方式等,消费者还缺乏足够的了解,产品还不能被消费者所普遍接受和使用。因此,销售量水平比较低,成本高,加之必须支付高额的促销费用,定价需要高些。即使如此,利润仍可能接近于零,有些甚至亏损。这个阶段营销策略要突出一个"准"字,即市场定位和营销组合要准确无误,符合企业和市场客观实际。

如果把价格和促销两个营销因素结合起来考虑,根据不同的市场环境,可以有4种不同策略方案可供选择:

(1)高价快速推销策略。采用高价格,花费大量的广告宣传费用,迅速扩大销量。此策略的市场环境是:大部分潜在消费者不了解新产品;已知新产品的顾客求购心切,愿出高价;企业面临潜在竞争者威胁,急需树立名牌。

(2)高价低促销费用策略。采用高价格,花费少量广告宣传费用。其市场环境是:市场容量相对有限;大部分消费者已知晓这种新产品;急需购买者愿出高价;潜在竞争的威胁不大。

(3)低价快速推销策略。采用低价格,花费大量广告宣传费用。目的在于先发制人,迅速打入市场,取得较大的市场占有率。这适合如下市场环境:市场容量相当大;消费者对新产品不了解;消费者对价格十分敏感;潜在竞争比较激烈;新产品的单位成本可以因大批量生产而降低,产品单价有条件下调。

(4)逐步打入市场策略。采用低价格,但花少量广告宣传费用。低价的目的是为了吸引消费者采用新产品,少量促销费用在于对企业有利可图。此时市场环境应是:市场容量大;顾客对新产品已有了解,因为它是原有产品的改造型;消费者对价格十分敏感;有相当的潜在竞争者。

2.成长期特点和营销策略

在成长期,产品的优势通过消费的体验和传播而得以充分发挥,已形成相当大的市场需

154

求,销售量提高,同时,卖方也具备了大批量生产的条件,生产成本大幅下降,利润迅速增长,其他企业也纷纷进入市场提供同类产品,竞争加剧,市场开始细分。这个阶段营销策略的重点应放在一个"好"字上,即保持良好的产品质量和服务质量,切勿因为产品畅销而急功近利,粗制滥造,片面追求产量和利润。为了促进市场的成长,可采取如下策略:

(1)努力提高产品质量,增加新的特色和款式。

(2)广告宣传要从介绍产品转向树立产品形象,争取创立名牌。

(3)积极寻找新的细分市场,并进入有利的新市场。

(4)在大量生产的基础上选择适当时机,采取适当降价来吸引消费者,抑制竞争。

3.成熟期特点和营销策略

进入成熟期的标志是产品销售量虽然还有所增加,但增长的速度逐渐缓慢,市场趋于稳定。由于销售增长率降低将使产品生产能力过剩,市场供过于求,竞争日益加剧,产品价格下跌,利润下降。这个阶段持续时间较长。此时营销策略应突出一个"争"字,即争取稳定市场份额,延长产品市场寿命。可采用以下3种营销策略:

(1)改变市场策略。此策略不要求改变产品本身,而只是改变销售方法来扩大销售对象,如寻找新的细分市场和营销机会,特别是发掘那些没有用过本产品的新市场;设法促使现有顾客增加用量和使用频率;重新树立产品形象,设法争夺竞争者的顾客。

(2)改变产品策略。这种策略在于提高产品质量,增加产品功能或改进产品的特色、款式,向顾客提供新的利益。

(3)改变营销组合。通过改变营销组合中的一个或几个因素,来扩大产品的销售,如以降价来吸引竞争者的顾客和新的买主,采取更有效的广告宣传,开展多样化的推销活动,还可以采取改变分销渠道,扩大附加利益和增加服务项目等。

4.衰退期特点和营销策略

这个时期的主要特点是产品的需要量和销售量迅速下降,开始被新产品逐步代替,市场需要发生了转移,更多的竞争者退出市场。企业维持处于衰退阶段的产品,往往需要经常调低售价,处理积货,很少有盈利,有时甚至出现亏损现象。因此,对大多数企业来说,应当机立断,弃旧出新,及时实现产品的更新换代。当然,应首先准确地判定该种产品是否已进入衰退阶段。

在衰退期营销策略总的来说要突出一个"转"字,即有计划、有步骤地转移,切忌仓惶失措、贸然撤退,同时为了有效处理"超龄"产品可采取如下策略:

(1)连续策略。继续沿用过去的策略不变,仍然保持原有的细分市场,销售渠道,定价的促销方法等,前提是大多数同行已退出市场竞争。

(2)集中策略。企业把人力、物力集中到最有利的细分市场和销售渠道上,缩短了经营战线,从有利的市场和渠道中获取利润。

(3)榨取策略。大力降低销售费用,削减推销人员,增加眼前利润,这样要能导致销售量迅速下降,但企业可以保持一定的利润。

三、运输产品组合策略

(一)运输产品组合策略的概念

现代企业为了满足目标市场的需求和增加利润、分散风险,需要经营多种产品。企业根据市场需要和自身能力确定生产和经营哪些产品,并明确它们之间的配合关系,在营销学中称为产品组合策略。运输产品组合策略是指运输企业生产经营的全部运输产品的结构组成策略。

企业的产品组合,一般是由若干个产品系列(又称产品线)组成的,而每个产品系列又包含若干个产品项目。它包括以下内容:

(1)产品项目。企业所生产或经营的不同功能、不同品质、不同尺寸、不同商标、不同包装形态、不同价格的各项产品,都称为一个产品项目。运输企业产品项目,如集装箱运输、干散货运输、化工品运输、油品运输、冷藏品运输等。

(2)产品系列。指互相关联或相似的一组产品。一个产品系列内往往包括多个产品项目。产品系列的划分,依据产品功能的相似,消费上具有连带性,供给相同的顾客群;有相同的分销渠道,或属于同一价格范围。运输产品系列是具有相关服务功能但运输类别不同的一组产品项目。例如航运公司所提供的干散货运输系列、化工品运输系列等。

(3)产品系列的宽度、深度和关联性。一个企业生产和经营的产品系列数目称为产品组合的宽度。每个产品系列所有的产品项目的数目称为产品组合的深度。各个产品系列之间,在生产条件、销售渠道、最终用途或其他方面可能存在某种联系,也可能各不相关,这种产品系列之间的联系程度称之为关联性。图 7-2 显示了某航运公司产品深度和宽度的关系。图中,产品的项目总

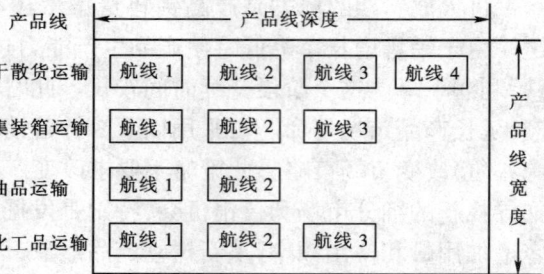

图 7-2　航运产品深度和宽度

数为 12;产品系列数为 4(宽度);产品系列平均深度为 12/4 = 3。

产品组合的宽度、深度及关联性这 3 个因素的不同集合,构成了不同的产品组合。

(二)运输产品组合策略

产品组合的宽度、深度及关联性这三个因素的不同集合,构成了不同的产品组合。产品组合策略是企业根据各方面的因素对产品组合的宽度、深度和关联程度进行组合决策。运输企业产品组合策略有以下几种:

1.多系列全面型组合策略

这种策略着眼于向所有顾客提供他所需要的产品,当然这也是相对的。采用此种策略的运输企业有能力照顾整个市场。这里所说整个市场可以理解为不同行业的产品市场的总体,也可以理解为某个行业、某个领域的多个不同市场的总体。多系列全面型策略应尽量可能增加产品系列的宽度和深度,不受产品系列之间关联程度的约束。

国内外一些大型铁路运输企业,在其发展过程中,往往以其拥有的实力,面向不同行业或某个行业的市场总体,尽可能增加产品系列的宽度和深度,除了经营旅客运输和货物运输主业外,还经营了餐饮旅馆、旅游及其房地产等多元经济,而且在主业运输中尽可能推出众多覆盖面广的产品项目,如开行不同速度、不同等级、不同品牌的旅客列车,办理整车、零担、集装箱、快运等各种货运业务并且取得或曾经取得较好的业绩。

2.市场专业型组合策略

向某个专业市场(某类消费者)提供所需要的各种产品。这种组合方式不考虑产品系列之间的关联程度,而考虑的是消费者为达到一定目的的使用产品的关联程度。例如,一些运输企业开发休闲旅游消费市场,面向高档休闲旅游消费者,将客运主业和旅游、饮食、旅馆等多元经济的产品组合一起,开行名胜景点豪华度假客车,集运输、导游、饮食、住宿等多种服务于一身,以扩大日益增长的休闲旅游市场份额。

3.产品系列专业型组合策略

运输企业集中力量于某一类产品的生产和营销。这种组合方式有利于实行高度专业化,进一步提高服务质量,降低运输成本,开展集约化经营。例如,中波轮船公司经营欧亚及亚洲至地中海航线都采用多用途船舶运输,发挥该公司在件杂货特别是重、大、长、不规则件货物运输上的独特优势,集40多年的丰富经验,建立专营件杂货运航线,满足国际市场对这方面的需求,取得了较好的经济效益。

4.产品项目差异性组合策略

运输企业在一种产品系列内,提供不同档次的产品项目,以满足不同层次的市场需求。例如,城市公共交通运输企业在相同的线路上,既提供高档的空调车运输服务,也提供普通客车的运输服务。

5.建立特殊的产品系列策略

企业可能会遇到一些对运输有特殊需求的机会,这时只要企业的能力允许,即可决策提供相应的运输服务。一般来说,采取这种策略,市场竞争对手很少或没有,企业可以在满足顾客需求的前提下取得较大利润。比如,三峡工程需要大量从国外进口机械设备和货品,某航运企业与其协作,开辟江海联运航线,投入不同的江海直达船型为其运货。这就是提供了一种特定的运输产品系列。

(三)运输企业产品组合的调整策略

所谓产品组合调整,实际上是指运输企业根据变化的市场条件,在对原有产品组合进行分析评价的基础上增加或减少一些大类产品或细分产品,使企业的产品组合不断处于最佳组合状态。调整企业产品组合的方法有以下3种:

(1)增减大类产品,调整产品的组合广度,也就是对市场前景广阔的大类产品,加以开发和增加,相反,对处于淘汰或市场缩小的产品,适当地压缩减少,这种调整属于横向调整。

(2)增减产品大类中的品种,调整产品组合的深度,这种调整可以是某一大类中的一个或几个品种,也可以是几个大类的几个品种,这种调整属于纵向调整。

(3)提高或降低大类产品之间的关联程度。其中,增加产品大类之间的关联程度,即挖掘与现有产品用途、技术等接近的产品;降低产品大类之间的关联程度,即拓宽更广的经营领域,实行多角色经营。

四、运输产品的品牌策略

(一)品牌的概念和作用

品牌是产品整体的一个主要组成部分,品牌尤其是驰名品牌可以提高产品身价,获得稳定市场,增强企业实力,因此品牌策略是营销者一个十分重要的课题。

品牌就是产品的牌子,它是卖者给自己的产品规定的商业名称,通常是由文字、标记、符号、图案和颜色等要素或这些要素的组合构成,可用来区别一个卖者(或者卖者集团)和其竞争者。品牌是一个集合概念,它包括品牌名称、品牌标志、商标等概念在内,通常所谓品牌策略,就是关于上述各项的策略。

品牌名称(又称品名)指品牌中可用语言、文字、数字表达的即可发声的部分。品牌标志(又称品标),是指品牌中可以通过视觉被识别,但不能用语言称呼的部分,如在符号标识、图案设计方面与众不同、色彩独特的印字或图案。商标,在西方国家是一个专门的法律术语,是指在政府有关主管部门登记注册之后,企业享有某个"品牌名称"或"品牌标志"的专用权。品牌或品牌的一部分,经过注册登记就享有法律上的保护。

在西方,品牌、品牌名称、品牌标志是属于商业或经营名词,而商标则是属于法律名词。我国长期以来,商标的概念有所不同,我国习惯上对一切品牌〔包括名称和标志〕不论其注册与否,统称商标,而另有"注册商标"与"非注册商标"之别。注册商标即如上述受法律保护,所有者有专用权的商标。非注册商标即未办理注册手续的商标,不受法律保护。

品牌、商标在运输企业营销活动中的作用和在其他所有企业一样,主要表现在以下几方面:

(1)品牌、商标是商品进行广告和陈列的基础,也是顾客区别和选择产品的重要依据

运输企业所提供的各种产品,通过其品牌、商标的广告和陈列,顾客就很容易对不同运输企业产品的品质、特色等进行区分、识别,最后做出购买选择。

(2)品牌、商标体现了企业产品的品质和信誉,可以使顾客产生心理价值

在顾客心理上,通常认为名牌产品比其他同品种非名牌产品的价值要高。所以不同的品牌、商标的运输产品,在旅客和货主心理上产生了不同等的价值观念。

(3)品牌、商标是企业控制市场的有力武器

顾客购买运输产品,往往是按品牌、商标选购,使得运输商品之间的竞争,往往体现为品牌、商标之间的竞争。某一运输产品的品牌、商标有声誉,就能对该类产品的市场有效地加以控制和影响。

(4)品牌、商标的声誉也可以使某一商品在定价上得到保障

运输产品的品牌、商标声誉高的,定价也会高些,反之则会低些。

(二)运输产品的品牌策略

企业的品牌策略,是指企业如何合理地使用品牌、商标,发挥其积极作用,以达到一定的营销目的。

1.品牌建立决策

企业为其产品规定品牌名称、品牌标志,并向政府有关主管部门注册登记,这些业务活动叫品牌建立或品牌化。品牌建立决策是品牌策略的第一步,即决定是否要给产品建立一个牌子。

运输企业的产品虽然品种并不繁多,更新换代也不频繁,但是在不同品种之间,其产品的差异还是不小的,而且即使是同一品种,在品质方面也可能存在一些差别。因此通过推行品牌化,建立产品品牌,无论是对买方还是卖方,以及对整个社会都是有益的和必要的。

2.品牌族类决策

品牌族类决策就是企业所生产的各种不同种类品种、不同规格、质量的产品,是全部用一种统一品牌名称,还是分别使用不同的品牌名称。这里有4种策略可供选择:

(1)个别品牌名称。多种不同的产品分别使用不同的品牌名称。采取个别品牌名称决策的主要好处是:可以把个别产品的成败同企业整个形象分开,不会因个别产品的失败而败坏整个企业形象,但这要为每一个品牌分别作广告宣传,费用较大且较难树立企业形象。

(2)单一家族品牌。企业所有的产品品种都统一使用同一品牌名称。它的好处是:推出新产品时可省去命名的麻烦,可节省大量的广告费用;如果该品牌已有良好声誉,还可以很容易地用它推出新产品。但是,任何一种产品的失败都会使整个企业产品蒙受损失。因此使用单一品牌的企业必须对所有产品的质量严加控制。

(3)分类的家族品牌。企业所经营的各类产品分别使用不同品牌,即一类产品使用一个品

牌。采取这种决策的主要原因是:企业生产或经营许多不同种类的产品,发展一些截然不同的产品,需要分别使用不同的品牌名称,以免互相混淆。有些企业虽然生产或经营同一种类产品,但为了区别不同质量水平的产品,往往也分别使用不同的品牌名称。

(4)企业名称与个别品牌名称并用。企业决定其多种不同的产品分别使用不同的品牌名称,而且各种产品的品牌名称前面还冠以企业名称。这种决策的好处是:可以使新产品享受这家企业的盛誉,容易被顾客接受,而且各种不同产品分别使用不同的品牌名称,又可以表明这家公司的各种不同产品各有不同的特色。

3.品牌的命名与设计决策

品牌的名称与标志的设计,对企业的经营效果有重要关系,这也是体现产品整体概念的一项重要措施,国内外很多知名企业不惜花费高价征求商标设计,运输企业在这方面可借鉴开发。

一般说来,运输企业对品牌名称和标志的设计,应当注意把握以下基本要求:(1)符合国家法律规范,品牌只有合法才能向有关部门申请注册,取得商标专用权。(2)力争能够反映运输企业特色,暗示产品的效用或质量,便于促销。(3)文字图案要简洁明了,醒目易记,使人印象深刻,产生联想和好感。(4)配合目标市场顾客的喜爱和风尚,注意尊重各地区、各民族的传统习惯,避免触犯禁忌。(5)商标设计要和产品设计相呼应,跟上市场潮流,同时又要保持原有知名商标的相对稳定性和继承性。

品牌商标的命名和设计,是一项专门的学问,不但要讲艺术性,要讲究美学,而且要研究经济学、营销学、社会学等,要使艺术性和商业性相结合。

五、运输新产品开发策略

新产品是一个很广泛的概念,是与老产品相比较而言的。从企业角度来看,新产品可以理解为:企业向市场提供的较原来已提供的有明显不同的产品或劳务,也就是能给顾客带来某种新的满足、新的利益的都可称为企业的新产品。所谓运输产品就是指比过去的或现有的运输产品在特定用途、服务形式、服务手段等方面较新的运输产品。由于运输产品的基本用途比较单一,服务过程涉及面较广,因而运输新产品和老产品的区别只能从一些较小的方面来体现,但新旧产品的区别却是客观存在的,而且对企业的影响是比较大的。

(一)运输新产品开发的原则

1.市场需要的原则

必须根据市场现在需求和未来的可能需求作为开发的依据。

2.效益原则

运输企业无论是开发全新的服务项目,还是对现有产品加以改造、升级换代,都要考虑投资少、效益高,要进行成本控制。只有这样新产品开发才有经济意义。

3.发挥技术优势的原则

产品性能和质量的差距取决于产品设计、制造技术或劳务诀窍的差距,技术、诀窍是决定性因素之一。因此,企业要重视提高和发挥自己的技术优势,造成技术差距,使自己的产品受到用户欢迎。

4.重视开发速度的原则

对企业来说,新产品从构思开始,直到设计、研制、试销的整个过程,不仅要重视质量、而且要讲究速度,这是很重要的一点。往往由于开发过程的速度缓慢,延时过长,以致新产品在开始研制当时可能是先进的,但到投入市场时已成为落后的产品,从而造成企业经营上的被动局面。

(二)运输新产品开发的策略

新产品开发是一项艰巨的任务,既要有相应的技术水平,又要有足够的投资和较高的组织管理水平,还要预测所承担的各种风险,这就要求企业必须重视研究新产品开发的策略。一般新产品开发的策略可以有以下几种:

1.技术引进策略

企业通过技术引进,从外部购进技术专利权和特许权,较快地掌握某一新产品的技术,减少科研经费和技术力量,争取时间,缩短与其他企业在技术上的差距,有利于较快地发展新产品,投入市场。这对企业而言,总的风险性小,成功把握大。所以这种方式为许多企业所采用。当然,经常采用这一方式,往往会限制企业的创造精神,不可能在技术上建立自己的优势,经营上也易处于被动。

2.独立研制策略

采取这一策略开发新产品,必须组织力量来研究、探索全新产品。这要求企业在技术力量和投资能力上有较雄厚的实力,一般风险性较大,但一旦开发成功,企业可以建立自己的信誉,并能达到抢先占领市场,带来巨大经济效益。

3.改进现有产品策略

采用这一策略开发新产品,可依靠现有设备和技术力量,做到开发费用低、速度快。

4.引进技术与企业自己技术相结合策略

企业在新产品开发中,既引进其他企业的先进技术,又与自己的专长相结合,同时逐步消化吸纳引进的技术,加速发展具有技术优势的产品。这样可以使企业具有自己的特色和吸引力,而且所承担的风险性小,研制费用低,收效相对比较快。

5.联合开发策略

即联合其他运输企业开发新产品。联合开发可综合多个企业的优势,缩短开发周期,节约开发成本,对参与的各企业都有利。

第二节　运输市场定价策略

价格是市场营销组合中最重要的因素之一,它直接关系到企业的产品或劳务能否为消费者所接受、市场占有率的高低、需求量的变化和利润的多少。传统观念视价格为市场竞争的最主要手段,进入 20 世纪 50 年代,非价格竞争在市场营销中居于越来越重要的地位,但这并不否定价格因素在市场营销中的重要地位,企业定价仍然是营销组合因素中最活跃的因素。

一、运输产品价格原理

(一)运价的构成

运价是运输企业为提供运输服务所收取的价格,它是指货物运输劳务和旅客运输劳务的销售价格,是运输劳务价值的货币表现。一般情况下,运价的价值构成应当包括物质消耗支出、劳动者报酬支出、盈利三个组成部分。

物质消耗支出和劳动者报酬构成运输成本。运输成本反映运输过程中实际发生的支出,通过产品销售获得补偿。运输成本是制定运价的主要依据。因此,首先要正确核算运输成本,严格界定成本开支范围。

盈利通常包括利润和税金两种形式。从经济体制改革的价格体制改革的方向看,应当采用社会平均资金盈利率为标准,这是价值规律在社会化大生产条件下的要求。税金也是影响价格形成的重要因素,运价中税金的比重,应当满足运输企业依法纳税的需要。

(二)运输价格特点

由于运输产品的特殊性,决定了运输价格与工农业产品价格有着不同的特点:

1.运价只有销售价格一种形式

由于运输产品的消费过程与生产过程是同一过程,所以表现在运价上只有单一的销售价格形式,不象工农业产品因流通环节的不同,形成多种价格形式,如出厂价、收购价、批发价、零售价等。

2.运价与距离有密切的关系

运输的产品是位移,其计量单位为"t·km"或"人·km",运输的成本是随着距离的变化而变化的,因而决定了运价因运输距离的不同而有差别,如短途、长途,每个里程段的运价各有不同。

3.运价的种类繁多

由于运输业服务于社会再生产的全过程,运输的要求各不相同,运输货物的种类、批量、使用车型、运输距离、道路条件和运输形式都有差别,使同量的运输在其运输过程中的劳动消耗也不尽相同。为使运输价格能比较合理地反映不同条件下的运输价值,必须实行适应不同运输要求的差别运价,从而形成种类繁多的运价结构。

4.运输价格是社会产品价格的组成部分

运输需求是社会生产的派生需求,运输生产是社会生产过程在流通领域内的继续,它参与了社会产品价值的创造,其运输过程中创造的价值,最终转移到产品的价值之中,因此运价的变动直接影响到社会产品的价格。

5.运输价格的变动与运输方式的运量、成本变动有密切关系

受价值规律的影响,运价的变动会影响运量的变动,而运量的变动又会影响单位运输成本的变动。

6.运输价格受政府管制政策限制

由于交通运输产业所提供的服务的必要性和产业具有一定的自然垄断性,受政府的宏观控制强,运输价格受政府管制政策影响较大。

二、影响运输企业定价的因素分析

运输价格的制定要受到一系列运输企业内部和外部因素的影响和制约,运输企业内部因素包括运输成本和定价组织、企业定价目标、营销组合策略;外部因素包括运输市场和需求的性质、竞争和其他环境因素(宏观经济状况、政府的法令政策等)等。

(一)运输成本

运输成本是运价的基本经济界限。一般说来,运价必须能够补偿运输生产及市场营销的所有支出,并能补偿生产经营者为其所承担的风险支出。运输成本的高低是影响运输业定价的一个重要因素。根据市场营销定价策略的不同需要,对运输成本分析主要涉及以下几个成本概念,现分别加以叙述。

(1)固定成本,即企业在一定规模内提供运输劳务的固定费用,是在短期内不随运输量变动而发生变动的成本费用。如运输设施和运输工具的折旧、保养、保险费用,人员的福利,公司管理经费等。

(2)变动成本,即运输企业在同一范围内随业务量变化而发生变动的成本。如运载工具的燃料费用、人力及机械装卸费用等。

(3)总成本,即固定成本与变动成本之和,当运输周转量为零时,总成本等于固定成本。

(4)平均固定成本,即总固定成本除以周期量的商。固定成本不随周期量而变动,但是平均固定成本必然随产量的增加而减少。反之,相反。这正是规模经济效益的体现。

(5)平均变动成本,是总变动成本与周转量的商。平均变动成本一般不随业务量的变动而变动。但是当生产发展到一定的规模,工人劳动的熟练程度提高,批量采购原材料价格的优惠,运输服务质量的改善等,平均变动成本会呈递减趋势。但如果超过某一个极限,组合经济效益会变差,则平均变动成本又有可能上升。

(6)平均成本,即总成本除以周转量之商。因为固定成本和变动成本随着运输效率的提高和规模经济效益的逐步形成而下降,单位运输产品平均成本呈递减趋势。

(7)边际成本,即增加或减少一个单位产品而引起的总成本变动的数值,或定义为随着给定产量的增加而增加的总成本。因为由产量变化而引起的总可变成本的变化和总成本的变化在数值上是相等的,所以边际成本也可以定义为一个单位产量变化时引起的总可变成本的变化。边际成本有时也称为增量成本。

(8)机会成本,即将某种资源投入某种用途而放弃的其他用途的最大收入。机会成本的分析,要求企业在经营中正确选择经营项目,其依据是边际收益大于机会成本,使有限的资源得到充分利用和最佳配置。

(二)运输企业的定价目标

定价策略是以企业的营销目标为转移的,不同的目标决定了不同的策略,乃至不同的定价方法和技巧。定价目标是企业营销目标具体分解到价格战略的体现,企业应根据自身产品的性质和特点,权衡利弊加以选择。

1.利润导向的定价目标

(1)利润最大化目标。以最大利润为定价目标,指的是企业期望获取最大限度的销售利润。但追求最大利润并不等于追求最高运价,运输企业应综合分析本身的生产能力与实力、生产成本、市场需求与价格弹性、竞争态势等,以总收入减去成本的差额最大化为定价基点,确定单位运输产品的价格,争取最大利润。

(2)目标利润。以预期的利润作为定价目标,就是企业把某项产品或投资的利润水平,规定为销售收入或投资额的一定比例,产品的定价是在成本的基础上加上目标利润。以目标利润为定价目标的企业,通常应具备以下两个条件:企业具有较强的实力,在行业中处于领导地位;采用这种定价目标的多为新产品、独家产品及低价高质量的标准化产品。

(3)适当利润目标。它是指企业在市场竞争中为了保全自己,减少风险,或者限于实力不足,以满足适当利润作为定价目标。因为这种定价目标既能稳定市场价格,避免不必要竞争,又能获得长期利润,价格适中,消费者愿意接受,也符合政府的价格指导方针,是一种兼顾企业利益和社会利益的定价目标。目前运输企业多采用该种定价目标。

2.销售导向的定价目标

以销售数量为定价目标,是指企业以维持和提高市场占有率,巩固或扩大市场销售量为定价目标。企业得以生存和发展的基础就是提高市场占有率和维持一定的销售数量。它可以使企业在不景气时安度难关，免遭淘汰，在市场兴旺时期，增加企业利润，以保持企业在竞争中的地位。该种定价目标使企业在定价时，把销售数量与价格通过分析需求价格弹性联系起来，从而可以保证价格制定的合理性。在这种定价目标下，企业多实行"薄利多销"的经营方针，着眼于获取长期利润，避免高价高利的激烈竞争。

3.竞争导向的定价目标

市场经济条件下，大多数企业对于竞争者价格十分敏感，常常以跟随市场价格为定价目标。该种定价目标下，有3种情况：(1)当企业具有较强的实力，在该行业中居于价格领袖地位时，其定价目标主要是对付竞争者或阻止竞争对手，首先变动价格；(2)具有一定竞争力量，居于市场竞争的挑战者位置时，定价目标是攻击竞争对手，侵蚀竞争者的市场占有率，价格定得相对低一些；(3)而市场竞争力较弱的中小企业，主观上都希望避免同行企业之间的价格竞争，因为价格竞争势必给他们带来巨大的经济损失，因而一般都与领袖价格保持一致或适当差距，同时并不首先改变价格，以避免竞争，在无法避免的竞争中，则紧随市价作相应变动，以免处于不利地位和遭竞争对手的报复。

4.社会责任导向的定价目标

社会责任导向的定价目标指企业由于认识到自己的行业或产品对消费者和社会承担着某种义务，而放弃追求高额利润，遵循以消费者和社会的最大效益为企业的定价目标。

(三)企业的营销组合策略

价格是产品市场定位的主要因素之一，价格决策直接与产品、渠道、促销等三个营销组合因素相关联，产品的品质、机能、形象等本身就是价格的形成基础，选用不同的分销渠道会影响价格的高低，促销手段往往和价格联合起来同时使用才能发挥效用，价格策略的实施也要通过促销的功能发挥才能取得成功。总之，产品的定价要根据其市场定位，综合考虑其他营销组合因素来决定。

(四)市场需求

成本决定了产品价格的最低限度，而产品价格的最高限度则取决于市场需求量的大小。一项运输服务(产品)的潜在市场有多大，部分取决于其吸引区域。吸引区域内的企业数量与规模、人口、它们对运输服务需求的决定因素、支付能力及其未来变化趋势等，都有助于企业确定其产品的种类、供应地点与时间及其潜在需求。产品价格与市场需求之间的关系通常通过需求的价格弹性与交叉弹性这两个指标反映。

价格弹性指需求量变动的百分率与价格变动的百分率之比，如果产品的价格弹性系数 $E > 1$，表明该产品需求富于弹性，可用降价来刺激需求，扩大销售；如果产品的价格弹性系数 $E < 1$，表明该产品需求缺乏弹性，即使价格上升也不会使销售量产生很大变化，企业可采取提价策略；$E = 1$ 时，表明价格与需求量的变化成等比关系，企业的收入将不会变化。

对产品的需求不仅取决于它的价格，而且还取决于其互补品或其替代品的价格。如果 A 产品和 B 产品的需求相互关联，那么 B 产品的价格变动就会影响到 A 产品的销售。这种关联的强度可以用需求的交叉弹性来度量，并据此考虑价格变动的方向与幅度。需求的交叉弹性系数为 A 产品销量变化的百分率与 B 产品价格变化的百分率之比。

(五)市场竞争状况

市场价格是在市场竞争中形成的。按市场竞争的程度，竞争可分为完全竞争、完全垄断和不完全竞争3种状况，不同竞争状况对企业定价产生不同的影响。

在完全竞争的市场条件下，企业可以采用"随行就市"或"随大流"的定价策略。但实际上这种完全竞争的市场状况在多数情况下只是一种理论现象。因为任何产品或劳动存在不同程度的差异,而且现代市场经济不可能离开国家宏观政策的干预。

完全垄断只有在特定的条件下才能形成,如运输行业中铁路、航空运输方式独家垄断,主要是由国家拥有资源、设备和设施。这种市场状况,垄断企业缺乏降低成本的外在压力,结果使生产效率低下,服务质量劣质,社会资源配置欠佳。在此情况下,非垄断性企业定价必须十分谨慎,以防垄断者的价格报复。

不完全竞争包括垄断竞争和寡头垄断竞争,是现代市场竞争中普遍存在的典型竞争状况,它介于完全竞争与完全垄断之间。现代市场经济已经离不开国家干预,宏观经济学的不断完善,使得这种干预日趋理性化,并逐步向国际化发展。在这种状态下,多数经营者都能积极主动地影响市场价格。同时,又必须在国家干预的范围内作为价格的接受者。企业制定价格时,应当认真分析研究各种竞争力量和垄断力量的强弱,制定适宜自身发展的价格和价格策略。

(六)法律和政策因素

市场经济的发展,价值规律、供求规律、竞争规律等的自发作用,会产生某些无法自我完善的弊端。因此,政府制定一系列的政策和法规,对市场价格进行调节和管理,并采用各种改革措施建立规范的价格管理体制。这些政策、法规和改革措施,有监督性的,有保护性的,也有限制性的。它们在经济活动中制约着市场价格的形成,是各类企业制定价的重要依据,企业在定价时都不能与之相违背。

(七)其他因素

运输需求是派生需求,是由于其他经济活动的需要而产生的,因而受宏观经济形势影响较大,市场经济形势处于上升阶段时,运输需求旺盛;宏观经济形势不景气时,运输需求不振。另外,季节性农副产品、工业品销售、旅客假日出行等带来的运输需求的季节性波动,也是运输企业在制定运输产品价格时应考虑的因素。

三、运价制定的基本方法

运价定得太低不能产生利润,定得太高不能赢得顾客需求。一般情况下,运输成本规定了可行运价的下限,顾客的承受能力规定了可行运价的上限。鉴于成本、需求和竞争是影响价格行为的三个主要因素,而企业在具体定价时,又往往侧重其中一个因素,这样就形成了成本导向、需求导向和竞争导向3大类定价方法。

(一)成本导向定价法

成本导向定价法是指运输企业从运输成本角度出发,考虑其产品的定价问题。具体又分为:

(1)成本加成定价法。该定价法是以单位运输成本为基础,加上一个固定百分率的行业标准的单位利润,构成运价。这里,这个固定百分率的单位利润称作加成,这个固定百分率称作加成率。其计算公式为:

$$运价 = 单位运输成本 \times (1 + 加成率)$$

采用成本加成定价法,计算方便。其局限性主要是忽视了市场需求与竞争,同时,在许多情况下难于将总成本精确地分摊到各种运输劳务上去,因而真实性有限。

(2)边际贡献定价法。边际贡献定价法亦称变动成本定价法。所谓边际贡献即价格超过变动成本的部分,这部分余额可首先用来弥补固定成本,完全弥补后有剩余,就是企业利润;如不能完全弥补,其未能弥补的部分就是企业亏损。这种方法适用于运输生产能力有余和回程货运等情况。

采用边际贡献定价,必然低于用全部成本定价的价格,但在市场供过于求的情况下,若用成本加成法,产品会推销不出去从而使企业蒙受更大损失。在运力过剩,运输市场不景气的情况下,用此方法定价,可以减少运力的闲置或浪费,为企业创造边际贡献以增加收益,减少损失。

(3)收支平衡定价法。收支平衡定价法就是运用盈亏平衡分析原理来确定价格水平。该定价方法是指在已知固定成本、变动成本以及预测销售数量的前提下,通过求解盈亏平衡点来制定价格的方法。盈亏平衡公式为:

$$Q = \frac{F}{P - V} \text{ 或 } P = \frac{F}{Q} + V$$

式中:F——固定成本;

V——单位变动成本;

P——单价;

Q——盈亏平衡点销量。

但企业从事生产经营活动不仅仅是为了保本,而是要获得目标利润。因此,制定价格时必须加上目标利润。则公式为:

$$Q = \frac{F + W}{P - V} \text{ 或 } P = \frac{F + W}{Q} + V$$

式中:W——目标利润。

此方法应用简便,可求出企业可接受的最低价格,即高于盈亏平衡点的价格,但采用时也存在测定销售量的准确性问题。

(二)需求导向定价法

需求导向定价法即不以产品成本为定价的基本出发点,而根据消费者的感觉和需求程度来定价。这类定价方法主要有认知价值定价法和顾客对运价承受能力定价法。

1.认知价值定价法

运输企业运用营销组合中的非价格变量(如产品、质量、服务、广告等)在顾客心目中建立起对产品的认知价值,并将它捕捉住,据此建立运价。认知价值定价法的关键不是产品的成本,而是顾客对产品价值的认知。例如,集装箱班轮运输比传统的班轮运输可以提供更快捷、方便、可靠的服务,货主认为集装箱班轮运输提供的服务价值比传统的班轮运输高,所以他们愿意支付较高的运价,尽管集装箱班轮运输的成本可能比传统的班轮运输低。认知价值是顾客在观念上所认识的价值,它不一定与产品的实际价值相一致。又例如,由于 APL 在货主中建立了良好的信誉,所以它开出高于一般船公司的运价,而仍然能被货主所接受,但就某些航次而言,其运输质量也许与普通船公司没有什么差别。

认知价值定价法要求企业通过市场调研,了解顾客对运价水平的反映,先估计出在何种市场运价下能争取到理想的运量,据此计算出基本运价。此外企业还要按此基本运价比较运输成本,算出能否获得满意的利润。若此运价低于运输成本或达不到满意的利润,企业就需要采取其他营销措施。

2.顾客对运价承受能力定价法

这种定价方法实际上是依据顾客对运输需求的价格弹性理论来定价的。对于货运而言,如果其自身价值很高,运价只占其销售价格的一个很小的比例,适当提高这类货物的运价,货

165

主不会很在乎的,因为这对货物的最终需求不会有多大影响。但对于自身价值很低的货物来说,情况则相反。

这种定价方法的计算公式是:

$$运价 = 货物价值 \times 承受能力系数$$

这里的货物价值指的是货物的市场价格。承受能力系数指运价占货物价格的比率,通常根据市场调研或以往经验来确定。根据联合国贸发会议的统计资料,航运中班轮运价占货物价格的比率为 1.2% ~ 28.4%,廉价的大宗货物的承受能力系数为 30% ~ 50%。

(三)竞争导向定价法

竞争导向定价法主要依据竞争者的产品价格,制定本企业产品的价格。也就是随行就市,即按照行业的平均价格水平来确定本公司的价格。但竞争导向定价不是说把本公司的价格定得与竞争价格者的价格完全一样,可以略高或略低于竞争者的价格。在下列情况下企业往往采用竞争导向定价:(1)难以估算成本;(2)本公司打算与同行业者和平共处;(3)如果另行定价,很难知道购买者和竞争者对本公司价格的反应。

四、运输企业定价策略

定价策略是指在制定价格和调整价格的过程中,为了达到企业的经营目标而采取的定价艺术和方法。它是定价目标和定价方法的具体化,是具有灵活性、技巧性、竞争性和操作性的营销手段。运输企业正确选择并创新价格策略,对于实现营销目标具有重要意义。

(一)运输新产品的定价策略

运输新产品能否在市场上站住脚,并给企业带来预期收益,运价起着重要作用。其运价策略主要有以下 3 种:

1. 高价策略

就是在新的运输方式或项目开拓时期,运价定得很高,以便在较短的时间就获得最大利润。适用这种定价策略的新产品,一般在投入市场时竞争较小。企业利用消费者求新求奇的心理,以高价厚利迅速实现预期利润,同时使产品提高威望、抬高身价,为以后广泛占领市场打下基础。一旦竞争加剧,可采取降价策略,限制竞争者加入,稳定市场占有率。缺点是由于当新产品尚未在用户心目中建立声誉时,高价不利于打开市场,而如果市场销路旺盛则很容易引起竞争者加入,竞争者加入太多必然造成价格下降,使经营好景不长。国外通常把这种定价策略称为"取脂定价策略"或"撇油定价策略"。

2. 低价策略

即在新产品投入市场时价格定得较低,使使用户很容易接受,以利于快速打开市场。采用这种定价策略的产品,其特点是潜在市场很大,企业生产能力较大,同时竞争者容易加入。这种定价策略适用于以下几种情况:(1)某种运输服务的需求弹性大,低价可以促进销售;(2)营销费用、运输成本与运输量关系较大,即运输量越大,单位运输量和成本费用越低;(3)潜在市场大,竞争者容易进入,采用低价策略,利润微薄,别的企业不愿参加竞争,有利于扩大市场占有率;(4)运输不发达、购买力弱的地区,以利于逐步培育市场。国外通常把这种定价策略称之为"侵入策略"或"渗透策略"。

3. 满意定价策略

企业将行业或社会平均利润率作为确定企业目标利润的主要参考标准,比照市场价格定价,避免不必要的价格竞争,通过其他促销手段扩大销售,推广新产品。采用这种策略,容易使运输企业与货主或旅客双方面都满意,故而得名。这种定价策略既可避免高价策略因高价而带来的市场风险,又可使企业避免因价低而带来的产品进入市场初期收入低微,投资回收期长等经营困难。

(二)折扣和让价策略

企业为了鼓励顾客大量购买、淡季购买等,酌情降低其基本价格。这种价格调整叫做价格折扣或折让。主要有以下几种:

(1)数量折扣,即因用户托运货物数量大、购买客票数量多所给予的折扣优惠。数量折扣又分为累计数量折扣和一次数量折扣,前者是规定在一定时期内,购买量达到一定数量即给予的折扣。这一策略鼓励用户大量或集中向本企业购买。

(2)季节折扣,运输生产的季节性很强,在运输淡季时给予一定的价格折扣,有利于刺激消费者均衡需求,便于企业均衡运输组织作业。

(3)现金折扣,即企业对以现金付款或提前付款的用户给予一定比例的价格折扣优待。现金折扣在西方很流行,它可以改善企业的现金周转,减少赊欠和坏帐损失。

(4)代理折扣,即运输企业给运输中间商(如货运代理商、票务代理)提供的价格折扣,以便发挥中间商的组货、组客功能,提高企业的市场占有率。

(5)回程和方向折扣,即在回程或运力供应富裕的运输线路与方向,给予价格折扣,以提高运输工具的使用效率,减少运能浪费。

(三)心理定价策略

这是运用心理学原理,根据不同类型的用户在购买运输服务时的不同消费心理来制定价格以诱导用户增加购买的定价策略。其主要策略有:

1.分级定价策略

分级定价策略即在定价时把同种运输分为几个等级,不同等级采用不同的运输价格。这种定价策略能使客户产生货真价实、按质论价的感觉,因而较易为用户所接受。采用这种定价策略时,等级划分不能过多,级差也不能太大或太小,否则会使用户感到繁琐或显不出差距而起不到应有的效果。

2.声誉定价策略

这是根据顾客对某些运输企业的信任心理而使用的价格策略。有些运输企业在长期市场经营中在顾客心中树立了声望,如服务态度好、运输质量高、送达速度快等,因此这些企业可以采用比其他企业稍高的价格。当然,这种价格策略要以高质量作保证,否则就会丧失企业的声望。

(四)差别定价策略

差别定价是指企业根据不同顾客群、不同的时间和地点对同一产品或劳务采用不同的销售价格。这种差别不反映生产和经营成本的变化,它有利于满足顾客不同需求和企业组织管理的要求。例如,船公司给重要的货运代理商和大货主提供的运价要低于给普通代理商和货主的运价,以维持与客户良好的关系,保证稳定的货源。还有一个典型的例子是班轮公会的双重运价制,运价由班轮公会制定,供参加班轮公会的班轮公司使用。其具体做法是:对于与班轮公会缔结合同愿将货物全部交由班轮公会运输的货主,按合同费率计收运费。对于未与班轮公会缔结合同的货主,则按非合同费率计收运费。

(五)产品组合定价策略

对于组合系列的产品,企业需要制定一系列的价格,从而使整个产品组合取得整体的最大利润。

1. 产品线定价策略

当企业生产的系列产品存在需求和成本的内在关联时,要依据产品在产品线中的不同地位而制定不同的价格。如铁路集装箱各箱型运输价格的制定须综合考虑货主需求结构、各箱型的供应数量与发展方向、运输成本等综合确定,以便企业整体收益最大。

2. 单一价格定价策略

企业销售品种多而成本差别不大的商品时,为了便于消费者挑选和内部管理的需要,企业所有销售商品实行单一价格。如城市公共汽车运输中不论乘车距离远近统一实行单一票价制等。

(六)运价调整策略

运价制定以后,由于宏观环境变化和市场供求发生波动,运输企业应主动地调整价格,以适应激烈的市场竞争。调整运价策略主要有两种形式,即主动调整和被动调整。

1. 主动调整

主动调整指企业因市场供求、成本变动等需要降低或提高自己的运价。降低运价策略适用于运力供过于求,运输市场竞争激烈,或是本企业成本降低,有较强成本优势,企业欲利用该策略扩大市场占有率等情况。提高运价策略适用于运力供不应求、企业因非经营因素所导致的成本上涨等情况。

无论采用降低还是提高运价策略,企业在运价调整之前,须对竞争者、顾客、以及企业自身情况进行认真分析,包括竞争产品的成本结构,竞争对手的运价、竞争行为和习惯,竞争者生产能力的利用情况,该产品的市场需求量大小,顾客对该产品运价的敏感程度,企业的经济实力和优势劣势等。在此基础上做好调价的计划:包括调价的时间、调价的幅度、是一次调整还是分多次调整以及调价后整个市场营销策略的变动等。调价后还要注意分析顾客和竞争者对调价的反应以及企业市场占有率和收入利润的变化。

2. 被动调整

被动调整是指在竞争对手率先调价后,本企业据此做出的反应。企业同样须对竞争者、顾客及本企业情况进行分析研究进而做出决策。

一般说来,企业对调高价格的反应较容易。竞争对手具备某些差别优势,没有把握不会提价。若本公司也有相似优势,正好跟进;若本公司不具备类似优势,则不宜紧随,待大部分公司提价后,本公司再跟进较为稳妥。

对于竞争者率先降价,企业一般反应较慎重,通常有 3 种处理方式:(1)置之不理,这在竞争者降价幅度较小时采用;(2)价格不变,但增加服务内容或加大销售折扣;(3)跟随降价,一般在竞争者降价幅度较大时采用。

调整运价对企业都是有风险的,实际操作较妥当的方法则是企业稳定价格策略。同时,价格策略是市场营销组合的有机组成部分,须与产品策略、渠道策略、促销策略配合使用,才能有效达成企业营销目标。

第三节 运输市场分销渠道策略

渠道分销策略是市场营销组合的四个要素之一,也是惟一涉及到外部机构的因素。运输企业的产品或服务只有经由各种渠道到达货主(用户)手中,营销过程才得以完成。运输企业对渠道的选择,直接影响运价水平和营销效果。建立分销渠道需要代理商、经纪商与之配合,并要耗费大量人力、物力、财力,运用适当的公关技巧,处理一系列复杂的问题。因此,渠道策略是运输企业面临的最复杂的决策之一。通过所设计的渠道传递,对企业经营发展政策的制订起着举足轻重的作用。

一、运输产品分销渠道概述

(一)运输产品分销渠道定义

分销渠道,也叫分配渠道或交易渠道,是指产品从生产者传递至消费者或用户的过程中,所经过的一切取得所有权或协助所有权转移的商业组织和个人。因此,分销渠道的起点是生产者,中间环节包括参与交易活动的各种批发商、零售商、经纪人、代理商等中间机构,终点是消费者。这些渠道成员相互联系,各自承担不同的营销职能,起到促进交换和确保渠道畅通的作用。

企业有形产品的分销渠道是指从企业到消费者之间的整体销售网络,其数量众多、形式多样。运输产品是无形的特殊商品,其分销渠道取决于运力的销售活动,不存在产品所有权的转移。它的独特之处在于运输服务的组织系统,是由向货主、旅客提供运输服务、具有共同目标、相关联的部分组成的系统,包括运输企业、旅客和货主、运输中间商和代理商以及客、货场站等环节,起点是运输企业,终点是对运输有需求的旅客、货主,中间环节是为达成运输活动而进行客源、货源组织的各种中间商,具体包括:场站组织——车站、码头、机场等;代理商——货运代理、航空代理、船务代理、客运代理及受运输企业委托建立的售票点、揽货点;联运公司——办理多种运输方式联合运输业务的运输公司;委托商——由运输企业或代理商委托而成立为运输企业组织客货源的组货点、代办处等等。

(二)运输产品分销渠道类型

一般来说,运输产品分销渠道有以下几种。

1.直接渠道和间接渠道

分销渠道按照是否经过中间商这一环节可以分为直接渠道和间接渠道。

直接渠道是指运输企业直接为运输需求者提供运输服务,没有中间商的参与。采用这种方式,运输企业在同等条件下可以直接让利于运输需求者,便于控制运价,也可以密切运输企业和运输需求者之间的关系,及时了解运输市场需求动态,为运输企业根据情况提供各种服务创造条件。但由于受运输企业人员、资金等因素的限制,客货源组织面窄点少,效率不高,往往仅限于大宗稳定货物或有特种运输需求的货物。

间接渠道是指运输企业通过运输中间商为运输需求者提供运输服务。采用这种方式,可以利用运输中间商的丰富组织经验和广泛关系网,组织客货源量大,有利于扩大运输规模,便于运输企业组织均衡运输,提高运输效率,有利于运输需求双方简化手续;但是易使运输企业无法了解运输市场需求信息,有一定的市场风险,而且由于运输企业对中间商大多实行折扣价格、优惠政策等原因,使运输企业每次运输的利润减少。

2.固定渠道和流动渠道

分销渠道按照是否有固定场所可以划分为固定渠道和流动渠道。

固定渠道是指运输企业通过某些固定场所,满足消费者对运输的需求,实现运输销售过程。一般运输企业都有固定的服务场所,如车站、机场、托运站点等,运输需求者到这些场所来办理各种乘坐或托运手续,这些场所往往是客、货位移的开始,适于旅客运输、零担货物运输等方式。

流动渠道是指运输企业根据消费者的需要随时随地提供运输服务,不需要固定的服务场所。这种方式对公路运输十分适用,可以随时根据客、货主的需求提供运输服务。如城市出租汽车服务、客货运包车、租车服务、货运即时服务等都适用于此类分销渠道。

3. 长渠道与短渠道

分销渠道按照销售所经过的流通环节或层次的多少,又可分为长渠道与短渠道。层次多、环节多为长渠道,反之则是短渠道。

长渠道由于有中间商参与,点多面广,能有效地覆盖市场,扩大销售,运输企业可减少许多人力、物力、财力。但当渠道过长时,环节增多,增加了费用,信息反馈慢、失真率高,不利于准确地把握运输市场行情。短渠道由于渠道短、环节少,可以减少不必要的环节造成的失误及流通费用,但由于直接面对客货用户,市场覆盖面较小,也有一定的局限性。

在各种运输方式的联合运输中需要长渠道销售方式,而在某一运输方式的运输中尽可能采用短渠道方式,减少不必要的中间环节,提高销售效果。

4. 宽渠道与窄渠道

按照分销系统中同层次环节的多少,又可分为宽渠道和窄渠道。分销渠道的宽度是指渠道每个层次中使用同种类型中间商数目的多少,横向环节愈多、渠道越宽,反之则越窄,独家分销是最窄的渠道。

宽渠道有一定优点,由于其选用中间商多、能迅速推销运输产品,同时可以对中间商的工作效率进行综合评估、优胜劣汰,有利于中间商之间展开竞争,但如果选用过多,一旦外部环境变化,双方关系的基础不牢固,会导致合作关系破裂,影响运输企业的销售。一般而言在宽渠道中,运输企业所选用的中间商是可以变化的。窄渠道的优点是运输企业与中间商的关系非常密切,但由于对中间商依赖性太强,会在一定时期内失掉灵活选择的自由。

(三)运输市场中间商

中间商是指专门从事商品经营活动的企业和个人,在生产和消费之间起到调节供求矛盾和沟通信息的作用,在商品从生产者流向消费者的过程中,参与商品流通业务、促进交易行为实现。

运输市场中间商是市场中间商的一种特殊类型,是指专门为运输生产者组织客货源,或为运输生产供需双方提供中介服务,促进运输交易行为实现的运输经营者。按其发挥功能的形式和性质不同分为以下 3 类:

1. 经营型场站组织

经营型场站组织包括客运站、机场、港口、码头和各种类型的货运站、如货物托运站、集装箱货运站等。这些场站组织面向全社会的运输需求者,根据其对运输需求的特点为其提供各种运输服务。

2. 代理商

代理商受运输企业委托,与之签订代理协议,推销运输企业运力,代理商可以同时代理几家运输企业的产品。代理商包括货运代理公司、船运代理公司、航空公司代理处、多式联运经营人等。我国目前代理公司大多是大型运输企业自己设立,或者有针对性地选择具有一定实力和信誉的其他代理公司,代理运输生产者负责整个客货源业务的组织工作,并为运输需求者提供咨询业务及运输方式和服务项目的选择。代理公司的最大优势在于熟悉运输市场行情,有专业知识并且和运输的供求双方保持密切合作关系。

3.运输经纪人

运输经纪人是为交易双方提供价格、市场信息、牵线搭桥、协助谈判、促成交易起媒介作用，他们不控制运价及运输条件，通过交易成交额按比例收取佣金，这种委托关系多为一次性的，运输需求双方没有固定关系，也不承担风险。如航运市场中的船东经纪人、租船代理人等就是属于这一类。

二、运输企业分销渠道决策

(一)影响分销渠道决策的主要因素

1.消费者因素

分销渠道受消费者人数、地理分布、购买频率和购买习惯及出行次数等方面的影响。如消费者购买批量小且分布范围广泛，需要重复组织客货源，应采用长渠道分销策略；消费者大量集中在某一地区甚至特定地点可采用直接分销渠道策略。

2.产品因素

鲜活、易腐、危险货物，对运输时效性要求很高，应尽量缩短分销渠道，最好采用直接分销渠道，以保证货物尽快到达；大宗散货和长大笨重货物，如矿石、煤炭、机器设备等，应尽量缩短营销渠道，以减少搬运、装卸次数；特种货物运输需要专门运输工具和技术，甚至需派人押运，应采用直接分销渠道方式，以满足货主对运输的特殊要求；新开辟的运输服务项目，由于客户不太了解它的服务质量、运输价格，需要大力推销和较多促销费用，许多中间商不愿承揽这项业务，宜采用直接分销渠道方式。直销能够使信息及时反馈，密切企业与客户的关系，以便对服务项目进行调整和改进。

3.企业内部因素

企业内部条件影响分销渠道的选择。财力雄厚、信誉良好的企业，有能力选择较固定的代理商；当企业运输组织专业化水平很高，如网络化经营、规模经营时，可以建立自己的客货源组织网络或固定的代理商，采取容易控制直销或短窄的销售渠道。

企业控制渠道的愿望也影响分销渠道的选择。有些企业为了有效地控制分销渠道，则采用较短而固定的渠道；反之，若企业不希望控制销售渠道，则可选择较长的销售渠道。

企业的促销策略对分销渠道的选择影响也很大。对于新增设的服务项目，为方便消费者的了解，取得消费者的信任，需要企业组织得力的推销队伍，面对面了解和沟通信息，实行"推"的策略，这种策略一般宜采用直销型；反之对于处于成熟期的项目或服务，实行"拉"的策略，这种策略一般宜采用间接销售型。

4.市场竞争

运输企业选择分销渠道时，要考虑到竞争对手的分销渠道策略，根据实际情况采取开辟新的分销渠道或采取同竞争对手相同分销渠道的方式，以便在竞争中赢得更多的客货源。

5.经济形势及政策法规

社会经济形势好，运输需求量增加，渠道选择方式可以灵活一些；经济萧条时期，运输需求量降低，应尽量减少各中间环节，取消不必要的中间费用以降低运价，一般采用较短渠道甚至直销方式。

国家政策法律，也会影响分销渠道的选择。如专卖制度，反垄断法规，综合运输体系的建设等都对分销渠道的选择产生一定的影响。企业应根据一定时期的政策要求，及时调整分销渠道。

(二)运输企业分销渠道决策

运输企业分销渠道决策是根据运输企业的目标市场和营销战略目标来进行的,其关键在于设计分销渠道目标和模式、选择合适的中间商,以及明确渠道成员的权利和义务。

1.设计分销渠道目标和模式

分销渠道目标是指在企业总体营销目标条件下,选择分销渠道应该达到的具体目标。该目标一般要求建立的分销渠道应达到企业总体营销规定的组客(货)数量,同时使全部渠道费用减少到最低程度。企业可以根据旅客和货主对运输服务的不同需求和服务水平,划分出若干分市场,然后决定服务于哪些市场,并为之选择和使用最佳渠道。

可以根据消费者需求特点、渠道限制因素和企业目标等因素,决定采用哪种分销渠道模式。如前所述,分销渠道的类型多样,有直接渠道和间接渠道,有固定渠道和流动渠道,还有长渠道和短渠道、宽渠道和窄渠道之分,多种渠道模式各有优缺点,也各有适用范围和条件,企业要从自身实力、经营方式、市场状况和竞争战略,权衡各方面的利弊做出正确的选择。一般来讲,除公路运输方式外,其他运输方式往往采用两种方式相结合的渠道策略。

2.中间商的选择

中间商的选择包括两个方面:营销渠道中的每一层次中所使用中间商的数量以及选择什么类型和规模的中间商。

运输企业决定在每一渠道层次使用中间商数量的多少,实质上是决定渠道的宽度,这主要取决于运输企业产品自身的特点、市场容量的大小和需求面的宽窄。一般有以下 3 种策略:

1)密集分销

密集分销也称为广泛分销,是一种宽渠道分销策略。是指使用大量客、货运代理商组建运输企业的营销网络,使客、货运网点广泛分布在社会的各个角落。运输企业对于有经营条件的中间商一般都予以吸收,以便吸引更多客源和货源。采用这种策略的目标是以求尽快进入目标市场或者扩大市场覆盖面,使消费者随时随地办理各种运输手续,满足其运输要求。这种策略能够与潜在顾客广泛接触,组织更多的客源、货源,但企业不易控制渠道,增加了各种支出费用,与中间商关系松散。

2)选择分销

选择分销渠道是指有选择地确定几个具有一定规模、有丰富市场经验的中间商为本企业推销产品,组织客货源。这些中间商在顾客中有很高信誉,有利于吸引具有长期、稳定等特点的客货源。采用这一策略的目标是维护运输企业在该地区的信誉,巩固其市场覆盖范围,能使企业在竞争中处于有利地位。这种策略由于减少了中间商数量,比密集分销策略更节省费用,有利于企业控制渠道,保持与中间商的良好合作关系,调动中间商的积极性,减少了中间商之间的盲目竞争,提高渠道转运效率,但在选择中间商时,中间商往往会对运输企业提出一定的条件和要求。

3)独家分销

独家分销也称集中分销,是一种窄渠道分销策略。是指在某一特定市场内只选用一家信誉好的中间商为本企业推销产品和组织客货源,授权其独家代理、独家分销。运输企业在该地区市场上不再委托第二者经营,而中间商亦不能经销该运输企业竞争者的产品。它常常是一种排他性专营,这一策略的中心是为了控制市场,但由于独家分销妨碍竞争,在某些国家被法律所禁止。这种策略大多是基于运输产品的特殊要求,如特种货物等,由于排除了竞争,利润较大,中间商最喜欢企业的独家分销策略。这种策略使运输企业与中间商关系非常密切,运输企业能够在价格、服务等方面有效控制渠道,但灵活性小,过分依赖某中间商,一旦中间商经营不好,会使运输企业遭受损失。一般不宜广泛采用。

中间商的选择是否得当,直接关系着运输企业的市场营销效果,需广泛搜集有关中间商的业务经营、资信、市场范围、服务水平等方面的信息,确定审核、比较的标准并做出评估。选择中间商一般考察以下几个方面:

(1)中间商的市场范围。这是选择中间商最关键的因素。中间商的经营范围所包括的地区应与运输企业产品销售地区一致。作为运输企业希望中间商能打入自己已确定的目标市场,并说服消费者购买其代理的运输企业产品。

(2)中间商的产品政策。中间商承销的不同运输企业产品及其组合情况是中间商产品政策的具体体现。选择中间商时还要看中间商代理多少运输企业的产品,一般应避免选择已代理多家企业的中间商。

(3)中间商的财务状况及管理水平。中间商的财务状况包括其财力大小,资金融通情况,付款信誉是否良好等。企业所选择的代理商应是财务状况良好,有一定偿债能力的代理商,在一定情况下应具备垫付资金的能力。中间商的管理水平也关系着中间商营销成败,管理水平体现在内部行政管理及业务管理上,业务管理水平体现着中间商的综合服务能力。例如,作为经营国际航线的航运企业的代理商,需要具备一定的国际化的代理网络,能够为货主提供报关、检验、仓储包装陆运等一系列综合物流服务功能。

(4)中间商的促销政策和技术。中间商的促销政策和技术体现其营销的能力和水平,直接关系运输企业产品销售的效果,也是运输企业选择中间商所考虑的重要因素之一。

3.明确分销渠道成员的权利和责任

运输企业与中间商结成一定的关系,为了达到有效的配合,必须确定渠道成员的参与条件和应负的责任,分清各自的责、权、利。其中主要有以下几项:

1)价格政策

即运输企业给予代理商的各种佣金比例及优惠运价。在双方交易关系组合中,价格政策是一项重要因素。为提高中间商的积极性,运输企业通常根据制定出的价目表和折扣明细表对不同类型的中间商及其任务完成情况按制定的标准给予一定的优惠运价及回扣佣金。在制定优惠运价及回扣佣金标准时,应确保条件的公平、合理,因为中间商对自己得到回扣和优惠或其他中间商得到回扣和优惠十分敏感,价格政策通常是引起渠道冲突的主要原因之一。

2)销售条件

销售条件中重要的是"付款条件"和"生产者保证"。运输企业对代理商一般采取由其代收代付运费的形式来收取运费,代理协议中需规定代理商的付款期限。付款条件对于运输企业和中间商的利益实现非常重要。运输企业对于运输质量、服务水平等也要严格按要求给予保证,这种保证可以提高双方的信誉,增加中间商与运输企业合作的信心。同时运输企业向中间商保证运输产品质量,可以吸引更多的中间商。

3)中间商地区权利

运输企业对于中间商的地区权利要求相应明确,中间商不仅希望把所在地区的所有相关交易活动都由自己进行,同时也关心在同一地区或相邻地区运输企业有多少中间商和运输企业给其他中间商的特许经营范围。这些因素不仅影响着中间商的业绩,也影响着中间商的工作积极性。

4)双方权利和责任

运输企业和中间商双方应通过一定形式明确双方的权利和责任,包括广告宣传、业务范围、责任划分、人员培训等等。合约规定的内容在不超出企业权限情况下尽量使中间商满意。对于独家分销和选择分销两种方式,由于双方关系密切,在相互服务项目和双方应承担责任方面应该尽量明确详尽。

三、运输企业分销渠道的控制与管理

渠道控制与管理的中心任务是要解决渠道中可能存在的冲突,努力提高渠道各成员的营销积极性和满意程度,促进渠道的协调和发展。

(一)分销渠道的冲突与控制

1.分销渠道的冲突

渠道成员之间利益的暂时性矛盾即为冲突。运输企业分销渠道是一个复杂的营销系统,这一系统中的各种运输商、代理商等成员由于在运输生产过程中所处的地位不同,往往从自身利益出发,对销售条件和方式各执己见、互不相让、各自为政、各行其是,这样就产生了冲突。

渠道冲突一般分为横向冲突与纵向冲突。

横向冲突指渠道的同一层次上各企业的冲突。这与渠道的宽窄有关,如果在同一层次上选择众多中间商分销则中间商之间相互抢生意的情况将有可能产生。渠道管理者对于这种冲突应该采取强有力的措施,通过各种政策、条令等消除这些冲突,以免影响和损害运输分销渠道的形象。

纵向冲突是指同一渠道中不同层次的成员之间的冲突。如代理商与运输公司之间因价格、服务等原因发生的冲突。渠道管理者对于垂直渠道冲突应该加以引导,使各方都能受益。具体方法包括强化系统内的管理职能;增加渠道成员之间的信任感,理顺成员之间的信息传递和反馈渠道,消除成员之间可能存在的冲突。

2.分销渠道的控制

分销渠道控制的任务就是要解决运输分销渠道的冲突。具体办法是采用新的紧密型的分销渠道代替传统的分销渠道,旨在消除冲突,提高渠道经营效益。紧密型的分销渠道形式有以下两种类型:

1)垂直渠道系统

垂直渠道系统由运输企业和中间商组成统一系统,其中一个成员拥有另一成员的所有权。如该渠道系统成员均属于同一家运输企业,形成中央集权式渠道系统,或者其中一个成员有足够的能力使其他成员合作。这种系统能够有效地控制渠道各成员渠道行为,消除渠道成员为追求各自利益而引起的冲突。各渠道成员通过规模经营和减少重复服务获得稳定、长远效益。

垂直渠道系统有公司式和合同式两种主要形式。

公司式是由运输企业控制、拥有若干分公司及中间商来控制渠道的若干层次,甚至整个分销渠道。如航运企业拥有货运代理公司或陆运公司、集装箱内陆站、货运站、仓库等。规模较大的航运企业一般都如此,如中远集团的货代公司为中远国际货运公司。公司式的营销系统可以是独立拥有上述子公司,也可以是完全附属的形式,或对子公司控股、持股。由于同属同一资本系统,此种结合最为紧密,运输企业对分销的控制达到最高程度。

合同式也称契约式,是指不同层次的独立的运输商和中间商,以合同、契约等形式为基础建立的联合经营形式。这种形式在航运界很常见,航运企业往往通过签订代理协议的形式将全部或部分航线交与不同的货运代理公司分销并由其延伸航运企业的服务范围,一个时期,航

运企业可以同时给予多家代理企业代理权,不同时期可选择不同的代理企业作为其代理与之签订代理协议。这种联合体的紧密程度不如公司式。

2)水平渠道系统

水平渠道系统是由两家或两家以上的运输企业联合,形成自愿性的短期或长期联合关系,共同开拓营销市场的渠道系统。例如90年代以来,国际航运市场上水平联合形式渐成趋势,通过联营、联盟来实行统一经营、共同配船、舱位互租等,而且由单一航线的联营向全球联营转移。以1996年为例。世界上20家最大的集装箱航运公司中的16家组成了五大全球性班轮联盟,这五大联盟是:由美国总统轮船公司(APL)、香港东方海外(OOCL)、日本大阪商船三井船舶(MOL)和荷兰渣华邮船(Neddlloy)于1996年1月1日组成的全球联盟;由新加坡东方海皇(NOL)、日本邮船(NYK)、德国赫伯格——劳埃德及英国铁行箱运(P&O)组成的联盟;由韩国韩进海运(Hanjin)、德国罗斯托克——胜利(DSR-Senator)与韩国朝阳商船(Chao Yang)组成"新三洲联盟"(New Tyicon);由丹麦马士基(Maersk)和美国海陆(Sea-land)组成的联盟;由日本川崎汽船(K-line)、韩国现代商船(Hyundai)、台湾阳明海运(Yanming)组成的联盟。而在国内,各航运企业也纷纷成立集团公司实行强强联营,最显著的是1997年8月18日成立的由上海海运(集团)公司、广州海运(集团)公司、大连海运(集团)公司、中国海员对外技术服务公司、中交船业公司等组成的中国海运集团。由中远集团与长航集团共同组成的上海远江集装箱船务有限公司于1997年9月成立,使长江中下游干线与上海始发国际干线相连,为中远集团加强其在国际航运市场上的竞争力起到较大的作用。这些联合旨在相互取长补短,创造比个别公司单独作战更多的竞争利益。

(二)激励渠道成员

运输企业通过合同规定与中间商合作的同时,还要进行日常的监督和激励,使之不断提高经营水平。激励中间商的基本点是了解中间商的需求和愿望,并采取有效的激励手段。基本激励方式有正反两种。正面的激励方式多采用奖励的方法,负面的激励则以惩罚为主,取消或暂停其代理资格,减少优惠条件、降低回扣比例、减少代理费用等。对经营效果较好的中间商,应争取长期合作关系,也可派专人协助推销并收集信息。比较成熟的企业一般与中间商建立一种合伙关系,通过协议,明确彼此的责任,运输企业明确应为中间商提供什么,也让中间商明确责任,根据协议执行情况支付报酬。经销规划是一种可行办法,它是把企业和中间商的需要融为一体,有计划,有专门管理的纵向营销系统;在运输企业的市场营销部门中设立一个分部专门负责同中间商关系的规划,其任务主要是了解中间商的需要和问题,并做出经营规划以帮助其实现最佳经营,双方可共同规划营销工作。总之,企业对中间商应贯彻"利益共享、风险共担"的原则,使代理商与运输企业站在同一立场上,把他们作为营销渠道的一员来考虑,缓解矛盾,密切合作,这是激励工作的核心。

(三)评价渠道成员

渠道的管理者还必须定期考核、评价渠道成员的工作绩效。评价的目的是为了及时发现存在的问题,以便有针对性地解决、提高渠道的效率。当发现某一成员的绩效低于既定标准时,渠道管理者应该找出问题的主要原因,及时开展各种补救工作;对于实在不能令人满意的渠道成员,还应该考虑更换或将其从营销渠道中剔除。

评价渠道成员要根据渠道的性质、经营要求以及中间商的合作关系,确定适宜的标准,一般来说,主要评价指标包括客货源完成情况、对客户服务水平、对损坏商品处理、存货及交货情况、与其他成员配合程度等。如果渠道管理者和渠道成员事先制定出工作标准,并对违规达成协议,就可以避免许多问题和失误。

(四)调整分销渠道

为了适应运输市场环境不断变化的特征,对整个分销渠道或部分分销渠道系统必须随时加以修正和改进,特别在发现分销渠道发生很严重的问题或冲突时,这种调整则势在必行。促使运输企业调整渠道的主要原因包括:客户对运输需求发生变化、运输市场发生变化或者出现了新的竞争者等等。

1.增减某一渠道成员

对营销系统的成员进行增减的目的是能为企业带来更大的效益。无论是增还是减,都必须进行正面及负面的影响分析。在决定增减中间商时,运输企业需要进行经济效益评估,以便分析增减数目对企业效益是否产生影响,是否会影响其他中间商的需求、士气、情绪等,并采取相应的措施,防止产生可能出现的矛盾。

2.增减某一营销渠道

运输市场瞬息万变,发现某一渠道没有起到应有作用时,从提高渠道效率、节省有限资源等角度出发,应考虑取消这一渠道。在增减渠道时,也要做相应的经济分析,并采取相应的措施。如在国际航运市场上新联盟的出现,使航运企业大大增加了其全球航线覆盖率,由于竞争激烈,应对增减某一分销渠道所带来的直接、间接的反应及效益进行分析。若对航运企业不利,则应迅速放弃。

3.调整整个渠道

在原有渠道冲突无法解决时,可以考虑解体整个营销渠道,对运输企业营销体制作整体调整。例如,运输企业决定不再通过直接组织客货源的方式而改为充分依靠中间商的力量时,会给整个营销渠道带来彻底变化。这种情况往往在运输市场发生某种重大变革时,经企业高层领导决策才会发生。

增减渠道成员属于结构性调整,其着眼点在于增加或减少某个中间商;增减分销渠道和调整整个渠道系统属于功能性调整,其目的在于将销售任务在一条或多条销售渠道的成员中重新分配。分销渠道是否需要调整,调整到什么程度,取决于企业分销渠道是否处于平衡状态,调整的目的是最终减少运输分销的矛盾,增加获利机会。

第四节　运输市场物流策略

一、物 流 概 述

(一)物流定义与物流要素

尽管物流的定义很多,但至今还未形成一个统一的物流定义。一般认为,物流的"物"是指现实生活中一切具备物质实体特征并可以进行物理性位移的物质资料。"流"是指上面所说的"物"的物理性运动。物流就是物质资料从供给者到需求者的物理性运动,是一个创造时间价值和场所价值有时也创造一定加工价值的活动。从另一方面讲是指一个系统化的运作方式,是与信息处理有关的运动,是商品从生产者到消费者的流动以及相关体系的总称,是流通的基本组成部分。

物流的基本要素包括包装、仓储、装卸、运输、配送、流通加工、物流信息等7大功能要素。包装是生产过程的终点,同时又是物流过程的起点。它分为销售包装和运输包装,这里主要是指运输包装。物流中的仓储是为了调整生产和消费之间的时间差而进行的,它产生的时间效用可以平衡供需和价格,创造时间价值。装卸是伴随运输、仓储必不可少的活动,对货物的安全有重大的影响,是物流的一个重要环节。运输产生空间效益,是物流得以实现的核心部分,从运输方式看,一般有五种。配送就是把必要的物品在指定的时间,安全、准确、高效地送达到指定地点的活动。它和运输的主要区别在于它在运送之前还有一个货物的分拣和配货环节。物流信息是随着企业的物流活动同时发生的,是完成上述物流功能必不可少的条件。同时,它也是提高服务水平,降低服务成本,实现企业目标的重要组成部分。

上述功能要素中,运输及仓储,分别解决了供给者及需要者之间场所和时间的分离,分别是物流创造"场所效用"及"时间效用"的主要功能要素,因而在物流系统中,运输及仓储处于主要功能要素的地位。

(二)物流技术

物流技术一般是指与物流要素活动有关的所有专业技术的总称,可以包括各种操作方法、管理技能等,如流通加工技术、物品包装技术、物品标识技术、物品实时跟踪技术等。物流技术还包括物流规划,物流评价,物流设计、物流策略等。当代计算机网络技术应用普及后,物流技术中综合了许多现代技术,如 GIS(地理信息系统)、GPS(全球卫星定位系统)、EDI(电子数据交换)、CODE(条码)、RF(射频技术)等等。

各种物流技术可分为物流软技术与物流硬技术。物流软技术是指组成高效率的物流系统而使用的系统工程技术、价值工程技术、信息技术,以及在物流硬技术没有改变的情况下最充分、最合理地调配与使用现有的物流技术装备,从而获得最佳经济效益的技术。物流硬技术实质是完成物流功能的各种装备、设施、设备,即"硬件"。

(三)物流系统

物流不同的要素功能以及实现这些要素功能的物流技术的有机结合就构成了社会化的物流系统。所以,物流系统可以如下定义:物流系统就是指由存在有机联系的各物流要素和物流技术所组成的,使物流活动有序进行的综合体。物流系统有以下特点:

1.物流系统是一个大跨度的系统

物流业与社会经济其他行业具有极大的前向关联与后向关联性。它表现在两方面,一是地域跨度大,二是时间跨度大。因此它带来的主要问题是对信息的依存度高,管理难度大,需要及时有效的协调与管理。

2.物流系统的稳定性较差,动态性较强

它与生产系统的主要区别在于生产系统按相对固定的生产方式,连续或不连续地生产,系统相对变化不大。而物流系统连接不同的生产者与消费者,系统要素及系统构成经常发生变化,难于长期稳定。稳定性较差而动态性较强带来的主要问题就是系统要有足够的适应性与灵活性。同样它对信息的依存度大,运行难度、管理难度大。

3.物流系统的复杂性

物流系统是从属于国民经济大系统的子系统,是中间层次的系统。物流系统本身又可以分为许多子物流系统,它们相互作用、互相制约。一方面,子系统之间、系统要素间的关系也不如生产系统那样简单明快。另一方面,各系统的发展具有历史性、不能整齐划一,系统衔接运作复杂。因此,它的发展不仅取决于自身,而且受更大系统的制约,社会经济系统对物流系统的发展起至关重要的作用,物流系统表现出来的复杂性集中体现了整个经济体系的复杂性。

4.物流系统具有"效益背反"现象

发生这种现象的主要原因首先在于物流系统的复杂性,物流的各个要素不是孤立的功能要素,它们之间是相互制约,相互作用的关系。其次,物流的作用来源于其总体效应。如果分别独立活动,其作用便会互相抵消。第三,物流设施历史的客观存在,即物流系统的建立与发展具有"后生性"、"继承性",处理不慎就会出现系统整体恶化的现象。

5.物流虽然是依据商流而产生,但物流可以独立于商流而运行即商物分离

商流(包含信息流)是指在生产者与消费者之间由商品所有权形成的契约链条以及其他有关信息的流动,转换与沟通。作为商品流通过程中的两个组成部分的商流和物流分离之后,各自按照自己的规律和渠道独立运动。商物分离是物流科学赖以存在的先决条件,也是物流产业得以产生与发展的基础。商物分离实际是流通总体中的专业分工、职能分工,是通过这种分工实现大生产式的社会再生产的产物。但是,商物分离也并非绝对的,随着现代科学技术的快速发展,优势可以通过分工获得,优势也可以通过趋同获得,"一体化"的动向在原来许多分工领域中变得越来越明显。在物流的一个重要领域——配送领域中,配送已成为许多人公认的即是商流又是物流的概念。商流、物流、信息流的一体化已成为现代物流的发展趋势之一。

(四)物流发展的历程

物流作为经济因素受到人们的重视起源于现代社会,其发展历程大致经历了4个阶段:

第一阶段,厂内物流阶段即企业内部物流。实质从原材料购进、临时存放、工序内、车间内、专业厂内以及它们之间的半成品、成品的搬运到成品仓库的活动过程。

第二阶段,实体分配阶段。20世纪60和70年代,由于市场环境从卖方市场向买方市场转变,是生产企业集中注意成品营销,库存成本、订单处理、包装成本、运输成本随之增加的阶段。这一阶段的特征是注重到消费者的实体分配物流环节。

第三阶段,综合物流管理阶段。到了20世纪70和80年代,企业越来越认识到把物流合理化与实体分配结合起来,可大大降低成本,提高效益。不仅如此,最新的物流理论更为系统化,引入可持续发展的概念,认为综合物流管理包括从原材料采购、加工生产到成品销售、售后服务,直到废旧物品回收处理等整个的物品物理性流动过程,包括为实现这一过程而采取的一系列技术、组织和管理活动。

第四阶段,供应链管理阶段。到了20世纪80年代和90年代,企业在内部物流一体化后,开始寻求外部的物流整合,包括从原材料供应商和制成品分销商,这就形成了所谓的供应链概念。这一概念反映了联盟竞争时代的趋势,制造商、供应商、分销商及物流公司垂直一体化,进行各种形式的策略联盟。为了建立这样的供应链,具备较好物流能力的生产者和分销商使大量的部门连接在一起,包括成品组合、信息和物流部门。此外,由于全球经济一体化趋势,原材料的供应、产品的生产到成品的分销可能跨越了不同的国家和地区,供应链也因此不断延伸并突破了国家和地区的界限,产生了全球范围内的国际物流。但要实现这样的概念也非易事,因为它涉及到不同的利益单位,整条链的最优并不意味着供应链成员的利益最佳。

供应链管理的特征是:整合生产、物流、物流信息系统,减少供应方和承运人及物流环节,全球性的长期合作,供应链的全面控制,物流作为战略性的竞争工具,时间为基础的管理,业务过程重组,设立物流中心,提供广泛而又特殊的增值物流服务。

二、运输企业参与物流的模式选择

随着市场竞争的加剧,社会分工日趋细化,物流服务也将向专业化、集中化方向发展。一

方面,由于物流管理的复杂性和大量高科技的融入,物流管理越来越成为一门专门的学科,因此工商企业将越来越趋向于把自己不十分在行的物流业务交给专业企业去经营,而自己则集中经营自己的"业主";另一方面,一些条件较好的运输企业、仓储企业、货代企业等抓住机遇,进入用户的物流系统,从提供单一的服务项目,成长为能够提供部分或全部物流服务的"第三方物流"。

第三方物流又被称为契约物流、合同物流、物流外协、物流联盟、物流伙伴或物流外部化。虽然其表述不同,但它们表达的意思基本相同,都是指由独立于商品买方和卖方的第三方在特定时段内按照特定的价格向使用者提供全部或部分物流服务。由于物流服务是由独立于买方和卖方的第三方提供的。故称为"第三方物流"。为广大客户提供第三方物流服务的提供者,是一个为外部客户管理、控制和提供部分或全部物流作业服务的公司。目前,大多数第三方物流提供者大多都是以传统的"类物流"业为起点,如仓储业、汽运、空运、海运、货代、公司物流部等。

根据 1993 年 Robert C. Lieb 等人对美国和西欧 500 家最大的工业企业的调查,Melryn J. Reters 及其同事对西欧 700 家采用第三方物流服务的企业进行的调查,以及 1994 年 Van Laarhoren 等人从第三方物流提供者角度对美国 51 家第三方物流公司的调查结果,显示出第三方物流深层次的内涵,有以下 3 个方面:

1.第三方物流是合同导向的一系列物流服务

被调查的欧美企业几乎都与第三方物流企业签订专门的合同,且都包括一定的惩罚措施,43%的西欧企业还制定一定的激励条约,美国有 25%的企业这样做。合同签订时间一般是 1 到 3 年,欧美企业在利用第三方物流服务中,除了最常见的仓储、共同运输和车队管理外,还利用其他服务,诸如产品回收、订单履行、运价谈判、物流信息系统等,参见表 7-1。

最常见使用的第三方物流服务 表 7-1

物流功能	西欧(%)	美国(%)	物流功能	西欧(%)	美国(%)
仓库管理	74	54	物流信息系统	26	30
共同运输	56	49	运价谈判	13	16
车队管理	51	30	产品安装装配	10	8
订单履行	51	24	订单处理	10	3
产品回收	39	3	库存补充	8	5
搬运选择	26	19	客户零配件	3	3

从物流服务提供者角度看,第三方物流公司可以管理整个物流过程或可选择几项活动,如报关、运价谈判、库存管理、承运人选择等近 30 种第三方物流服务项目,仅 150 个公司的服务项目低于 10 种,2/3 以上公司服务项目高于 20 种,这都证实了第三方物流能提供一系列的服务。

2.第三方物流是个性化的物流服务

从第三方物流服务提供角度看,代表第三方物流服务提供者与客户之间成功关系的因素有 25 个,按照以下等级评价 25 个因素的重要性:0 = 无重要性,1 = 次重要,3 = 中等重要,4 = 最重要。其中排在第一位的成功因素是为顾客着想(参见表 7-2)。

成功的决定因素 表7-2

因　　素	平 均 等 级	因　　素	平 均 等 级
为顾客着想	3.57	集中业主	3.24
可信赖性	3.54	节约成本	3.24
柔性	3.38	顾客业务知识	3.22
准时	3.32	整个公司的投入	3.19
方便	3.30	长期关系	3.14
改进服务	3.27	管理专业知识	3.11
相互信任	3.27	共享相关信息	3.11

可见第三方物流正从过去的面向社会提供服务的传统外协进化到面向个别企业的个性化服务阶段,也就是物流企业的经营理念从"我能提供什么服务就提供什么服务"转向了"顾客需要什么服务,我就提供什么服务"。

3．企业之间联盟关系

与美国企业相比,西欧企业更倾向于使用第三方物流服务。西欧76%的企业表明它们正在使用第三方物流服务,其中77%的使用者最少也有了3年时间的经历,60%的使用者甚至还在5年以上经历。而且,82%的西欧企业支付给第三方的费用占企业总物流费用的10%以上,美国同样的支出只有40%的企业愿意;西欧企业的平均支付是47.5%,而美国只有14.4%。

但两者都很少采用全部委托的方式,企业普通认为内外结合的方式更便于控制,更有柔性,也更能相互提高业务水平。这表明第三方物流既区别于传统外协的市场交易关系,企业寻找的是长期稳定的合作关系,也表明企业不愿意把物流业务内部化而采用兼并或垂直一体化的组织形式,而是采用的是物流联盟之类的组织形式。

世界经济的全球化、一体化,行业竞争的日益激烈,迫使越来越多的企业采用第三方物流。这些企业发现第三方物流的采用使其受益非浅。来自美国田纳西大学的研究结果表明,使用第三方物流可为企业带来如下好处(参见表7-3)。

使用第三方物流给企业带来的好处 表7-3

作业成本降低	服务水平提高	核心业务集中	雇员减少	投资减少
62%	62%	56%	50%	48%

来自美国著名物流公司 Schneider Logistics 作了更详细的调查。Schneider 公司从各个作业环节分别对客户进行调查。该公司分析客户在接受服务时,在哪些环节上受益,受益程度有多少。下表是客户在使用 Schneider 公司第三方物流服务后实现的费用节省情况(参见表7-4)。

使用第三方物流服务费用节省情况 表7-4

项　　目	节约费用比例(%)	项　　目	节约费用比例(%)
拼箱费用	15～25	财务和审计	3～5
设计和优化线路	10～15	使用适当的设备	4～8
选择合适的运输线路	10～15	仓储费用	7～10
运输管理	2～6		

从欧、美、日等发达国家的情况看,第三方物流已经发展成为一个新行业——第三方物流业,其主要是由运输业、仓储业、信息业的企业和生产、销售企业的物流部门发展起来的。虽然,现代意义上的第三方物流业是一个只有 10～15 年历史的相对年轻的行业,但其却蕴藏着

无限的商机和巨大的潜力,并以很高的年增长率在快速发展。

三、运输企业物流策略

就总体而言,物流管理对大多数中国企业来说还是新概念,大而全、小而全的生产模式,使各单位形成自给自足的格局,同时也使物流市场呈现封闭状态。这是导致目前我国国内企业专业化物流服务需求不旺的重要原因。要打破这种局面,必须采取一些措施来激发专业物流服务需求。一方面要做广泛的宣传工作,强调专业物流的"双赢"特点,另一方面,提高运输企业的物流服务水平,努力降低成本,让生产企业乐于接受第三方物流服务。运输企业可以采用以下策略:

1.调整运输企业的经营形式和经营规模

在经营形式上,运输企业要根据物流的运作规则进行调整。一是向专业化运输发展,如形成专业的整车运输、零担运输、快件运输企业。再比如,对专一产品的运输,运燃油料及其他液态、粉状货物,冷冻、冷藏货物,废物垃圾等等,配置大型专用运载工具进行运输。总之,要成为用户物流供应链中具有独特核心能力的专业运输企业,以自己运输的专业化、高效化、规模化融入物流。二是运输企业应向提供以运输为本的多元服务转变,即提供物流服务。物流企业的核心是提供服务,因此,运输企业首先应该提高物流战略观念,并提前做好物流网络的建设以及仓储设施、存货控制系统和相关配套设施的建设。

在经营规模上,要因势利导,抓住机会,采取兼并或联合等形式,把分散弱小的众多运输企业联合起来,组建一批现代化大型物流企业,来面对可以预见的、将有较大发展的运输需求和物流服务需求。近一二十年来,西方发达国家运输业发展的一个显著的特点,就是少数大型、超大型企业迅速崛起,形成发达国家运输业现代化的主流、国际运输市场的主导力量,它们也是发达国家物流服务业迅速发展的重要支持力量。

2.合理利用多式联运综合服务

多式联运方式是近些年在国际上比较受重视的一种运输方式。在运输企业向物流企业转变的时期,应该借鉴国外的经验,合理组织货物的运输,充分利用各种运输手段的优势,形成整体优势,降低物流成本。目前,在我国发展多式联运还存在着一定的阻碍,其中最主要的是各式运输企业分别归属于不同的行政管理部门,要使它们协调一致是比较困难的。要消除这种阻碍,就必须建立一种新型的综合运输行政管理体制,以避免各行各业各自为政的弊端,这需要政府方面做大量的工作。多式联运可以缓解道路拥挤,节约能源,是环境保护的有效手段。因此,在我国发展物流产业,应该合理利用多式联运方式。

3.在商业领域里,为商业零售业的连锁式经营提供配送服务

目前,商业零售业趋于大型化和连锁式经营,实行连锁式经营的关键是建立配送中心,实行商品的统一采购、统一订货、统一配送和统一管理。目前的问题是,厂家配送少,店内自行配送投资又大。在这种情况下,必然要求形成社会配送体系,以满足连锁店的配送服务需求。运输企业发挥自己的长处,以运输为本,向配送服务转化,形成物流系统的终端运输部分,这也是一个很好的切入点。

4.建立物流中心、配送中心

港口、货站等运输企业,可以利用自己的场地、搬运设施和专业管理的优势,建立物流中心、配送中心,为制造商、批发商、零售商及其他机构,提供中转、仓储、配送、流动加工等物流服务。

5.发展同制造业结合的物流服务

目前,我国大多数企业都是自己解决产品的运输问题,包括原材料和产成品的运输,而这一部分正是运输企业最大的潜在客户。企业自行搞运输必然会出现一些空载率高、效率低、成本高等问题,如果运输企业能够以高效率、低成本、高质量服务为生产企业完成运输服务,生产企业必定愿意把运输任务交给专门的物流服务企业去做。如为汽车、家用电器等的生产和销售提供的物流服务。我国汽车制造业每年生产一百多万辆汽车,一辆汽车零配件和原材料的运输、存储、包装和配送,以及新车"零公里"销售等,是一个物流系统,运输企业可以围绕汽车生产和销售的物流系统提供自己的服务。

6.以电子商务为发展契机,为其提供快速运输保障

随着网络技术的发展,商流、信息流、资金流可通过网络来有效实现,在网上可完成商品所有权的转移,缩短商品交易时间,加快交易速度,降低交易成本。

电子商务已成为一种全新的商业交易形式,其发展迫切需要物流平台的有力支撑。随着Internet的广泛应用,网上购物已成为一种时尚,在发达国家已经非常普遍。在我国,发展电子商务也是大势所趋。然而,电子商务毕竟是"虚拟"的经济过程,最终的资源配置,还需要通过商品实体的转移来实现。因此,电子商务的发展非常依赖于物流业的发展,而电子商务的发展也必然带动物流业的发展。运输企业应抓住这一契机,提供满足电子商务要求的物流服务。

7.发展信息技术,提高物流服务技术含量

现代物流的发展在很大程度上得益于信息技术在物流领域的广泛应用。在国外,对物流有一种新的叫法——电子物流,也就是说,现代意义下的物流只有在通信网络、信息技术支持下才能得以流动,没有信息网络的快速信息传递,物流系统是无法实现高效快捷的服务的。

在物流运作中,EDI电子数据交换技术、运用微机技术进行的运输车辆管理、订货管理、库存控制、配送中心管理及工厂和配送中心的选址分析等都是ITS技术在物流中的具体运用形式。同时,在制造领域采用的CAD/CAM和CIM技术,使物流中材料管理的概念得以实现;在零售业中,POS技术的引入以及数据采集的条形码技术和扫描技术的出现,大大提高了物流信息的反应速度。IT提供了对物流中大量的、多变的数据进行快速、准确、及时的采集、分析和处理的功能,它大大地提高了信息反应速度,增强了供应链的透明度,从而大大提高了控制管理能力和客户服务水平,提高了整个物流系统的效益。

据国外提供的资料表明,采用EDI后,商业文件传递速度可提高81%,文件成本降低44%,由于错漏造成的商业损失减少40%,文件处理成本降低38%。EDI将像当年集装箱、条形码一样成为进入国际市场的通行证。因此,在传统运输企业向现代物流企业转变的过程中,应加快信息技术的投入和使用,尽快满足现代物流服务的要求。

第五节　运输市场促销策略

运输产品的促销是运输企业市场营销组合的第四个重要因素。现代市场营销认为企业的活动只靠适当的产品、适当的销售渠道及适当的价格,还难以系统地、有机地发挥作用。因为许多潜在的用户可能还不知道有这类运输企业存在,或者对运输产品的某些方面(诸如价格、结算方式、服务范围、运输安全、运输速度等)缺乏了解,所以很少选用此类运输产品。为了卓有成效地进行市场营销活动,运输企业还必须制订行之有效的促销策略,运用各种促销手段扩大企业的影响,提高企业的知名度,从而达到提高企业产品市场占有率的目的。

一、运输市场促销基本理论

(一)运输企业促销的概念

促销是指企业把产品和提供服务的信息通过各种方式传递给消费者或客户,促进其了解、信赖并购买本企业的产品,以扩大产品销售为目的的企业经营活动。其实质就是企业与消费者或客户之间的信息沟通。

产品促销对运输企业来讲就是组织客货源,是指运用各种促销手段和方法,向用户提供有关运输劳务的价格、质量、运送速度等信息,帮助用户认识运输劳务所能带给他的利益,从而引起用户对运输劳务的注意和兴趣,促进用户购买,以达到吸引客户、增加运输产量为目的的企业经营活动。

促销的实质是信息交流活动,企业通过促销与目标顾客取得有效的信息沟通与联系。信息传递的特点是信息流的可逆性,即信息传递的双向性,也称为信息反馈。促销活动就是不同系统信息双向传递运动,一方面企业向市场及消费者传递有关企业生产、产品或劳务的性能、特性、价格等信息,使消费者充分了解,藉以进行判断和选择;另一方面,消费者的需要、爱好、市场的实际情况又反馈给企业,促使企业根据市场需求调整生产。因此,促销活动的任务、手段、方法都反映了信息传递这一客观的事实,信息传递是促销活动的基础。

(二)运输企业促销的方式

运输企业在促销中可以使用的促销方式很多,按照运输信息传递的载体是人力还是非人力,运输促销可以分为两种类型、四种方式:

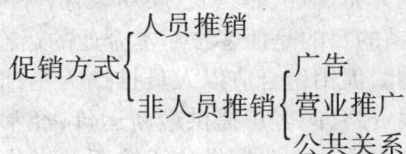

$$促销方式\begin{cases} 人员推销 \\ 非人员推销 \begin{cases} 广告 \\ 营业推广 \\ 公共关系 \end{cases} \end{cases}$$

1.人员推销

人员推销是指运输企业派出营销人员向客户或潜在客户面对面地介绍本企业的服务,以揽取更多的客货源。其特点是:(1)直接性。运输企业揽货(客)人员可以与客户进行面对面的信息传递,通过观察客户的态度、表情了解客户的真实需求,以便及时调整营销策略;(2)有利于揽货(客)人员与客户培养感情、增进友谊,便于企业与客户建立长期稳定的业务联系。人员推销是运输促销活动中最重要的一种推销方式。

2.广告

广告是指运输企业通过大众媒体,如杂志、报纸、广告牌、电视、网络等形式,以付费的方式将有关运输信息传递给客户的一种促销方式。其显著特点是:(1)渗透性。广告可以多次重复同一信息,使客户易于接受。(2)表现性。广告可以通过文字、图案、声音和色彩的艺术化运用,使运输信息富有戏剧性和表现力。(3)非人格化。广告不像人员推销那样具有人格性,它不需要与客户进行面对面的信息沟通,因而也不会对客户产生心理压力。广告有利于建立企业的长期形象,促进客户和公众对企业及其服务的认识,同时也能提高企业的知名度,加快销售速度。在运输产品4种促销方式中,广告是仅次于人员推销的一种重要促销方式。

3.营业推广

营业推广是指在短期内采用优惠运价、高回扣等促销方式,刺激运输需求、吸引客户的促销形式。这种促销方式的特点是产生短期效果。各种形式的营业推广,往往是为了迅速增加运量而采用的,而且持续时间往往只是一个或几个班次,如果经常使用,反而会失去客户的信任。此外,营业推广可能受到有关法律和政策的限制。比如我国政府对上海至欧洲基本港的运费实行限价和报备制度,航运企业即使短期推行优惠运费也不得低于规定的最低运价,否则就会受到政府的严厉制裁。

4.公共关系

公共关系是指企业在营销过程中为使自身与各界公众建立和保持良好关系所进行的有组织的活动过程。公共关系直接影响到企业的信誉和客户对企业的信任程度,通过精心策划的公共关系活动,将有利于树立企业形象,吸引客户,因此它也是一种营销策略。搞好公共关系的最终目标也是为了增加运量,提高运输企业的市场占有率。公共关系与人员推销、广告和营业推广相比较,是一种更为间接的促销手段。

(三)运输促销组合策略及影响因素

促销组合策略是运输企业为了实现特定的促销目标,对各种促销方式进行合理选择,有机搭配,使其综合地发挥作用,以取得优化促销的效果。影响航运促销组合的因素主要有以下几个:

1.促销目标

运输促销的总目标包括增加运量、提高市场占有率两方面。具体目标应根据企业促销的总目标来确定,通常有以下 3 种:(1)以介绍为目标。据通过信息传递,使客户对本企业的产品有所了解,以加深客户对本企业的认识和印象。这种销售目标,一般应以广告为主,如在杂志、报纸上定期刊登本企业的运线分布、班次时刻表、船期表等,并配合使用人员推销和公共关系。(2)以揭示和说服为目标。促销的目的是使客户对本企业的运输服务形成特殊偏好,在选择承运人时,优先考虑本企业。因此,促销组合应以人员推销为主,同时配合使用广告等其他促销方式。如定期向客户提供运线资料,向客户提供最新运价,经常拜访客户等。(3)以树立企业形象为目标。促销的目标是使客户对企业提供的运输服务形成一种良好的印象,树立企业的形象。因此这类促销组合应以公共关系和良好的客户服务为重点,并配合使用人员推销促销方式,往往能起到好的效果。

2.客户和市场特点

针对不同的贸易性质、顾客类型和不同的市场特点,促销组合策略是不同的。对于相对固定而且拥有较大运量的客户,在制定促销组合策略时,应优先考虑人员推销和营业推广促销方式,并辅以必要的运输广告;对于零散的客户,尤其是零散的新客户,应注重树立良好的企业形象和运输信息的宣传,加强广告和公共关系促销,并辅以人员推销,以吸引更多的客户。此外,促销组合因运输市场区域范围的大小应有所侧重,对于线路腹地较小,客户较集中的地区,应以人员推销方式为主并配合使用其他促销方式;反之,则应以广告宣传为主,加强人员推销活动,并辅以使用其他促销方式。对于不同性质的运输市场,促销组合策略也有所不同,对于货运市场,应以人员推销方式为主并配合使用其他促销方式;对于客运市场,则应以公共关系和广告宣传为主,并辅以使用其他促销方式。

3.销售策略类型

总体而言,运输企业销售策略有"推动"策略和"拉引"策略两种。"推动"策略以各级中间商为主要促销对象,把运输服务产品通过分销渠道,最终推上市场。"拉引"策略则是以直接客户为主要促销对象,使直接客户对本企业的运输服务有兴趣和信心,从而诱导客户使用本企业的产品。根据运输业的特点,无论是"推动"策略,还是"拉引"策略,都应坚持以人员推销为主的促销组合。尤其是运输市场竞争日趋白热化的今天,人员推销促销方式往往是决定企业市场营销成败的关键所在,推销人员素质越高,一般与客户的联系也越密切,掌握的客货源也越多。当然,除人员推销以外,还应适当辅以广告、营业推广和公共关系等促销方式。

4.促销费用

促销费用常常制约着促销组合策略的制定。任何一种促销方式都需要花费一定的费用,没有足够的促销费用,再好的促销组合策略也很难实现。同时各种促销方式的费用也不尽相同,不同促销组合所需费用往往相差很大。一般而言,促销费用是根据促销目标以及企业本身因素来决定的。目前,大多数运输企业都是以销售收入或利润额的一定比例来确定其促销费用。

5.产品生命周期

产品生命周期也是影响促销组合的重要因素之一。企业产品在生命周期的不同阶段,其促销方式是不同的,促销效果也相差很大。一般说来,运输企业产品在进入市场生命周期的导入阶段,其促销的目的是使客户和潜在客户尽快熟悉本企业以及服务范围、服务内容。因此这一阶段应以广告和人员推销为主要促销方式;当产品已进入当地的运输市场,其生命周期处于成长期阶段时,企业的目标是如何吸引客户和潜在的客货源,力求与客户建立稳定的关系,因而此阶段的促销活动应以人员推销为主,辅以其他促销方式;当市场处于供过于求,企业竞争趋于白热化,产品生命周期处于成熟阶段时,企业的目标是尽量维持与现有客户的业务联系,保持企业的市场份额,因而此阶段应坚持以人员推销为主的促销方式并辅以使用营业推广、广告等促销方式。

二、人员推销策略

人员推销是运输生产经营活动的重要内容和主要环节。推销人员的任务基本是:与企业现有客户保持联系,力求通过客户拓展自己的销售网络;积极寻找和发现新客户;根据企业的运价政策揽取更多的客货源,争取完成既定的销售目标;进行市场调研,收集客户和竞争对手信息情报;及时反馈营销信息;制定销售计划,定期访问客户;向客户提供各种服务,如咨询服务、解决技术难题、向客户提供运转信息等等。

(一)推销人员的分派

(1)按地区分派。即由一名推销员负责某一地区的所有揽货或组客任务。通常这种方式适用于客户较集中的情况,其优点是:销售人员责任明确,对所辖地区销售业绩的好坏负有直接责任;有利于销售人员与当地的客户建立固定联系,提高揽货效率;由于每个销售人员所辖客户相对集中,可以适当节省差旅费用。

(2)按货种类别分派。即按照被运货物种类分配销售人员。运输企业所承运的货物是多种多样的,不同的货物,其来源不同,操作方法和程序也十分悬殊,尤其是特种货物,如危险品、冷冻品、超长、超重、超宽、超高等货物,其操作方法和程序与普通货相比各有不同的特点和要求,而且这类货物的客户往往比较固定。因此,企业可以按照所承运货物的种类来分配销售人员的任务。这种推销人员组织方式要求专职销售人员掌握所负责货种的货源、操作规范及出运规律知识、资料和信息。其优点是销售人员可以向客户提供技术咨询,便于向客户提供全面、优质服务;其不足之处是在同一市场上或同一客户里可能会同时出现本企业的几个销售人员,揽货费用相对较高。

(3)按顾客类型分派。根据企业与客户的关系,运输企业客户又可分为现行客户与潜在客户;依照贸易量的大小,航运企业客户还有大客户、一般客户和小客户之分。在分配销售人员工作时,应综合考虑客户的类型、客户的规模以及企业与客户的关系等因素。一般而言,企业资深的销售人员适宜负责与大客户、直接客户联络,以保持稳定的货(客)源,一般销售人员则适宜与各级中间商、小客户联络,以拓展企业的揽货(客)能力。这种方式的优点是:销售人员可以更加熟悉和了解自己的客户,掌握自己客户的运输需求和规律;其缺点是往往每个销售人员所负责的客户较分散,差旅费用较高等。

(4)按运线不同分派。即根据所经营的产品线路分配销售人员,每一个销售人员或几个销售人员主要负责对指定线路的揽货(客)任务。目前许多船公司都采用这种或类似的方式。这种方式要求每一个销售人员都必须十分熟悉本线路和本线路客户的情况,因此,这种揽货结构有利于向客户提供更完善的服务。然而每个销售人员都是面向整个市场揽货(客),销售工作量较大,并容易造成揽货(客)工作的重复,不利于销售人员与客户保持密切关系,也不利于销售人员之间的相互合作。其优点是销售指标明确,有利于考核每一个销售人员的业绩水平。

这4种人员分派方式不仅可以单独使用,还可以组合应用。运输企业在设计推销人员组织方式时,应全面比较各种方式的特点,结合运输市场与本企业的实际情况加以选择。

(二)人员推销的程序和方法

在每一次的购买行为过程中,都包含着顾客对推销人员的询问,到最后促成交易的基本过程,如何成功地推销,需要遵循一定的程序和方法,然后在实际工作中灵活运用,才能取得良好的促销效果。推销过程包括3个阶段。

(1)事前准备阶段。在正式约见客户之前,销售人员需要做许多准备工作,否则仓促与客户谈判,效果一定不会理想。通常,接触客户前的准备工作包括以下几方面内容:①收集客户资料并建立客户档案。②收集竞争对手的信息。包括两方面内容:一是了解竞争对手的服务内容和服务质量情况等,还要尽量发现对手的缺陷和不足;二是了解竞争对手的运价水平,便于销售人员有针对性地向客户报价和承诺其他服务。③制定访问计划,确定访问客户的时间、地点等。

(2)推销实施阶段。它又可分3步:①约见客户。销售人员与客户面谈前,一般都需要事先约见客户。约见客户可以采用电话预约和他人引荐的方法。约见的内容包括确定约见对象,约见对象应为对方有决策权的关键人物;明确访问目的,通常开始接触客户都是向对方介绍本企业的服务;确定访问时间,与客户面谈应以方便客户为原则,销售人员可先提出某个时间,让对方选择确认,否则在客户很忙时拜访他(她),往往达不到访问的目的;选择访问地点,初始与客户见面,通常都是销售人员登门造访客户,当然有时约见地点也会选在本企业会议室,总之一切以客户方便、自愿为原则。②推销洽谈。推销洽谈是整个推销工作的核心内容,直接关系到营销的成败。每位销售人员都应高度重视洽谈的技巧和艺术性。在同客户进行面谈时,应让客户了解本企业的优势所在,尽量说服客户与本企业合作。通常要很快改变客户与现有承运人的合作关系并不是一件容易的事,初始洽谈就能达成交易的并不多见。这就要求销售人员要有足够的耐心,把握每一个面谈的机会,善于捕捉客户的真正意图与需求,在政策许可的范围内尽量满足客户的各种要求。此外,一般情况下,客户总是希望运价越低越好,但企业也有一个承受能力问题。因此销售人员应根据公司的运价政策,根据客户保证的货量大

186

小,在允许的范围内给客户优惠运价。谈判成功与否,与销售人员本身的素质和谈判技巧有很大的关系。通常销售人员在与客户洽谈业务时,应充满自信,态度要热情、诚恳,欢迎客户提出异议,避免与客户争吵和冒犯客户,针对客户提出的各种要求,要善于及时调整洽谈策略。同时销售人员平时应注意谈判技巧和经验的积累。③缔结合约。通过与客户的反复接触、多次洽谈,在双方意见趋于一致的情况下,销售人员应及时把握机会,争取早日与客户签订合约。如果客户暂时不愿与本企业签约,可以先行给客户运费确认,待时机成熟后,再争取签订长期合同。销售人员在与客户缔结合约时,应本着互惠互利的原则,并适当留有余地。要适时诱导客户主动提出签约要求,让客户获得缔结合约的成就感,这样便于与客户保护良好的合作关系,最终从该客户处揽取更多的客货源。

(3)售后服务阶段。售后服务,系指从签订运输合约开始,直至客货运输服务完成为止,所有与运输有关的服务总称。售后服务既是推销工作的最后一环,也是运输企业履行合约,为客户提供运输服务产品的最重要的内容之一。通常,与客户缔结了合约只是表明客户与本企业合作的开始,客户对本企业运输服务是否满意还要看售后服务质量的高低。售后服务质量高低,直接影响到客户与本企业的未来合作,直接关系到客户对本企业的支持程度。因此,销售人员应与客户保持密切联系,协调好各方面关系,使每一个运输环节的操作都能有条不紊地运行。运输企业在制定推销策略时,尤其要注意提高售后服务水平。

三、广 告 策 略

关于广告的定义很多,美国市场营销协会认为:"广告是由一种确定的广告主,在付费的原则下,对于构思、产品或劳务的非人员介绍及推广"。我国1992年出版的《中国广告实务大全》认为:"广告是一种大众传播手段,它以特定媒介传播商品或劳务信息,达到促进销售,树立形象的目的,为此,广告主应支付一定的费用。"从这些观点中不难看出,构成广告的要素是:第一,广告必须有明确的广告主;第二,广告的内容是商品、劳务或观念等信息;第三,广告的传播方式是非人员的大众传播方式;第四,广告需要支付费用。

广告通常分为两种类型。一种类型称商业广告或"经济广告",它是由各种赢利组织,如生产企业、中间商等所登载的有关促进商品或劳务销售的经济信息。另一种类型称"非经济广告"或称"非赢利性广告",它是指由非赢利组织,如宗教团体、慈善机构、政府部门及个人所发布的公益广告、启事、声明、寻人广告、结婚启事等,除商业广告以外的各种广告。

(一)运输广告的分类和原则

运输广告是指运输企业通过各种传播媒介,以付费的形式,将本企业产品服务等信息传递给客户的一种以促进销售为目的的非人员推销方法。运输企业广告多是以赢利为目的的,属于商业广告范畴。根据广告的目标不同,运输广告可以分为产品广告和公关广告。

1.产品广告

以介绍运输企业推出的运输产品为主,它主要有以下3个作用:

(1)传播产品信息,提高消费者对运输产品的认知程度。

(2)突出产品特点,引导消费,刺激需求。运输产品具有较大的可替代性,但在服务上却各具特点,因此,运输产品的竞争力主要表现在运输服务上。运输企业通过运输产品广告可以将自己独具特色的运输服务传递给消费者,提高企业在市场上的竞争能力。例如,英国伦敦市区与郊区间的地下铁道为了突出自己产品运输环境舒适的特点,采用了这样一则广告:"公共汽车没有这样的头等座位"。广告用比较法,拿地铁同拥挤的公共汽车相比,突出了伦敦地铁的优点,达到了良好的效果。

(3)有助于提高运输产品信息的生动性,使信息易被感知,增强说服力。运输产品的特性,如价格、速度、安全等,都较为抽象,适当利用广告视听的优越性,提高产品特性信息的生动性,容易给旅客和货主留下深刻的印象。例如,日本大阪三井轮船公司在香港船务公报上所刊登的广告,其画面是一头鳄鱼,使人联想起鳄鱼的灵活、快速反应,反衬出本公司能提供及时的航运服务,船舶速度快,货物转运速度快的特点。

2. 公关广告

以介绍运输企业的经营理念、技术水平、树立企业形象为主要目的,它主要有以下两个作用:

(1)树立企业形象。公关广告传播企业崇高的经营哲学、企业精神、企业文化,可以在公众中树立良好的形象,提高企业的知名度、信誉度和社会地位,从而有利于企业在激烈的市场竞争中吸引更多的顾客。

(2)有利于提高企业的凝聚力,广泛吸引人才。通过公关广告对企业经营理念等的宣传,能帮助企业内部的工作人员密切相互关系,树立自尊心、自信心,加强内部凝聚力。

(二)运输广告的原则

企业的广告活动应遵循广告的客观要求和原则,遵守广告的宏观管理与职业道德规范。主要包括以下方面:

1. 真实性原则

广告主要内容必须与企业和产品(服务)的实际情况相符合,否则不仅会失去消费者的信任,影响企业和产品(或服务)的声誉,而且还会受到政府的谴责或惩处。如美国联邦政府管理广告的机构——联邦贸易委员会就明文禁止虚假广告;日本广告法也规定:发现言过其实、浮夸、虚假的药品、食品广告,要对广告主处以罚款或劳役。我国政府有关广告管理的法规也明确规定:广告的内容必须清晰明白、实事求是,不得以任何形式弄虚作假,蒙骗或误导用户和消费者。运输过程是一个消费者高度参与的过程,消费者在运输终了之后才能对运输质量做出评价,并影响消费者的下一次选择,因此,运输企业的广告一定要做到"先是说得好听,后是做得好看"。

2. 艺术性原则

广告的宣传效果,从某种意义上说在于它的艺术性。一幅色彩鲜艳。构图美观的广告画会引人注意,激发人的美感,从而使消费者从欣赏中自然接受广告信息。因此,广告设计要富有艺术性。语言要生动、有趣、幽默;形式要多种多样不断更新;图案要美观、大方、具有吸引力;图案编排要醒目,色泽要鲜艳调和等等。

3. 独创性原则

广告设计要独具特色,不断更新,要体现出自己的风格和特点。这样才能讨人喜欢,引人入胜,很自然地把消费者吸引到本企业的产品和服务上来。例如,美国盈利最多的西南航空公司是美国定价最低的航空公司之一,1990 年公司开辟了勃班克至奥克兰的新航线。为了突出价格低廉的特点,公司使用了"西南飞至奥克兰,舱门退款 127 美元"的广告词。广告中解释到:莫化航空公司勃班克至奥克兰航班对高档舱座的定价 186 美元高得出奇,如果你付给我们这么多,在舱门口,我们将归还您 127 美元现金。西南航空公司的主要对手——西部美国航空公司嘲笑西南航空公司这种没有掩饰的广告方法,并刻画了乘客登上西南航空公司的飞机时掩上面颊的形象,西南航空公司立即以商业性电视广告做出反应。广告中,公司总裁赫勃·克莱赫用一个袋子蒙住了头,他的广告词是"如果您认为乘坐西南航空公司的飞机让您尴尬,我们给您这个袋子蒙住头,如果您并不觉得难堪,就用这个袋子装您省下来的钱。"当然,在广告中,袋子里装满了现金。通过电视广告,西南航空公司成功地生动刻画了低廉的价格给消费者带来的利益,具有很强的说服力。

4.针对性原则

不同国家或地区的消费者,其消费习惯和消费心理是不尽相同的。因此广告内容的设计不能千篇一律,而应根据不同国家或地区的经济环境、社会文化环境和法律环境,采用不同的广告内容和表现形式。

(三)运输广告媒体的选择

1.广告媒体的种类

广告媒体就是广告信息的载体,是广告者用于进行广告活动的物质技术手段。随着科学技术的不断发展,新的广告媒体也不断出现。一般说来,企业在市场营销活动中可以选择的广告媒体有:

(1)报纸广告。它的主要优点是传播面广,传播迅速,便于查找,保存,无阅读时间限制,费用低,发布时间选择性强。其主要缺点是时效性短,易被忽略,传播方式单一。

(2)杂志广告。其主要优点是针对性强,读者群相对稳定,时效长,发行区域广,印刷精美,容易吸引读者的注意力。其主要缺点是出版周期长,声势小,影响范围窄等。

(3)电视广告。其主要优点是传播面广,影响力大,声形兼备,威望高,可重复播放等。其主要缺点是制作费用高,视听者不稳定,播出时间限制较多,不能传递较多信息等。

(4)广播广告。传播迅速,传播范围广,受众广泛,费用低,制作简单。其主要缺点是有声无形,转瞬即逝,不易查存。

(5)户外广告。户外广告指以户外的广告牌、交通工具、气球、霓虹灯、旗帜为媒体的广告形式。其主要优点是灵活性好,复视率高,费用低,媒体竞争少。其主要缺点是针对性差,信息内容少,表现形式有一定的局限性,广告印象不够深刻。

此外,还有 Internet 广告、电子显示屏广告、信函广告、现场广告等媒体形式。

2.广告媒体的选择策略

广告媒体选择是广告决策的重要内容之一,媒体选择的科学合理与否直接影响到广告费用开支与广告效果。运输企业在选择广告媒体时除要认识各种媒体的优缺点,扬长避短外,同时还必须结合考虑运输市场的特点、客户的类型、运输广告信息内容以及广告费用等影响因素。

(1)根据运输市场特点和客户的类型选择广告媒体。运输企业提供的产品形式多样,不同的产品应选择不同的媒体,以达到最佳的传播效果。如对于普通的客运产品应选择大众传媒;对于零担、行包等普通货运产品,也应选择大众传媒;面对特定客货运产品,则不需要过大的影响面。例如,国际航运市场一般划分为不定期船市场和班轮市场。不定期船主要是承运大宗货物,如粮食、矿石、石油、煤炭、钢材等。经营不定期船的航运企业面对的客户,主要是签订长期贸易合同的贸易商,这类客户最关心是运费水平和船舶动态。选择报纸广告和杂志广告定期刊登企业船舶的动态、船舶规范和基本运费等信息,就是一种较合理的选择。班轮经营面对的是相对零散、货单较少的客户,这类客户对运价高低,船舶速度,承运人海外代理网络,以及船期表尤为关心。航运企业选择杂志广告刊登有关信息,可以吸引部分潜在的客户。目前大多数航运企业都在各种航运期刊、杂志上登载本企业的船期表,有的企业还刊登基本运费表供

189

客户参考。

(2)根据广告涉及的范围选择广告媒体。由于运输产品有较强的地域性,因此,对于有特定的始发到达地点及运输方向的航空运输产品、铁路运输产品,可选择在运输产品沿线、停靠站点的大众传播媒体或其他媒体上发布广告,不宜选择覆盖面过广的媒体。为运输产品所作的广告,主要是传播有关运输产品时间、价格、去向等方面的信息,具有较强的时间性。因此,应选择时间性强的媒体,如报纸、广播、电视等。

(3)根据广告费用选择广告媒体。广告费用包括广告媒体价格和广告设计制作费。同一广告媒体,也会因广告的时间和位置不同,有不同的广告费用。企业应根据自身的财力合理选择广告媒体、播出时间和广告位置。例如,在黄金时间电视播放本企业的有关信息就比在其他时间播出昂贵得多,在期刊杂志的封面和封底刊登运输信息就比在其他地方刊登昂贵得多。此外还需选择广告形式,持续播出是指在一定的时期内安排广告均衡地播出,而脉冲式播出是指在特定阶段内轻重不同的安排广告,这种播放是为了在短时间内重点播放,并且花费较少。

四、公共关系策略

(一)公共关系的概念与作用

公共关系是指一个组织有计划地、持续不断地运用沟通手段,改善与社会公众的联系状况,增进公众对组织的认识、理解、协作与支持,树立和维护良好的组织形象而进行的一系列活动。

企业的形象是公共关系的核心。企业形象是企业的无形财富。声誉高、形象好的企业能更多地取得货主与旅客的信赖,也就可以吸引更多的顾客。形象可以在货主及旅客心中产生心理价值,良好的形象会使企业在经营中易得到合作,获得许多便利和主动性。反之,一旦企业在社会公众中造成恶劣印象,则有可能被市场淘汰。

公共关系的最初缔造目的是促进销售,提高市场竞争力。虽然公共关系不能为企业带来直接效益和利润,但本质上公共关系仍有促销性,它间接地通过宣传企业而为企业赢得更多的顾客。公共关系是随着生产的发展而发展的。当前运输市场竞争日趋激烈,企业经营活动从"生产"发展到"市场",从原来的推销发展到营销,手段上也从给折扣到重视运输服务质量,所有这些都在不断演变,人们发现必须通过与顾客之间建立起广泛的信息交流,培养和联络企业与顾客的感情使企业与顾客之间建立起一种长期稳定的关系,才能保证企业有长期稳定的客源与货源。因此,公共关系在促销活动中,作为一种策略应运而生,并越来越得到企业的重视。

公共关系与广告都是利用大众宣传企业及劳务,但二者有明显区别。广告突出介绍产品,激发购买动机,而公共关系则是宣传企业,树立企业良好形象,从而促进自身产品的销售。

(二)公关促销的原则

1.公众利益原则

古语道:得道多助,多助必兴;失道寡助,寡助必亡。大量事实表明:在现代社会中,任何一个企业为了生存,只顾追求自身利益,而忽视社会整体效益,必然会破坏自己赖以生存的条件。故在公关促销策划时必须注意企业在追求自身利益时,还要兼顾公众利益,维护社会整体效益。通过公共关系的宗旨来指导企业的经营,能减少企业与市场营销环境的摩擦。特别是运输企业,由于其生产作业的特殊性,更要考虑公众的利益。如汽车运输过程中汽车废气对大气的污染;坐火车的旅客在铁路沿线产生的白色垃圾;飞机起飞、降落时对机场附近居民的噪声危害,都将损害公众的利益。运输企业应该本着为公众利益着想的原则出发,开展公关促销活动,为自身的长足发展创造一个良好的整体环境。

2.诚实信用原则

任何企业也不可能十全十美,在公关促销策划时,企业要敢于面对自己的不足之处,不必遮遮掩掩,应以诚实的态度向社会公众介绍自身的客观情况,藉以获得社会公众的信任。企业做出的各种承诺,必须真正兑现,言必信,行必果。如果宣传虚假,虽然有短时利益,但最终失去公众的信任与支持,被社会所抛弃。

3.积极主动原则

企业应以积极主动的态度对待公众,而不能是消极被动应付。企业对可能引起公众不良印象的问题应有预见,并预先防止或在萌芽状态就通过公关活动加以解释或纠正。其活动不是立足于企业的急功近利,而是立足于树立长期的良好形象。

4.创造性原则

企业在进行公关促销策划时,应具有创造性,力求新颖别致,不落俗套,不可人云亦云。要用既大众化又奇招迭出的方法吸引公众。有些企业虽也重视公关宣传,但由于公关促销活动单调沉闷,毫无新意,以致花了大量费用还是收效甚微,这是不可取的。

(三)公关促销策略

1.公共关系宣传

公共关系宣传就是运输企业利用各种宣传途径有意识地向外宣传自己,形成有利的社会舆论。宣传途径主要指报纸、广播、电视等新闻传播媒介和其他一些特定的媒介。如铁道影视分会与各铁路局联合制作的《铁路之最》《京九大会战》、《龙腾大西北》、《大路南昆》、《铁路辉煌的"八五"》等大型专题片在电视台播放以后,对大力宣传铁路的新产品、新技术和新风貌,塑造铁路的良好形象,扩大社会影响,使社会各界和人民群众更好地关心、理解和支持铁路的工作起到了很好的宣传作用。

2.公关广告

公共关系广告的目的不是直接推销商品,而是希望人们接受组织的观点,以此影响公众意向,树立良好形象,又称之为形象塑造广告。

3.建设企业文化

企业形象的传播,一个重要方面是通过企业员工的行为举止来进行的。社会各界从与之交往的企业职工身上,同时可以感受到该企业的形象。整洁的制服,规范的服务举止,文明的语言会给旅客和货主留下深刻的印象。因此,企业应注重建设企业文化,提高职工素质,美化环境,活跃企业气氛,做好企业内部的公众关系工作。

4.公关专题活动

公关人员有计划地举办展览会、赞助和支持公益活动、组织参观游览,以及举办各式招待会、邮寄贺卡等社会活动。通过开展好这些活动,促进社会各界了解企业,增进企业与社会公众的联系和沟通,有利于塑造企业形象,消除误解和分歧。

(1)展览会

展览会是通过实物、文字、图表、图片等来展现企业成果、风貌、特征、推广产品、宣传企业形象的活动。运输企业,特别是大型运输企业通过办展览会,可以集中展示企业的成果和发展趋势,有利于双向沟通,并能利用这一机会制造新闻,扩大影响。

(2)赞助和支持公益活动

企业通过无偿地提供资金或物质,支持某一项公益事业的活动。通过赞助活动,可以树立企业关心社会公益事业的良好形象,培养企业与某类公众的良好感情,承担必要的社会责任,有效地体现企业的社会责任感。

（3）参观游览

组织参观游览,可以使参观者对运输企业的工作环境、工作过程等有一个真实、生动的了解,是开释人们对一些事件或某一机构产生怀疑的一剂良药。它能客观地反映企业的真实情况,以得到公众的理解和支持,使公众对企业产生兴趣和好感,增强企业的美誉度。

5.危机公关

运输业是一个具有明显服务特征的行业,在服务过程中经常会碰到纠纷和摩擦,有些可能还会引起社会的广泛关注。此外,由于运输生产的特殊性,一些难以预料的天灾人祸往往引发交通事故,造成人员伤亡和财产的损失,使企业形象受到损害,甚至影响到企业生存,这时企业将会面临危机。一个企业处于危机时期的公关工作,就称之为危机公关。

危机公关对一个企业至关重要,如果处理不当,将会使企业从此一蹶不振,如果处理得当,企业就能顺利过关,甚至会因祸得福,更上一层楼。当事件发生后,新闻界、与事件有关的公众、同行等都会对事件密切关注。此时,企业应保持镇定,判明情况,找准问题,对症下药。要以诚取信,使用真实报道,争取公众的谅解和配合。如果避重就轻,甚至采取隐瞒事实和欺骗的做法,公众一旦发现被愚弄了,企业的形象也就会一落千丈。在开展危机公关时,要秉公处事,不能有所偏向,必要时牺牲自己的利益来保护公众的利益,以维护企业形象,控制事态的发展,尽快消除不良影响,恢复企业的社会声誉。

第六节　运输市场竞争策略

现代运输业是投资规模巨大的产业,也是科技密集型的产业,运输业的投资、经营具有巨大的吸引力和发展潜力。同时,运输市场也是竞争激烈,充满风险的市场。价格竞争、广告战、新产品开发、顾客服务等都是产业内竞争者们争夺市场地位常用的战术,这些竞争行动常常是相互影响的,一个企业的竞争行动可能会激起其他竞争者的报复。这种作用和反作用决定了产业竞争的复杂性,"先下手为强"未必可行,如果这种行动及反击的过程升级,产业内所有公司都有可能受到损害。价格战是最危险和最不稳定的,从利润率的角度来看,价格战往往导致整个行业受损,除非产业的需求对价格的敏感性不强,否则价格的削减将使得所有公司的收入减少。从另一角度来看,广告战却能很好的扩大需求和提高产品水平从而使产业中所有公司受益。

制定适宜的竞争战略,将是运输企业可持续发展的关键。简单地说,竞争策略就是如何取得竞争优势的策略途径,主要有总成本领先策略、差别化策略和集中策略。

一、总成本领先策略

1.总成本领先策略的概念

总成本领先策略,就是通过对成本控制的不懈努力,使本企业的产品成本成为同行业中最低者。

尽管行业内存在着激烈的竞争,但具有低成本的企业却可以获得高于行业平均水平的收益。它的低成本地位使其能够抗衡来自竞争对手的攻击,因为当其对手通过削价同它竞争时,它仍然能在较低的价格水平上获利,直到将对手逼至边际利润为零或为负数。低成本就像一堵高墙,使潜在的加入者望而生畏,为之却步。

同样地,低成本可以强有力地抵御买方和供应方力量的威胁。买方和供应方的讨价还价能力使得行业内企业的利润减少,正如低成本企业可以抵御竞争对手的威胁一样,当由于行业内利润下降使得其他竞争对手都无利可图时,低成本企业仍然可以有相当的利润维持生存和发展。

低成本也可以抵御来自替代品的威胁。人们购买替代品无非是看好替代品的性能或价格。替代品若是革命性的,那么整个行业被替代都在所难免。但若不是这样,而只是从价格上考虑,那么总成本领先的企业就可以在行业中坚持到最后一个,而且他还可以同替代品展开成本和价格上的竞争。

总成本领先策略中,主要应注意两方面的成本因素:首先,深入研究成本构成的结构性因素,并与竞争对手相比较,探寻重新优化成本结构的可能性。其次,控制每一项具体的生产经营活动及其联系。当成本结构确定以后,企业还要对每项具体活动的成本进行控制。

2.实施总成本领先策略应注意的问题

总成本领先策略并不是只顾成本,不及其余。总成本领先策略也是顾客导向的,侧重于通过降低顾客成本来提高顾客价值。但也要注意,对低成本的长期追求也可能产生方向迷失的问题。

总成本领先不应是只注意大块成本的。在企业中最不易察觉的成本增长常常是那些小的、分散的成本因素。实际上,为加强成本控制,企业有必要建立一套新型的成本归类和核算体系,国外称之为以"价值活动为基础的成本管理"(Activity Based Costing,简称 ABC)。

二、差别化策略

1.差别化策略的概念

提高竞争力的另一种思想,是设法向顾客提供具有独特性的东西(包括产品、服务和企业形象),并且同其他竞争对手区分开来,这种策略称之为差别化策略。

差别化的核心是向顾客提供独特价值。然而,要提高差别化优势也要付出成本,因此权衡差别化所得与成本所失就成了差别化策略中的重要问题。此外,如何选择差别化策略,如何警惕差别化的误区,也是制定差别化策略应当注意的问题。总之,研究顾客心目中的价值,看看他们关心什么、看重什么,以及是如何评判这些价值的,这些都是建立差别化策略的钥匙。

2.建立差别化的途径

(1)降低顾客成本。这里的顾客成本不只是顾客直接的购入成本,而应是更为广义上的顾客成本,应当与顾客总成本联系起来深入考察。

如果企业的某种做法可以降低顾客的总成本,那么这种做法就是差别化的潜在基础,降低顾客成本,而这部分成本又占顾客总成本相当大的部分,这样的行动就包含了差别化的最大机会。降低顾客成本,可以从很多方面着手。例如,对于地处内陆的出口企业,航运公司不仅提供出口产品的海上运输,还上门提供产品的包装服务,并负责将出口商品运送到港口装船和报关检验等一系列手续,可以大大降低出口企业的负担和成本,采用这种"门到门"服务的航运企业一定会赢得更多的客户。

(2)提高买方效益。降低用户成本可以为用户实行总成本领先策略提供条件,提高买方效益可以为用户实行差别化策略奠定基础,因此,企业必须理解用户的需要并应采用与用户相同的价值分析方法。例如,一家农贸公司租用飞机舱位运送鲜花到外地,那么这家农贸公司所关心的就是运送的速度和准时等因素,因为这些因素会影响到这家公司的最终效益。

(3)通过促销提高价值。用户对影响价值的知识的不完备性,为企业提供了差别化的机会。为了使用户能够增加对实际价值的有关知识的了解,以促销(广告、推销、产品介绍、包装、公关)为主要手段的沟通就非常重要。通过促销活动,不仅可以提高用户对实际价值的认识,而且可以提高用户的期望价值,即用户对产品价值的主观判断。期望价值越高、购买欲望越强,企业就可以得到较高的溢价。在这里充分显示了促销对企业活动,特别是对奉行差别化策略的企业的重要性,但是也应当注意,期望价值不能高于实际价值太多,否则在顾客购买之后就会产生巨大反差,而有上当受骗的感觉。

3. 差别化策略易犯的错误

(1)无意义的独特性。独特性并非就是差别化,关键是要看顾客是否接受你的独特性。片面地追求独特性而忽视了对顾客价值的研究,是"营销近视症"的表现,毫无意义。

(2)溢价太高。如果溢价太高,买方将转换供应商。如果企业不能将成本保持在近似竞争对手的水平上,其差别化优势往往难以显示出来。

(3)只重视产品而忽视整个价值链。有些企业只注意从产品形态上寻找差别化的机会,而没能从更广泛的价值链中去挖掘差别化的机会。实际上,价值链的每个环节都可以形成差别化优势。

(4)不能正确地细分买方市场。不同的顾客其购买的标准和喜好是各不相同的。因此必须要对买方市场进行细分,以便采用准确的差别化策略。

(5)忽视促销。"好酒不怕巷子深"是差别化策略的大忌。"酒好",说明你在产品上已具有差别化优势,但酒香能飘出多远呢?只有配合促销宣传才能使酒香飘得更远。

三、集中策略

集中策略,就是在细分市场的基础上,选择恰当的目标市场,倾其所能为目标市场服务。

集中策略的核心是集中资源于目标市场,取得在局部区域上的竞争优势。至于目标市场的大小、范围,既取决于企业的资源,也取决于目标市场中各个方面内在联系的紧密程度。如产品的接近性、顾客的接近性、销售渠道的接近性和地理位置的接近性。集中策略,可以是总成本领先,即在目标市场上比竞争对手更具成本优势;也可以是差别化,即在目标市场上形成差别化优势;或者是二者的折衷结合。

集中化经营的特征表现为经营范围的相对单一和运输市场的相对集中。在企业的初级发展阶段,常常运用集中化经营策略迅速扩展在市场的地位。其优势是能够集中企业所有的资源与竞争力快速发展主营业务和拓展关键市场。

集中策略对来自替代的威胁最敏感。对一个细分行业而言,其被替代的威胁要比整个行业大。因为对一个行业的替代过程是渐变的,目标市场广泛的企业可以有较长时间,较大的回旋余地,而奉行集中策略的企业对这种替代过程则可能束手无策。因此,实行集中策略的企业必须时刻关注赖以生存的细分市场的结构变化和发展潜力。

四、多元化策略

多元化策略是相对于集中策略而言,是指企业通过在不同的市场提供不同的运输服务,分散投资风险,提高投资收益,从而最终达到企业的战略目标。

对于跨国的大型运输企业应尽量避免服务单一和市场单一。因为过分依赖某一项业务或市场具有太高的风险,特别是需求不稳定的市场。另一方面,随着企业的规模不断扩大,运输产业的投资收益率将在越过某一峰点以后呈下降趋势。这时,多元化经营不仅能够避免行业的风险,可以为企业剩余资本寻求更高的投资回报。

例如,我国在进入 WTO 后,沿海运输竞争形势多样化,货运市场的流失不仅是国内船公司相互竞争的结果,也是贸易方式改变的结果。国内外物流业的发展,除了有先进的物流系统外,国际上许多大的航运公司都有一条龙服务。当然,物流的发展对于集装箱、大宗散杂货运输包括粮食、水泥更为恰当,也给煤炭、矿石等散货运输提供了发展的思路。进入 WTO 后,国家的优惠政策被取消,国内航运企业原则上不再享有优惠政策。目前我国已采取了一些措施,如统一了外轮和国轮的港口收费标准,将来还会进一步统一费率标准,一些优惠政策也将取消。根据以往的经验,外轮之所以优先考虑装卸,是因其速遣费、滞港费用较高。因此国内沿海合同的滞期、速遣条款也应走上与国际接轨的道路。由此看出,船公司与港口加强联营合作,共同发展将是今后沿海运输的趋势。同时,更大范围的合作将会有利于发展物流运输,进一步拓展航运服务的范围和空间。激烈的运量和运力竞争使我们必须不断研究对策,及时掌握市场体制改革和进出口贸易动态,相应调整运输策略,不断提高运输效益和改善经营机制,以优质的服务赢得市场,并藉此不断扩大航运业经营范围和市场,从纵向型向网络型,由单纯航运服务向全方位服务迈进,最终形成现代物流的管理模式。

五、几种基本竞争策略的比较

总成本领先,差别化、集中和多元化策略,是企业应付日益严峻的竞争环境的基本策略。正如前面所说,总成本领先、差别化和多元化策略是雄视天下之策,而集中策略则是独霸一方之方。总成本领先、差别化和多元化战略的目标市场广泛,集中策略的目标市场狭窄。总成本领先策略主要凭借成本优势进行竞争;而差别化策略则强调被顾客认识的惟一性,通过产品、形象、服务等与众不同的特色形成竞争优势;集中策略则强调市场的集约和目标、资源的集中,以便在一个特殊市场上形成优势;多元化策略则强调分散投资风险,以形成"东方不亮西方亮"竞争优势。

选择何种策略,既有主观能动性的作用,同时又受到内、外条件的制约。对每一种策略的追求都要付出代价,而且要承担风险,但左右摇摆或徘徊其间将更加危险。在总成本领先与差别化之间徘徊可能既得不到总成本领先的好处,又难以真正形成差别化;在多元化市场目标和集中策略之间徘徊有可能失去安身之地。例如,"人捷"航空公司仅在约瓦克至大都会等少数几条航线上运营的时候,它既有差别化优势又有总成本领先优势,它的独特的基础管理方式(精干、简捷、宽松)是大航空公司无法模仿的,它们也不屑于这几条不挣大钱的航线。但是,当"人捷"将 17 架飞机投入 13 条航线上运营时,它的基础管理就已经不再适应其策略要求。于是,快速地扩展人力,由几十个人迅速增至 1200 多人仍然不够,这就要求必须改变其基础管理的方式。而一旦改变就会失去其独特性,大航空公司也就可以模仿了,而且广泛的市场范围正好为大公司提供了作战的空间。猫对躲在洞里的老鼠无可奈何,但老鼠跑到旷野上,猫就有用武之地了。

复习思考题

1. 如何认识运输产品的生命周期,运输产品生产周期分为哪些阶段? 各有哪些营销策略?
2. 运输产品组合策略有哪几种?

3. 试分析运输产品的服务特征对制定运价的影响。

4. 影响运输企业产品定价的主要因素有哪些?

5. 运输分销渠道决策主要包括哪些方面? 选择运输中间商的调价是什么?

6. 运输分销渠道管理应着重注意哪些方面的问题?

7. 简述运输企业的物流策略。

8. 简述运输企业人员推销的方法和技巧。

9. 简述运输广告的原则和策略。

10. 运输企业基本竞争策略有哪些?

第八章 运输市场营销的组织、计划与控制

运输市场营销活动必须依托于一定的组织机构对其进行组织、计划和控制,才能使企业的整个营销活动有计划、有目的地进行,并在进行过程中不断地改进、完善。因此,本章将讨论如何建立一个合理有效的组织机构、制定实施营销计划、并对计划实施效果进行评估控制等重要问题。

第一节 运输市场营销组织

运输市场营销组织是指运输企业营销部门的行政组织机构,它规定了运输企业营销部门的业务范围、权利、责任和义务,是达成营销目标的手段,是计划和控制各种营销活动的基础。企业营销的战略、战术,如果没有一个适合、有效的组织去执行,或执行不利,都将是徒劳的。组织管理的实践证明,一个科学合理的组织机构,对提高组织绩效,获取最大的社会效益和经济效益起着重大的作用。所以要保证营销活动尽可能做到有效,建立适当的营销组织机构是十分重要的。

一、设立市场营销组织机构应考虑的因素

有效的组织是管理的核心,企业在设计、建立、改善其营销管理组织时,应考虑以下因素:

(一)环境因素

在经济全球化的时代,任何一个组织要求得生存和发展,必须随着组织的内部因素和外部环境的变动不断地进行调整,建立与之相适应的组织体制。环境是影响市场营销组织设立的一个重要因素。外部环境是组织维持生存与发展的基本条件,它的变化会影响到组织的建立、变革和发展。象经济政策、科学技术、政治法律、社会文化等宏观环境的调整和改变,会促使企业建立新的营销组织,变革落后的组织结构,提高自己的竞争力,来适应激烈的市场竞争。而企业自身内部因素,如企业的经营哲学、战略方针、所处的发展阶段、经营范围、业务特点等,会影响企业组织结构的构成类型。如企业规模越大,其营销组织规模也相应越大,职能划分也较细。从事不同行业的企业,其市场营销组织的构成也有所不同。

(二)社会责任

任何一个组织都有自己的使命,而这种使命是由社会赋予的。社会责任要求企业认真考虑公司的一举一动对社会的影响,以对自己和社会彼此有利的方式,将公司经营活动及政策方针同社会环境联系起来。随着资源短缺、环境污染、人口爆炸等社会问题的日益紧迫,企业面临着更多的社会责任。如运输企业不能为某些国家的禁运物品提供运输服务,否则会影响社会治安和经济秩序;提供运输服务时必须注意环保要求,不能破坏人类的生存环境等。也就是说企业在设立营销组织机构时,应充分考虑所必须承担的社会责任,在社会伦理准则指导下,进行营销组织的管理活动。

二、设立市场营销组织的一般原则

(一)整体协调性的原则

建立的市场营销组织,要能够与企业内部的其他机构相协调,并能协调各个部门之间的关系。市场营销组织机构通过识别、确认和评估市场上存在的需要和欲望,选择和决定企业能够最好地为之服务的市场和顾客群体,进行目标市场决策,重点解决营销费用与目标顾客相适应,产品顺利通过市场交换的问题,从而为整个企业明确努力方向。原则上讲,企业的各职能部门应当协调地紧密配合,以实现该企业的总体目标。但现实中,由于各部门间的老框框和偏见,或是各部门意见不统一、利益不均衡,部门之间往往存在冲突和误解。比如研发部门与营销部门,研发部门的任务是负责进行产品、工艺和技术的开发、改造、更新和设计,成员多是科学技术人员,他们追求生产技术的奇特性和超前性,擅长解决技术问题,而市场营销部门的成员则是具有商业头脑的人,他们精于对市场领域的了解,喜欢那些对顾客有吸引作用的新产品,有一种注重成本的紧迫感。研发人员常把市场营销人员看成是花言巧语行骗、唯利是图的商人,只注重销售特色,不关心技术性能,双方在新产品开发上有时会存在分歧,部门之间不能协调合作。再如财务部门,财务人员擅长专业的财务评估,往往对市场营销人员要求的大量预算经费产生怀疑,拒绝投资,致使许多市场机遇失之交臂,从而影响企业的全局工作。因此,明智的营销者应把消费者而不是营销部门放在企业的中心地位,强调消费者的实际满意情况要受到其他部门行为的影响,一切职能部门应通力合作,使消费者价值和满意程度最大化。而营销部门所起的作用就是帮助企业整合所有部门的活动,建立良好的质量保证体系,确保这些活动都有利于提高消费者的满意度。

同时市场营销内部人员机构及层次设置也要相互协调,以充分发挥市场营销机构自身的整体效应。只有做到整体协调一致,营销机构的设置才能说是成功的。

(二)灵活性原则

营销环境是不断发展、变化的,营销组织必须具有一定的机动灵活性,才能快速适应环境的变化。作为企业的市场营销组织,一方面要能迅速地捕捉和掌握市场变化的信息,如通过建立营销信息系统及时反馈市场信息等;另一方面要能够在判断准确的基础上,迅速做出反应和调整,这包括对有关营销策略或活动的调整,也包括在市场出现重大变化时对营销组织所做的一系列调整。

(三)精简原则

精简,即精兵简政,一个好的机构,除了能及时完成工作任务外,其组织形式也应该是最为简单的。一个精简的机构,要做到因事设职、因职设人,人员精干,内部层次不宜太多。内部层次少,可以促使信息流通加快,减少阻碍,还能密切员工之间的关系,利于交流思想,沟通情感,提高积极性和效率。实践证明,建立市场营销机构时能否把握好市场营销工作的性质和职能范围,是能否真正做到精简的重要前提。

(四)有效性原则

效率是衡量一个组织的水平的重要标准。组织的效率高,说明其内部结构合理、完善,能顺利地生存和发展。在企业内部,各个部门的效率表现在:能否在必要的时间里,完成规定的各项任务;能否以最少的工作量换取最大的成果;能否很好地吸取过去的经验教训,业务上不断有所创新;能否维持机构内部的协调,而且及时适应外部环境条件的变化。市场营销组织要达到有效性,实现高效率,必须要做到:第一,要有与完成自身任务相一致的权利,包括人、财、物权及发言权、处理事务权等,只有责、权、力相结合,工作才有效率。第二,要有畅通的内部沟通和外部信息渠道,没有信息沟通,营销管理难见真正的效率。第三,善于用人,各司其职。营销管理任务繁杂,牵涉面广,对人员素质要求多样,因此,各级营销管理人员,应该牢记责任,发挥自己的作用,同时善于发现别人的优点,使每一个人的专长尽量发挥。另外,要制定规章,奖罚分明,充分调动员工的积极性。

三、现代营销组织结构类型

现代营销部门的形式多种多样,主要有以下类型:

(一)职能型组织结构

职能型组织结构是营销组织最普遍的形式,它是由一个营销经理负责各类营销功能,并协调各营销功能部门之间的关系(如图 8-1)。

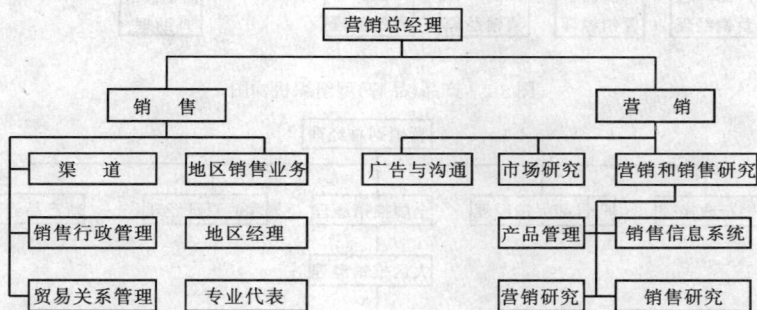

图 8-1 职能性组织机构图

按照营销职能设置的营销机构易于管理。但是随着公司产品品种的增多和市场的扩大,这种组织结构会暴露出效益低的问题。这是因为:第一,由于没有人对任何产品和市场担负完全责任,就会发生某些特定产品和特定市场的计划工作不完善的情况,那些不受各职能部门偏爱的产品就会被搁置一边。第二,各职能部门都会本着自身的利益,要求获得比其他部门更多的预算和更重要的地位,这样营销经理就必须仔细核对各部门的各种要求,并面临着如何进行协调的难题。

(二)产品(品牌)型组织结构

生产多种产品和品牌的公司,常常需要建立一个产品(品牌)管理组织,以下简称产品管理组织。产品管理组织由一名产品主管经理负责,下设几个产品大类经理,产品大类经理之下再设各个具体产品经理去负责各具体的产品、品牌(见图 8-2)。

该组织结构通常适宜生产的各产品差异很大的公司,或产品品种数量太多,或按功能设置的营销组织无法处理等情况。但它并没有取代功能性管理组织,只不过是增加一个管理层次而已。产品管理组织由于是专人专管,有利于将产品组合的各要素较好地协调起来;而且产品经理能更快地就市场上出现的问题做出反应;对于一些小品牌产品,由产品经理专管,可以减轻被忽视的程度,但该组织形式可能会由于缺乏整体观念,造成部门冲突、多头领导等不利局面。

(三)区域型组织结构

对于从事全国范围运输销售的公司,通常按照地理区域安排其营销组织。即由一个负责全国销售的经理领导几个区域销售经理,区域销售经理领导地区销售经理,地区销售经理领导直接销售经理,直接销售经理再领导销售人员(见图 8-3)。其优点在于地区管理部门有了更大范围的业务经营权,当地经理可以根据当地的实际情况,为每个子市场制定产品、广告、价格、渠道等营销策略,从而有更多的战略自由度。

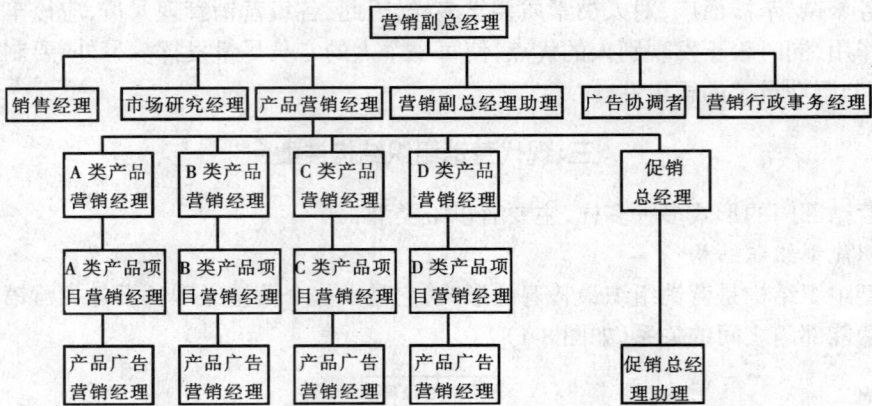

图 8-2　产品(品牌)型组织机构图

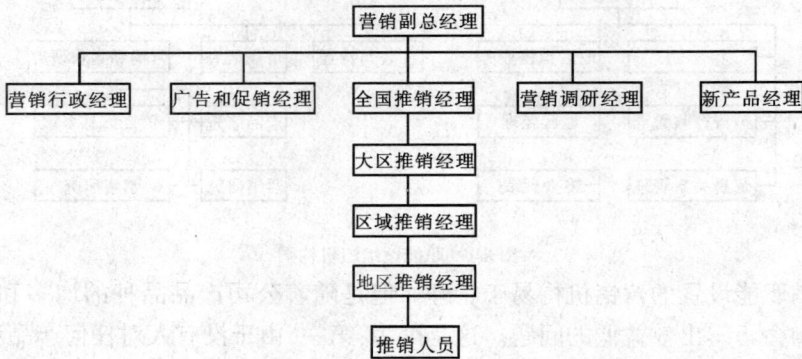

图 8-3　区域型组织机构图

(四)市场管理型组织结构

当企业根据消费者的不同购买习惯或偏好细分市场时,就可以建立市场管理型组织机构。其类似产品管理型组织机构,由一个总市场经理管理若干个子市场经理,各子市场经理负责自己所辖市场的营销活动(见图 8-4)。

其优点是企业可围绕特定客户的需要开展一体化的营销活动,有利于建立"以顾客为中心"的现代市场营销理念。

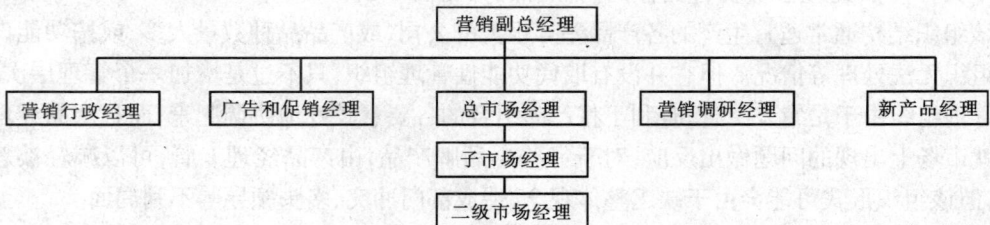

图 8-4　市场管理型组织机构图

(五)产品/市场管理型组织结构

当企业生产多种不同产品,满足多个不同目标市场时,则可以建立一个综合性的组织机

200

构,即产品/市场管理型组织机构如图 8-5 所示。

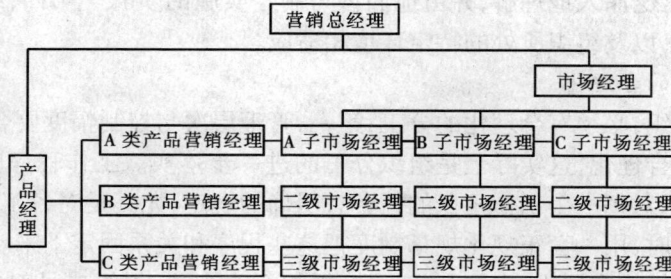

图 8-5 产品/市场型组织机构图

其优点是产品经理和市场经理相互提供服务,可以减轻彼此的工作负担,使各管理者可以有更多的时间集中精力解决更为重要的问题,但易产生权力纠纷,故管理层必须明确它们各自的作用,并鼓励其相互协作。

四、设计市场营销组织部门的程序

面对激烈的市场竞争,运输企业必须建立新的营销组织,或对自己的原有组织进行适时的改革。无论是建立新组织机构或是改革原有的组织机构,其基本程序如下:

(一)识别目标

目标是组织机构设计的出发点,每一个组织都有一个基本目标,并以此作为配置资源的标准。目标的展开本身就形成了一个结构分明的"任务—手段—目的"体系,构成了划分结构的标准。

(二)确定组织体制

组织体制是组织结构中各层次、各部门之间组织管理关系制度化的表现形式。一般有首长制、委员会制、等级制、职能制、集权制和分权制等形式。

(三)确定组织结构

组织结构,就是在考虑管理层次和管理幅度两方面的情况下,确定组织的执行系统。可以根据可获得的人力和物资资源,对活动进行划分,可供选择的结构形式如上所述。

(四)授权

授予每个部门领导进行活动所必要的职权,并通过职权关系和信息系统,将这些部门纵横交错地连在一起,使之协调运作。

五、营销组织结构的合理化

组织结构的合理化是指组织内部各要素合理有效地配置及执行功能的有效发挥。由于组织结构受环境、战略、技术、规模、人员、地域分布等因素的影响,而且任何一个因素的变化,都可能导致原有组织结构的部分不合理,要求其做出相应的变革。那么,如何识别某种组织结构是否合理呢? 一般来说,组织结构合理化的标志主要有以下几个方面:

(一)目标设置的合理性

组织目标设置是否合理,关系到组织结构的总体设计是否有效。合理化的组织目标必须具备以下特性:第一,组织的目标必须为组织的全体成员和组织中的各个群体所一致认同,就是说,组织目标应该与个人目标、群体目标一致。第二,组织的目标设置是否建立在广泛收集

201

信息,科学准确的可行性分析和有效预测的基础上。第三,组织目标不仅要被全体成员所认同,还应该被他们广泛深入地理解,并由他们参与制定实施的步骤。第四,组织目标是否与社会和经济发展情况,以及组织所处的特定环境相适应。

(二)组织分工的合理化

一个高效的组织,必须有合理化的分工:第一,管理层次与控制幅度要合理化。第二,工作程序及规章制度要合理化,这实际上是组织分工的进一步落实。工作程序的合理化从组织结构的角度来说,要求对每一个工作角色的任务有明确的规定,尤其是对各工作角色之间的衔接有严格的规定。同时,用一套正规化规章制度把这些程序和关系固定下来。第三,权力结构的合理化。要求权力结构有层次,责权利相一致;授权行为合法;组织成员对组织权威的真心认可;权力结构的形式与组织本来发展的需要相适应。

(三)组织协调的合理化

合理的组织分工完成后还需对个人和部门进行多方面的正式、非正式的调整,以标准化的方式建立协调关系。程序标准化,产出标准化和技术标准化是现代管理中常用的协调手段。

六、运输市场营销组织的目标

运输市场营销组织的目标主要有:

(一)对市场需求做出快速反应

市场营销组织应该不断适应外部环境,并对市场变化做出积极反应。可以通过市场营销研究部门、企业销售人员、外部商业研究机构等提供的市场信息,了解市场的变化趋势,然后及时对营销活动做出调整,包括从新产品开发、包装、定价、销售渠道等整个市场营销活动。

(二)使市场营销效率最大化

市场营销组织是在充分考虑与其他部门的协调关系的基础上建立起来的,因此,其具有协调和控制职能,可以避免各部门间的矛盾和冲突,确定各自的责权利,有利于提高营销效率,使其最大化。

(三)代表并维护消费者利益

市场营销组织奉行的是市场营销观念,是以消费者为中心的观念,因此市场营销组织部门就担负着这项重任。虽然企业可以通过市场调研机构了解消费者的愿望,但是要保证消费者利益不受侵害,必须在管理的最高层面上设置专门的市场营销组织来担当此任。

七、运输企业营销组织的任务

运输企业营销组织的任务从根本上讲,就是了解并满足顾客的需求,这也是营销组织的总任务。对实际运作的营销管理人员来讲,可将总任务表述为下列几项具体的任务:

(一)运输市场研究

即通过系统地收集、分析有关运输市场的信息,帮助运输企业高层管理人员进行决策。运输市场研究是运输企业营销组织的基础任务之一,通常包括运输市场需求研究、目标市场研究、旅客货主行为研究、运输产品研究、广告研究、竞争研究及宏观环境研究等。

(二)运输产品管理

即研究和开发满足旅客、货主需要的新产品和服务。新产品管理通常是营销部门、研究开发部门、生产部门共同的责任。在运输新产品和服务开发以后,营销部门要根据运输波动情况及客货运输的不同特点拟定产品策略,并对有关运输产品的各个要素进行决策。

（三）促销管理

规定各种促销手段及其具体内容,如确定广告的形式、进行广告费用预算、选择广告媒体、拟定广告方案、选择广告代理商及评价广告活动效果等,制定营业推广计划、人员推销计划等。

（四）分销渠道管理

为建立和保持有效的分销渠道,营销部门必须确定是否采用分销渠道、采用分销渠道的宽窄、长短、选择分销商、制定对分销商的政策、分析各分销渠道、分销商的经营效果。

（五）价格管理

根据企业的竞争战略和市场战略,确定每个市场的定价政策、新产品的定价及价格的调整和变化等。

（六）树立企业形象

通过企业识别系统（CIS）,给顾客和公众一个鲜明、独特的印象和感觉,使企业形象在激烈的竞争中易于识别。

八、营销组织的发展

营销组织发展就是使用行为科学的方法,通过长期的有计划的组织变革来改进和更新营销组织的方法,提高组织的管理效能,增加组织的弹性,使之更好地适应外部环境的变化。从定义可以看出,营销组织发展不是组织自然的、盲目的成长,而是借助于有效的干预措施,使营销组织效能进一步提高。因此,营销组织发展不只是解决目前组织中出现的问题,而且从长远考虑,希望创造条件令组织长期适应新的变化。

企业组织的变革与发展,从一般意义上讲,就是从一种组织形态向另一种组织形态的转变。从我国运输企业面临的外部市场环境来看,国内国际竞争越来越激烈,从组织内部条件来看,转换经营机制,使企业真正成为自主经营、自负盈亏、自我发展、自我约束的经济实体是搞活国有大中型企业的关键。因此,组织变革与发展必然要适应这些内外条件的变化,呈现如下趋势:

（一）组织结构形式的多样化

随着经济体制改革的深入,企业自主权进一步落实,互助组织结构基本雷同的模式必将被打破,而向着形式多样化的方向发展。就单个企业而言,其内部各部门的组织形式将因各自所面临的情况不同而发生权变,企业组织将呈现出多种模式相混合的状态。又由于每个企业将会有一种区别于其他企业的、占主导地位的组织模式,在全国范围内就形成组织结构形式多样化的格局。随着我国改革的逐步深入,以及企业规模不断扩大并向"集团化"发展的趋势,今后的组织结构必然朝这一方向发展。

（二）企业管理的战略化与企业发展的国际化

企业加强战略管理是改革开放这一新形势的必然要求。首先,改革使企业外部产生了激烈的竞争。竞争对手从国内企业、合资企业扩展到纯粹的外国企业,竞争范围从用户和市场扩展到争夺人才、资金及原材料、能源等资源,所有这一切都将激化并迫使企业努力提高自身的竞争实力,谋划竞争战略,在竞争中求生存,图发展。其次,科学技术水平的提高,产品寿命周期日益缩短,更新换代更快,组织活动面临更大的风险性、多变性,迫使企业提高自己对市场的预测力,加快产品开发的步伐。再者,全球竞争的日益激烈以及世界性的新技术革命的发展使现代企业的战略环境发生一系列巨大变化,国际市场突发事件频繁发生已使各国企业普遍加强了其战略管理能力。强大的竞争和动荡不定的环境势必给我国准备参与国际市场竞争的企业提出更大的挑战和更高的要求。现代企业的战略管理不仅要适应已经出现的变化,而且要着眼于未来可能出现的变化;不仅要参与国内竞争,还要积极开拓国际市场,参与国际竞争,把国际化战略作为一项重要内容纳入企业经营战略中。

为此,在加强战略管理的过程中,企业要做到:从以个人为主的战略管理转向以群体为主的战略管理;从被动式、反应式的战略管理转向积极主动的、预见式战略管理;从战略管理的需要出发,突出管理的主要职能;广泛吸收职工参与战略管理,减少战略执行的阻力。

(三)组织职能经营化和组织发展社会化

企业为了应付复杂多变的外部环境,强化经营管理职能是一项基本的组织对策。长期以来,我国企业生产性职能偏大,经营化职能相对薄弱,这不仅表现在机构设置和人员配备上,更反映在生产经营的全过程及其决策活动中。许多企业重生产、轻经营,只保生产计划不变,不顾产品销路好坏,对外部环境变化倾向于采取局部的、短期的应变措施。在大力提倡发展社会主义市场经济的新形势下,重视和强化经营管理职能已成大势所趋,激烈的竞争不仅要求企业在组织结构上增加经营管理这一职能,更应在整个组织范围内形成经营化的气氛。

如果说经营化是适应市场复杂多变形势的客观要求,那么,社会化就是生产力发展和社会分工深化的必然结果。社会化协作可以使企业领导者集中精力抓好生产经营的主要职责;以利用外部协作的高新技术专业力量满足本企业特殊要求,可达到降低成本,充分利用企业资源的目的;还可以促进整个社会专业化分工的深化和劳动生产率的提高。因此,社会化协作是我国企业组织结构调整的必由之路。企业开展社会化协作,可通过投资方式、代管方式、协议方式进行。随着社会化协作在广度和深度上的发展,企业必须建立和健全协调管理机构来负责确定哪些工作通过外部协作完成,采取哪种方式及选用哪些单位开展外部协作,对外部协作合同的内容、工时及费用测算等实行规范化和标准化的管理,以保证企业生产经营活动稳定进行。

(四)组织运作的高效化和民主化

长期以来,我国企业存在着部门林立、机构臃肿、层次重叠、人浮于事、管理工作效率低的弊病。这种组织严重阻碍了职工想象力、创造力的发展。为提高企业应付外部环境变化的适应能力,实现组织运作的高效化势在必行。管理工作的效率是通过完成某项活动的产出与投入之比进行测量的,高效就是使投入减少而产出增加。从我国目前企业情况来看,达到高效化的基本对策就是把多余的人精简下来,但精简人员和机构并非实现管理工作高效化的惟一途径,它还需其他手段相辅佐,例如,采用现代化办公设备扩大信息处理和转换能力;实行标准化作业和改变工作方法,以加速投入转换为产出的过程;舍弃不必要的工作,减少不必要的人力和物力、工时和机时的投入;通过工作单位的结构合理安排增进工作过程中的协调,这是提高整个管理组织工作效率的关键所在。

总之,由于运输市场营销组织担负着企业的整个营销活动的组织、计划、实施、控制全过程,其在企业中的地位不可忽视,因此,必须运用科学的管理方法,建立适应市场经济发展的营销组织机构。

第二节　运输市场营销计划及实施

运输市场营销计划指的是运输市场的作业计划,即具体的营销策略和步骤。由于当前市场经济环境的复杂性,企业没有适当的计划,就无法应付和处理这种复杂性,因此,制定和实施市场营销计划是运输市场营销组织的基本任务,是企业开展营销活动的基础。作为营销管理人员,应该能够明确营销计划的重要性,了解营销计划的内容,掌握制定营销计划的方法。

一、市场营销计划的意义

制定营销计划对于企业的发展和营销工作的开展有着重要的意义。

(一)营销计划是企业营销管理的核心,保证了未来行动的可操作性

面向市场的企业,一切工作都是围绕着市场展开的。在运输企业的计划体系中,生产计划、设备计划、人事计划、财务计划等都要围绕着企业的营销计划来展开。因此,营销计划在企业计划中处于核心地位。同时,在计划的过程中,营销管理人员对未来的目标反复考虑、论证,对营销策略仔细斟酌、思考,对行动方案周密设计、安排,对营销预算多方估计、测算,这一切使营销人员在营销工作进行前对营销中可能遇到的问题、困难及解决办法和工作要点等进行了深入的研究,这在很大程度上不仅保证了计划的可行性,也使其在未来实施中的操作性增强。

(二)营销计划有助于营销管理人员决定选择什么样的机会,采取什么样的行动

通过计划的制定过程,可以鉴别和筛选有益的方案。通过制定目标和选择利润最大的备选方案,可以使管理者鉴别和确定行动方案。没有恰当的计划,许多事情只能靠运气,风险就会增大。

(三)营销计划可以使资源得到高效率、高效用的使用

企业通过制定计划,可以明确其真正所期待的,可以知道应该如何做才能实现资源的优化配置,使各项资源得到有效的利用,提高其效率和效用。

(四)营销计划是多方参与制定的,可以保证企业各部门在营销工作中相互配合

在制定营销计划时,企业最高层领导、相关的部门(如生产、财务、人事等)都要参与或提供建议、资料等,营销计划最终也要由高层管理人员认可。这种在营销工作开展前的相互之间的信息沟通,为将来营销工作的开展、各部门对营销工作的支持和配合奠定了良好的基础。从某种意义上讲,营销计划的过程也是营销管理人员沟通多方信息,争取多方理解和支持的过程。

二、制定市场营销计划的原则

为避免市场营销计划在实际实施中出现这样那样的问题,在制定市场营销计划时要遵循以下几个原则。

(一)紧密联系实际的原则

市场营销计划通常由上层专业计划人员制定,由基层管理人员和销售人员实施。专业人员可能更多地考虑总体方案和原则性的要求,不了解实施中的具体问题,而基层人员可能因缺乏与专业计划人员的交流和沟通,不能正确理解计划的内涵,最终导致计划脱离实际。因此,在制定计划时,专业计划人员要与基层市场营销人员协作,共同制定计划,才能使营销计划更符合实际,也有利于计划的顺利实施。

(二)长期目标与短期目标相协调的原则

营销计划的制定多涉及企业的长期目标,而企业对计划具体实施人员的评估和奖励往往是根据其短期的工作效益,这容易使计划实施人员注重短期行为,忽视长期目标,不利于企业的发展。因此,制定计划时必须克服长期目标与短期目标之间的矛盾,设法求得两者之间的协调。

（三）行动方案要具体、明确

有些计划失败，往往是因为计划中没有规定明确、具体的行动方案，缺乏一个能使企业内部各有关部门、环节协调一致、共同努力的依据。因此，制定计划时，必须明确规定各部门的责任和具体的行动方案，使其相互协作，各尽其责。

三、运输市场营销计划的类型

企业可以根据其规模、市场状况、战略方向等多方面的因素决定所采用的计划类型。常见的计划类型主要有：

1.按时间跨度分类

长期计划：时间多在 5 年以上，内容一般是概要性的、主要涉及组织扩大、产品升级、市场转移等重大事项。

中期计划：时间在 1～5 年，内容与企业的中期规划与中层管理人员的日常工作有更多的直接关系。中期计划较为稳定，受环境变化影响小，因此是大多数企业制定计划的重点。

短期计划：时间在 1 年以内，内容详细具体，对企业一线管理人员的日常工作有更大的影响作用，一般包括年度经营计划和各项适应性计划。

2.按职能分类

市场营销计划从职能上划分可以分为市场调研计划，产品开发计划、包装计划、价格计划、广告计划、推销计划、营业推广计划、公关计划及顾客服务计划等。

3.按涉及对象和范围分类

市场营销计划按涉及的对象和范围分类，可以分为企业营销总策略计划、各项营销组合要素计划及每项要素内部各具体项目的活动计划等，分别由企业营销总裁、各事业部（产品部、分销部、公关部）经理、产品线经理及品牌经理制定。

无论哪一种类型的市场营销计划，均应明确规定应干什么、由谁干、如何干、何时干等问题。

四、制定运输市场营销计划的工作步骤及内容

（一）制定市场营销计划的步骤

企业在编制市场营销计划时，需要广泛收集资料，进行市场分析，确定市场目标，探讨市场策略。一般包括以下步骤：

第一步：分析现状，知己知彼，为编制计划做好充分准备；

第二步：确定目标，为具体活动程序指明方向；

第三步：编制计划草案，交由有关部门讨论；

第四步：编制正式计划，组织企业内部实施。

（二）市场营销计划的内容

明确企业的战略任务、目标后，就要考虑如何将这些战略和目标付诸实施，这就是营销计划的工作内容。企业按上述步骤进行计划编制时，营销计划的内容详略可能不同，但大多数营销计划都包括以下内容：

1.计划概要

计划概要就是对主要营销目标和措施进行简要、概括的说明，以便上级管理人员或审核人员对计划内容能够一目了然。同时，计划概要之后还要附上计划内容目录及在计划书中的相

应页码,以方便查阅。

2. 企业营销现状

即提供有关市场、竞争、产品、促销等各营销因素及宏观环境发展趋势的综述。例如与运输企业营销相关的宏观经济、政治、社会、文化、人口等历史资料、现状和发展趋势;与运输企业营销相关的政府统计资料、学术研究资料;所在运输行业的历史、现状和发展趋势资料;所面临的市场资料及对其的预测;竞争态势和竞争者情况资料;该企业各年度的营销计划及执行情况;本企业的各种历史数据、资料;有关人员对营销计划提出的意见资料等。

3. 分析

在分析现状的基础上,找出企业的机会和威胁、优势和劣势及面临的问题。

机会/威胁分析:分析来自企业外部可以左右企业未来的因素,分析、判断其可能为企业带来的新营销机遇或可能给企业造成的威胁,对这些机会和威胁,分出轻重缓急,使最重要最紧迫的能受到应有的关注。

优势/劣势分析:对企业资源、能力方面进行分析,发现优势,找出弱点,以便利用优势开发机会、对付威胁,同时对其弱势进行改进、完善。

清楚了企业的机会与威胁、优势与弱势,就能确定计划中需要强调、突出的主要问题,对这些问题做出决策,可以帮助企业形成有关市场营销的目标、战略和策略、战术等。

4. 营销目标

营销目标是营销计划的主要组成部分,有了目标,可以确定更具体、更适合操作的任务。营销目标是在分析营销现状并预测未来的威胁和机会的基础上制定,包括投资收益率、销售额、利润额、销售收入以及市场占有率等目标。

5. 营销战略

营销战略是完成计划目标的营销途径和方法,包括目标市场战略、营销组合战略及营销费用预算等。在战略制定过程中,要注意与其他有关部门、人员讨论、协商,争取理解、支持与合作。

6. 行动方案

行动方案是确保营销计划有效实施的主要内容,包括:做什么、何时做、谁负责做、需要多少费用等。按上述问题把每项活动都列出详细的程序表,以便于执行和检查。

7. 预算收支

营销计划中还要编制各项收支的预算,在收入一方要说明预计收入,在支出的一方要说明预计生产成本(包括营销费用),收支的差额即预计的利润(或亏损)。上层管理者负责审批、修正预算。预算一经批准,便成为购置设备、安排生产、人事及营销活动的依据。

8. 控制

控制是营销计划的最后一部分,说明如何对计划执行过程、执行进度进行管理。一般做法是将计划规定的目标和预算按月份或季度分解,以便企业的上层管理部门进行有效的监督检查,督促未完成任务的部门改进工作,以确保营销计划的完成。控制有时还包括对发生意外时的应急计划,该计划简明扼要地列举可能发生的某些不利情况,并提出管理部门对不利局势应采取的对策与措施。

(三)运输市场营销计划实例

现以公路旅客运输营销计划为例,对某企业的计划概要、营销现状、营销目标和营销战略几方面加以说明。

1．计划概要

本运输企业的营销目标是牢固占领中短途客运市场，积极争取长途市场，努力实现客运收入比上年度增长 10%。通过调整班车到发时间，优化班车开行方案，提供便捷的购票、上车渠道，改善车辆硬件条件，适度调整票价及增加广告宣传活动力争实现上述收入增长目标，并使长途客运市场的占有率上升 8%。所需要的市场营销费用预算为 56 万元。

2．当前的公路客运营销现状

（1）运输市场情况。该公路运输企业的市场吸引范围（或吸引区）有多大，包括哪些细分市场；公路运输市场及各细分市场近几年的运输收入情况；公路客运的短途、中长途旅客市场份额占有情况；旅客的需求情况及影响旅客行为的各种环境因素等。

（2）运输产品情况。如目前该企业旅客班车开行数量、运行区段、开行时间，对短途旅客、班车的到开时刻是否符合其出行规律，旅客实际购票渠道情况和旅客理想的购票渠道，旅客对票价的满意度情况及对旅行舒适度的要求情况，运输服务质量及社会评价，不同班次的客座利用率及盈利情况等。

（3）竞争对手情况。如对该公路运输企业，由于铁路运输的快速发展和各大汽车运输公司相继投入运营，使得铁路运输企业成为其主要竞争者，特别是在短途客运市场上竞争已达"白热化"程度。通过对铁路的调查发现，铁路整体占有市场的份额在逐年提高。这除了与铁路运输采取了许多灵活多样的调度措施有很大关系以外，主要因为他们很好地协调和处理了长远利益与短期利益、整体利益与局部利益的关系。例如，在发车环节上，不论单车载客量多少，都准时发车。这样做的好处：第一，可为铁路运输长期占有短途客运市场奠定基础；第二，使铁路运输在旅客心目中建立起良好的信誉；第三，使运输公司和乘客之间达成默契，形成良性循环的条件和发展的基础；第四，竞争中有合作。异地各运输公司相互达成协议，两地班车每日对开、互返，开车时间由车站统一进行调度安排，并采取轮回方式，使各公司在营运中利益相互平衡，形成了更大的竞争力；第五，铁路宣传力度较大。

（4）公路客运销售渠道情况

各主要销售渠道的近期销售额及发展趋势。例如，各公路客运站的客票销售情况，各代售点及电话订票、班车上补票、网上购票等统计分析情况。

3．市场威胁与机会

我国公路 400km 以内短途旅客的发送人次数高达 77%，这一客观现实说明长期以来，公路一直在从事着短途旅客运输，公路从自身生存的角度考虑，绝不能放弃短途竞争。虽然，铁路的竞争实力不断增强，给公路造成一定威胁，但随着我国城市化进程的不断加快，城际间，尤其是大城市间短途客流具有强度大、密度高、时间集中、节奏快等特点，决定了公路旅客运输是解决这一问题的最有效途径。同时我们也看到，在人口众多、旅客运输需求旺盛的大城市之间，短途客运市场竞争的焦点主要集中在时间、速度和方便程度上。因此，公路要想在短途客运市场中争取到应有的份额，就必须依靠高密度、高速度、高素质、高水准参与竞争，着眼于为旅客创造适宜的旅行环境。

本运输企业在短途客运市场中的优势是：

（1）几个大的公路客运站具有得天独厚的地理位置，这对客流有强大吸引力。

由于几个大站离市中心较近，市内交通通达便利，先天旅客资源丰富。而火车站主要在市区外围，自会降低吸引客流的能力。

（2）本运输企业辖区旅游资源丰富，每年吸引着成千上万的国内外观光游客。公路在这一市场上大有潜力可挖。

（3）随着高校扩大招生及国民经济的综合发展，在大城市间求学、经商、出差、开会的外地流动人口不断增加，也为公路客运带来了机会。

（4）随着公路营销意识、营销技能和车型的不断提高，一些曾被铁路挖走或被忽视的客流将逐渐、不断地挖掘出来。

（5）随着本运输企业运能的调整，能力紧张状况有所缓和，有能力增开长途客运班车。

当然，公路的优势还表现在安全、价格合理上，而在出行舒适程度和快速方面，公路较铁路（长途）处于相对劣势。

4.营销目标

营销目标是营销计划的核心部分。公路运输企业的营销目标需在分析公路运输营销现状并预测未来的威胁和机会的基础上制定。如该运输企业的营销目标为：旅客发送 1000 万人，客运收入 4 亿元，并有各季度的发送量及客运收入目标分配值，和本运输企业下属各企业的旅客发送量及客运收入目标分配值。通过全员努力，力争在稳住中、短途客流基础上使长途客运市场的占有率上升 8%。

5.营销战略

本运输企业的营销策略如下：

（1）根据该地区短途客流"朝出夕归"的出行规律，调整班车到发时刻，优化开行方案，开发适销对路的新服务项目。

按照一天的客流分布规律划分时间区段，制订相应间隔时间，在客流高峰期，可采取"短、频、快"的班车节拍式开行方案；在非高峰期，可利用长途旅客班车为短途少量预留坐席的方式，做好长短途票额合理分配使用。尽量使旅客随到随走，做到"早不过午，晚不摸黑"、"朝出夕归"。同时，针对该地区客流特点，在高峰期、旺季可增开班车，在低峰期、淡季可减开班车，在节假日开行特色、精品、度假休闲班车。

（2）提供便捷的购票、上车渠道。通过固定客流量大的城间旅客进站通道，并充分发挥车站绿色通道的作用，保证只要旅客在开车前能赶到车站，就能进站上车。增加市内联网售票点，逐步完善电话订票、网上购票及送票服务的范围以方便旅客。

（3）改善车辆硬件条件。选择适当时间段开行高等级、高质量、设施齐全的优质、精品车型。

（4）根据市场供给关系，在适当范围内适度的调整运价。在客流高峰期可适当提高定价，在客流低谷期则降低定价。采取这种浮动运价对于引导客流有序流动，有效地利用运输设备以及提高服务质量均有益处。

（5）增强员工营销意识，提高服务质量。重点抓旅客满意度调查中所反映出的突出问题：如途中饮水供应、厕所卫生、车站售票态度、餐饮收费、车站候车环境、上下车秩序等。

（6）进行密集性广告宣传。突出宣传公路在方便、安全、速度、价格等方面的优势。大力宣传公路开展客运营销新举措；介绍公路班车所到之处的自然风光、旅游景点、风土人情及班车运行时刻。采取多种形式的广告，使公众重新认识公路，选择公路。

该企业的行动方案、预算、控制几方面内容可据具体情况确定，此处从略。

五、运输市场营销计划的执行

营销计划的执行是将营销计划转化为具体的行动和任务的部署过程，也就是说调动企业的一切资源投入到营销活动中去,保证计划任务的完成,以实现营销计划所制定的目标。制定营销战略计划是解决企业营销活动应该"做什么"和"为什么要这样做"的问题,而执行计划则是要解决"由什么人"、"在什么地方"、"在什么时候"、"怎样做"的问题。计划制定得再好,如果不能执行或执行不当,也不会有成效。因此,必须保证制定的营销计划方案能有效地执行才能取得整个营销活动的成功。

(一)营销计划执行过程

市场营销计划的执行包括下列内容:

1.制定行动方案

制定行动方案,明确市场营销战略实施的关键性决策和任务,并将责任落实到个人或小组,同时规定出具体的时间表,即每一项行动的确切时间安排。

2.调整组织结构

组织将战略计划的任务分配给具体的部门和人员,规定明确的职权界限和信息沟通渠道,协调企业内部的各项决策和行动。因此,适当的组织结构在战略计划的实施过程中起着决定性作用。企业要根据其战略、市场营销计划的需要,适时改变、完善组织结构。

3.形成规章制度

为了保证营销计划能落到实处,还必须设计相应的规章制度,包括工作制度、决策制度、报酬制度、奖罚规章等。

4.开发人力资源

市场营销计划要靠企业内部的工作人员执行,因此开发人力资源十分重要。对企业员工要进行培训、考核、激励,充分发挥其潜能,同时还要根据不同的战略要求,运用不同性格和能力的管理者,做到人尽其才。

5.协调各种关系

为了有效实施市场营销计划,行动方案、组织结构、规章制度及人力资源等必须协调一致,相互配合。

(二)营销计划执行技能

市场营销计划在执行过程中,通常会在3个层次上发生问题:行使基本的营销功能层次,如企业怎样才能从经销商处获得销售支持;执行营销方案层次,即把所有的营销功能协调地组合在一起,构成企业的整体行动;执行市场营销政策的层次,如企业要让所有的员工理解企业的经营思想,要用最好的态度和最好的服务对待所有的顾客等。为了避免问题的出现或及时对出现的问题进行改正,保证营销计划方案的有效执行,营销管理人员需要掌握一些相关的技能。

1.诊断问题的技能

当营销计划执行的结果未达到预期目标时,需要分析战略计划和执行之间的内在关系,并判断出现问题的层次,诊断出现问题的原因。因此,把握诊断技能,才能准确判断市场营销过程中出现的问题。

2.配置技能

配置技能指营销经理应具有在营销功能、方案、政策等3个层次上分配资金、人力和时间的技能。

3.组织技能

组织技能包括两方面:首先是提供明确的分工、将全部工作分解成便于管理的几个部分,再将它们分配给各有关部门和人员;其次是发挥协调作用,通过正式的组织联系和信息沟通网络,协调各部门和人员的行动。

4.互动技能

管理者要有善于推动并影响他人共同把事情办好的能力,且不仅是推动营销组织内部的人员,还须推动营销组织外的其他人或企业一起为达到营销目标而努力。

5.评估结果的技能

对营销计划执行结果的评估,不能只从销售额、利润额方面来考虑,必须建立起一套完整的工作制度、决策制度和报酬制度。这些制度直接关系到组织实施计划的效率成败,以报酬制度为例,它首先涉及对营销人员及部门工作绩效的评估,如果以短期盈利情况为评估标准,就可能引导营销人员及部门的行为趋于短期化,而缺少为实现长期战略目标努力的主动性。

6.调控技能

营销计划的执行,还要掌握控制技能,即建立和管理一个对营销活动情况进行追踪的控制系统。主要包括年度计划控制、利润控制、效率控制和战略控制。

第三节 运输市场营销控制

营销计划是对企业未来发展做出的具体规划,往往是根据许多不确定因素制定的,在实施过程中难免会发生许多意外情况,因此,营销部门必须进行连续不断的监督、评估和调整,对各项营销活动进行有效的控制。

一、市场营销控制的意义

在管理过程中,控制的目的在于确保企业经营按照计划规定的预期目标运行,其重要意义在于:

(一)控制能使管理工作成为一个闭回路系统,成为一种连续的过程

一般情况下,控制工作既是一个管理过程的终结,也是一个新的管理过程的开始。控制不仅限于衡量计划执行中出现的偏差,还要采取措施纠正,使管理系统稳步地实现预定目标。而纠正措施可能涉及到需要重新拟定目标、修订计划、改变组织结构、调整人员配备、并对指导方针做出巨大的改变等等,这实际上是一个新的管理过程。可以说,控制工作不仅是实现计划的保证,而且可以积极的影响计划工作。

(二)控制有助于企业及早发现问题,防患于未然

由于一些不确定因素的存在,计划在实施过程中可能会碰到诸多的问题,这时就需要通过控制,及早发现问题,对计划或计划的实施方式做出必要的调整,避免可能的事故,寻找更好的管理方法,以及充分挖掘企业的潜力。例如,运输企业实行服务质量控制,可确保旅客、货主得到舒适、满意的运输服务。

(三)控制对营销人员起着监督和激励的作用

如果营销人员发现他们的主管非常关心其所承担任务的执行效果,而且他们的报酬及前途也取决于此,那么,他们定会更加努力地工作,并更认真地按计划要求去做。

随着市场经济的深入发展,企业机构的日益复杂,企业必须加强其控制工作,促使整体营销管理的成功。

二、市场营销控制的基本程序

市场营销控制是市场营销管理用于跟踪企业营销活动过程的每一环节,以确保其按计划目标运行而实施的一套系统的工作程序,其过程如图 8-6 所示。

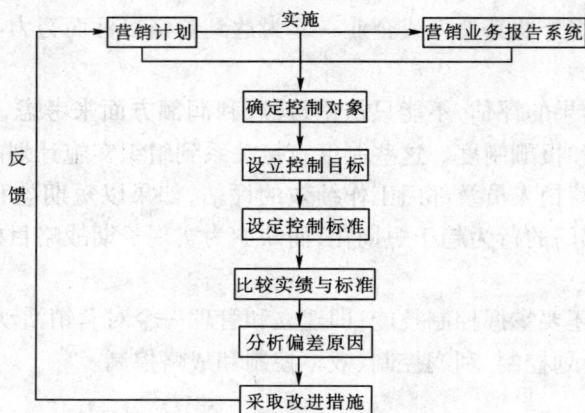

图 8-6 营销计划与控制循环系统

(一)确定控制对象

即确定控制的内容。如运输企业需要对其货物运输收入、运输成本、利润额等盈利性指标进行控制,也需要对其营销人员工作、运输服务质量、企业广告等营销活动进行控制。企业控制的内容很多,范围很广,但控制活动本身也要费用支出,因此,在确定控制内容时,应注意使控制成本小于控制活动所能带来的效益。

(二)设立控制目标

即为控制对象确立各种控制活动目标,一般与计划目标相一致。如果计划中已设立了控制目标,则此可以省略。

(三)设定控制标准

控制标准是以某种衡量尺度表示的控制对象的预期活动范围或可接受的活动范围。衡量尺度是衡量市场营销活动的优劣的"量"或"质"的尺度,如销售量、费用率、利润额等"量"尺度及工作人员的组织能力、工作能力等"质"的尺度。而控制标准就是为这些尺度设立一个弹性的浮动范围,如销售量应该达到多少数量、利润额应该达到多少数额、市场占有率应该达到什么样的比例等。控制标准的设定要结合产品、地区、竞争等情况,区别对待,尽量保持控制标准的稳定性和适用性。

(四)比较实绩与标准

即运用建立的衡量尺度和控制标准对计划完成的结果进行检查和比较,同时用文字或图表记录检查比较结果。一般要规定检查比较的频率,即多长时间进行一次比较。

(五)分析偏差原因

当实绩与计划产生偏差时,就要分析原因。产生偏差的原因一般有两种:一是执行过程中的问题,这种偏差比较容易分析;一是计划本身的问题,分析这种偏差比较困难。而且现实中这两种情况往往交叉在一起,增加了分析偏差的难度。因此,企业必须对营销过程中的实施情况作全面深入的了解,尽可能拥有较详细的资料,以便找出问题的症结,分析计划没有完成的真正原因。

212

(六)采取改进措施

经过分析,找到原因,就可以"对症下药"。如果在制定计划时,同时也制定了应急计划,则改进可能会快些;如果没有这类预定措施,就必须根据实际情况,迅速制定补救方案,或者适当调整某些营销计划目标。

三、市场营销控制的类型

根据控制的目的、侧重点的不同,市场营销控制主要包括以下几种类型:

1.年度营销计划控制

年度营销计划控制是指为了确保企业达到年度计划规定的销售额、利润指标及其他指标而采取的措施,是一种短期的即时控制,其中心是目标管理。实施年度计划控制的目的在于:促使年度计划产生连续不断的推动力;其控制的结果可以作为年终绩效评估的依据;通过控制进行检查,发现企业潜在的问题并及时予以妥善解决;同时高层管理人员可借此有效地监督各部门的工作。

2.盈利能力控制

盈利能力是衡量企业经营是否成功的重要指标,除了年度营销计划控制外,企业还需要测算它的各类产品在不同地区、不同市场、不同分销渠道出售的实际盈利能力,这就是盈利能力控制工作。盈利能力控制能帮助主管人员决策哪些产品或哪些市场应予以扩大,哪些应缩减,以致放弃。

3.效率控制

利润分析揭示了企业的若干产品在不同地区或者市场盈利情况,如果盈利情况不妙,要解决的问题就是是否存在更有效的方法来管理销售队伍、广告、促销和分销等绩效不佳的营销实体活动。

4.服务绩效控制

服务绩效控制主要是对企业在顾客(市场)中的反映效果的控制。服务质量已经成为企业检测顾客服务水平的重要手段,实行服务绩效控制,有助于企业提高服务质量,保证服务特色,增强服务的竞争能力。

5.战略控制

战略控制就是对企业整体营销效益进行严格评价与审查,以便重新评价其进入市场的总体方式。实行战略控制可以确保企业的目标、政策、战略和措施与市场营销环境相适应。

四、年度营销计划控制方法

为了保证年度计划所规定的销售、利润和其他目标的实现,营销经理可以采取以下几种方法对年度营销计划进行控制:

(一)运输收入分析

即衡量实际运输收入与计划运输收入之间的差距,具体有两种方法:

(1)总量差额分析。这种方法主要用来衡量造成销售差距的不同因素的影响程度。例如,在一定时期(如第一季度)客货运输收入总额目标值与实际收入出现偏差(特别是实际收入额减少)时,要具体分析是由于客、货运量减少了,或是运距变化了还是由于下浮价格等造成的影响。

(2)个别销售分析。这种方法用来衡量导致销售差距的具体产品和地区。也就是说着眼于个别运输产品或地区运输收入额未能达到预期份额的分析,必须考虑是营销工作有疏忽,还是因有强大的竞争对手进入了市场,或是原来的预期目标定得不妥。

(二)市场占有率分析

运输收入分析不能反映一个运输企业在市场竞争中的地位。例如,有时某一运输企业运输收入上升并不说明它的经营就成功,因为这有可能是一个正在迅速成长的运输市场,该企业的运输收入额虽然上升,其市场占有份额却很可能在下降。因此,还要分析企业的市场占有率,揭示企业同竞争者之间的相对关系。只有当企业的市场占有率上升时,才说明它比竞争者跑得快,在市场竞争中处于优势。

在对市场占有率进行控制时,首先要选择和确定衡量市场占有率的标准。衡量市场占有率的标准有:(1)全市场占有率。企业销售在行业总销售中所占的比例;(2)可达市场占有率。企业的销售额占其所服务的市场的总销售额的比例;(3)相对市场占有率等。企业销售占同行业前三名最大竞争者的总销售额的比例。一般的可达市场占有率大于全市场占有率,是企业首先要达到的目标,相对市场占有率可反映企业与主要竞争者之间的力量对比关系。

(三)营销费用率分析

年度营销计划控制不仅要保证企业的销售和市场占有率实现计划目标,还要保证营销费用不超过预算标准,这就需要控制营销费用率。营销费用率即指营销费用与销售额的比率,对运输企业来讲可理解为营销费用与运输收入额的比率。营销费用率可细分为 5 项内容:人员推销费用率,即推销员费用与运输收入之比;广告费用率,即广告费用与运输收入之比;促销费用率,即促销费用与运输收入之比;营销调研费用率,即营销调研费用与运输收入之比;销售管理费用率,即销售管理费用与运输收入之比。

营销管理人员应对这些营销开支比率在各个时期的波动情况进行监控,并尽可能地把这些营销开支控制在一定范围内。如果费用开支比率变化不大,处于控制范围内,则不必采取措施;如果费用率的变化过大,超出控制范围,就需要查明原因,采取纠正措施。

五、盈利能力控制方法

盈利是每个企业追求的最重要目标之一,盈利能力控制在市场营销管理中占有十分重要的地位。盈利能力控制就是通过对财务报表和数据的一系列处理,把所获利润分摊到如产品、地区、顾客群、分销渠道等各因素上,从而衡量每一个因素对企业最终盈利的贡献大小,获利水平如何。其目的在于找出妨碍获利的因素,以便采取相应措施,排除或削弱这些不利因素的影响。

评估和控制盈利能力的指标和方法主要有:

1.销售利润率

这是衡量企业获利能力的主要指标之一,它是指利润与运输收入之间的比率。为了消除由于企业举债经营而支付的利息对利润水平产生的影响,在评估企业获利能力时通常采用税后利润加利息支出,即

$$销售利润率 = \frac{税后息前利润}{运输收入总额} \times 100\%$$

2.资产收益率

它是指企业所创造的总利润与企业全部资产的比率。为了增强其在同行业间的可比性,与销售利润率一样,其公式可采用:

$$资产收益率 = \frac{税后息前利润}{平均资产总额} \times 100\%$$

这里采用资产平均额,是为了消除年初和年末余额相差太大造成的影响。

3.资产周转率

它是指企业以资产平均总额去除产品销售收入净额而得出的全部资产周转率,其公式如下:

$$资产周转率 = \frac{运输收入净额}{平均资产占用额} \times 100\%$$

资产周转率指标可以衡量企业全部投资的利用效率,资产周转率高则投资利用效率高,其获利能力也相应地高。

六、效率控制方法

通过盈利能力分析可能揭示企业的某产品、某地区或某市场的盈利情况很差,那么接下来要解决的问题就是,是否存在更有效的方法来管理销售队伍、广告、促销和分销等营销实体活动。

(一)销售队伍效率的控制

对于销售队伍效率的控制,要求营销经理要记录本地区销售人员的几项关键指标,包括:每个销售人员平均每天对顾客、货主等访问的次数;每次销售人员访问平均所需要的时间;每次销售人员访问对象的平均收入;每次销售人员访问的平均成本;每一期新的顾客数目;每一期丧失的顾客数目;销售队伍成本占总成本的百分比等。企业可以通过以上分析发现一系列可改进的地方。比如一家大型航空公司发现,它的销售员既搞销售,又搞服务,工作效率不高,于是公司就将服务工作转交给工资较低的职员去干,使销售人员集中了精力,提高了工作效率。

(二)广告效率控制

企业进行广告效率的控制,必须掌握以下统计资料:每一种媒体类型;每一个媒介工具触及每千人的广告成本;顾客对每一媒体注意、联想和阅读的百分比;消费者对于广告内容的有效性的意见;对于运输质量态度的事前事后衡量;由广告所激发的询问次数;每次调查的成本等。如果发现问题,企业管理者可以采取一系列措施来改进广告效率,包括做好产品定位,明确广告目标,预试广告信息,利用计算机指导选择广告媒体,购买较好的媒体以及广告事后测验等工作。

(三)促销效率控制

促销的手段、方法有很多种,为了提高促销效率,营销管理者应该坚持记录每一次促销活动成本及其对销售的影响,做好下述资料的统计:优惠销售所占的百分比;每单位运输收入中所包含的陈列成本等。通过这些统计资料的分析评估,企业可以观察不同促销活动的结果,然后选择最有效的促销手段。

七、服务绩效控制方法

上述控制方法侧重于企业的财务数据,单纯依靠企业的财务数据(如销售额、市场份额、利润等),不能准确的反映一个企业的市场营销效果,企业要想健康、长期的发展下去,必须保证企业在顾客即市场中始终有一个良好的反应效果。因此,还要对市场营销导向的主要属性,即顾客满意度进行评价控制。顾客满意度即顾客对运输企业提供的整体服务效果的满意程度,其控制方法有:

（一）顾客态度追踪

对运输企业来说，顾客态度追踪即追踪旅客、货主、运输代理商及与市场营销有关的人员态度。其具体方法有：运输企业或运输企业委托专业的商业研究代理机构，选择一些有代表性的客户组成固定样本调查小组，采用电话或邮寄调查表的方式，定期征询这些小组成员的意见；或者采用随机抽样调查的方法，定期向被抽取的旅客、货主寄发调查表，了解他们对运输产品形式及员工的服务质量水平等的评价。营销管理人员将这些口头和书面的意见进行汇集、分析、寻找原因，及时解决，尽量为旅客、货主提供最大方便。有关部门及主管可将这些评价与上期对比，与其他运输企业的评价对比，以便采取改进措施。

（二）投诉措施

投诉措施是提供关于最新的发展趋势和当前顾客关注领域的信息，并使经营者能够对问题做出反应。投诉是一个警告信号，常常是最先表明顾客不满意并在考虑转移其业务的信号。投诉得到解决的顾客往往会表示出极高的满意度，并能影响其他的潜在顾客。实行投诉措施，帮助员工了解顾客何时投诉、如何投诉及如何解决投诉，有利于企业了解投诉的根本原因，并采取相应的改进措施。

八、战略控制方法

市场营销环境是复杂多变的，企业在营销计划中所确定的目标、政策和战略有可能由于市场环境的变化而过时，因此，每个企业必须经常对其整体营销效益进行严格评价与审查，以便重新评价其进入市场的总体方式。市场营销审计就是一种有效的工具，它是指对一个公司或一个业务单位的营销环境、目标、战略和活动所作的全面的、系统的、独立的和定期的检查，其目的在于确定问题所在，发现机会，提出行动计划，以提高公司的营销业绩。

（一）市场营销审计的原则

1.全面性

市场营销审计应该涉及一个企业全部主要的营销活动，如果仅仅涉及销售队伍、定价或者某些其他的营销活动，那么只能是一种功能性审计。尽管功能性审计也十分有用，但是有时它们可能会使管理当局迷失方向，以致看不到问题的真实原因。所以在确定了市场营销问题的真正原因所在时，一个全面的市场营销审计是十分有效的。

2.系统性

营销审计包括一系列有秩序的诊断步骤，包括诊断组织的营销环境、内部营销制度和各种具体营销活动。在诊断基础上制订调整行动计划，包括短期计划和长期计划，以提高组织的整体营销效益。

3.独立性

营销审计可以通过6种途径来进行：自我审计、交叉审计、上级审计、公司审计处审计、公司任务小组审计和局外人审计。管理人员可以采用不同的审计途径进行审计，但为了客观准确地进行审计，最好的途径是局外人审计。这些人大多是外界经验丰富的顾问，他们通常具有必要的客观性和独立性，有许多行业的广泛的经验，对本行业颇为熟悉，同时可以集中时间和注意力从事审计活动。

4.定期性

典型的营销审计都是在销售量下降，推销人员士气低落或者其他公司问题发生之后才开始进行的。但是很多企业之所以陷入困境，部分原因正是因为它们没有在顺利的时候检查营销活动。所以,定期营销审计既有利于那些业务发展正常的公司,也有利于那些处境不佳的公司。

(二)市场营销审计的步骤

1.拟定协议

企业领导和营销审计人员共同商定有关审计目标、涉及面、深度、资料来源、报告形式以及时间安排的协议。

2.制定计划

协议定好后,应该准备一份详尽的计划,包括会见何人、询问什么问题、接触的时间和地点等等,这样能使审计所花的时间和成本最小化。

3.进行访问

进行访问,收集资料情报。营销审计不仅要靠营销人员的收集情况和意见,还必须访问顾客、经销商和其他外界人士。许多公司正是因为不真正了解顾客和经销商对本公司的看法,也没有充分理解顾客的各种需要和价值判断力,常常造成营销失误。

4.选择适当的评审方法进行评审,提交终审报告,揭示实质性问题并提出建设性意见或改进措施。

(三)市场营销审计的内容

市场营销审计的基本内容包括市场营销环境审计、营销战略审计、营销组织审计、营销系统审计、营销盈利能力审计和营销职能审计。

1.市场营销环境审计

企业的营销活动是在营销环境的基础上开展的,因此必须对市场营销环境进行分析,在分析人口、经济、生态、技术、政治、文化等环境的基础上制定企业的市场营销战略。比如人口经济收入的提高改善人们的生活质量,这对运输质量提出了高要求,企业应该适应这种趋势,改善运输效率、服务质量等。再如随着人类对生态环境的重视,防污染和环保的呼声迫使运输企业不得不改革运输工具。如果企业不对这些环境进行定期审计,很难制定出符合市场需求,具有竞争优势的营销战略。

2.市场营销战略审计

企业任务、目标的确定是否遵循市场导向原则;企业的市场定位、产品定位是否科学;形象设计、公共关系等方面的战略是否有效等等问题,都需要经过市场营销战略审计的检验。

3.市场营销组织审计

主要是评价企业的市场营销组织在执行营销战略方面的组织保证程度和对环境的应变能力。其内容包括:企业是否有有能力的市场营销管理人员及其明确的职责、权利;是否有一支训练有素的销售队伍;是否按照客户、地区等有效的组织各项市场营销活动;对营销人员是否有健全的激励、监督机制和评价体系;营销部门与其他部门的沟通情况以及合作关系等。

4.市场营销系统审计

营销系统包括营销信息系统、营销计划系统和营销控制系统。对于市场营销信息系统,主要是审计企业是否有足够的关于市场发展变化的信息来源;是否有畅通的信息渠道;是否进行了充分的市场营销研究等。对市场营销计划系统的审计,主要是审计企业是否有周密的市场营销计划,计划的可行性、有效性以及执行情况如何等。对营销控制系统的审计,主要是对年度计划目标、盈利能力、市场营销成本等是否有准确的考核和有效地控制。

5．市场营销盈利能力审计

盈利能力审计是在企业盈利能力分析和成本本效益分析的基础上，审核企业不同市场、不同地区以及不同分销渠道的盈利能力；审核进入或退出、扩大或缩小某一具体业务对盈利能力的影响；审核营销费用支出情况以及效益；进行市场营销费用效益分析等。

6．市场营销功能审计

营销功能审计是对企业的市场营销组合因素效率的审计。对于运输企业来说，主要是审计运输的质量、顾客的欢迎程度；运输市场覆盖率；运输企业、旅客和货主、运输中间商、代理商等渠道成员的效率；广告预算、媒体选择及广告效果等。

本章案例：大通国际运输有限公司的组织构成

大通国际货物有限公司成立于1985年，是对外经济贸易合作部批准成立、国家工商行政管理局登记注册的我国第一家中外合资的货物运输代理企业，从创立时的8个人、37.5万元注册资金，发展成为拥有近3000名员工、注册资本1亿元、年营业额达到1.6亿元的专业化大型国际运输企业(1999年)，是中国首批被国际航空运输联合会(IATA)认可的代理人之一。目前在中国(包括港台地区)建立的分公司和办事处已接近100家，在美国、德国、西班牙、新加坡、马来西亚和韩国设立有12个分公司，形成了高效的国际服务网络体系。1995年与全球最大的空运公司——美国联邦快递公司合作成立快递合资公司；1996年开始建立国内货运代理行业第一个内部网络系统，可以对货物进行实时的信息跟踪和反馈，为实现高效率、优质的规范化操作提供了根本保证；1999年和美国安邦(Airbrone)全面签署了合作备忘录。公司的管理水平也随之走上了更高的层次。随着国内电子商务应用的日益成熟，目前公司王致力于物流基础设施的建设和长远规划，为进一步拓展和创新公司的服务领域提供坚实的基础。

1985～1993年，公司成立之初，这个阶段是国内货运代理行业刚刚起步和发展的阶段，大通公司虽然起点很低，但它作为第二家进入航空运输代理行业的公司，成了打破垄断的标志。当时国内经济处于转轨阶段，由于缺乏足够的服务机构提供必不可少的运输代理、报关、清关、监管、仓储等各个运输环节的服务，大量的进出口货物堆积在机场仓库。大通公司抓住了这个市场机会，成功地进入了这个市场。最初提供的服务仅限于帮助货主办理各种普通货物的运输手续以及海关的代理事务(报关、清关等)，但随后随着服务范围的拓宽，货物代理的品种范围逐步扩大，不再局限于普货，而且涉足于各种鲜活货物、危险品和有特殊要求的货物代理。代理的范围也逐步由单一空运代理发展为海运和陆运等多种运输方式。这样通过不断的创新服务，打破了独家代理垄断对货物运输的种种限制，创造了多个货运代理行业的第一，建立了比较完善的服务网络，并延伸到国内的中小城市，在国内的运输行业中，建立并保持了领先地位。

1993年在大通成立8周年之际正式更名为大通国际运输有限公司。标志着大通已由单一的航空货物运输代理，发展成为集空运、海运、陆运为一体的全方位国际化货物运输企业。目前公司采用矩阵式组织机构。总公司和各地分公司分别由六大部门(见图8-7)和其他辅助部门组成。分公司的相应部门经理既向分公司经理汇报，同时又分别向总公司各总部经理汇报。其中构成公司市场营销和物流运作的核心部门是市场营销管理总部和操作管理总部。这两个部门及下属部门分别负责业务的推广和具体实施。其中总公司的市场营销总部和操作管理总部，除承担对下属分公司相应部门垂直管理的业务职责以外，还设有专门的团队跟踪大客户、大项目的营销运作。分公司的营销部门主要侧重传统的普货代理和快递业务。

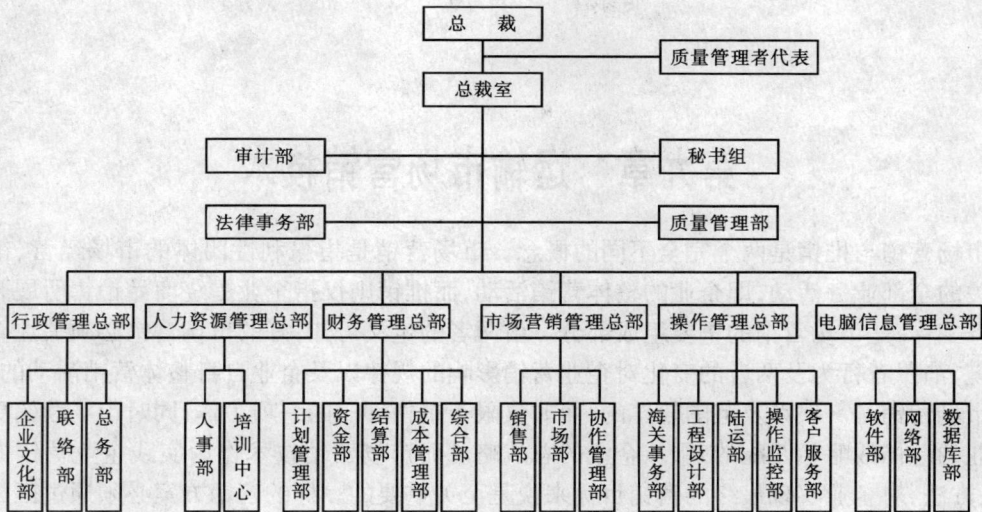

图 8-7 大通公司组织机构图

复习思考题

1. 建立运输市场营销组织时应考虑的因素和遵循的原则是什么?
2. 运输市场营销组织的目标和任务主要有哪些?
3. 营销计划对营销管理的重要作用表现在哪几方面?
4. 运输市场营销计划的主要内容有哪些?
5. 市场营销控制的基本程序是什么?
6. 市场营销控制内容和控制的方法有哪些?

第九章　运输市场营销技术

市场营销与推销是两个完全不同的概念。市场营销是指赢利性团体的市场经营、销售及其相关的全部业务活动,即企业的整体营销活动,而推销则仅指企业围绕商品销售所展开的各项业务工作,是市场营销的重要组成部分。由两者的定义可知:好的市场营销必须关注企业外部环境、消费者行为及两者的变化对企业营销影响的规律以及企业自身整体营销活动的规律,所以市场营销是一项涉及范围较广的,而非仅限于销售部门的一项工作;同时市场营销更应是同企业的总体战略相匹配的,服从企业的总战略。而市场营销技术作为实践企业营销方案的手段、方法,对企业实现最终的营销目标来说是至关重要的。好的营销方案必须通过匹配的营销技术来实现,而好的营销技术是完成营销目标的保证。

运输货当先,对于货物运输企业而言,没有货源,其工作就是"无本之木,无源之水"。因此,对于运输业而言,市场营销的关键在于货源,而运输市场营销技术的关键在于如何组织更多的货源。

运输与经济密不可分,社会发展到今天,人类需求日益多样化、个性化,使得制造业不得不改变其原有的生产方式,采取全新的方式(如:全球采购、虚拟制造等)以满足人们的需求。经济的全球化,导致各产业竞争的加剧,要求实现对终端客户需求的快速响应,这所有的一切都对运输业提出了更新更高的要求。运输企业面对新形势下客户的要求,为使企业能在激烈的竞争中立于不败之地,必须认清形势,结合企业现实情况,不断提高企业市场营销技术,牢牢把握住企业现有的货源、吸引更多的货源,以保障运输工作的顺利开展。

第一节　运输市场营销技术意义、程序

货源是货运的生产对象,是指一切有待运输的货物的总称。货物运输的产品是 t 或 t·km,而生产产品的原材料是货源。因此在货物运输中,货源是极其重要的。丧失了货源市场,就意味着自我消亡。运输企业的属性,决定着企业富有规模的固定资产具有不可转移性。运能得不到充分运用就是浪费,闲置就是巨大的损失。所以,运输企业要增强生存意识、竞争意识,采用适当的市场营销技术,夺回流失的货源,开拓市场,进行再创业革命。

从整个社会来看,货源是充足的,而且随着中国加入 WTO,市场逐步开放的进程日益加快,全社会的货运需求还会增长。然而问题在于:入世前,在中国的货运市场上,很多货源被企业自有运输组织或个体运输组织分流;入世后,面对资本实力雄厚、设备领先、管理先进的外国运输组织,中国的运输企业该如何应对货源外溢的威胁。而这些问题的解决,不仅需要整个运输产业从整体上对货源实施有效的宏观调控、对运力进行合理布局,同时也需要企业自身改变观念,主动积极地提高营销技术,留住已有货源、开发新的货源。

一、运输市场营销技术的意义

对于处在经济转轨过程中的中国运输业而言,提高市场营销技术,做好货源组织工作显得

尤为重要。其重要性主要体现在以下几个方面：

(一)运输市场供求状态的要求

市场经济是开放的经济,货源的产生、流量、流向是经常变化的。随着市场经济的发展,产品得到极大丰富,运输市场也逐步完成了由卖方市场向买方市场(或称货方市场)转变。在这种运输市场上,运输供给大于运输需求,因而运输供给方竞争激烈。运输企业进入市场,就要面对这个现实,以新的手段来适应新的挑战,需要加大货源组织工作的力度,保证企业有充足的货源开展工作。

(二)产业深层结构发生变化,竞争加剧

1.中国入世,货运总需求增长,但发展存在着不平衡

中国加入 WTO,有利于促进中国经济与世界经济的进一步接轨,同时随着中国各种贸易壁垒的逐步解除,必将促进中国经济的进一步发展,同时带来更多的进出口贸易及更多的国内贸易,而贸易的发展必将带来货运需求的增长。虽然从总体上来看,货运需求的增长是大趋势,但对于不同地区、不同企业而言,也可能存在某些货运需求下滑的情况。

2.运输市场逐步开放,运输主体众多,运力快速增长,导致竞争加剧

随着运输市场的逐步放开,运输主体由计划经济时期较单一的国营企业、集体企业向国有企业、集体企业、私营企业、外商独资企业、合资企业、合作企业、个体企业等多种形式转变。市场的开放带来运输主体的增多,这在不同的运输方式上又有所区别。由于航空、国际航运业的进入需要较多资金、技术,其进入壁垒较高,因此更多的新进入主体主要体现为外资或合资等实力较为雄厚的企业;而公路运输则不同,它所需的资金、技术等要求较低,因此除部分外资、合资企业外,进入的私营、个体企业也较多,市场竞争更为激烈;而铁路运输由于其垄断性,更多的是企业对某些车皮采用承包的方式经营。尽管各运输方式的主体不同,但总的说来竞争加剧了。

3.产业格局逐步开始发生变化,多种运输方式相互竞争

随着铁路、公路、水运、民航基础设施的不断改善,交通运输的综合调节能力得到了提高,货物运输有了越来越多的选择机会。公路运输受到国家重视,不断投入资本进行基础设施建设,其网络布局不断完善,运力得到快速增长,且运力结构不断优化,公路运输在整个综合运输网络中的承担的货运周转量比重不断上升。对中长途的铁路运输构成威胁。水运仍然在货物运输中占主导地位,其货运量、货物周转量仍在不断增长,水运货物周转量比重虽仍占整个综合运输体系的50%以上,但其份额却在下降之中,其运输主导地位受到威胁,面临铁路、公路货运的竞争。

与此同时,不同行业与多种经济成分参与运输经营,运输市场竞争机制正在建立,运输质量与服务水平不断提高,用户已开始有可能通过运输市场选择经济、合理和服务质量高的运输方式及运输企业。

4.运输企业生存发展的要求

随着我国改革开放的不断深化,运输业实现政企分开,以企业的身份参与到市场竞争中,利润最大化是企业追求的最终目标。利润是企业收入与成本的差额,对于运输企业而言,其收入来源于它所提供的服务——运输,而对于货运企业而言,运输的对象是货物,没有货物,企业就没有运输对象,就更谈不上有收入了。因此,提高企业市场营销技术水平,充分组织好货源可以说是企业生存发展的根本。

5.组织合理运输的前提

合理运输,就是按照货物的合理流向、市场供需要求,用最短的里程、经最少的环节,用最少的运力、花最少的费用,以最快的时间,把货物从起运点送给收货人。它对提高运输效率,加快物资周转,减少运输费用,节约流动资金,综合地提高社会经济效益具有十分重大的意义。它是运输组织管理的基本原则和追求的主要目标,组织合理运送的关键是货源组织和管理。一个区域要实现合理运输就必须全面掌握进、出该区域货源的空间位置、种类、数量、流向、流时、运距以及对运输的要求,制订优化方案。而有效的市场营销技术是保证企业有足够货源,进行合理运输的重要前提。

因此,货源组织工作是沟通水运企业与国民经济各部门经济活动的重要渠道,货源组织工作的好坏直接关系到企业经营的好坏;货源组织工作是货物运输的基础性工作之一,也许是最重要的基础工作;在市场经济条件下,货源组织工作实质上是市场竞争的一部分,货源组织工作的好坏,直接反映运输企业的竞争力、生存力和发展能力,所以企业经营的重点应放在货源组织上。

二、运输市场营销技术实施程序

采用何种营销技术,必须首先从企业的顾客研究开始,通过分析各种客户的消费心理以及与企业经营理念间的匹配度,才能有针对性的选出合适的营销技术。除了分析客户外,与企业经营相关的环境——货源环境、市场环境等都是影响营销技术的重要因素,只有对以上环境认真分析后,才能着手开始进行运输市场营销技术的选择,开始货源组织工作。

1.顾客行为分类研究

企业的顾客——特别是最终顾客(企业产品的最终购买者,对运输企业而言即是货源单位)是企业的生存之本,因此,对顾客进行分类并识别出哪些是企业的忠实顾客、哪些是潜在顾客,哪些是竞争对手的忠实顾客,哪些是随机流动的顾客,对企业确定营销战略、调整营销方向至关重要。

根据顾客的消费行为,可以很直观的将企业的顾客分为:

(1)企业品牌顾客。他们是对企业产品或服务具有一定忠诚度的使用者,他们在做购买决策时,通常首先考虑的是该企业品牌的产品。当然,导致顾客忠实于企业品牌的原因是多方面的,但最为重要的一点在于企业的定位符合顾客的需求。以航空业为例,美国西北航空公司最初能从激烈的市场竞争中脱颖而出,并牢牢的抓住一定的客户群,其原因就在于:他将乘坐飞机这一在当时人们心中视为有钱人特有的出行方式,定位于普通大众都能享受的,同铁路、公路一样的普通的交通出行方式,并积极采取措施,使得机票价格降低的同时,企业仍能盈利。为此,西北航空获得了大量的市场份额,并拥有了一批非商务旅行的忠实顾客。对于企业而言,识别并想办法保有这部分顾客是首要任务。

(2)竞争品牌顾客。指的是对其他竞争性企业的产品或服务具有一定忠诚度的顾客,这些顾客使用其他产品类别但不使用本企业的产品类别。识别这部分顾客对企业也相当重要,其原因在于,对于一个以扩张为发展战略的企业而言,仅仅发现并保有现有的企业品牌顾客显然是远远不够的,他必然要寻找并挖掘新的顾客源,使其能成为自己企业的顾客,但若企业不能识别出竞争品牌顾客,就只能盲目的制定方案,盲目的发展顾客,这样的作法相当危险,它可能在无意中触犯其他企业的根本利益,而导致其他企业的报复性打击,最终的结果可能会是几败俱伤。如在航运业中,企业有时会派出"战斗船"来打击其他企图进入自己市场的公司。因此除非企业具有非常雄厚的实力,并且希望对整个市场重新进行瓜分时,竞争品牌顾客的识别可能是不重要的,而在其他情况下,为避免其他企业的非线形打击,识别竞争品牌顾客,并在实践中尽量避开这部分顾客的争夺,对企业的常规发展是很重要的。

(3)随机流动顾客。这些顾客不忠诚于任一特定品牌,他们在做购买决策时,具有随意性。

(4)潜在市场顾客。指的是目前并非企业所生产的产品或服务的使用者,未来可能会成为此类产品的使用者。

显然,按照顾客行为对客户进行划分,对企业组织货源具有实际意义,企业应当结合自己的战略,在维持现有顾客的基础上,有选择的发展随机流动顾客、竞争品牌顾客、培养潜在顾客。

2.积极开展市场调查

(1)货源调查 通过普查、抽样调查、重点调查几种不同方式,对营运范围内货物的生产、供应、调拨、仓储、销售等一般情况;对大宗货源的流量、流向、品类及其变化规律;对相互衔接各种运输方式的能力、装卸条件、场地库房等开展调查,为用户提供信息,对货源加以引导,为进一步开展货源组织提供方向,创造条件。经常关心并注意研究在货源调查中发现的问题,并逐步加以解决。

(2)市场环境调查 企业进行市场调查,除了货源调查外,进行市场竞争环境调查也非常重要。市场竞争环境的调查包括:竞争对手、潜在进入者、替代品企业的调查。

竞争对手的调查是指对企业现有的竞争对手的实力、优势弱势等进行调查。

潜在进入者的调查是指对还未进入本行业或还未进入本区域,但有实力且有意向进入的企业进行调查。

所谓替代品企业的调查是指企业所生产产品的形式虽然有所差异,但在功能上却可以相互替代,体现在运输业上也就是要对其他运输方式的企业进行调查。比如:公路企业在进行市场竞争环境进行调查时,除对现有的其他公路运输组织以及可能进入本区域的现在进入者进行调查外,还应对本区域内的航空、铁路及水运企业开展调查。除此以外,由于近年来物流业的发展,企业还需重视那些发展物流业的企业动态,如:邮政局等。

3.选择合适的营销技术,组织货源

在进行了客户识别和市场调查以后,企业就可以有针对性地进行货源组织了。首先以企业的重点客户为主,尽量优先满足这些客户的运输需求,牢牢把握住企业的品牌客户;在保证重点客户的前提下,尽量吸引随机流动的客户,这需要运输企业加强营销工作,更多的突现本企业的优势;对于潜在市场的客户,随时掌握他们的发展动态,一旦时机成熟就将其发展为企业的客户。对于竞争品牌的客户,除非企业进行战略上的重大调整,一般而言,为避免竞争企业的报复性打击,企业无需冒险。至于货源组织的原理和方法及相应的营销技术,本章第三节将加以介绍。

第二节　货流及其规律分析

货源与货流是两个不同的概念,一个是静态的,一个是动态的。

货源是运输货物的来源,由货种的结构和货物的数量构成。其中货种结构即货物的组成,与机械设备的选用有关;而货物的数量则与选择专用、通用的运输工具和港站有关。

货流是由货物的种类、货物的流量和流向以及货物的运距组成。

货源是货物运输的基础,货流是货物运输的必要条件,有货源不一定有货流,无货流就谈不上运输,但有货流必定有货源。因此,货源组织是货物运输的基础工作之一。

一、影响货流的因素

(一)经济环境

经济环境包括世界经济环境与国内的经济环境。国内的经济环境是世界经济环境中的小环境,世界经济环境的变化将影响到国内的经济环境,因此,货运随世界经济震荡起伏。据统计,世界经济总量每增长 1%,世界贸易总量增长约 2%,航空货运的增幅则大于 2%,而航运的增长量则更大,因为 90% 世界贸易量需要靠海运完成。全球经济和世界贸易的增长是货运发展的第一推动力,同时货运也是世界贸易的重要组成部分,随着世界经济的震荡而起伏。由于在 20 世纪 90 年代,世界经济几度受到重大影响,比如:世界金融风暴,9.11 事件等,因此在这 10 多年中,运输量并不一直都是增长的,而是体现出一种增长的趋势。

当然除了世界经济的影响外,国内的经济环境也是影响运输业的重要因素,内贸对国内运输的影响更为突出。

(二)自然资源的分布与产业布局

资源分布是自然形成的,具有客观性,是人力不可改变的且对货流产生着长远的影响。运输对象中有很大一部分是煤炭、铁矿石、木材、原油等原材料,因此这些自然资源的分布对运输有着重大影响。例如我国的煤炭、石油、木材等大多分布在西北、东北和西南地区,而经济发达的省市多集中在华东和华南地区,这种资源分布与消费地相对位置,就形成了大宗货流的西煤东运、北油南运等的基本运输格局。

产业布局对货流的影响主要表现在,已形成的产业布局决定了各种物资的生产地与消费地在空间的相对位置,从而决定了货流的基本特征。合理的产业布局,是合理货流形成的基础;不合理的产业布局,会产生不合理运输,造成运输成本的提高。

因此,自然资源的分布与产业布局决定了生产性资源、消费品的流量、流向及运距。

(三)商品的消费水平和消费结构的变化

除了生产性资源外,商品是货源的另一类重要组成部分。商品的最终消费地直接决定了商品的流向、运距。另外,由于经济发展的不平衡性,导致我国不同地区人民的购买力、消费水平、消费结构存在较大差异。

在沿海等经济发达地区,人民购买力较强,对高、精、尖技术产品的需求较大,同时其需求更趋向于个性化、差异化。反之,在中西部等经济较落后地区人们对产品个性化、差异化的需求相对较弱。

另外,消费构成中的吃、穿、用、住等比例的不同都会影响运输货物货种的结构。

(四)季节变迁

货流的季节变迁即可能是由于工农业的生产和消费的季节性引起的;同时也可能是由于运输方式受自然气候的制约而形成货流的变迁。按产品产销的季节性来说,可以有几种情况:(1)生产和消费都有季节性。如水果、蔬菜等;(2)季节性生产,全年均衡消费。如粮食,棉花等;(3)生产均衡,消费有季节性。如化肥、空调、冰箱等;(4)生产和消费都比较均衡。如煤炭、石油等。

(五)政府政策

政策因素是指政府根据区内经济现状及远景规划,采用法律法令、条例等行政手段,或通过税收、配额等经济杠杆,对区内商品或某种运输方式给予扶持或限制。通过这些手段,政府可以对目标对象进行宏观调控,但同时也影响了所辖区域同外界商品的进出流量。

例如,在某一时期内,某地政府要加强基础设施建设,这必然导致水泥、沙石等建筑材料的流入量增加。

另外,由于运量的大小必须与运网、运力等相匹配,而这些因素同样也受政府政策的约束。政府对交通运输业的相关规定,对引导本行业在所辖区域的发展有重要的作用。如近年来,我国政府加大了对公路运输的扶植力度,在政策上对其进行倾斜,直接导致了道路运输的快速发展,如道路里程的增长、高等级公路的修建,以及运力的增长及结构的优化等,通过大力发展道路运输以缓解长期以来铁路运输运力紧张等问题。这些直接改善了众多边远地区以前行路难、运输难,与外界进行物资交换难的局面,增强了货源的自由流动性。

因此,政府政策不仅直接影响着运输业的产业结构、产业布局、运力运能的大小,同时也影响了货运企业的运输对象——货源的种类、流量及流向。

二、货流的分布及其特点

（一）国际货源市场的现状

国际海运、航空货源市场与世界经济发展密切相关,随着世界经济的起伏,国际运输货源市场也随之起落。

据经济合作和发展组织（OECD）统计资料显示,世界海运贸易量主要由低价值的货物控制,而航空贸易量则与之相反,主要受到高价值的制成品的控制。但国际海运货源市场出现的另外一个现象是,制成品贸易量的提高速度高于原材料贸易量的增长速度。

（二）国内货源分布

我国正在进入一个重要的历史时期,由传统的计划经济体制向社会主义市场经济体制转变,由粗放型向集约型转变,国民经济与社会发展对交通运输在数量、质量、速度、效益以及结构等方面都提出了更新、更高的要求。

1.国内外贸货源分布

据有关资料,国内外贸货源分布:东部地区进出口额度占全国进出口的绝大部分且呈上升趋势,进口略多于出口;中部地区占全国比重次之,但呈下降趋势,出口高于进口;西部地区所占比重最低,进口高于出口。

2.国内内贸货源分布

1)农业环境及农产品运输

农产品的主要产地:

(1)粮食作物。我国粮食总产量已超过4000亿kg,加上进口,每年进入流通领域的商品粮约650亿kg,因此,粮食作物是我国运输的一大对象。不同种类粮食作物分布地区不同。基本情况是稻米大量出产区为华南及长江中、下游地区;小麦大量出产并转化为商品粮区为华北及西北部分地区、安徽、江苏、四川、湖北;玉米大量出产于山东、河北、四川、辽宁、吉林;高粱集中出产于东北地区;大豆大量出产于东北地区。

商品粮基地是大量转化为商品粮并进入物流领域的主要地区,我国目前规划建设13个商品粮生产基地和100个商品粮基地县主要有:长江三角洲、江汉平原、鄱阳湖平原、洞庭湖平原、珠江三角洲、松辽平原、吉林中部平原、辽宁中部平原、河西走廊、内蒙河套灌区、银川平原、苏北地区及皖北地区。

(2)经济作物。经济作物是工业原料,尤其是轻纺工业、食品工业的原料,产地比较集中,商品率也大大高于粮食作物,因而对运输的需求也大。

我国经济作物基本分布情况是:棉花集中产区为黄河流域、长江流域及西北地区;麻类生产于江南、东北及内蒙;桑蚕丝主产于太湖流域、四川盆地及珠江三角洲,柞蚕丝主产于辽宁;花生主产于山东、辽宁、广东、福建、广西;甘蔗主产于广东、广西、台湾、云南、福建、四川;甜菜主产于黑龙江、吉林、内蒙及新疆。这些都是数量较大,对运输需求大的经济作物。也有一些对运输量需求不大但对运输质量要求较高的经济作物,如主产于江南的茶叶;主产于云南、河南、贵州、山东等地的烟草等。

(3)林业。林业资源是重要工业原料,又是人民消费的重要对象。其中木材对运输数量需求很大,经济林果不但有较大运输量,对运输质量的需求也较高。

我国林业资源的基本分布状况:用材林木主产于东北的大、小兴安岭和长白山地区、内蒙林区,还有包括四川、云南、贵州在内的西南林区,以及南方林区。前两林区生产较为集中。我国林果产量约 2000 万 t,商品率很高,运输难度较大,对运输技术要求也高。其分布情况是:山东、东北是苹果集中产区,山东、河北、安徽等地梨的产量较大,柑桔主产于四川、广东、浙江、福建,葡萄主产于西北、东北及华北。

(4)畜牧业。畜牧业不但能向轻工、化工、制革、制药工业提供原料,又是向人们生活提供肉、蛋、奶类食物的主要产业。我国畜牧区位于西北部、北部及西南部的部分地区,是商品率较高的地区。另外,我国正有计划地建设若干畜牧业基地,大幅度提高基地的商品化率,这些基地对运输的需求也较大。主要基地有:大兴安岭两侧草甸草原地区,是肉牛、乳牛及细羊毛的生产基地;新疆北部阿勒泰、塔城、伊犁地区,是细毛羊、肉用牛羊及役用马生产基地;青藏高原东部地区,是牛羊生产基地;华北、西北半农牧地区,是细毛羊与肉用牛羊生产基地。

(5)水产业。水产业主要为人民生活提供各种水产品,也可以提供工艺美术、化工等工业、手工业原料。

我国淡水水产业比较分散,产品一般就地行销,主要要求灵活性较强的短程运输,一次批量不大,但批次较多,时间及速度要求较严。

我国海洋水产业主要产地为舟山渔场、北部湾渔场、渤海海域渔场等,总量约 400 万 t,商品率很高,大部分进入运输领域并且采用一定的流通加工形式,对物流技术要求较高。

农产品主要流向:

(1)粮食。东北地区的小麦、大豆、杂粮南运往华北,西运至西北;长江流域大米南运广东、北运华北,东运上海及沿海城市。

(2)糖。基本是南糖北运、西运,东北及内蒙产的甜菜糖少量运至华北及西北。

(3)盐。基本是北方沿海盐场(长芦盐)流至华北、东北、华东、中部,南部沿海盐场流至华中、华南及南部地区,我国西部盐除本地消费外,运至我国中部地区。

2)原、材、燃料工业环境及运输

原、材、燃料工业是我国产业结构中的基础工业,是重要的生产资料工业。

(1)冶金工业。冶金工业包括黑色冶金矿采选业、有色冶金矿采选业、黑色金属冶炼及压延加工业、有色金属冶炼及压延加工业。其最终产品主要是钢铁材料及各种有色金属材料。

黑色、有色矿采选业的产品、各种冶金矿有许多不进入社会流通领域,矿、厂隶属于同一企业或同一企业集团,是内部供应,因而企业内部物流较多。其主要运输特点是运量大,对技术要求不太高,运费承担能力较低。

226

冶金工业最终产品,是钢铁及有色金属材料,我国钢产量已近 1 亿 t,几乎全部进入社会流通领域,对运输需要量较大。相对而言,有色金属运输总量不如黑色金属,但运费承担能力较高,对运输的要求也较高。

我国的主要钢铁工业基地为北京、鞍山、本溪、包头、上海、马鞍山、武汉及渡口;主要有色金属产区是上海、辽宁、甘肃、湖南及云南。

我国大型钢铁工业基地都有综合生产多品种黑色材料及有关辅助材料的能力,也都有一些有特点的产品。鞍山钢铁公司的大型型材、钢管、重轨以及热轧薄板等产品较有特点。上海宝山及武汉钢铁公司生产的冷轧薄板质量很好,是我国大型冷轧薄板生产基地,目前全国较大的冷轧机就安装在那里,此外,热轧薄板、镀锌板、镀锡板;硅钢片也是武钢的特殊产品。包头钢铁公司是我国稀土钢材生产的重要基地。京津唐钢铁工业基地以生产建筑钢、特殊钢为主。上海钢铁工业基地是我国多品种钢材生产区,对弥补我国钢材品种缺陷起重大作用。主要产品是型钢、钢管、冷轧薄板和特种钢。

(2)化学工业。化学工业包括的行业门类非常多,主要生产化工原料,总量很大,相对来讲单个品种量稍小。对运输需求的特点是对运输质量有较高要求,对运输技术要求也较高。尤其是化学工业生产的各类危险品,对运输有专门的技术要求。

硫酸主要生产地是南京、大连、株洲、葫芦岛、白银及开封。硝酸主要生产地是兰州、吉林、湖南、泸州、太原。盐酸主要生产地是上海、天津。纯碱主要生产地是上海、辽宁、天津、江苏、山东。氮肥主要生产地是成都、泸州、胜利、沧州、辽河、大庆、岳阳、广州、南京、安庆、枝江、安边、赤水、吉林、大连及石家庄。

石油化学工业是我国 20 世纪 70 年代后才发展起来的新兴产业,党的十一届三中全会之后,又引进了许多套大型设备,使石化工业有一个很大的发展。石化工业一方面进行炼油,一方面通过石油加工提供一系列基本有机合成工业的化工原料,同时又进行一系列合成深加工。我国主要石化工业分布为:

大庆:是我国一个特大石化基地,除提供多种乙烯基有机合成原料外,还大量提供树脂、化肥等。辽阳:主要提供化纤原料并进行纤维生产。北京:是我国一个大型石化基地,生产乙烯系列产品、化肥。南京地区:包括仪征、金陵、杨子 3 个大石化基地,主要生产乙烯系列产品、化肥、合成纤维、合成洗涤剂。上海:主要提供乙烯基有机合成原料。岳阳:主要生产合成纤维。齐鲁:主要提供乙烯基有机合成原料。此外,抚顺、茂名、沧州、乌鲁木齐也都是我国大型炼油基地。

(3)建材工业。建材工业是基础材料工业,包括一般土木建筑材料的生产,还包括新型非金属材料及非金属矿的生产。建材工业的产品特点是"量大、体重"。少部分种类建材工业产品属贵重产品,一般而言,建材产品对运输需要量很大,对运输技术也有一定要求,但运输费的负担能力较低,因而运输中常常是在运输损失和费用支出两者之间去寻找最优的结果。

主要产品水泥已超过了 4 亿 t,大部分运输范围较小,也有一定批量。运输半径在几百 km 以上。主要产地有唐山、徐州、宁国、北京、南京、辽宁、江苏、山东等。

平板玻璃产量为世界之首。主要产地有洛阳、秦皇岛、上海、株洲、蚌埠、兰州、昆明、太原等。

(4)煤炭工业。煤炭工业是我国第一大能源工业,也是基础能源。煤炭工业产品特点是数量巨大,因此对运输量的需求非常高。近 12.2 亿 t 的煤产量中,商品率也很高,是我国进入社会运输中数量最大的工业产品。但是,由于煤炭单位价格较低,因此,运输费用的承受力也较低。煤炭是矿产品,质量规格难以划一,因此,煤炭的流通加工开展较为广泛。

我国煤炭商品化率高的主要产区有:以山西为中心的北方煤炭区,山西、内蒙、河北、河南、陕西等省,这是我国外运量最大的产区,对运输需求也最大;东北煤产区,产量虽高,但全部在该区内使用;以两淮为中心的华东煤区,对解决华东地区能源需求意义极大;以贵州为中心的西南煤炭产区以及新疆为主的西北煤产区。

(5)石油工业。石油工业产品形态特殊,因此对运输有特殊要求,产量近 1.4 亿 t,运输需求也大。目前我国采用输油管及罐装车、船配合的运输方式。

我国油气资源丰富,各类沉积盆地超过 500 个,沉积岩面积达 670 万 km^2。其中、新生界沉积岩厚度超过 1000m 的盆地达 420 多个,总面积约 530 万 km^2。根据最新油气资源的评价结果,全国石油的总资源量 1000 亿 t,其中陆上为 775.02 亿 t,占 77.5%,海域为 225 亿 t,占 22.5%;天然气的总资源量为 55.16 万亿 m^3,其中陆上为 39.37 万亿 m^3,占 71.4%,海域为 15.79 万亿 m^3,占 28.6%。目前来看,陆上油气资源量主要集中在松辽盆地、渤海湾盆地、中西部三个地区。

在陆上 775.02 亿 t 石油总资源量中,至 2000 年底累计探明 212.89 亿 t,探明程度占 27.5% 左右。可见,总资源探明程度比较底。在陆上 39.37 万亿 m^3 天然气资源量中,至 2000 年底累计探明 2.56 万亿 m^3(不包括伴生气),探明程度只有 6.42%,松辽盆地石油的探明程度 50.4%,探明程度相对较高,但还是有潜力可挖,特别是松辽南部地区,探明程度只有 27.1%,天然气的探明程度就更低了,只有 7.6%。渤海湾盆地石油的探明程度 43.2%,除济阳坳陷和东濮坳陷探明程度稍高外,其他地区都在 40% 以下;渤海湾地区天然气探明程度为 16.15%。中国中西部地区探明程度为 9.4%,天然气探明程度只有 6.6%。从以上的油气资源情况分析来看,中国大多数盆地勘探处于早、中期阶段。

与以上原、材、燃料工业环境相对应的,各大生产资料的主要流向为:

(1)化肥流向。基本流向是:四川氮肥流向甘肃、青海、新疆、陕西、贵州及内蒙古等地,山东的氮肥流向河北、山西、河南北部、江苏北部,江苏氮肥流向安徽、河北、内蒙,上海氮肥流向浙江、安徽、广西,磷肥流向基本是南向北。

(2)木材流向。基本流向是:东北特种木材(如红、白松)流向全国,一般木材流向华北、中南、西部及华东,南方木材基本就地使用,西南木材流向华南等地。

(3)水泥流向。基本流向是:东北水泥除本地用之外,部分南流,河南水泥向南、北两方向流,山东水泥西运及南运,甘肃水泥部分东运及西运,四川、贵州水泥部分北运,广东水泥南运出口。

(4)煤炭流向。山西、内蒙煤沿大秦、兖石、太焦—焦枝、京广等几条铁路东运、南运,有的登船后南运或出口,贵州煤东运,其他地区煤一般就近使用。

3)装备工业环境及运输

装备工业是为我国生产力发展提供劳动手段的工业,是国民经济的心脏工业。同时,装备工业也向人民生活提供各种机、电产品。

(1)工业设备制造业。工业设备制造业是指国民经济产业部门所需机械装备的制造行业。主要产品是重型机械、通用机械、机床、工具、仪器仪表、动力机械及专用设备。这是装备工业中产量最大的一类,因而对运输的需求量也较大。工业设备对运输技术要求也较高,对质量保护的要求大大高于通常的原、材料,因而运输难度较大。和通常的原、材料比较,同单位重量工业设备价格远高于前者,因而运输费用的负担能力较强。主要分布如下:

①重型机械制造业。主要分布于上海、沈阳、富拉尔基、德阳、太原、北京、天津、洛阳以及衡阳。

②通用机械制造业。主要分布于上海、沈阳、兰州、江苏、四川、广东。

③机床工具制造业。主要分布于北京、上海、武汉、沈阳、济南、重庆、成都、哈尔滨。

④仪器仪表制造业。主要分布于上海、重庆、西安、哈尔滨、南京、北京、德兴。

⑤发电设备制造业。主要分布于哈尔滨、上海、四川、北京、武汉、天津。

(2)农业机械制造业。它是为农、林、牧、副、渔各业提供装备、工具的工业,主要分布于洛阳、上海、天津、鞍山、南昌、克州、柳州、长春等地。

(3)起重运输机械制造业。它是为运输提供一部分装备、工具的工业,如果再加上包装机械、仓库机械等制造业,则构成了全部运输机械制造业。

铁路车辆制造业主要分布于北京、大连、青岛、唐山、大同、戚墅堰、株洲、资阳、长春、齐齐哈尔、浦镇、武昌、眉山、西安等地。

汽车制造业主要分布于长春、上海、南京、济南、襄樊、沈阳、重庆等地。

船舶制造业主要分布于上海、大连、广州、天津、青岛、武汉等地。

飞机制造业主要分布于上海、西安、沈阳、成都、南昌等地。

4)轻工业环境及运输

轻工业是以生产消费资料为主的加工工业部门,包括纺织、食品、造纸、医药、日用品、民用机电产品等行业。

轻工业产品的特点是花色品种多而每一花色品种相对批量较小,且一般具有质量要求较高,较为精密,易损、易污等特点,全部轻工业产品总量很大,运输费承受能力也高。所以其对运输的要求主要是运输质量,成本降低的呼声不甚强烈。主要分布情况是:

(1)纺织工业。分布十分普遍,又有一定程度的集中,全国的大纺织业区有以上海为中心的苏浙皖地区,以武汉为中心的湘鄂赣地区,以重庆为中心的四川盆地地区,以天津为中心的京津冀地区,以青岛、济南为中心的山东地区,以郑州为中心的河南地区,以山西为中心的山西地区,北京地区,东北地区及西北地区等。其中大的棉纺织城市为上海、天津、石家庄、郑州、武汉;大的毛纺城市及地区有上海、天津、江苏、辽宁、青海;大的丝纺城市及地区有上海、天津、青岛、大连、无锡、株洲、益阳、黑龙江等;大的化纤城市及地区有上海、辽宁、仪征、平顶山、丹东、保定、北京等地。

(2)食品工业。包括粮食加工工业、油脂工业、制糖工业、卷烟工业、制茶工业、酿酒工业,这类工业是为我国大量提供利税的工业行业。这一工业特点是,与重工业比较,工业规模不大,但分布较为分散。其中名烟主要生产企业分布于上海、天津、昆明、青岛;名茶主要生产企业分布于浙江、安徽、福建、江苏、四川等地;名酒主产企业分布于四川、贵州、江苏、安徽、山西等地。

(3)造纸工业。主要生产地分布于辽宁、黑龙江、吉林、上海、山东、福建、天津、广州等地。

(4)家电工业。主要生产地分布于上海、常州、北京、天津、广州、南京等大、中城市以及珠江三角洲。

商品货源市场。我国商品货源市场有4种:

(1)购进总额最大的货源市场。主要是上海、江苏、广州,是我国主要的采购市场。主要货源对象是工业品、时装、高档消费品等。

(2)全国商品货源重要市场。主要有北京、广州、山东、四川、辽宁、河南、湖北、浙江、河北、黑龙江、天津、安徽等,是工农产品供应的重要市场。

(3)农、副产品及某些工业品货源市场。包括吉林、福建、云南、江西、陕西、广西、山西、新疆、内蒙、甘肃、贵州等。这些地区工业不甚发达,主要货源是特殊工业产品及农副产品,如山西的煤、福建等地的糖。

(4)土特畜产品货源市场。有青海、宁夏、西藏等,虽然货源量不大,但有其他地区没有的特点,如青海、宁夏的羊、藏红花、冬虫夏草等。

(三)大宗货源变化趋势

(1)石油　据统计,1993年中国成为石油产品净进口国,1996年成为原油净进口国。目前已是石油需求大国。在经济理论界有一个定式:当一国的石油进口超过5000万t时,国际市场的行情变化就会影响该国的国民经济运行。而早在2000年的时候,中国石油进口量就已超过5000万t,其中一半的进口石油来自中东地区,预计今后石油进口依赖的比重会更大,因此受外部影响也越大。

从国内的情况来看,根据众多的资料分析,中国石油的最终可采储量可达160亿t。其中东部约占56亿t,西部约75亿t(其中塔里木盆地约占32亿t,准噶尔盆地约27亿t,柴达木盆地约12亿t,吐哈盆地约4亿t),中部、南部、西藏和大陆架海域约29亿t。基于中国剩余可采储量,对于21世纪的石油年产量有几种估计。若按2001年年产量1.7亿t,2005年1.9亿t,随后,达到2.0亿t的峰值,稳产一段时间之后缓慢递减。若按最终可采储量160亿t计算,至2005年尚有剩余可采储约120亿t。若继续按年产2亿t计算,可持续生产58年(至2063年)。在这里,我们是根据20世纪90年代后期的经济技术水准来认识问题的。实际上,随着时间的推移,勘探开发工作的深入,技术的进步,采收率的提高,认识的深化,最终可采储量数必定会大幅度增长。

(2)煤炭　中国既是煤炭生产大国,也是煤炭消费大国。这一特点决定了中国煤炭市场在世界煤炭市场中长期存在着"独立个性"。我国的煤炭产区集中在西北部,而用煤工业发达区却集中在东南沿海。东西南北纵横上千km的运输距离,使东南沿海地区煤炭用户的用煤成本居高不下。中国一直是煤炭出口大国,很少出现进口大幅度增长的局面,但加入WTO以后情况却发生了变化,中国进口煤炭总量增长很快。

随着煤炭市场逐渐开放,外国的廉价煤炭会越来越多地"闯进国门"。这必将加剧中国整个煤炭市场的分化和不平衡,三个各具"独立个性"的市场区会更加迅速地形成:一是东南沿海地区以煤炭卸货港口为中心、200km为半径的中外煤炭"激战区";我国工业大多集中在"激战区",这里的煤炭用户受益于激烈竞争,会获得更加廉价的煤炭。但处于这一地区的煤炭生产企业却要面对激烈竞争,或是走出国门,另辟天地;或是走投无路,破产倒闭。二是西北内陆地区以煤炭生产企业为中心、200km为半径的"产地低价区";三是上述两个区域以外的广大"中国煤炭自留地"。

(3)矿石　鉴于我国未来几年原钢产量将大幅度增加,进口铁矿石需求紧俏,价格将上升。华北地区是大陆产钢最多的地区,主要是京津唐地区以及邻近的山西省、山东省和河南省,这些地区便于进口铁矿石以及其他金属入炉料,钢铁厂也特别多。这些地区及省份原钢产量占大陆原钢产量的40%。华北地区钢铁厂进口铁矿石主要通过天津新港、青岛、烟台和日照等港口,其中,青岛是大陆进口铁矿石量最大的港口。

在上海及其周边地区,宝钢集团是钢铁生产基地,宝钢集团及沿海地区和长江中下游地区许多钢铁厂都依靠进口铁矿石作为金属入炉料。南方钢铁厂不多。最近,包括外资公司在内的许多公司进军福建省。福建省及南方一些省份成为钢铁生产潜在的地区。由于大陆铁矿石进口大幅度增加，铁矿石价格谈判成为铁矿石供需双方关心的焦点。大陆原钢产量持续增加将成为铁矿石价格上升的驱动力。

（4）粮食 世界经合组织 2002～2007 农业展望报告指出，由于世界经济正在逐步恢复，到 2007 年全球农产品的需求量将稳步增长，特别是经合组织成员国以外的发展中国家的农产品进口量将大幅增长，世界农产品价格有望在今后 5 年内逐步回升。

报告还指出世界粮食产量和价格增长将具有以下特点：

①到 2007 年小麦、粗粮、大米的产量将分别增长 11%、13% 和 8%。经合组织成员国的产量将增加 9%，其他国家农产品的增长量将占到全球总增长量的 70%。

②世界各国特别是发展中国家较低的库存水平和高涨的需求将推动玉米、小麦价格稳步回升，但是所有谷物产品的价格很难恢复到 90 年代中期的水平。

我国加入世贸组织后，农产品进出口发生了一些变化，2000 年遇到了一些国家和组织的"技术壁垒"和"绿色壁垒"，但是由于企业积极开拓国际市场，降低了市场风险。国家转基因安全管理政策的实施，是造成我国进口减少的主要原因。但随着欧盟逐渐解禁进口禁令出口量将继续增加，进口也将随着转基因产品进口许可证的发放而增加。

（5）集装箱 自 1980 年以来，世界集装箱运量一直保持着连续稳定的增长，即使在 2001 年，亚洲/北美以及亚欧航线均受到了全球经济滑坡以及美国"9·11"事件冲击，运量也维持增长，全球集装箱运量达 5600 万 TEU（包括空箱在内）；国内集装箱运量随着中国经济持续发展，更是增长迅速。

据有关部门预测，21 世纪的头 10 年，国民经济将保持 6%～9% 的增长速度，能源、原材料及加工工业等主要产品、产量将持续增长，运输量也将相应变化。从资源分布及工业布局对交通运输的需求看，西煤东调、北煤南运的格局仍将持续，北油南运、南矿北调的数量将会逐渐减少，取而代之的进口原油和矿石将会增加。为适应中西部地区，化土地、矿产、森林、水能等资源优势为经济优势的需要，中西部地区资源与东部地区加工工业之间跨地区、跨省市、城市间、城乡间运输量将出现新的增长。随着全国沿海、沿江、沿边全方位开发格局的形成，外贸物资运输，特别是集装箱运量将大幅度增长。

第三节　吸引货源的原理与方法

一、运输市场营销存在的问题

毋容置疑，目前运输企业越来越重视市场营销工作，这主要是由于运输市场竞争越来越激烈，各个公司为了在激烈的市场竞争中生存必须提高对市场战略的认识程度，然而将市场营销作为企业核心职能全面贯彻，则还存在诸多缺失，运输企业市场营销的现状不容乐观。

（一）市场营销普遍缺乏明确定位

任何一家运输公司想要在市场营销方面取得突破，它必须首先仔细衡量自己的强项和弱项，或许采用 SWOT 方法是运输企业明确自身定位的一种有效的技术方法，中远、中外运货运部门可以采取"国际国内枢纽货运中心"的定位，其他二线运输企业则可采用"区域性货运中心"的定位，但是目前的状况是在货主看来，各家航运公司的地位没有明显差别，货物由哪家航运公司或航班运送都无所谓，只要安全及时送达目的地就行，各个公司之间在产品范围、服务项目等诸多方面并没有自己的特色和优势,由此造成顾客可以在各个航空公司之间任意选择,没有顾客忠诚度。

(二)市场营销手段单一

现在每当一谈起运输市场该如何竞争时,来自企业的员工往往会提出:目前市场竞争太激烈,各家公司都是大幅减价或明里暗里提供折扣优惠,我们不减价就吸引不住客货源。这种现象在目前的中国国内航空市场上尤为突出,价格战几乎成为航空公司的惟一制胜法宝,除此之外,良策甚少。企业陷入同质化竞争的误区,导致恶性循环,不利于整个运输行业的发展。

(三)市场营销缺乏长期的目标

目前许多运输企业的货运部门实施市场营销战略时往往只顾及短期的市场目标,把货源拉过来,把货舱、船舱塞满就行了,缺乏长期的目标。从企业长期的发展来看,市场营销的长期目标是:从争取顾客转为保有并增强顾客群。Barry&Partners 的一项研究报告显示:一位忠诚顾客在 5 年内为公司所积累的利润是第一年的 7.5 倍。又如贝恩企管顾问公司发现,一个 20 年的银行老主顾所能提供的利润,比一个 10 年的顾客多出 85%,他还发现,顾客流失率每降低 4%,就能为公司提供 25% 到 95% 不等的利润。

二、吸引货源的原理

(一)从运输产业来看

从整个运输产业的角度看,货源的规范化管理和有效调控工作还比较薄弱,在目前的经营行为整顿中遇到的一个比较棘手的问题就是货源的合理分配问题。实现对货源的有效调控,其前提条件就是需要组织保证。

要像目前调控运力一样,从中央到地方按照统一领导、分级管理的原则,合理分工,统一协调,综合平衡,以保证货源计划的实施。现阶段,除部直属运输企业货运计划执行较好外,省际间、企业间的货源计划缺乏管理和平衡。货运计划管理上的条块分割局面,适应不了运输发展的需要。交通部、铁道部和各省市应有相应的机构负责对大宗重点货源的调控,并与运政管理相匹配,形成互补效应,统一协调运力和货源的总量平衡。

为此,还要纠正两种错误的认识:

一是认为货源不需要再管了。市场放开,并不等于对市场的发展放任自流,管理者还要对市场进行监督、协调、宏观调控。绕过货源谈管理,是舍本求末之举。实践证明,货源管理中出现的新问题,无一不是货源管理失控造成的后果,因此必须牢牢抓住货源管理这一环节。要坚持市场放开,不能重蹈旧路,也要吸取片面强调放宽搞活而放松调控管理的教训,使放宽搞活与加强管理同步进行,努力做到管而不死,活而不乱。

二是认为要管好货源,只能统一管理。市场放开后,多种运输经济成分的生产经营者涌入不规范的市场,直接角逐被分割、封闭的货源,带来一系列新的问题。比较突出的有:一是市场秩序混乱,各种不正之风和违法行为如垄断倒卖货源、行贿受贿、偷漏税费、抬价刹价等滋生蔓延;二是空驶浪费严重,运输经济效益低下。有人把这些问题归罪于没有统一管理的缘故,实际上,"三统管理"对运输经营活动直接干预太多,否定市场竞争,排斥价值规律,不能合理有效地配置运力,使运输市场发展缓慢、效益低下,缺乏应有的活力。因此,在当前形势下,重走计划经济的老路,必然会弄巧成拙,在实践中碰得头破血流。各种违法现象也绝不是市场放开的结果。而是由于在开放搞活中市场体制不健全,管理手段不完善,宏观调控跟不上造成的。

因此,对于主管部门而言,管的太死或放的太多都是不合适的,其具体作法可以是:

1.对管辖区内的货源开展调查研究,掌握进、出管辖区货源的分布、品种、数量、流向等,以及市场上存在的突出问题。

2.在调查研究的基础上按照货源的不同属性,划分管理层次和对象。

(1)对抢险救灾、军用战备以及关系国计民生的重点物资,一般属于指令性计划范畴,统一的运调制度,合理安排运力,保证完成运输任务。

(2)对大宗物资、港站集散物资、重点工程以及厂矿企业的运输物资,纳入指导性计划管理,以专业运输企业承运为主,签订承托合同,实行计划指导下的合同运输。

(3)对列入指令性、指导性计划管理的物资部门、港站,实行重点管理,使其按期报送货物运输计划,并监督、检查任务和合同执行。

(4)建立有形化的货运市场,对零星物资实行市场调节,由双方在市场内自由选择,公开竞争,现场成交,就地开票。运管部门加强监督,为其创造良好的经济环境。

要根据不同时期的实际情况认真探讨指令性计划管理、指导性计划管理和市场调节三部分货源的恰当比例,既强化市场管理,又活跃运输经济。

(5)要对大中型专业运输企业加强指导和扶持,使它们有足够的货源保证。

另一方面,从市场运作的角度看,国内的运输业要想能留住更多的货源,与外资企业抗衡,一个有效的方法的是增加行业的进入壁垒。进入壁垒有很多种,总的看来,国内企业在资金、技术、管理上都不如外企有实力,因此想在这些方面寻求优势是不智之举,而且中国已经加入WTO,从政策上寻求生存与发展的年代也一去不复返了,目前,国企最大的优势在于对国内市场的了解以及拥有大量的本土人才。因此,国内的运输业应以国内市场为依托,形成一个航空、水运、铁路和公路优势互补的相对稳定、完善的运输网络,通过完善网络来吸引货源、留住货源。这一点对于处于现代物流革命的时代的运输业而言尤为重要,将运输置于社会物流的大环境中,将其视为物流的重要环节,必将使运输业更为重视同其他物流环节如:包装、仓储等的紧密结合,这些都有助于吸引货源。

(二)从运输企业来看

1.转变思路,由运力管理为主转向货源管理为主——顾客导向

由于市场已逐步从买方市场向卖方市场转变,因而企业的管理重点应从运力管理为主转向以货源管理为主,这种转变毫无疑问是必然的。尽管现在很多企业都高喊企业发展应由生产导向转为顾客导向,但如何才能做到以顾客为导向,以什么为衡量标准,这仍然是个问题。顾客并不会仅仅因为低价而购买产品,那么顾客会因为对产品或服务有高度满意的评价,就会购买或重复购买企业的产品或服务吗? 答案是"否"。顾客购买产品,通常是通过比较觉得有价值才购买,因此企业必须从关注顾客满意度转移到关注顾客价值,只有这样才能改善顾客保持率,并增进企业利润。

顾客价值 = 顾客认知利益 – 顾客认知价格　或

顾客价值 = 顾客认知利益/顾客认知价格

其中顾客认知利益指的是顾客感觉到的收益总和,它可以通过顾客对于价格、质量、服务、信誉、速度等要素的满意程度得到反映;顾客认知价格指的是顾客感觉到的支出总和,它可以通过顾客在消费产品或服务过程中所涉及的时间、金钱、心理等成本的高低得到反映。所以顾客价值作为整体,实际上所体现的就是一种顾客对于企业产品或服务是否物有所值的评价。

由于顾客价值是基于顾客认知的,为了增强竞争优势,企业只有在充分了解顾客价值需求的基础上,通过有针对性的积极努力,才有可能保证自己的产品或服务与其他企业的产品或服

务相比具有更高的价值。对于企业而言,关键在于把握顾客价值的核心,特别是那些对于顾客来说十分关心而又为其他企业所忽视的价值构成要素,并通过简洁清晰的方式传达给企业的目标顾客群,以迅速提升他们对企业服务的认知利益。

如何识别顾客价值呢? 一种简单、有效的方法是绘制顾客价值评价图。如图 9-1、图 9-2 所示。

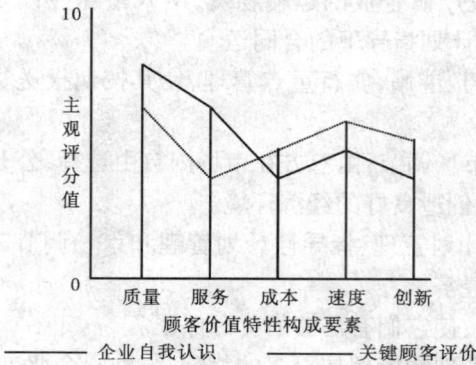

图 9-1　企业顾客价值评价图

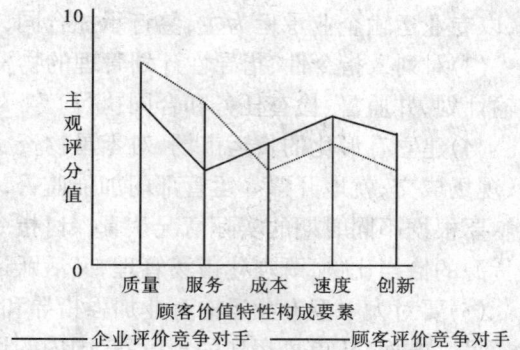

图 9-2　竞争对手顾客价值评价图

采用价值图分析的具体步骤如下:第一,构造顾客价值特性,如质量、服务、成本、速度、创新等,也可是具体的,如:安全性、及时性、完整性等;第二,请企业相关人员按 10 分制,就企业认为顾客如何认识企业和其竞争对手的价值特性进行评分;第三,请企业关键顾客按 10 分制,对本企业和竞争对手的价值特性进行评分。由此,可得出企业顾客价值评价图和竞争对手顾客价值图。通过比较两图,企业可以发现自身的不足,找到改进的方向。如图 9-2 中,可看到企业在质量与服务两个指标的自我评价高于顾客评价,而在成本、速度、创新这 3 个指标上的自我评价则低于顾客评价。此时,如果能够进一步了解顾客对于各个价值特性的权重,则通过计算与比较企业自我评价的加权得分值与关键顾客评价的加权得分值之差,就能找出企业提升顾客价值的改进方向。同理,通过分析竞争对手顾客价值评价图,可以发现企业对竞争对手的认识与客户认知间的偏差,结合企业顾客价值评价图,可以更好的发现企业的竞争优势与不足。

2.培育企业核心竞争能力,以优质服务赢取货源

价格杠杆虽然也是一种调整市场的经济杠杆,但总的说来,价格竞争是一种较低层次的竞争方式,无序的价格竞争是企业同质化竞争的必然结果,它会导致市场混乱,导致恶性循环,不利于企业的长期发展和整个行业的健康成长。企业要跳出同质化竞争的怪圈,最好的方法就是培育企业的核心竞争能力,形成其他企业无法学、学不全、不敢学和难以替代且区别于其他企业的持续竞争优势。

真正贯彻顾客导向的营销理念,针对不同顾客的需求提供特色服务,以优质的服务留住客户。例如,德国铁路货运公司针对货运市场的变化趋势,提出了"面向货主、优化核心业务、物流化、国际化"的营销战略,将过去面向铁路生产的管理思想,调整到面向货主组织生产和营销的市场化轨道上。营销机构不再按"整车运输"、"联合运输"和"零担运输"的生产系统划分,而根据货主定位划分,成立了 5 个市场部,分别对客户所委托的运输任务实行"一包到底"的责任制。另外,还按照大货主方案将各市场部细分为小组开展营销工作,对客户群负责。从 1998 年开始,公司还向货主所在地派驻定向营销组,提出"哪里有货源 ,就在哪里办公"的口号,以其优质、独特的服务赢取了市场。

（三）吸引货源的方法

1.重视货运大户，争取小户和散户

对于企业而言，存在这样一个普遍规律，即企业的大部分收入来源于相对集中的少数顾客，而另一些数量较多的企业只能给企业带来相对较少的收益。因此，对于企业而言，在牢牢的把握住这部分大客户的基础上，进一步争取小户和散户也是非常重要的。美国 I 级铁路就一直奉行 80∶20 的营销策略，即 80％的业务来自 20％的客户，将市场营销工作的重点放在大客户上，取得了明显成效。首先，根据社会普遍需求，开行运距 1600km 左右的重载列车，满足长途大宗货物需求；开行双层集装箱列车，满足联合运输需求。其次，针对大型客户需求，提供特殊运输服务。伯林顿北方铁路公司（BN）为了扩展短途运输市场，开行了从西雅图近郊到 500km 处的专门运输固定废物的联合运输列车。

通过分析企业以往的统计数据或深入调查货源，发现重点客户，掌握大客户对运输的要求，根据实际情况尽量满足他们；另外，通过运输中介机构，包括运输经理人、货运代理机构、货主同盟、物流服务商等集结零散货物，服务于小型分散客户。

2.调整运价

尽管运价竞争不是吸引货源的最好、最根本的方法，但在现阶段，各企业基于运价这种方式的竞争还会持续相当长一段时间。这里所指的"运价"，是广义的运价，包括正常的运费、杂费、各种收费和各种代收款等。这里所说的调整，是指所有收费构成的协同动作，整体运价水平的调整。

在我国现有的运输市场中，对运价的管理存在很大的差异：铁路的政府主管部门对运价的管理较死，铁路各区段的自主定价权限较低；而水运部门放得较开，特别是由于目前水运市场价格受铁、水比价制约，导致运价在整个水运市场上不能很好地发挥经济信号和经济利益的调节功能作用，使承运人和托运人常常受到违反价值规律的惩罚。货源旺季，不少货主要额外付出昂贵代价，才能把货物及时运走，而在货源淡季，则使不少船方无利或亏本运输。运价的大起大落，给水运市场带来了不稳定性，运输经营上的一些不正之风，也由此滋生；公路运输市场就更为开放一些，整个市场的运价相对混乱。

因此，各运输企业的政府主管部门应在保证指令性计划的完成以外，对于指导性计划和市场调节的运输应调整运费、杂费价格，适当下放权力，给各运输企业能在一定的区域浮动价格的权限，使企业能以灵活、适宜的，具有竞争力的运输、杂费价格，应付瞬息万变的货源运输市场的需求，调整价格优势，参与运输市场竞争，争取更多货源，提高市场份额。

另一方面，企业也应根据自身的实际情况，根据企业实际所能提供的各种服务及相应的服务水平，根据不同的客户及客户对运输的实际要求合理制定运价。尽量使企业所制定的价格能和顾客的认知价格相符。

3.健全营销组织，完善营销机制

强化各级货运营销组织，选择懂业务、懂市场经营、具有较高素质的干部职工充实到货运营销队伍中去。树立市场效益观念，变"坐商"为"行商"，深入企业寻找货源。进一步提高经营管理水平，增强干部职工增运增收的责任意识与全员参与意识，闯市场揽货源，开拓运输市场。建立营销员奖惩考核机制，对揽货有功者实行重奖，激发全体干部职工参与货运营销的积极性，完成运输生产任务。

4. 实施客户关系管理

经过 20 多年的发展,市场经济的观念已深入人心。20 世纪 90 年代末,随着全球经济一体化和知识经济的发展,客户个性化需求特征愈来愈明显,只有真正了解市场需要,最大满足客户需求的产品才能实现竞争优势。企业"以产品为中心"的模式向"以市场为中心","以客户为中心"的模式转移。正确、快速地处理与客户之间的沟通成为企业利润的主要源泉。企业管理的视觉从"内视"向"外视型"转变。企业转换自己的视角"外向型"地整合内外部资源,从而提高企业的核心竞争力。

以顾客为中心的企业利用下述 4 种成长战略:

(1)不仅是聆听顾客 很多企业从顾客手中搜集了大量信息后,弃之高阁,而以顾客为中心的企业却从顾客口中获得准确信息,然后切实加以利用,以形成自己的做法并以此确定其工作的优先顺序。把顾客的声音完全融入企业,使之成为企业永久肌体的一部分。

(2)将团队病变成一体合作 企业已从纵向结构转变为横向结构。多数企业对消除等级结构的反应是在整个企业内组建团队。虽然有些企业利用团队取得非凡成果,但其他企业却深受"团队症"之害,其典型病症是团队只顾自己。

与此相反,不断成长的企业却能对团队加以很好的利用,并营造出这样一种新环境:不论员工是否参加团队,都能站在顾客立场上与他人进行紧密合作。

(3)变顾客满意度为永久的顾客热情 多数企业都发现,仅靠产品几乎不可能创造任何一种可持续的竞争优势。它们认为要击败竞争对手不仅要靠出色的产品,还要在向顾客出售产品、提供服务和营销方面棋高一着。要成功做到这点,就要求企业在与顾客互动的方式上有所突破,设计出一种能给顾客留下深刻印象的交流方式。这种方式是与众不同的,它本身即是一种品牌。

(4)从推动型领导转为接触型领导 在以顾客为中心的企业中,领导的身影随处可见。他们外出拜访顾客,走入销售区域,同员工交谈、询问问题或在必要时帮助员工。这种方式更象是接触型领导。这种每日"亲自动手"的领导使其所在的企业的生产率跨上新台阶。

即使制定了合理客户战略,如果不对企业进行调整以服务于该战略,CRM 项目仍然会以失败告终。CRM 项目在实施前,必须使企业员工形成恰当的态度和行为。企业首先必须提倡客户导向价值观、开展新的业务流程、进行员工培训并重新定义工作职责,同时解决其他一系列与客户策略相关的问题。

5. 加大宣传力度,充分利用有形货运市场

充分利用各种宣传媒介,广泛地宣传企业优势,提高企业的知名度;公开货运程序,增大货运办理的透明度,接受社会监督;端正服务态度,实施服务承诺制度,不仅要致力于提高企业的知名度,还要努力提高企业的美誉度。

目前货运市场大部分是隐蔽性很强、高度分散的无形市场,运货双方的交易处于自然状态,大量货源掌握在有关部门的机关企事业单位手中,低效益的自货自运还未进入货源交易市场,对货主来说,不了解哪些企业有能力承运其货物;对运输企业来说,把精力花在寻找货源上,都分散了其组织运输的能力。双方的信息无法沟通 这既影响运输设备使用效率,又影响货物的及时运输。而有形市场把分散的、流动的场外交易变为集中的市场交易,变不公开的不透明交易为公开的公平竞争的交易。因此,对运输企业而言,充分利用有形货运市场,不仅可以节省企业在寻找货源方面所花费的人力、物力、财力,而且可以在这个相对集中的市场上更好地、更具针对性的宣传本企业。

6.良好的产品组合

随着人们生活质量不断提高,人们越来越追求个性、追求与众不同,反映在工业上,表现为流水线上生产出的千篇一律的产品日益为个性化产品所替代。而反映到运输上即是:运输产品趋向于小批量、多品种、多批次。因此,运输企业应当把握好这种变化,及时调整产品结构,开发出更好的产品,同时应淘汰落后的运输产品,以顺应社会的变化。

7.合同运输

合同运输对于绝大多数水运、海运、铁路及航空运输企业而言已经做到了,而对于公路运输而言,由于其进入壁垒小,市场上存在多种运输主体且数量众多,鱼龙混杂,市场相对混乱,因此还需大力推广合同运输。

合同运输是运用经济手段达到船货平衡、车货平衡、管好运输市场的重要手段。现阶段,我国货运市场发育不成熟,要建立适应市场机制运行的货源组织管理体系,还缺乏必要的市场条件(如市场体系、企业经营机制转换和运价体制改革等),这就需要寻找一种适当的过渡方式。而正确推行合同运输,辅之以其他配套措施,是实现这种过渡的较好途径。

合同运输的优点在于:

(1)运输合同作为承托双方之间平等互利的关系的经济纽带,可以改善市场环境和秩序;

(2)运输合同受法律保护,有利于发挥市场机制作用,提高市场调节功能;

(3)运输合同择优签订,有利于公平竞争;

(4)运输合同具有广泛性与灵活性,特别适宜于对大宗货源的管理及发挥专业运输企业的优势;

(5)管理部门可以根据合同准确掌握市场供求变化,为承托双方提供信息。

8.加强与物资单位沟通

加强与物资单位的沟通,了解客户的运输需求,了解客户对运输方式、运输时限、运输质量等的要求。及时从客户那得到对企业工作的反馈信息,深入分析顾客的潜在需求。从众多客户的需求中,提炼出共性要求,有利于指导企业的发展方向,同时针对不同企业的个性要求,发展企业的特色服务。加强与物资单位的沟通,有利于企业将各种信息传递给客户,有利于企业的发展,也有利于企业与客户间的感情联络,有利于增强客户对企业的忠诚度。

9.企业间的联合

每个企业都有其相对于其他企业的优势和劣势,没有一个企业能满足所有客户的要求,因此实行企业间的联合是一种取长补短的好方法。例如,在海运业中,普遍采用了联盟的形式,联盟企业相互间互租舱位,提高了货运量,减少了空载率,从货主的角度看,也为货主提供了更多的灵活性,因为相对于联盟前,航班更多了,货主在时间上有更多的便利。当然,这种企业间的联合不应只局限于同种运输方式,在不同运输方式间实现联合更利于实现企业的一条龙式的服务。

企业间的联合既可以是松散型的,也可以是紧密型的。松散型的联合利于快速反映变化的市场,但联合企业间的关系难于协调和控制;紧密型的联合关系相对稳定,较易协调,但对市场的变化反应相对较慢。企业是否进行联合或联合到什么程度,要根据企业的实力以及顾客对联合后企业所提供服务的认知利益和认知价格而定。

10.实行一条龙服务

为了提高企业的竞争力,同时为客户提供更多的便利,企业可以更多的采用一条龙服务,即从接受客户的托运、取货、运输到最终的交付实行全程服务。使客户仅需一个电话或一个传真、一个 Email 就可以享受上门服务,也不必到运输企业指定的货场、仓库取货,享受真正的门到门服务。要做到这一点,实力雄厚的运输企业可以根据实际情况将企业的业务进行延伸,但更实际的作法是:运输企业间相互联合或采取合同方式、运输企业同其他相关企业进行联营以提供一条龙服务。

11. 实行一票结算

运输企业现行的运输手续过于繁杂,单据票证繁多,给结算带来诸多不便。企业应当大力推行一票结算制,方便顾客托运、结算,也有利于企业操作。在目前电子信息业快速成长的今天,这一点是可能也是完全可以做到的。

12. 完善交付制度,吸引到达货源

为了尽可能多的吸引货源,应尽可能完善货物交付制度。比如可以成立专门的交付组,对一些不熟悉交付手续的货主,由交付货运员耐心讲解,帮助货主顺利接受货物。

13. 重视信息工作,扩大货源

信息在当今社会中的作用越来越重要,面对日益激烈的市场竞争,重视货源信息是作好货源组织工作的重要前提。随着科技的发展,现在的信息渠道越来越多,对于货运企业来说,可以通过以下几种途径来收集可用的信息:

(1)在业务交往中积累信息。从与客户的交往中了解市场的变化、了解某种商品是发展趋势还是萎缩趋势,企业应该是发展它还是抛弃它,从而为企业的经营决策提供依据。

(2)通过专业渠道了解信息。通过专业杂志、专业市场发布的消息,了解货源的变化情况、了解行业竞争情况、竞争对手的变化等。

(3)收集大众传媒的信息。近年来,国内大众传媒发展迅速,特别是广告业发展很快,从广告中捕捉厂家、用户的信息也是一种重要的渠道。

(4)利用先进的信息手段,了解市场信息。互联网的飞速发展,为我们更快更多的掌握信息提供了一个很好的渠道,互联网的及时性、无地域性、广泛性,使得企业能更及时的掌握更多的信息。

信息渠道越来越广泛,收集的信息越来越多,也必然要求企业具备较高的筛选、识别有用信息的能力,因为只有可用信息才对企业的经营有意义。

企业需要注意的是:信息工作必须长抓不懈。市场信息瞬间变化万千,今天有用的,明天可能就会失效,信息工作不能放松,不能有货源就不抓信息,没货源才抓信息。

当然,企业的信息工作不仅仅在于收集信息,还在于发布自身的信息。企业应当灵活利用以上多种方式,向市场、客户、同行发布各种信息,以扩大企业影响。

14. 利用互联技术,实施网络营销

关于互联网营销的定义有很多,但从可操作性的角度出发,我们权且把它定义为:凡利用互联网进行的营销工作,就可称其为互联网营销,营销中的诸多要素如:品牌、渠道、促销等要素都会在互联网营销中体现,而互联网营销更为营销各要素带来新的形式与内容。是目标营销、直接营销、分散营销、顾客导向营销、双向互动营销、远程或全球营销、虚拟营销、无纸化交易、顾客参与式营销的综合。

在网络经济与电子商务迅猛发展的今天,很多企业都认识到了进行网络营销的必要性。但是企业如何实施网络营销呢? 可以从以下 3 方面入手:

1)发布信息

组建企业营销网站,可以把企业信息和产品信息推到网上,以获取更多的贸易机会和市场

竞争力,这是企业走近电子商务的第一步。企业利用 Internet 可以最省钱、最有效地向外界提供企业的相关信息,以服务顾客。通过 Internet,及时提供企业的最新消息,如新航线开发、股票价格、经营情形等。企业还可利用 Internet 随时随地给处于第一线的销售人员提供各种即时性的企业信息,以支援销售活动并与销售人员随时保持沟通联系,降低市场失误,避免市场损失。Internet 是与顾客沟通的重要工具,同时也是推销新产品的重要渠道。通过 Internet 可以从各方面介绍被推销的新产品。在商业活动中一张照片可以胜过千言万语,可以通过提供企业照片、声音及图片档案等多媒体信息来服务顾客。提供有创意的主页,如果企业在 Internet 上设计的主页很有创意,可能会成为公众注意的焦点,无形中也提高了企业的知名度及企业形象。

2)开发客户群

企业营销的最重要的任务之一是要建立客户关系、掌握客户情况。只有能对客户做出迅速反应的公司才能获得新客户,从而使竞争力大为提升。使用 Internet 就好像是发出了无数张名片,可以让潜在顾客知道如何与企业打交道、如何获得产品及服务。企业可利用 Internet 打开国际市场,扩大自己的市场空间。如果企业在国外设有分公司,Internet 是分公司随时取用总公司信息的最经济、最有效的方法,不但可以降低管理成本,更可以及时保持联系。

3)顾客服务

Internet 打破了时空的限制,可以为全球各地的顾客提供 24h 的信息服务,并可以用最快的速度将服务推向全球市场。传统企业必须投入相当多的人力及资源来解答顾客对于产品及服务的相关询问,这些问题中往往有很多问题是重复的,企业营销网站可以将这些经常被问到的问题及答案放置在网上,供使用者随时查询使用,以节省服务成本。Internet 重视顾客意见反馈,通过产品信息查询、订单表格处理等情况即时了解顾客的意见反馈,掌握顾客的需求。

当然,企业的网上营销除了建立自己的网站提供上述服务外,在浩如烟海的网络世界里,如何使自己的网站为更多客户、目标客户所认识,如何让客户更快更好的检索到企业的信息,这都需要企业进一步的推广工作。常用的方法有:

1)网上页面广告

主要包括横幅旗帜广告(即 Banner,包括全尺寸和小尺寸 2 种,可以是静态图片或 gif 动画或 Flash 动画)、标识广告(即 Logo,它又分为图片和文字 2 类)、文字链接以及分类广告(Classified Ad.)等几种形式。当访问者看到网上广告并对其感兴趣时,即会点击链接到广告发布者的网站上。

2)搜索引擎加注

搜索引擎收集了成千上万的网站索引信息,并将其分门别类地存放于数据库当中,当我们想在网上寻找某方面的网站时,一般都会从搜索引擎入手。有关机构的统计报告显示,搜索引擎查询已经成为上网者仅次于电子邮件的一种最常使用的网上服务项目,相信每一位网站建设者都希望自己的网站能被搜索引擎罗列出来,甚至排名靠前,这就必须进行搜索引擎加注。

3)商业分类广告

据统计,上网者查看分类广告(Classified Ad.)与查看新闻的比例不相上下。分类广告是指按行业及目的等进行分类的各种广告信息,它具有针对性强、发布费用低、见效快、交互方便及站点覆盖广等优点。目前网上提供这种服务的站点层出不穷,较常见的有阿里巴巴、经贸信息网及市场商情网等。

4)电子杂志广告

历年来世界各国的互联网应用调查都显示,电子邮件几乎永远是网络用户的首要应用项目,各类专业的邮件营销服务商已将服务深入到千家万户,他们正在以先进、严谨的服务内容及编辑风格创造着传媒业的奇迹,其拥有的上百万许可营销用户能使您的广告信息直达用户视野。

5)交换链接

如果说"链接"是互联网站上最实用、最有特色的技术,那么"交换链接"应当是开展网上营销的最经济、最便利的手段,网站之间通过交换图片或文字链接,使本网站访问者很容易到达另一个网站(对新网站尤其重要),这样可以直接提高访问量、扩大知名度,实现信息互通、资源共享。

另外,就现在实施网络营销实践的情况来看,在实际工作中网络营销存在下述一些问题:

(1)作用不清,目的不明:很多企业在战略上对互联网的作用定位模糊,在互联网热潮中有很多企业进行了大型的投资项目,目前看来,大多数以失败告终,这之后又出现了谈网色变的情况,企业自身利用互联网的积极性受到了打击,这些在战略上的模糊定位,导致互联网营销在很多企业中的畸形状态。

(2)任务不清、考核不明:企业中经常会出现这样的情况,企业的管理层没有办法给负责互联网营销的部门下达准确的任务,具体负责的部门也不能向企业提供很清晰的计划,对这个部门或负责的人员很难有一个量化的连续的考核指标,这些状况直接导致管理层对相应部门的不信任和执行人员的成功感不强。

(3)互联网营销的潜力没有得到充分的挖掘:很多企业由于一开始实施互联网营销时遇到了各种问题,也有过高投入低产出的教训,则对互联网营销保持相当谨慎的态度,导致浅层次的较多尝试,深层次的应用较少,没能充分挖掘互联网营销的潜力。此外,还存在着互联网部门与其他部门难于信息沟通,对互联网营销的难于进行成本管理等问题。

由此看来,网络营销还是一项非常新的学科,运输企业在采用这种营销方式时,即不能头脑发热,盲目投资,但也不能因噎废食,必须结合本企业的实际情况,在对营销进行了清晰的战略定位的基础上,目标明确,有针对性的实施网络营销。

本 章 案 例

国泰货运主要以香港为其开展业务的主要基地。香港是国际自由港,其优越的地理位置和良好的经济商业氛围吸引了世界众多著名航空巨头纷纷在香港开展货运业务。比如大韩航空、极地货运航空、UPS、联邦快递、美西北航、汉莎航、英航、快达航,可以说世界五大洲的航空公司都有航班来往于香港,由此可见,国泰货运部门面临着激烈的市场竞争。

针对这种情况,国泰货运并没有采取削价竞争的市场营销策略,相反,它采取的是"市场价格领导者"的市场战略。但作为市场价格领导者在国内常常会出现曲高和寡的尴尬局面,这样会造成由于价高而得不到消费者的广泛承认,但是国泰货运却既能保持其市场营销战略,又能同时赢得市场份额,这究竟是为什么呢?

1.经营理念

国泰航空货运认为:它作为基地航空公司如果运价还低于其他公司的话,就有可能造成市场混乱,给代理人造成负面影响。并且香港专门成立了由各航空公司组成的运价政策委员会,目前由国泰航空出任该委员会会长,主要任务就是协调各航空公司之间的运价。航空公司之间的竞争比较规范,因为各公司也不愿意看见市场出现无序竞争的混乱局面。这种情况和昆明市场有很大不同,目前我们面临的是代理和航空公司一起减价竞争。香港 97% 的货运市场都是被代理人所占据,而且代理人在航空货运市场行为规范,不乱杀价竞争。

2.优质服务

国内航空企业也经常提及"优质服务"的营销概念,但是往往流于形式,国泰在优质服务方面则有不少创新,比如积极推行电子商务,代理人可以通过网络订舱并且通过网络查询货物的流程,这种网络服务即节省人工成本,同时也让代理方便快捷地获得信息,国泰企业宗旨之一就是 Service Straight from the Heart(服务发自内心),作为世界知名的航空企业,它并不是只简单地要求其雇员做一些表面的、形式化的东西,每年两次,管理层都要对下属进行业绩考核,考核内容一共 4 个方面,其中一个方面就是服务改善方面。

3.良好的产品组合

任何一家企业都需要依赖其产品组合去赢得市场份额,国泰货运具有比较广泛的航空网络,在北美洲、欧洲和澳洲、东南亚、日本和韩国都具有每日定期航班,并且使用 747、777、340 等大型客货机运营,其频率、起降时间都占有优势地位。香港地理位置优越,占全球一半人口的区域都在 4h 的飞行辐射范围内。香港国际机场是世界第四大空港和第二大航空货运口岸。国泰货运在此有利的经营环境不断推出新产品。比如,国泰货运自己推出航空快递服务 AAX,在限定时间内将确保货物安全运抵目的地,延迟收货时间并提供优质服务。在欧洲和北美,它和一些货车公司达成合作协议,利用载货车服务继续提供延伸的货运服务。

4.强强联手

国泰货运和汉莎货运联手,香港至法兰克福的货机航线上只有这两家公司运营,因而它们就采取类似联营的方式,保持运价的稳定。与此同时,国泰还和 DHL 敦豪国际这家世界快运巨头合作,DHL 利用国泰客运飞机运送其快件物品。在客机中,国泰限制旅客人数,将舱位让给快件货物。因为通过仔细核算,国泰发现承运快件的收入要高于满座情况下机票收入。因此,国泰管理层同意和 DHL 的合作时"重货轻客",并且这类航班都是利用夜航飞机。通常是在凌晨 1~2 点左右在香港国际机场运作。

5.和代理人建立伙伴关系

国泰将代理人视为合作伙伴,以平等的地位对待大中小代理人,而且国泰一般不直接和真正货主打交道。国泰着眼于和代理人建立长期的合作关系。在客运方面,"常旅客俱乐部"的概念已经深入人心。国泰货运部根据此概念也建立了"常货主俱乐部",他们取名为"Cargo Elite Club"。国泰根据代理人每年发货量的大小,确定 30 至 50 家公司,然后每家公司确定 1 到 2 人为俱乐部成员,成员可以享受一系列优惠政策,比如在乘机时,可以优先登机,可以免收逾重行李费。此俱乐部的目的主要是让代理感受到一种被尊重的地位。国泰货运销售人员经常拜访代理人,而不是等着代理人上门,而且货运销售人员是专线专管,每人专门负责某一航线,并且负责和所有利用这条航线的代理人打交道。

6.重视品牌化营销

国泰航空公司非常重视其公司品牌的建立和强化。目前,随着全球经济一体化,各公司分别进入了品牌化世界,该航空公司也不例外,它想方设法给广大货运从业人员留下优质产品和优质服务的企业形象。

根据《国泰货运的市场营销调查报告》整理

复习思考题

1.试述运输市场营销技术的意义。

2.试分析说明近年来世界经济环境的变化对货流的影响。

3.试分析说明近年来国内产业布局的变化对货流的影响。

4.简述运输市场营销技术的发展变化情况。

5.简述国内煤炭货源的分布及变化趋势。

6.综述吸引货源的原理。

7.什么是客户关系管理,企业如何进行客户关系管理?

8.什么是网络营销? 企业如何进行网络营销?

第十章 国际航运市场营销

第一节 国际航运市场现状

国际航运市场是就世界经济、国际贸易对海运劳务的需求而产生的,国际航运市场的发展是伴随着世界经济及国际贸易的发展而发展的。在世界经济日益一体化和知识经济飞速发展的二十世纪后半叶,传统的海运业已发生了巨大的变化,从航运业的结构调整到航运企业的管理,从船舶吨位到航海技术,各国的航运政策日益开放,航运市场竞争更加激烈。

一、班轮公会日趋衰落

班轮公会是船公司为维护共同的利益、避免和减少竞争而在某一航线上组成的联盟性组织,它对运价和运力进行统一控制。一般分为以欧洲为代表的封闭式公会和以美国为代表的开放式公会两种形式。封闭式公会对运价及运力都有限制,而开放式公会仅对运价进行限制。

班轮公会在航运史上有一百多年的历史,在航运业中的地位经历了萌芽、壮大、垄断、衰落阶段。历史上的第一个班轮公会诞生于1875年,在英国至加尔哥达航线上。公会的成员间允诺收取类似的运费,限制航行数量,采用定期服务及取消货主优先权等规定。此时的班轮公会在航运界还没有取得垄断地位。1877年后,工会开始采用延期回扣制系统。该系统规定,托运人在将其所有货物交给班轮公会成员的船舶承运6个月后,可得到一笔回扣金,为运费的10%~15%。如果6个月内托运人使用公会外船舶,则失去这笔回扣金。延期回扣制系统鼓励托运人使用公会船舶,在很大程度上促进了公会系统的发展与壮大,而船东与货主也开始认识到班轮公会的作用,进而在世界大多数航线上,班轮公会逐步确立其垄断地位。

在过去的半个世纪里,随着世界政治、经济贸易的发展,科学技术的进步,国际航运业发生了前所未有的巨大变革。20世纪60、70年代,发展中国家问题得到重视,其班轮航运参与权是当时国际事务的热点之一。1984年美国实施的1984年航运法(Shipping Act 1984)使国际班轮运输更加自由化,拓宽了班轮公司之间的竞争环境。该法允许公会成员的独立行动,具有与大货主签订服务合同等权力。这时的班轮公会除了有来自像中国的长荣、中远等独立的承运人的竞争外,公会成员之间的竞争也逐渐增强。在激烈竞争的航运市场中,为了保护船东的利益及维持贸易的稳定发展,各种稳定协议组织及公司间的战略联营集团逐渐形成,便发挥日益重要的作用。航运公司联营集团的形成和发展,动摇了班轮公会生存的基础。

尤其是20世纪60年代集装箱运输方式的出现,国际间的海上运输从此进入集装箱运输的新时代。进入70年代,一些大型、高速的集装箱船投入营运,使得集装箱运输在很短的时间内得到迅速发展。如今,集装箱运输在一些主要班轮航线上,已逐渐取代传统的普通杂货船运输而成为定期船运的主要形式。

集装箱运输方式的出现打破了班轮运输业在技术方面的进入壁垒。在集装箱运输方式产生以前,由于班轮公司承运的件杂货在装卸、配积载、运输、保管等方面存在很高的技术难度,只有那些掌握了先进技术的班轮公司才能保证货物安全、准时、完整地运达目的地,因而形成了进入班轮运输行业的技术性障碍。集装箱运输方式的采用,使得货物的装卸、配积载、运输、保管都比以前大为简化,老牌班轮公司的技术优势逐渐丧失,大量船公司纷纷进入班轮运输市场。

集装箱运输具有高效率和低成本的特点,以及可以提供安全、快捷、可靠的服务,因而,这种运输方式一经出现就受到了货主和船公司的青睐,并很快处于供不应求状态。在这一时期,班轮公会的垄断地位逐渐崩溃,不少独立的船公司进入班轮市场,一些成员公司退出公会,有些虽仍是会员,但行动更加独立自主,班轮公会的市场占有率呈下降趋势,1998 年以来,大批船公司的退出使得班轮公会的力量日渐削弱,以班轮公会为核心的市场秩序被打破了。

二、航运公司间联盟、合并和收购

集装箱化革命的巨大成功使班轮运输业趋于成熟,市场上供过于求,供方的利润日趋减少,一些企业被淘汰,退出该市场。班轮公会衰落,独立承运人发挥越来越重要的作用,各种形式的联营体发展已是大势所趋。联盟、合并和收购都是班轮公司为降低船舶成本提高盈利而采取的合理化努力。

班轮公司之间为降低成本,提高服务质量,增强竞争力结成了各种联盟。联盟成员之间通过联合派船、共享码头和互租舱(箱)位等方式,这种方式不涉及资本的联合,在一定程度上提高了班轮公司的箱位利用率,在没有额外增加船舶的条件下却增加了运输网络的覆盖面。但是由于没有资本的联合,产品的共性加强,在一定程度上激化了竞争。总的说来,班轮公司实现全球性联营,不仅提高了服务质量,而且取得了经济效益。在航线设置、资源优化、成本调整等方面取得了成功,这对原有的航运体系产生了强烈冲击,并从根本上动摇了班轮公会存在的基础。

1995 年以来,航运联盟成为航运市场的主旋律,几年中,先后进行了多轮的联盟重组。全球 5 大联盟集团在东西主干航线上控制着 80% 以上的货源,其成员包括了前 20 位的班轮公司。2001 年 6 大航运联盟是新世界联盟(美国总统、现代商船、商船三井)、伟大联盟(哈伯罗特、马来西亚国际、日邮、东方海外、铁行渣华)、马士基海陆、中远/川崎/阳明、联合联盟(朝阳、韩进、胜利、阿拉伯联合航运)、长荣集团。

通过联盟带来的成本节约终究是有限的:(1)联盟的成员相对来说不稳定,一些公司的收购和合并行为都会带来联盟的大改组;(2)在揽货费和管理费等方面的成本节省,联盟显得无能为力;(3)联盟后各成员的机构和人员并不能裁减,很难获得规模优势。为了克服以上弊端,最近班轮公司采取了合并和收购这两种更为直接的方式,这两种方式涉及到资本的联合。近几年来,全球航运业之间资本的合并和收购浪潮此起彼伏。各国政府对船公司的兼并收购采取支持态度,简化企业兼并手续,使得跨国集装箱航运企业之间的合并能在很短的时间内完成。据《国际集装箱化》统计,在过去的几年中世界航运业发生了至少 40 多起合并收购案,其中规模较大的有欧洲第三大班轮公司渣华与英国铁行合并,新加坡东方海皇收购美国总统轮船,韩国韩进海运控股德国胜利,长荣收购意邮,挪威威尔森航运公司对华轮公司的合并以及丹麦马士基收购美国海陆公司。这一系列收购活动令世界集装箱运力结构发生了较大的变化。1986 年全球最大的 20 家班轮公司占世界集装箱船舶总载重量的 35%,1995 年上升到 46%,到 1999 年则达到了 68%。目前伟大联盟、全球联盟等大型联盟控制着世界三大干线 1/3 以上的集装箱运输业务。

244

全球航运业购并潮一浪高过一浪，收购和被收购将向更深层次发展，为此欧美航运政策制定者对航运业反垄断豁免权提出异议，以及全球托运人竭力呼吁航运市场自由化，这些都将对未来国际航运政策产生重大影响，从而改变全球航运业的市场竞争环境。

三、运价一度走低，现大幅上扬

世界各国经济的开放式发展和科学技术的飞速进步是国际航运市场竞争更加激烈的主要因素，航运市场的供求状况也相应的在变化：供不应求—市场饱和—运力过剩。

运力过剩的问题在 20 世纪 80 年代中后期开始逐渐显露出来。由于集装箱运输的蓬勃发展，船公司也随之发展壮大起来，大量新集装箱船投入运营，集装箱班轮运输市场终于过渡到供过于求的状态。然而，在国际商品货运量稳定增长的同时，国际航运市场上的集装箱船舶运载能力却大幅增长，使运力过剩的情况更加严重。在运力过剩的形式下，船公司纷纷通过削减运价来争取更多的货载。2001 年，国际集装箱航运市场运价从高峰上跌落下来，几大远洋航线的运价已跌去了一半左右。以中国出口运价为例，中国至欧洲基本港的每 TEU 的运价在 2001 年初为 1200 美元左右，目前已跌至不到 600 美元。欧洲基本港至上海每 TEU 的运价已出现了 300 美元的跳楼价。低的运价导致低的利润，船公司为了获取更多的利润并取得有利的竞争地位，一直以来都将注意力放在了降低经营成本上。

对船公司来说，船舶大型化带来的规模经济效益是显著的。随着船舶吨位的增加，吨船造价和吨船营运费用逐渐降低；在相同航速下，船舶吨位越大，每吨船所需的推进功率越小；大吨位船可以采用大功率主机，油耗也相应降低。在没有班轮公会约束的情况下，各班轮公司受利益驱动，无限制的将大型船舶引入班轮市场。如在国际集装箱运输市场，近几年，许多集装箱班轮公司纷纷订造超巴拿马型集装箱船。据有关资料统计，在 2000～2002 年交付的新船中，有 69 艘共计 39.4 万 TEU 的超巴拿马型船。马士基海陆和铁行渣华超过 6000TEU 的集装箱船已投入航运市场，其航速均在 24kn 以上，比 20 世纪 80 年代建造的集装箱船航速提高了 5kn 左右。

然而，船舶的大型化却导致运力的进一步过剩，这又触发了下一轮的降价，成本落后的竞争对手往往订造效率更高的大型船舶，从而导致运力进一步过剩，如此反复造成恶性循环，船公司的利润越来越微薄。被称为"巨无霸"的集装箱船——吨位在 1.2 万～1.5 万 TEU 的全集装箱船设计方案已推出，建造技术也已完善，船公司为了降低成本，获取利润，订造"巨无霸"的时间指日可待。

世界航运市场的发展虽与世界总体经济形势和国际贸易的发展息息相关，但也有其自身周期性的发展规律。尽管支撑世界经济的三大主体美欧日经济都不景气，期待已久的美、欧经济复苏迟迟未到，但进入 2003 年以来，世界航运市场在经历了两年的低潮后迅速转暖，运费费率大幅上扬，国际海运市场货运需求大增而运力不足，从而使海运市场出现供不应求的情况。今年世界海运费率上涨主要原因是海运市场需求加大。由于南美对谷物和大豆出口积极，加上北半球反常的寒冷天气对煤炭运输的需求扩大，今年世界海运费率一直呈上涨趋势。尤其是来自我国对铁矿石和日本对煤炭等矿物的需求，使得货船紧张，推动今年海运价格大幅上涨。我国主要从澳洲进口铁矿石，使得太平洋地区的货船供应趋紧，造成太平洋西北地区运费上涨，并带动亚洲的运费上升。

伊拉克战争和非典等因素是推动世界海运费率上涨的另一主要原因。由于伊拉克战争导致世界燃料油价格高涨，加上冲突地区的保险费率，使得今年 5 月份海运费率出现今年以来第一个价格高峰。随后,由于亚洲地区的非典疫情,对船只的隔离检疫加大了运输成本,海运费率一直保持坚挺。

据日本商船三井(MOL)日前发表的研究报告,世界三大东西航线的货运量在2005年前将保持稳定增长。今年国际海运市场的海运总量预计将比去年增长7.7%左右,而海运船队的承运能力将增长7%,市场需求的增长率高于运力的增长率,将推动运价继续上扬。

四、全球远洋运输集装箱化,且集装箱班轮大型化

自1980年以来,世界集装箱运量持续稳定增长,集装箱运输总量在过去15年增长了两倍。目前全球运营的集装箱船为3038艘,总箱量已达597万TEU。远洋运输集装箱化的进程仍在继续,且集装箱班轮大型化已成为潮流。据劳氏船级社统计,截至2002年底,全球造船厂在手的集装箱船订单393艘,其中2002年新增订单192艘。2003年将有207艘集装箱新船投入市场,其总箱量约为64万TEU。今年以来,配载7700TEU以上的超大型集装箱船的订单已达26艘,其运力超过20万TEU。随着大批新船交付使用,集装箱船队的运力将进一步增强,其占世界商船队的市场份额将继续上升。

五、船舶装载方式和海洋生态保护要求趋严

2003年11月,"威望号"油轮在西班牙海岸爆炸导致沿岸和近海水域严重污染,国际社会和组织对海洋生态保护日趋重视,对船舶装载方式和海洋生态保护提出了更高的要求。国际海事组织(IMO)日前对散货船隔舱装载进行审议后决定,禁止单壳体散货船隔舱装载铁矿石等高密度货物。欧盟禁止运送重油等危险品的陈旧单壳油轮在欧盟国家海域抛锚或进港,并从2004年7月1日起禁止挂欧盟成员国旗的船只采用有毒三丁酯锡漆(TBT)用作船底防污系统,从2008年起禁止所有涂上TBT油漆的船只停泊欧盟港口。上述规定将加快单壳体船只的淘汰进程,从而对全球商船队的运力和结构产生影响。

六、航运反恐走向纵深,船公司反恐开销和经营风险增大

9·11恐怖袭击事件后,在美国的倡导和推动下,航运反恐措施陆续出台。美国于2004年2月开始执行"24小时新规定",即要求船公司提前24h通报到港集装箱货物清单,并于5月15日宣布对违规操作者施以更为严厉的处罚,如再有舱单资料漏填或错填,将遭数千美元的罚款等处罚。加拿大已决定从2004年4月起执行上述规定。随着2004年7月1日《国际海上人命安全公约》(SOLAS)修正案和相应的《国际船舶和港口设施保安规则》(ISPS)生效,航运反恐将成为全球统一的行动,船公司的反恐开销和经营风险将增大,操作中稍有不慎便将招来巨额罚金和船舶滞留的处罚。

七、国际运输业将进入综合运输时代,实现物流系统现代化

国际经济、贸易不断发展,跨国公司大量涌现,要求航运企业拓展跨国经营并提供全球承运服务,航运业在经历了散货船大型专业化和集装箱化革命之后,正进入现代物流时代。21世纪,新的运输模式将打破传统的各种运输方式之间的各自为政的局面,强调各种运输方式之间的整合和集成。各种运输方式的转换、衔接,将主要由一个承运人组织完成。海上运输承运人将从简单的货物"港到港"运输承运人和组织者,发展成为一个"门到门"、"点到点"的综合承运人和组织者。

实际上,世界上许多大型航运集团都已将现代物流作为未来主要的发展方向。借助价值链的拓展,那些具有现代物流服务优势的航运企业,正将其竞争平台从简单的航运价格竞争提升到完整价值链意义上的整体物流服务价值竞争,航运企业面临越来越大的降低成本和提高服务水平的压力。

八、海运国际化趋势继续发展

国际航运,作为一种航运"技术"和航运"资本"开始由发达的海运国家向新兴的工业国家和发展中国家转移,而这一趋势将会继续发展。虽然海运发达国家垄断国际航运市场的局面依然存在,但是,一些新兴的工业国家和地区,如亚洲"四小龙",发展中国家如中国、菲律宾、印度和巴西等在发展本国远洋船队,参与国际航运竞争中已取得了显著成功,不仅中国已跻身10 大航运国的行列,其他国家和地区都已进入前 20 大航运国家的行列。船员劳务的转移较航运技术、航运资本的转移尤为迅速,许多发展中国家对国际航运的贡献是船员劳务。工业发达国家的船舶所有人所拥有的船舶盈利吨位中有 60% 以上是挂方便旗船,雇用发展中国家(菲律宾、印度次大陆和中国)的廉价船员来进行营运的,这种国际化可能带来一些值得重视的问题,如船舶一旦发生事故,造成污染或违反海员劳务合同等,很难追查经营船舶的最终责任。海运国际化的另一个趋势是船舶管理公司的出现,众多的海运发达国家大量聘用外国海员,对国家海事基础结构的长期影响是:航海技术、经营管理的经验在国内就不能"传递",甚至影响与航运有关的船舶管理与港口经营管理等,尤其对没有挂本国国旗的巨大船队,岸上管理后继无人。因此船舶管理公司应运而生。预计未来,以航运技术、航运资本、船员劳务、航运管理等航运资源的转移——航运劳务的国际化将在整个航运市场体系中扩充和发展。

第二节   国际航运市场营销特点

国际航运市场营销是在世界海上运输领域内发生的营销行为,营销者即承运人拥有船舶为货主提供航海运输劳务服务,客户即货主因需求货物地理位置上的位移、时间上的延续而购买承运人的航运劳务服务。国际航运市场营销包括航运企业以货主的需要和欲望为导向,以通过满足货主需要和欲望来实现航运企业利润目标的交换为基础,而系统地策划和实施变潜在交换为现实交换的一切经营活动。

国际航运市场是服务性市场,且发展成熟,交换的产品是国际航运劳务服务,因而其市场营销既有一般市场营销的共性,又有自身的特点。航运市场营销与一般市场营销相比有 3 个主要特点:(1)营销者即承运人(航运企业或船公司)提供的是服务产品;(2)航运市场营销的市场主要是由生产者组成的;(3)航运市场营销是跨越国界的营销。这些特点决定了航运市场营销在营销环境和营销决策方面有别于一般市场营销。

一、航运市场营销的服务营销特点

航运企业提供的产品是海上运输劳务服务,国际航运企业属于国际服务部门,与那些从事汽车生产和医疗设备制造以及消费品制造等产品部门不相同,而服务具有无形性、不可分割性、不稳定性和不可储存性等特征,这些都要求营销者采用不同于有形产品的营销手段。航运企业在设计营销方案时必须考虑服务的这些特征。

例如服务的无形性要求航运企业在作促销宣传时,必须依靠船队规模、技术实力、人员素质和可见到的沟通材料等有形展示,变无形为有形,使客户即货主感知和判断企业的航运服务质量,提高企业的信誉和口碑。

而服务的不可分割性决定了服务产品是在服务提供者与顾客接触的过程中生产出来的,即航运服务的生产和消费同时进行,因此国际航运服务产品的质量在很大程度上取决于航运企业员工的业务水平和素质,人力资源是航运企业的重要基础。为了提高服务质量,航运企业必须特别重视员工的招聘、培训和激励等方面。员工需接受充分培训并被激励去实现公司目标。

国际航运服务不可储存,因为服务是及时的,不能被储存。船舶吨位在航行过程中产生的同时即被消费,航次中未售出的吨位不能像卖剩的汽车一样储存起来供下次销售,也就是说国际航运服务的生产和消费是同一过程。这便带来了以下问题:可利用资源的计划、定价及促销,利润最大化与平衡市场需求与供给。国际航运服务属市场导向型,广泛地反映了货主因国际贸易的不同而不同的需求。于是,航运企业应重视促销,强调设施应满足货主对货物安全、快速运输的需求,例如专用集装箱,先进的航海设备和海上避碰系统等等。

二、航运市场营销的产业用品营销特点

传统的市场营销主要是关于消费品的市场营销,而航运产品的买者主要是制造商和进出口商等产业用户组成,所以航运产品基本上属于产业用品。另外,航运市场需求是派生需求,缺乏弹性、波动性大,这些特点都与消费者市场的需求特点不同。因而针对消费品的市场营销理论和方法不完全适用于航运市场营销。

三、航运市场营销的国际营销特点

航运市场营销的国际营销特点包括以下几个方面:
(1)航运企业货主不仅仅有国内货主,还包括国外的货主和跨国公司;
(2)航运企业要跟外国的营销中介进行业务往来。如外国的船代、货代、码头经营者等,大型航运企业在国外还设立自己的办事机构;
(3)航运企业面临的竞争者是全球性的;
(4)航运产品是在跨越国界的营运过程中生产出来的。

航运市场营销的国际性特点决定了航运企业在制定与执行营销方案时要受到复杂的国际市场营销环境的制约。营销者应当密切注意国际市场营销环境的发展趋势,及时调整企业的营销策略。

第三节　国际航运市场营销环境分析

国际航运企业是国际经济和贸易的一个社会经济组织或社会的子系统,它并不是存在于真空中,它总是在一定的国际政治、国际经济环境下开展市场营销活动。而国际政治、国际经济这些外界环境总是在不断的发展和变化的,一方面,航运企业可以在这里寻找商机,开发和占有市场,求得生存和发展;另一方面,它又使得航运企业面临着激烈的竞争和威胁。因此,航运企业要成功地进行市场营销活动,必须对其市场营销环境进行系统分析和研究,掌握国际政治经济环境的发展和变化,并适应其变化,抓住机遇,趋利避害,以实现企业的经营目标和战略目标。

一、国际航运市场营销环境概述

国际航运企业是社会的一个子系统,国际航运市场又是整个社会大市场的一个分市场。

所谓国际航运市场营销环境,是指国际航运企业在制订相应营销策略的过程中所涉及的各种不可控制因素,即与国际航运企业营销活动存在潜在关系的外部力量与机构的体系。任何航运企业从事营销活动,都会受到来自企业内部和企业外部诸多因素的影响,这些影响因素的集合就构成了国际航运市场营销环境。即国际航运市场营销环境也包括内部环境因素和外部环境因素,内部环境因素的集合就是微观环境,外部环境因素的集合就是宏观环境。

国际航运市场的宏观环境是一个动态的环境,经常处在变化之中,是国际航运企业不可控制的因素,国际航运企业只能适应和服从宏观环境的变化。但这并不意味着国际航运企业只能消极被动的改变自己以适应变化的环境。现代营销理论认为,企业对营销环境具有一定的能动性和反作用,它可能通过各种方式如公共关系等手段,影响和改变环境中的某些可能被改变的因素,使其向有利于企业营销的方向变化,从而为企业创造良好的外部条件。因此国际航运企业应从积极主动的角度出发,以各种不同的方式增强适应环境的能力,避免来自国内外营销环境的威胁,也可以在变化的环境中寻找自己的新机会,并可能在一定的条件下转变环境因素,或者说用自己的经营资源去影响和改变营销环境,为本企业创造一个有力的活动空间,使企业的营销活动与营销环境取得有效的适应。

二、航运市场营销环境的特征

航运市场营销环境受多方面因素的影响且在不断变化。航运企业要在动态的环境中把握商机,取得竞争优势,还必须了解航运市场营销环境的特征,采取有效的营销手段,适应并利用有利的营销环境,避免不利的环境影响。其特征如下:

1.多变性

指构成航运企业市场营销的各种外界环境因素,并不是静止的、一成不变的,而由于种种原因,总是处于一个动态的变化中,且呈现一定的周期性。例如,今天的航运市场环境与上世纪80年代的航运市场环境相比有很大的不同。需要说明的是,各环境因素的变化速度快慢不尽相同,变化程度大小也不尽一致,从而对企业的营销策略和营销活动的影响各有所不同。如政治、经济、法律和科技的变化相对大而且快,对航运企业的市场营销影响范围广,影响时间短。而自然、社会文化和人口的变换相对小而且慢,对航运企业的市场营销影响范围小,影响却深远。

2.相关性

指影响航运企业的营销环境不是任何单一因素作用的结果,而是由一系列相关因素所组成的综合体共同影响的结果。在这个综合体中,各因素相互影响,相互作用和相互制约。任何因素的变化将会引起其他因素相应的变化,比较明显的就是宏观环境因素变化的相关性。如国际航运市场上的运价不仅由市场供求状况决定,而且还受到世界政治事件、各国航运法律和政策及科学技术进步的影响。9·11事件对国际航运市场的供求状况和运价就产生了很大影响,同时也促使各国调整自己的航运经济政策。

3.不可控制性

营销环境是客观存在的不可控制因素,诸如各国的政策法令、经济增长、竞争对手的生产经营活动都是航运企业无法控制的。但环境因素变化给企业的市场营销带来的影响是可以改变的,如航运企业可以通过调整营销策略和提高科技水平,应用电子提单和货物及时跟踪等信息系统,改善企业的信誉,减少来自竞争对手的威胁。

4.目的性

指国际航运企业收集和掌握市场信息,分析和研究各种环境因素,其目的在于能尽可能的把握企业营销环境的变化,正确地预测市场的趋势,及时调整企业的经营计划和营销策略,提高企业的应变能力,保持企业的生命力。而不分析和研究市场环境因素,或错误的分析和预测市场的趋势,而导致做出错误的经营计划和营销策略,削弱企业的竞争力,甚至是企业倒闭。如日本三光汽船公司,在1983年错误地看好国际航运市场将在两三年内开始复苏,做出了错误的经营决策——于当年春夏之间订造了125艘灵便型散货船。而市场并没有像三光汽船公司所预测的那样复苏,这个曾是世界上最大的油船公司因此而倒闭。

三、航运市场营销的外部环境分析

外部环境即宏观环境,一般包括人口、经济、自然、技术、政策法律和文化环境等要素。企业可以通过调整企业内部人、财、物等内部因素及产品、定价、渠道、促销等可控制的营销手段来适应外部环境的变化。航运企业的外部环境通常考虑政治法律环境、经济环境、竞争环境、影响运力的外部环境、科技自然环境5个方面。

(一)世界政治法律环境

与国际航运业有关的各种国际国内法规以及有关管理机构和组织团体的活动构成了航运企业的政治法律环境。国际政治环境因素调节着企业的营销活动方向,国际法律法规则规定航运企业的行为准则。国际政治与国际航运法律法规相互联系,共同对国际航运企业的市场营销活动发挥作用和影响。国际航运市场营销受到各国政治法律环境的影响和约束,一般包括国家之间的关系和国家内部的政治法律约束、国家或地区的政局稳定性、国家的经济立法及对国际贸易的态度等等。

1.国家之间的关系

国家之间的关系对国际航运市场营销影响很大。两国关系友好时,进出口贸易都会增长;反之,关系恶化时,进出口贸易会急剧减少,甚至中断。某些发达国家常常运用贸易限制等经济手段达到其政治目的,如战略性物资、国防技术产品的进出口限制或最惠国待遇的附加条件等等。某些发达国家为干预发展中国家的内政,常常采用这种经济压力和国际贸易干预手段。

2.国家政局的稳定性

国家政局的稳定性、政权更替的频率和政治冲突状况、执政党的更替等,往往意味着政府经济政策的变更或调整。政治冲突通常会导致也预示着政府对涉外投资的态度和政策方面的变化。国家政局对多党制的国家尤为重要,政党之间的不同政见和不同政策,往往是执政党与在野党之间分歧的表现。国家在政权更迭时,对外贸易政策会发生根本改变。一些国家由于政权更迭频繁而使政局的稳定较差,这会严重影响外来投资和贸易的进入,对经济和贸易的发展造成破坏性的后果。国际航运市场营销也会随之而遭受冲击。

3.国家对国际贸易的态度

国家对国际贸易的态度集中表现在各国对外开放的程度。政府对外来投资经营是鼓励还是限制,有的国家对外来投资和贸易全面开放,并采取措施予以支持;有的国家对外来投资和贸易采取封闭性政策,通过种种限制拒绝外国资本投入,对各国出口商实行配额限制,采取冻结通货措施,甚至运用各种法令禁止或限制外国人投资和贸易或没收外国人资产。这是典型的自给经济的封闭模式,这种模式已被世界经济发展所证实是不可取的,这种国家对国际航运的需求一般较少,不利于国际航运市场营销活动的开展。

有些国家和地区实行有条件的开放政策,在国际贸易方面实行国家或地区的贸易保护主义,甚至发达国家也都采取各种手段保护本国的经济利益,即所谓的贸易壁垒。贸易壁垒一般是与世贸组织原则相对立的,但是以美国、欧洲共同体各国和日本等主要资本主义国家的贸易摩擦越演越烈,同时对来自发展中国家的进口货物施加种种限制。

4.关税壁垒政策及有关的经济立法

对进口进行控制最常见的一种手段就是"关税",关税壁垒政策就是根据进口商品的重量、体积、数量或价值所课征的一种高额进口关税(这种税率高达百分之几十,甚至高达百分之几百),以此抵制外国商品的输入,达到保护本国某些工业的发展,并增加政府的财政收入的目的。关税政策是发展中国家抵制外国商品输入,保护本国工业发展的一种手段。某些发达国家,一方面提出自由贸易,另一方面也用征收高额关税的方法限制竞争对手的商品输入。另外,运用进口限额规定,或者实行许可证制度以及在非关税壁垒中,烦琐的海关手续等也成了对外国商品进口限制的手段,这些手段都将导致贸易量的下降。

还有一些国家通过经济立法的手段保护竞争,或保护消费者利益,或保护社会利益。如美国的"反托拉斯法案"、"联邦贸易委员会法案"和"反并吞法案"等都是保护竞争的立法。

5.政治及突发事件

政治事件一般指国与国之间的关系恶化、地区性战争、一国国内革命或政变以及外国资本的国有化等。政治事件对国际航运市场的影响是显而易见的,它们往往给航运需求带来突发的、难以预料的变化,两次世界大战是最有说服力的例证。除此之外,1945 年之后,像朝鲜战争、苏伊士运河的国有化及其关闭、伊朗革命、两伊战争、海湾战争、9·11 恐怖袭击、伊拉克战争等政治事件都对世界航运市场产生重大的影响。这些影响一般都是通过影响经济进而影响货物贸易再间接影响到国际航运市场。由于政治事件的突发性,即使是高明的市场分析家也难以对其影响做出预测。因此,不能忽视政治事件对国际航运市场营销的重要影响作用。

6.航运政策

航运政策是经济政策的重要组成部分,体现了一国政府对航运业的基本立场和态度。一国的航运政策一定要有利于本国航运企业的发展,不能脱离实际情况和超出企业的承受能力。我国 1998 年宣布取消货载保留政策,实际上成为我国航运企业货源不足和国际市场份额大幅下降的原因之一。

7.国际规则

航运企业面临着诸多的国际公约和规则,航运企业的营销部门对此应有足够的认识,从采纳 ISO 9000 系列质量标准做起,切实提高航运服务质量,提高经济效益,在竞争激烈的国际航运市场中立于不败之地。此外,还有 GATS(服务贸易总协定)和 ISM CODE(国际安全管理规则)等国际航运业的主要国际公约和规则,对航运企业市场营销的影响都不可忽视。

(二)世界经济环境

经济环境对国际航运企业市场营销的影响最直接,也最重要,政治环境和法律环境的许多因素都是通过经济环境作用于国际航运企业的。总体来看,国际、国内的经济发展状况对国际航运业的发展起到巨大的推动作用,主要体现在以下几方面:

1.各国经济发展的不平衡性

各国经济发展的不平衡是显而易见的,发达国家和发展中国家之间经济发展水平存在巨大差距,发达国家之间和发展中国家之间的经济发展水平也是不平衡的。全球资源分布的不平衡、各国文化和经济发展的历史及背景的不相同,形成全球生产力分布的极大不平衡。

各国经济发展水平的不平衡,突出反映在市场发展的水平上,发达国家的市场和发展中国家的市场有着明显的差距。发达国家市场基础环境较好,市场容量大,生产经营水平高,国民收入水平高。政府对经济干预较少,市场开放度大,贸易往来比较自由,市场竞争激烈,波动性较大,经营利润率较低。欧共体市场、北美市场,日本、中国香港、中国台湾、韩国及新加坡市场属于此类。发展中国家市场基础环境差,生产经营水平不高,经济两极分化严重,国际收支不平衡,通货膨胀普遍较高。政府对经济干预较多,市场竞争不激烈,经营利润率较高。东欧市场、非洲市场、拉丁美洲市场、中东市场、亚太地区(除日本和"四小龙"之外)的市场均属此类。各国经济发展水平对国际贸易影响很大,发达国家贸易量大,货运种类多,附加值高,而发展中国家主要以出口初级产品为主。经济发展的不平衡,对航运业影响极大,也会反映在航运发展的不平衡上。经济发达国家和地区,通常也是航运发达国家和地区,拥有强大的国际航运力量,如美国、英国、日本、德国、法国以及亚洲"四小龙"等。根据统计,发达国家拥有的船队规模为世界船队的75%~80%。这些国家的经济、贸易与海上运输息息相关,航运业成为其经济发展的支柱,因此,这些国家一向对航运发展给予扶持政策,以强大的船队支持本国的对外贸易,同时参与国际航运市场的竞争。而发展中国家的船队力量由于受资金、技术、政策等因素的限制,发展缓慢、技术力量薄弱、船队构成不合理,在国际航运市场上的竞争力不强。这种经济发展不平衡影响到航运市场的不平衡,就是发达国家与发展中国家在航运市场占有量方面的悬殊差别。

2. 部门内贸易显著增长

第二次世界大战后,随着科技的发展,国际分工形式发生很大变化。主要表现在生产的国际化、世界经济一体化的趋势,由部门间分工逐步转向部门内分工,从而促使部门内部的贸易得到了巨大发展,特别是作为国际分工载体的跨国公司在战后发展迅速。据统计,目前跨国公司控制着世界生产总值的40%左右、贸易的50%左右、国际投资的90%左右,对世界海运具有决定性的影响。随着国际竞争的加剧及科学技术的推动作用,跨国公司将有更大规模的发展,部门内贸易和洲际海运量将稳定增长。

3. 国际航运重心进一步向亚太转移

世界经济的全面复苏和建立经济新秩序的热点是亚洲太平洋地区经济的崛起。近年来,在新技术的应用与推广、资本的积累、区域内贸易量的增长等方面,亚太地区一直维持着强劲的态势。人们普遍认为,亚洲太平洋地区在21世纪,注定要成为世界经济的龙头。

20世纪90年代,世界海运市场的繁荣日益依赖于亚太地区的海运贸易。世界船队的主要运力,如油船、干散货船、集装箱船等,目前已有40%由亚太地区控制,其中散货船运力占一半。以日本、韩国和中国为首的造船业已成为世界的造船中心。日本、韩国和中国香港是修船业的先锋,在二手船市场、拆船市场上日益占有统治地位。

4. 相关市场因素

造船市场的变化决定着新船向市场投入量变化,船舶买卖市场的动态往往反应闲置吨位进出市场的倾向,拆船市场的兴衰则是调节航运市场运力的重要环节。在分析预测航运市场运力变化时,必须结合这些相关市场的变化,密切注意新船的订造吨位,当年竣工和投入使用的吨位,以及当年和未来年度的拆解吨位,旧船买卖的成交量及船价水平等因素,以便较准确地把握市场行情,为调整航运企业的营销策略提供依据。

5.科技环境

科技是影响航运企业发展的重要的长远性的环境因素,它除了直接对航运企业的市场营销活动有一定的威胁和提供一定的机会外,也大量地通过顾客、竞争对手等对企业的营销活动产生作用。具体而言,当一项先进的科学技术被应用于航运业时,都会给部分航运企业提供新的营销机会,同时也给一些企业造成环境威胁,带来经营的困难,甚至招致破产。科技环境的发展变化对国际航运市场营销的影响主要有:(1)科学技术在国际航运企业的应用。科学技术应用到国际航运企业时,可提高国际航运企业的劳动生产率,同时又促进国际航运企业营销手段的现代化,引发营销手段和营销方式的重大变革,提高国际航运企业的市场营销能力。如现代通信技术的应用对国际航运企业市场营销影响;(2)高科技产品的应用。如 GPS(全球定位系统)和海上避碰系统的应用可以极大的减小航运海上风险,提高航运服务质量,从而也提高了航运企业的营销能力;(3)技术进步。国际航运企业的技术进步、技术创新能给国际航运市场提供差异性服务,国际航运企业在激烈的市场竞争中就掌握了营销成功的主动权。

四、国际航运市场营销的内部环境分析

国际航运企业的营销者不但要考虑宏观环境的变化对企业的影响,而且要了解影响企业营销实现的所有微观环境因素,即企业的内部环境要素。它通常包括国际航运企业、行业群体、货主旅客、竞争对手和社会公众。其中国际航运企业、行业群体、货主旅客组成了国际航运企业的核心营销系统;而竞争对手和社会公众这两个群体属于外围营销系统,对国际航运企业营销目标的实现也有重大影响。

1.国际航运企业

国际航运企业也即国际船舶经营人,一个应用他的船舶满足个别贸易货主需求的船东称为船舶经营人,所有的船东使用它们的船舶从总量上满足航运市场上贸易货主对运输的总的需求。国际船舶经营人是整个国际航运活动主体。这个主体应有专设的营销部门负责其市场营销。营销部门的职责是制定营销计划,负责营销计划的实施。国际航运企业的营销战略和营销目标由企业的最高管理层做出决策。在制订营销计划时,必须考虑与其他部门的协调,最高管理层、财务、人事、供应和营业等部门构成了国际航运企业内部的微观环境。

2.行业群体

行业群体是指围绕着船舶经营人,存在着与航运活动密切相关且成为其有机组成的行业,如金融机构、保险、货运代理、船舶代理、船舶供应、船舶理货、船舶修造、营销服务机构、培养国际航运人才的学校等行业。

其中,培养国际航运人才的学校向航运企业输送发展所需的人才,一家企业能否获得竞争优势,很大程度上取决于该企业能否吸引和留住自己需要的人才。我国的航运企业面临着人才的窘境。为此,企业必须建立完善的人才引进、培训、奖励机制,不但能招募到优秀人才,而且能培养人才、保留人才;国际航运业是典型的资金密集型行业,资金是航运企业发展的根本保证,由于国家取消了原有的造船优惠和营运补贴,使得航运企业资金的运转比较困难,金融机构供应国际航运企业资金,航运企业要切实增强自己实力,树立良好的企业形象,以获得金融机构的信任,保证资金正常供应;国际航运企业的生产资料是指保障国际航运服务所必需的船舶、导航设备、集装箱等硬件,船舶供应、船舶修造等行业则供应这些生产资料。

以上行业充当国际航运业所需资源的供应商,它们通常同时为多个国际航运企业提供资源,同时它们所提供的各种资源的数量、质量和价格,也直接影响国际航运企业经营成本,进而

影响国际航运企业提供航运服务的质量、运价和利润。所以这些行业是航运企业市场营销内部环境的重要因素。营销人员应把握市场动态，分析国际航运企业的资源及其供应者的情况，找出机会和威胁，采取相应的对策，力争与高质量和高效率的供应商建立稳定、密切、有效的协作关系，达到降低供应成本，提高国际航运服务质量的目的。

船舶代理、货运代理是航运企业和货主的中间人，大多数航运活动都是在中间人的协助下完成的。营销服务机构包括营销研究机构、广告商、CI 设计公司、媒体机构及咨询公司。只有那些最了解国际航运市场的营销服务机构才能为国际航运企业提供市场调研和咨询，协助企业制定营销计划，进行广告宣传等。正确地选择营销中介及处理好同营销中介的协作关系，这对国际航运企业来说是非常重要的。

3. 货主

货主是国际航运企业服务的对象，是国际航运企业的目标市场，是国际航运营销活动的出发点和最终归宿。现今国际航运市场上对航运需求占支配地位的是跨国公司。跨国公司作为全球性生产和贸易的最大经济载体，主宰了世界经济贸易的发展格局，也主宰了国际海运的发展。跨国公司为了对其世界资源进行集中配置，要求航运公司除了能提供优质快捷的航运服务外，还需承担全球承运人的角色。这对航运企业提出了新的挑战，航运企业必须满足货主的需求，努力发展为跨国海运集团，成为全球承运人。

4. 竞争对手

由于国际经济和国际贸易的发展，国际航运市场上竞争激烈。国际航运企业在进行市场营销活动时，不可避免地会遇到竞争对手的挑战，必须处理好与竞争对手的关系才能保证企业的生存和发展。对国际航运企业而言，市场上存在 3 种层次的竞争对手：品牌竞争对手、行业竞争对手和形式竞争对手。品牌竞争对手与本企业以相近的价格向同样的货主群提供相同的航运服务，行业竞争对手是指从事国际航运的所有公司，形式竞争对手是指提供除国际航运以外其他运输服务的公司，如铁路企业、公路企业、航空公司。

5. 社会公众

社会公众是指一些社会团体或机构，他们能对国际航运企业的营销目标构成实际的或潜在的影响的。如财政、税务、商检、海关等政府部门，报纸、杂志、电台等大众传播媒介，以及企业周围的居民和社区组织。这些社会公众不与航运公司直接发生业务往来，但他们的行为和态度对企业的营销活动影响很大，如政府部门对航运企业营销活动的监督和制约，航运企业如果处理不当甚至会给企业的营销造成巨大损失。

国际航运企业应是一个开放的系统，在营销活动中不仅要与竞争对手争夺目标市场，还必然和各种社会公众发生联系。国际航运企业应重视处理与社会公众的关系，树立和维护企业良好的公众形象，为企业的营销活动营造宽松的社会空间。

第四节　国际航运市场营销战略与策略

综观目前国际、国内航运市场，开放和竞争是它们的共同特点，垄断格局不断为激烈的竞争所打破而导致市场的重新划分与组合。国际航运企业处于一个多变的复杂的国内外市场环境之中，航运企业必须根据自身的现状制定市场营销战略与策略。

一、国际化经营战略

随着世界经济的一体化和区域经济的集团化，一个"无国境化"的时代正在到来。自 1991

年10月"中美海运协商备忘录"的签署,揭开了外国航运公司进入中国航运市场的序幕,我国给予所有外国承运人平等待遇,允许设立从事航运活动的实体,允许开辟直达班轮航线,挂靠中国港口,自由竞争。外国船公司我国航运市场上所占份额逐步上升。在这种形势下,我国海运企业纷纷开展各种形式的跨国经营,一来是为了适应当代国际竞争形势的客观需要;二来则可减少在国内不必要的内耗,使海运生产要素在世界范围内得到合理配置,同时扩大企业的国际海运市场份额和影响;三可在区域航运市场多元化中追求收益、成本、赋税和融资的最优化,以取得规模经济效益。然而,海运企业的生产经营不同于一般工商企业,在国际化上更是如此,需要有自己的特色和发展方向。

当前,国际海运业的结构随着发展中国家进入世界海运强国行列而开始发生变化,国际海运已走向无国境化,海运企业经营管理尽快与国际先进的经营管理模式和惯例靠拢日益显示出重要性。然而,摆在海运企业面前的问题还突出地表现为如何以强化国际竞争力为主要目标来维持和发展更经济更合理的国际海运。对于这个问题,海运生产要素起着不可低估的作用。生产要素在一般企业以人财物而论的话,在海运企业就是航运业者、海运资本、船舶以及相关信息等。世界海运发展的趋势正在表明海运生产要素的国际化将有利于海运企业实现上述目标。

1. 航运业者国际化

航运业者国际化体现在3个方面:(1)船员配备构成的国际化。这取决于船员费用成本,与方便旗船的兴起、各国混乘制度的严格程度以及税制等复杂的因素有关。一般来说,本国船员的配备率正在世界范围内逐渐降低,平均外国船员配备比率已高于20%。(2)跨国海运企业人员当地化。海外当地化人员社会关系广、交流处事便利,可以为企业降低成本,扩大海运营销和揽货渠道。(3)培养具有全球化意识的人员。海运企业的全球意识实际上是企业理念的最高级表现形式,它完全建筑在全体员工对此的有效理解上。海运企业决策者要提高国际企业管理方面的素质,成为知识面广、实务能力强、层次结构高的具有国际战略眼光的企业家,同时要积极培养管理人员掌握国际经济、法律、贸易实务、国际企业管理及有关专业技术知识。航运业者是否具有全球化海运意识几乎就可决定一个航运人的专业气质和看问题的角度,也就决定了其在所服务职位上的工作态度与方式。他们应该时刻关注国际海运界的最新动态,并且以海运业为中心,注视其他与之有领域交叉部分的演变趋势,保持良好的竞技状态,迎接可能瞬间而至的国际挑战。

2. 海运企业资本结构国际化

在全球海运竞争中,联盟、兼并、合并等经营战略愈演愈烈,各大国际海运企业和相关企业为了共同的利益正进行不同的组合,海运企业的资本结构已越来越多样化,你中有我,我中有你的格局渐渐形成。作为国际海运业中的一员,我国海运企业也将不可避免地卷入这种潮流之中,这是企业为降低经营风险和资本投入,取得东道国的优惠待遇的客观需要。对我国海运企业国际化而言,这倒不失为一种机遇。适当将企业资本结构国际化,可以发挥资本经营的优势,既是进入海外市场的捷径,也是资金来源的渠道。

3. 船籍国际化

船舶是海运生产的基本要素,由于船舶登记国别不同,赋予船舶以不同国籍。随着国际海运制度的缓和,国际船舶登记制度也呈现多样化,除原有的方便旗船登记,又有了国际船舶登记制度和境外登记制度,使得船籍国际化加快,其中,方便旗船起着主导作用。船籍国际化可以为海运企业获得低税率和低注册费的优惠;可以在世界范围内挑选使用低工资的船员和有利的购、造船地;可以便利在国际金融市场上融通资金;还可以得到利用转移价格获取利益的机会,增强再投资的能力。船籍国际化是一种独具特色的对外直接投资方式,也是海运企业在国际海运市场提高竞争力的有效经营策略。

4.建立全球海运信息网络

信息作为稀缺的生产要素,它的功能被最大限度地释放主要依赖于成功的网络管理系统。对于海运企业而言,有效信息无疑等于企业利润,可以相信,拥有完善、高效的全球海运信息情报网就意味着海运企业在全球海运市场竞争中占有相当大的优势。通过有效的全球信息网络的管理,可以在全世界范围内高效地动员企业所掌握的全部资源,进行符合国际海运市场需要的排列、组合,有针对性地增加或减少某些地区的资源投入,取得企业资源配置的最优化。当然,该网络的建立需要多方面投入,首先是海运企业领导层对于信息工作的充分重视,其次是资金上的保证,还有技术保障等问题。海运企业发挥国际化,按国际标准管理和经营企业,逐步推动企业生产要素走向国际化,让企业在国际海运市场中经受锻炼,就能从中积累国际贸易和国际交往的宝贵经验,树立起良好的国际形象和信誉,最终增强其国际竞争能力。

二、全球一体化营销战略

全球经济一体化的飞速发展,使竞争的内涵有了质的飞跃。航运市场的竞争已从传统的价格竞争转向为取得客户满意而进行的深层次竞争。航运市场的供给方必须能够适应各种客户在全球范围内运输质量、时间、方便性等诸多方面的不同要求,承受着巨大的资金和成本压力,通过激烈的市场竞争、优胜劣汰、强强合作和全球范围内的兼并收购,逐渐形成了各种垄断性的联营体以及领导市场的独立承运人。世界排名前 20 位的班轮公司已占据全球主干航线60%以上的份额。

当前,我国航运业的发展具有阶段演变、快速推进的特点,即迅速从生产导向跨越销售导向迅速向营销导向迈进。

正是基于对市场的正确分析,近年来,中远集团开始实施以集装箱运输体制改革和散货运输体制改革为主要特征的全球营销一体化改革。

中远的全球营销一体化,营销侧重于在经营各环节深入树立以市场为导向、以客户满意为中心的营销理念和经营模式,一体化侧重于从经营机制角度建立集团利益共同体基础上的全球组织一体化、业务一体化和信息一体化,达到利益共同、组织精简、结构优化、信息畅通、职能前移、层次减少、权责统一。

(1)在经营理念上,其市场营销,是一种植根中国市场、面向全球客户的国际航运服务营销。

(2)在经营方法上,运用现代科技成果来改变传统的经营方式。

(3)在经营模式上,改造传统经营模式,实行品牌经营。

(4)在经营机制上,要抓住市场,实现全球营销一体化。

事实证明,具有国际竞争力的企业就有发展的空间,国际竞争力越来越具有比运输生产能力更为重要的战略意义,每一个航运企业在国际市场上的竞争力的高低将对其发展前途产生决定性影响。中远的全球营销一体化战略值得我国其他实施国际化发展的大航运公司借鉴。

三、大力发展集装箱运输

国际集装箱运输市场经历了半个世纪的发展已经趋于成熟,随着经济全球化格局的初步形成,未来集装箱运量仍会以较高速度增长。

目前,主要国际航线上的散杂货集装箱化比重已达到相当的高度,1.5~2万t的散杂货船已基本被淘汰,而全集装箱船队则迅速增长。尽管现在集装箱化比重已经很高,上升空间有限,且今后商品呈轻、薄、小的发展趋势将使运量的弹性系数降低,但随着国际贸易的增长,贸易额的增长速度将高于经济的增长速度,所以适箱货物的总量不会减少。此外,集装箱的用途正在迅速扩大,如在冷藏货运输中,冷藏箱已取代冷藏船占主导地位,且比重仍在扩大中;液体化工原料罐式集装箱的比重正在上升;一些传统散运或裸运的货物,粮食、方木等已经开始用集装箱运输;轿车专用集装箱也已推出。这些都将刺激集装箱运量迅速增长。

2003年海上国际集装箱运输发展形势很好,预计今后几年海上国际集装箱运输都是在上升通道中发展,航运企业应将集装箱运输作为市场营销重点,抓住机遇,提升自身的竞争实力。

四、联合发展战略

在20世纪末席卷全球班轮业的联合浪潮,还在继续发展。班轮公司的联合有两种,一种是不涉及资本的联合,如合开航线、箱位互租、码头共用等。另一种则是以资本为纽带的联合,如兼并、合并等。虽然目前前一种类型的联合较多,但由于不涉及资本,反而会由于产品共性加强,在一定程度上激化了竞争,且这种联合并不能减少机构和人员,难以获得规模优势,而以资本为纽带的联合则可以克服以上弊端。

在全球大班轮公司中,已发生了新加坡海皇公司收购美国总统轮船公司、英国铁行与荷兰渣华合并等事件。更令人关注的是丹麦马士基的母公司——穆勒集团出资8亿美元收购了美国海陆公司,收购后形成的马士基海陆公司,是一个拥有250艘集装箱船,箱位高达55万TEU(占全球集装箱船队的11%)的巨无霸型船公司。马士基与海陆公司经过多年的实践认识到,以资本为纽带的联合才是真正的联合。基于此,一些专家甚至认为,不久的将来,国际集装箱海运市场将为少数几个寡头所垄断。

面对集装箱运输市场走旺而全球竞争越来越激烈的趋势,首先,我国大型集装箱运输企业应走规模经营的道路。航运企业内部趋于集中,外部走向联合是国际航运业的发展趋势,所以我国的航运企业也应该积极参与航运联盟,以适应这一趋势,建立覆盖全球的集装箱班轮运输船队,确立全球承运人的地位。而在国内,应进一步完善国内运输网络,更好地服务于货主。既然走规模化道路,不妨提出一个大胆的构想,由国家出面,先将一些地方经营集装箱运输业务的小企业由大型的集装箱运输企业兼并,然后运用这些小型企业在当地的网络从事经营。这样一方面可以增加货源,加大运输网覆盖面,另一方面也可以抵挡外资班轮公司在我国内陆的渗透,增加市场占有率。而后将中远、中海、中外运这三家中国最大的航运企业进行合并,以资本为纽带组成航运界一艘中国航母,这样就可以综合利用各公司的优势资源,避免内讧,从而达到利润最大化。同时,由于规模化而降低的成本可以让利一部分给货主,从而进一步增强竞争的优势。

五、发展综合物流

应加快我国航运企业向综合物流服务方向的转化,搞多元化经营。竞争日趋激烈的国际航运市场向我们预示着,航运企业依靠单一的海运业务已经很难发展下去。因此,调整和拓展航运企业服务范围成为必然之选。而作为第三利润源泉的物流服务产业,凭借增值服务成为航运企业新的经济增长点。实现国有航运企业向现代大型全球物流服务企业的转变是一项庞大的工程,必须根据自身情况切实制定战略。可以尝试从发展各地货物集散地物流业务入手,加大开拓内、外贸物流服务,同时积极与港口合作,甚至可以注资港口建设,因为港口是物流供应链中的一个重要节点,为将来提供整个物流供应链服务打下基础,同时寻求与境内的中外大中型企业建立物流联盟。初期可引进外资,与有先进经验的外国物流公司合作,学习先进的物流理念和经验,为以后独自发展打下基础。只有这样才能使我们的航运企业抓住机遇,迎接挑战,逐步向综合物流服务的发展大趋势迈进。众所周知,海运业是一个风险比较大的行业,如果在发展船队的同时,也搞陆上的产业,的确是分散风险的好办法。中远集团就是一个很好的例子,中远当年提出"下海、登陆、上天"的口号,积极发展海上运输的同时也经营陆运和空运,此外还有IT产业和房地产,均获得了巨大的成功。

在新世纪中,班轮公司将继续向第三方物流供应商转化,并加速转化的过程。由于大型班轮公司几乎都是全球承运人,他们的分支机构遍及几大洲,就地组织物流作业非常方便。而且,班轮运输是物流链诸环节中流通时间最长、费用最高的一环,其投资也最大,这都是班轮公司从事物流经营的优势。班轮公司从事物流经营往往从经营港口开始,因为班轮公司与港口的关系最密切,通过港口再与其他环节联合也比较方便。同时,从事港口业的开发与经营可以提高班轮服务的质量,降低港口使用费,从而提高自身的竞争力。

此外,港口是建设物流中心的最佳选择,班轮公司可以从开发与经营港口产业起步,使港口向物流中心转化。且班轮公司联合后,其实力得到了加强,货源更有保障,经营港口产业更有支撑力。集装箱运输市场风险比较大,为了分散风险、提高效益,班轮公司都从事多元化经营,而从事多元化经营往往从主业延伸开始,港口产业正是班轮公司延伸的开始。

2003年底,中远集团属下的中远太平洋与新加坡港务集团合资成立了中远—新港码头有限公司,该公司将分阶段联合经营新加坡巴西班让码头内的两个泊位,年吞吐量超过100万个标准集装箱。中远—新港码头有限公司是新加坡港务集团与客户的第一个合作项目,也是中远集团第一个海外的码头合作项目,据了解,中远集团还将与新加坡港务集团进一步密切合作,考虑联手投资上海大小洋山港项目。中海集团也与连云港、湛江港合资经营集装箱码头,中海已从中取得良好的经济效益,事实已证明这一决策的正确性。

六、加快电子商务的发展

随着网络技术的迅速发展,航运信息技术革命也进入了一个新阶段。由于网络经济迅速发展,客户的需求随着电子商务的发展正由实体交易转向虚拟交易,即通过网上交易完成对实体需求的满足。基于因特网发展起来的电子商的应用已成为促进经济增长的有力推进器,我国航运企业必须构建一个基于因特网技术、服务方式柔性、运输方式综合多样,并与环境协调发展的国际性运输系统,提供快速、安全、高效、通达、便利的物流运输信息服务网络,形成一个通达、集成、高效、灵活、机动的运输系统来提高企业的国际竞争力。

七、重 视 人 才

国际航运企业应围绕留住人才、吸引人才、培养人才、运用人才而制定相应的策略。在此基础上,以人力资源管理优化配置为指导思想,进一步改善对人才的培养、使用等环节,彻底建立起航运企业的人才战略体系。

八、品 牌 策 略

品牌策略是所有市场营销不可或缺的营销策略。国际航运业的品牌策略应有其特色。中远集团的品牌策略在国际航运业中具有代表性。

中远以诚信服务、差异化服务打造具有远洋特色的品牌文化。中远集团的核心化品牌就是 COSCO。在变幻莫测的市场竞争中，中远以极具实力和魅力的诚信服务品质，以实际行动积极实践和维护中远品牌形象，赢得了全球客户的喜爱和关注。诚信服务的最高境界是在服务中凝结着一种先进的文化、注重体现先进的服务理念、真挚的服务精神和高超的特色服务艺术。中远集团在"从拥有船向控制船转变、向以海上运输为依托的全球物流经营人转变"、"发现新的利润区"、"超常规手段取得市场主动权"等的先进经营理念和文化理念的引领下，以一流服务水平的"一站服务"、"绿色快航"、"霓裳快航"、"海上绿色通道"、"零距离"、"零缺陷"、"零投诉"等差异化服务、精品服务、增值服务真诚回报全球客户。

还有一些一般运输市场的营销战略与策略也适用于国际航运市场，不赘述。种种国际航运市场营销战略与策略是相互关联的，实践中，应将它们组合起来应用，以实现企业既定的市场营销目标和经营目标。

本 章 案 例

争优势　抢市场　创品牌
——广远项目船营销策略

近年来，国际航运市场风雨变幻莫测，为了在市场中取得有利地位，广远以市场为导向，不断加大市场营销力度，探索新的"利润区"，先后进军沥青船运输市场、冷鲜船运输市场。

介入沥青船运输市场两年的时间，广远就拥有 6 艘沥青船，成为全球第四大专业沥青船公司，2002 年每艘沥青船日平均租金水平为改造前的 4 倍。在沥青船取得良好经营业绩的同时，2001 年 9 月，广远又把目光投入到另外一个崭新的市场——冷鲜船运输市场。他们开发并巩固了冷鲜运输的国内、国外两个市场，装运冷鲜货物 200 万箱，日平均租金比同期杂货航次日平均租金高 658 美元/天。

广远能取得这样的好业绩，首先是其在观念上的创新。2000 年广远在经营上遇到困难，提出发展项目船，在经营上减员，把负担重的船清理出来，选择成本低，有前途的项目来开发，扩大广远的生存空间，实现"以少量增量即获大量存量"。经分析研究，广远把目标锁定在沥青船和冷鲜船上。

其次是作风创新。项目开发初期，根据项目的特点和难度，广远提出"创品牌、增优势、抢市场"的项目经营理念。两年多来，为了项目建设，广远人付出巨大的努力和代价。沥青船首航后，为了尽快进入市场，多揽货，业务员频繁拜访省交通厅，为后来开拓市场打下坚实的基础；在海南，"绿色通道"开通前 1 个月，业务员突击揽货。艰苦奋斗，心系企业成为业务团的共同信念。参加该项目同志牺牲自己的节假日、休息日，从搞调研、做论证，到找客户、订合同，搞设计、找厂家、搞改造。踏踏实实从头干起。沥青船从调研到船舶下水，仅仅用了 6 个月，创造了沥青船改造的一个奇迹。

再次是营销理念的创新。沥青和冷鲜市场有 3 个共同特点：一是市场很封闭；二是进入"门槛"很高；三是大客户少，小客户多，市场整合难度大。针对这些特点，一开始广远业务部门就提出品牌营销思路，在技术、管理流程和服务等方面作市场的领导者，客户的贴心人。

实行品牌营销战略。中远这个品牌在航运界是响当当的，广远在策划品牌营销的最核心内容就是打中远牌，不失时机地举行有影响力的品牌营销活动，并通过媒体进行宣传。

品牌营销,光靠讲是不够的,必须实打实地服务。广远根据客户、市场的需要,在技术创新、管理创新上做文章,比如,沥青船改造时,在排量、温度、选型等方面比较超前,客户都认为中远的沥青船不断货、好用。冷鲜船在技术上有臭氧杀菌、氮气保险、恒温保湿等功能,还聘请了保湿专家担任顾问,除了知道运输保险外,还为农民提供果菜保鲜方面的知识,深受客户欢迎。

采取政府营销。在绿色通道的营销工作中,广远采取与当地政府接班来做营销的方式,经过策划,广远成功与湛江、茂名等市政府共同主持召开有市、县、镇各级政府负责人参加的"海上绿色通道"专门会议,解决货源组织问题。在海南,有关"海上绿色通道"的会议经常由市政府主办,广远和港口承办,有关政府部门不仅关心项目,还把它当作自己的一项工作,提供大力支持。

扩大服务营销。在沥青船和冷鲜船项目的营销中,广远提出营销等于增值服务,业务员就是货主的服务员的理念,编制了沥青船航次客户意见反馈表,一个航次一次反馈,货主提的意见10天之内一定给予解决,反馈表成了货主和船东沟通的桥梁。为加强与客户的沟通,业务员还经常在休息时间想方设法为客户办事,与客户交朋友。"海上绿色通道"起步阶段,广远就把服务延伸到田间地头和终端市场,保证货齐车到,货到人到,有问题现场解决,做到客户放心。

最后是经营思路的创新。经过前期的探索,广远项目船的经营思路逐渐成熟,并体现出新的特点。

广远沥青船的经营思路:一是通过技术、管理、服务做出品牌;二是培养忠实的客户群;三是绝不参与市场上那些价格战;四是业务员紧跟市场,站在市场的前沿,做到对市场的变化、竞争对手的一举一动了如指掌,并能作出快速反应;五是定期进行经营总结,发现问题狠抓不放;六是及时把个人资源转化为企业资源;七是降本增效,狠抓船期。

冷鲜船的经营主要在方式和手段上进行创新。经营方式上,积极公关,大力宣传,调动各种积极有效的政府资源和社会资源,参与到"海上绿色通道"的推广甚至有关的物流链中,实质成为忠实的强有力的支持者、合作者和同盟者;实现角色转变,从过去只提供船舶运输服务转变为做全程物流的组织者和策划者,有组织的形成一个利益共同体,使整个物流链与相关产业形成互动,实现多赢。在经营手段上,广远树立强烈的市场意识和质量意识,真正以市场为导向,以质量为依托,以客户为根本,"争优势,抢市场,创品牌"。树立全员经营者理念,主动积极地围绕经营目标开展工作;另外是诚信经营,敢为人先,在工作中牢牢把握"诚信、质量、快速、多赢"这一"海上绿色通道"的服务宗旨,使客户满意。

资料来源:原载《中国远洋报》2003年9月12日

复习思考题

1.近一、两年来,国际航运市场有何新变化?
2.国际航运市场营销具有哪些特点?国际航运市场营销的服务营销特点有哪些?
3.国际航运市场营销的外部环境和一般运输市场营销的外部环境有何不同?
4.国际航运企业有哪三个层次的竞争对手?
5.我国国际航运企业为什么应实施国际化发展战略?
6.国际航运企业发展综合物流和开展多元化经营有何关系?
7.国际航运企业联盟的利与弊?

参 考 文 献

1 瑟夫·M·普蒂,海茵茨·韦里奇,哈罗德·孔茨.管理学精要(亚洲篇).北京:机械工业出版社,2000

2 秦永良.组织行为学.北京:石油工业出版社,2002

3 黄敏学.网络营销.武汉:武汉大学出版社,2000

4 黄洪民.现代市场营销学.青岛:青岛出版社,2001

5 菲利普 科特勒.营销管理——分析、计划、执行和控制.上海:上海人民出版社,1999

6 阚功俭,张冬梅.市场营销学原理.青岛:青岛海洋大学出版社,1999

7 吴健安.市场营销学.北京:高等教育出版社,2002

8 吴育俭,刘作义.运输市场营销学.北京:中国铁道出版社,2000

9 郭国庆.市场营销学通论.北京:中国人民大学出版社,2001

10 赵锡铎编著.运输经济学.大连:大连海事大学出版社出版,1998

11 陈贻龙等主编.运输经济学.北京:人民交通出版社出版,1999

12 项保华著.战略管理——艺术与实务.北京:华夏出版社,2001 年 5 月

13 景玉祥.关于货源问题的思考.铁道运输与经济.1995 年第 1 期

14 王伟成等.争取货源、开拓市场、加速发展铁路货物运输

15 沈庆业.铁路货运营销策略的探讨.铁道运输与经济.2002 年第 1 期

16 以优质服务赢取货源.铁道运输与经济.1998 年第 6 期

17 王虎全等.利用货源、开拓信息、增加收入.商品储运与养护.1999 年第 2 期

18 李会太等.基于市场营销的物流管理.人大复印 2001 年一季度经济类专题

19 席恒.航空运输企业市场营销方略.国研网.2002 年 4 月 2 日

20 国泰货运的市场营销调查报告.民用航空信息网.2002 年 04 月 11 日

21 公路、水运货运量统计数据.中华人民共和国交通部网站

22 《2000 年中国航运发展报告》

23 物流的环境.亿通网

24 2001 年公路水路交通行业发展统计公报.交通部综合规划司

25 竞争引发价格战 中国航空货运遇风暴.http://www.cnmaya.com.2001 年 09 月 17 日

26 "铁老大"抢滩市场——青岛铁路分局调整结构挖潜创效成绩显著.人民日报《中华大地》网络杂志.2000 年 1 月 6 日

27 航空货运的现状及其制约发展的要因分析.民航西北管理局企管处

28 国际海运货源市场现状分析.航海科技动态.1995 年第 5 期

29 河南省交通厅《货源管理研究》课题组.货源管理的研究——货源管理与公路货运体制改革.汽车运输研究.1991 年 3 月

30 叶劲超.经济体制转轨过程中的公路货源管理.汽车运输.1996 年 1 期

31 陶维号.浅谈公路货源管理.汽车运输.1996 年 3 期

32 周宗世.刍议货源的规范化管理和有效调控

33 张培林.运输经济地理.北京:中国建材工业出版社,1998

34 许庆斌等.运输经济学导论.北京:中国铁道出版社,1996

35 陈贻龙,苏培基.水运经济学.北京:人民交通出版社,1990

36 张淑君.市场营销学.北京:经济科学出版社,2002

37 王海云,常昌武.新编市场营销学.北京:中国人民公安大学出版社,2002.

38 李连寿.航运市场营销学.上海:复旦大学出版社,1998

39 黄学敏.网络营销.武汉:武汉大学出版社,2000

40 郭毅,梅清豪.营销渠道管理.北京:电子工业出版社,2001.

41 李毕万,刘菲.市场信息管理与应用.企业管理出版社,1989

42 孙明玺.预测和评价.浙江:浙江教育出版社,1986

43 周继雄.管理信息系统与决策支持系统.武汉:中国科技文化出版社

44 马天山.汽车运输市场营销学.北京:人民交通出版社.1997

45 李弘,董大海.市场营销学.大连:大连理工大学出版社.1999

46 卢仁山.综合物流系统研究.武汉理工大学硕士论文.2001

47 张华.企业竞争战略理论与我国航运企业发展战略研究.武汉理工大学硕士论文.2001

48 杨兆升,杨庆芳.传统运输企业向现代物流企业转变的分析与对策.公路交通科技.2001
   (10)

49 蔡桂英等.国际航运经济.北京:人民交通出版社,1995

50 陈家源等.国际航运市场学.大连:大连海事大学出版社,1995

51 甘碧群等.市场营销学.武汉:武汉大学出版社,2002

52 刘伟.海运企业国际化发展的方向.世界海运,1998(2)